国家自然科学基金项目(40901083)
东南大学教学研究基金(5221009123、1121007002) 资助出版

虚拟现实技术与应用

汤君友　编著

东南大学出版社
SOUTHEAST UNIVERSITY PRESS
·南京·

内 容 提 要

本书是在编者"虚拟现实技术"课程授课讲义、实验及综合课程设计教学改革的基础上编写而成,针对虚拟现实内容设计与开发工作需求,全面系统地阐述虚拟现实基础理论、硬件设备、关键技术、软件开发及行业应用。本书结构清晰、循序渐进、图文并茂、通俗易懂、便于自学。读者能够较快地理解虚拟现实的原理与技术,掌握虚拟现实建模与仿真引擎可视化开发方法。

本书从实践与应用的角度,着重介绍最新虚拟现实开发引擎与可视化开发平台软件应用,适合作为普通高等院校工程技术类、规划设计类、多媒体类、计算机应用类等相关专业"虚拟现实技术"课程的教材或教学参考书,也可供从事虚拟现实技术研究、开发和应用的从业人员以及虚拟现实爱好者学习参考。

图书在版编目(CIP)数据

虚拟现实技术与应用 / 汤君友编著. —南京:东南大学出版社,2020.8

ISBN 978 - 7 - 5641 - 9050 - 7

Ⅰ. ①虚… Ⅱ. ①汤… Ⅲ. ①虚拟现实 Ⅳ.
①TP391.98

中国版本图书馆 CIP 数据核字(2020)第 147447 号

虚拟现实技术与应用

编　　著:汤君友
出版发行:东南大学出版社
社　　址:南京市四牌楼 2 号　　邮编:210096
出 版 人:江建中
网　　址:http://www.seupress.com
经　　销:全国各地新华书店
印　　刷:常州市武进第三印刷有限公司
开　　本:787 mm×1092 mm
印　　张:18
字　　数:449 千字
版　　次:2020 年 8 月第 1 版
印　　次:2020 年 8 月第 1 次印刷
书　　号:ISBN 978-7-5641-9050-7
定　　价:68.00 元

本社图书若有印装质量问题,请直接与营销部联系。电话(传真):025-83791830

前　言

　　虚拟现实(Virtual Reality,简称 VR)技术是一种可以创建和体验虚拟世界的计算机仿真系统,它利用计算机生成与一定范围真实环境在视、听、触感等方面高度近似的数字化环境,用户借助必要的设备与虚拟环境中的对象进行交互作用、相互影响,从而产生身临其境的感受和体验。虚拟现实技术与互联网、多媒体技术并称为 21 世纪的三大关键技术,是集成了多学科、多技术的一门综合性技术,具有多感知、可视化、三维建模、交互性、沉浸性、构想性等特点,不仅在军事、航空航天等尖端领域得到运用,而且在教育培训、工业制造、规划设计、交通仿真、医疗健康、游戏娱乐等众多领域广泛应用。

　　虚拟现实技术是近年来应用开发十分活跃的技术,2016 年被称为"虚拟现实元年",游戏和影视领域的应用需求正驱动着虚拟现实技术的快速发展。随着价格的降低和设备的普及,虚拟现实市场不断繁荣扩张,虚拟现实内容制作人才需求量巨大。

　　东南大学于 2005 年就开设了"虚拟现实技术"课程,本书是在编者十几年"虚拟现实技术"课程授课讲义、实验及综合课程设计教学改革的基础上编写而成,从实践与应用的角度,针对虚拟现实内容设计与开发实践工作需求,以虚拟现实的关键技术与软件应用为核心,全面系统地阐述虚拟现实基础理论、硬件设备、关键技术、软件开发及行业应用。

　　本书共 8 章,其中第 1 章阐述虚拟现实的基本概念、基本特征、系统组成与分类、发展历程与产业分析;第 2 章介绍虚拟现实的交互方式及其硬件设备;第 3 章为虚拟现实的关键技术,主要介绍动态环境建模技术、实时场景生成与优化技术、三维立体显示技术、虚拟声音技术、人机自然交互技术和虚拟现实内容制作技术等;第 4 章阐述虚拟现实建模工具软件 3ds Max 应用技巧;第 5 章介绍最新的业界领先的 VR/AR 内容制作工具 Unity 3D 游戏引擎;第 6 章介绍国有自主知识产权的虚拟现实可视化开发平台软件 VRP 的应用方法;第 7 章介绍面向军事、航空航天等尖端领域的实时建模与仿真软件 Creator 和 Vega Prime;第 8 章为虚拟现实技术的行业应用实践,主要阐述虚拟现实技术在教育培训、工业制造、规划设计、交通仿真、医疗健康、艺术娱乐、产品营销和军事航天等领域的应用。

本书适合作为普通高等院校工程技术类、规划设计类、多媒体类、计算机应用类等相关专业"虚拟现实技术"课程的教材或教学参考书,也可供从事虚拟现实技术研究、开发和应用的从业人员、虚拟现实爱好者学习参考。

本书在编写过程中,研究生王俊涛、杨晨参与了第 8 章的编写,唐姣琪完成了各章复习思考题的编写。同时,我们阅读参考了大量国内外同行专家的著作、论文和相关课件,引用了多家虚拟现实相关企业及相关专业网站的资料,在此表示崇高的敬意和衷心的感谢。东南大学出版社马伟编辑为本书的出版做了大量的工作,在此一并表示衷心的感谢! 由于虚拟现实技术发展迅猛,加之编者水平所限,书中难免有疏漏之处,衷心希望广大读者以及相关专家批评指正,使本书在以后修订中日臻完善。编者邮箱:tjy@seu.edu.cn。

编者

2020 年 4 月于南京

目　　录

1

虚拟现实技术概论

1.1 虚拟现实的基本概念

虚拟现实(Virtual Reality,简称 VR)又译作灵境技术,其名词最早是由美国 VPL Research 公司的创建人拉尼尔(Jaron Lanier)于 1989 年提出的,用以统一表述当时纷纷涌现的各种借助计算机技术及研制的传感装置所创建的一种崭新的模拟环境。虚拟现实技术是一项综合性的信息技术,涉及计算机图形学、多媒体技术、人机交互技术、传感技术、网络技术、立体显示技术、计算机仿真与人工智能等多个领域,是一门富有挑战性的交叉技术。虚拟现实技术应用源于军事和航空航天领域的需求,近年来,虚拟现实技术已广泛应用于工业制造、规划设计、教育培训、交通仿真、文化娱乐等众多领域,它正在影响和改变着人们的生活。由于改变了传统的人与计算机之间被动、单一的交互模式,用户和系统的交互变得主动化、多样化、自然化,因此虚拟现实技术已成为计算机科学与技术领域中继多媒体技术、网络技术及人工智能之后备受人们关注与研究开发的热点。

1.1.1 虚拟现实技术的定义

虚拟现实的英文名称为 Virtual Reality,Virtual 是虚假的意思,其含义是这个环境或世界是虚拟的,是存在于计算机内部的。Reality 就是真实的意思,其含义是现实的环境或真实的世界。所谓虚拟现实,顾名思义,就是虚拟和现实相互结合,是一种可以创建和体验虚拟世界的计算机仿真系统,它以计算机技术为核心,结合相关科学技术,生成与一定范围真实环境在视、听、触感等方面高度近似的虚拟环境,用户借助必要的设备与虚拟环境中的对象进行交互作用、相互影响,从而产生身临其境的感受和体验。虚拟现实是人类在探索自然、认识自然过程中创造产生,并逐步形成的一种用于认识自然、模拟自然,进而更好地适应和利用自然的科学方法和技术。

虚拟现实是利用计算机和一系列传感设施来实现的,使人能有置身于真正现实世界中的感觉的环境,是一个看似真实的模拟环境。通过传感设备,用户根据自身的感觉,使用人的自然技能考察和操作虚拟世界中的物体,获得相应看似真实的体验。具体含义为:①虚拟现实是一种基于计算机图形学的多视点、实时动态的三维环境,这个环境可以是现实世界的真实再现,也可以是超越现实的虚拟世界;②操作者可以通过人的视觉、听觉、触觉、嗅觉等多种感官,直接以人的自然技能和思维方式与所投入的环境交互;③在操作过程中,人是以一种实时数据源的形式沉浸在虚拟环境中的行为主体,而不仅仅是窗口外部的观察者。由此可见,虚拟现实的出现为人们提供了一种全新的人机交互方式。

虚拟现实也可以理解为一种创造和体验虚拟世界(Virtual World)的计算机系统,是一种逼真的模拟人在自然环境中视觉、听觉、运动等感知行为,并可以和这种虚拟环境之间自然交互的高级人机界面技术,是允许用户通过自己的手和头部的运动与环境中的物体进行交互作用的一种独特的人机界面。这种人机界面具有以下特点:①逼真的感觉,包括视觉、听觉、触觉、嗅觉等等;②自然的交互,包括运动、姿势、语言、身体跟踪;③个人的视点,用户用自己的眼、耳、身体感觉信息;④迅速的响应,感觉的信息根据用户视点变化和用户输入及时更新。

虚拟现实的作用对象是"人"而非"物"。虚拟现实以人的直观感受体验为基本评判依据,是人类认识世界、改造世界的一种新的方式和手段。与其他直接作用于"物"的技术不同,虚拟现实本身并不是生产工具,它通过影响人的认知体验,间接作用于"物",进而提升效率。

虚拟现实是对客观世界的易用、易知化改造,是互联网未来的入口与交互环境。一是抽象事物的具象化,包括一维、二维、多维向三维的转化,信息数据的可视化建模;二是观察视角的自主,能够突破空间物理尺寸局限开展增强式观察、全景式观察、自然运动观察,且观察视野不受屏幕物理尺寸局限;三是交互方式的自然化,传统键盘、鼠标的输入输出方式向手眼协调的自然人机交互方式转变。

1.1.2   虚拟现实的科学技术问题类描述

虚拟现实的目的是利用计算机仿真技术及其他相关技术复制、仿真现实世界(假想世界),构造近似现实世界的虚拟世界,用户通过与虚拟世界的交互,从而体验相对应的现实世界,甚至影响现实世界。这一过程可以形式化地表述如下:

设 W 为现实世界(假想世界)所有状态的集合,将 W 划分为不交子集的集合 T,以使不同的 VR 建模方法可以模型化对应划分中的现实世界状态;C 是计算机状态序列的集合;E 是人机交互设备的集合,S(E)为 E 的状态序列的集合。我们首先定义一个选择操作 see,它把 W 中的状态映射到它所选择的划分:

$$see:W \rightarrow T$$

为表征对现实世界的模拟,定义仿真函数 in,它把现实世界状态划分映射到计算机状态序列集:

$$in:T \rightarrow \rho(C) \quad (\rho(C) 为 C 的幂集)$$

为表征虚拟世界中对象对外界的作用,定义虚拟对象表现函数 show,它把计算机状态序列集映射到人机交互设备的状态序列集合:

$$show:\rho(C) \rightarrow S(E) \quad (S(E) 为所有人机交互设备的状态序列集)$$

为表征人对虚拟环境的控制,定义控制函数 do:

$$do:C * S(E) \rightarrow C$$

最后定义 VR 系统为 8 元组:(W,T,C,E,see,in,show,do)

in,show,do 三个函数就是虚拟现实的三大科学技术问题类。in 是 VR 中的建模,可以是一个算法、公理系统,也可以是一个有结构的人工计算机输入过程;show 是 VR 对象的表现,可以是一个算法、数据变换,也可以是有结构的数据输出流;do 是人或外部世界对虚拟环境的控制,是有结构的数据输入流,与交互设备密切相关。

1.1.3　虚拟现实与增强现实、混合现实概念辨析

（1）虚拟现实

虚拟现实是利用计算机模拟产生一个三维空间的虚拟世界,提供使用者关于视觉、听觉、触觉等感官的模拟,让使用者如同身临其境一般。在这个虚拟空间内,使用者感知和交互的是虚拟世界里的东西。现今,在智能穿戴市场上,VR 的代表产品有很多,例如:Facebook 的 Oculus Rift、索尼的 PS VR、HTC 的 Vive 和三星的 Gear VR,以及谷歌公司的简约版 VR 设备 Cardboard,它们都能带我们领略到 VR 技术的魅力。

（2）增强现实

增强现实（Augmented Reality,简称 AR）是在虚拟现实的基础上发展起来的一种将真实世界信息和虚拟世界信息"无缝"集成的新技术,将计算机生成的虚拟信息叠加到现实中的真实场景,以对现实世界进行补充,使人们在视觉、听觉、触觉等方面增强对现实世界的体验。简单地说,VR 是全虚拟世界,AR 是半真实、半虚拟的世界。如今在 AR 领域最具代表性的产品无疑是微软的 HoloLens,除此之外还有 Meta2、Daqri 等。由于 AR 比 VR 的技术难度更高,因此,AR 的发展程度并没 VR 高。

（3）混合现实

混合现实（Mixed Reality,简称 MR）是虚拟现实技术的进一步发展,该技术通过在现实场景呈现虚拟场景信息,在现实世界、虚拟世界和用户之间搭起一个交互反馈的信息回路,以增强用户体验的真实感。混合现实技术结合了虚拟现实技术与增强现实技术的优势,能够更好地将增强现实技术体现出来。

近年来,应用全息投影技术的混合现实,使得我们可以实现不用戴眼镜或头盔就能看到真实的三维空间物体,全息的本意是在真实世界中呈现一个三维虚拟空间。全息投影技术也称虚拟成像技术,是利用光信号的干涉和衍射原理记录并再现物体真实的三维图像的技术。全息投影技术不仅可以产生立体的空中幻象,还可以使幻象与表演者产生互动,一起完成表演,产生令人震撼的演出效果。

在 MR 领域风头最盛的莫过于美国的 Magic Leap 公司,这家公司虽然到目前为止还没有发布任何产品,但是靠着发布的几个演示视频就获得了总计高达 14 亿美元的投资,成为估值高达 45 亿美元的独角兽公司,图 1-1 为 Magic Leap 公司发布的在体育馆观看鲸鱼表演的混合现实演示视频。

从狭义来说,虚拟现实特指 VR,是以想象为特征,创造与用户交互的虚拟世界场景。广义的虚拟现实包含 VR、AR、MR,是虚构世界与真实世界的辩证统一。AR 以虚实结合为特征,将虚拟物体信息和真实世界叠加,实现对现实的增强。MR 将虚拟世界和真实世界融合创造为一个全新的三维世界,其中物理实体和数字对象实时并存并且相互作用。AR 和 VR 区分并不难,难的是如何区分 AR 和 MR。从概念上来说,VR 是纯虚拟数字画面,而 AR 是

图 1-1　Magic Leap 公司发布的混合现实演示视频截图

虚拟数字画面加上裸眼现实，MR 是数字化现实加上虚拟数字画面。当然，很多时候，人们就把 AR 也当作了 MR 的代名词，用 AR 代替了 MR。

1.2　虚拟现实的基本特征

虚拟现实应用计算机生成了一种虚拟环境，人可以通过使用各种特殊装置将自己"投射"到这个环境中，并操作、控制这个环境，实现特定的目的，即人是这个环境的主宰。其技术原理可简单描述为人在物理空间通过传感器集成设备与由计算机硬件和 VR 图形渲染引擎产生的虚拟环境交互。来自多传感器的原始数据经过处理成为融合信息，经过行为解释器产生行为数据，输入虚拟环境并与用户进行交互，来自虚拟环境的配置和应用状态再由传感器输出反馈给用户，虚拟现实是人们通过计算机对复杂数据进行可视化操作与交互的一种全新方式。与传统的人机界面以及流行的视窗操作相比，虚拟现实在技术思想上有了质的飞跃。

1994 年，美国科学家 G. Burdea 和 P. Coiffet 提出了虚拟现实的三个基本特征，即交互性、沉浸性和构想性（Interaction，Immersion，Imagination，简称"3I"）。由于虚拟现实技术的硬件、软件和应用领域不同，"3I"的侧重点也各有不同。

1.2.1　交互性

交互性（Interaction）是指用户对模拟环境内物体的可操作程度和从环境得到反馈的自然程度（也包括实时性）。用户进入虚拟空间，通过相应的设备让用户跟环境产生相互作用，当用户进行某种操作时，周围的环境也会做出某种反应。人能够以很自然的方式跟虚拟世界中的对象进行交互操作或者自主交流，着重强调使用手势、体势等身体动作（主要是通过头盔、数据手套、数据衣等来采集信号）和自然语言等自然方式的交流。例如，用户可以用手去直接抓取模拟环境中虚拟的物体，这时手有握着东西的感觉，并可以感觉到物体的重量，视野中被抓的物体也能立刻随着手的移动而移动。

1.2.2 沉浸性

沉浸性(Immersion)又称临场感,是指用户感到作为主角存在于模拟环境中的真实程度。用户能够沉浸到计算机系统所创建的虚拟环境中,由观察者变为参与者,成为虚拟现实系统的一部分。用户在其生理和心理的角度上,对虚拟环境难以分辨真假,能全身心地投入计算机创建的三维虚拟环境中。该环境中的一切看上去是真的,听上去是真的,动起来是真的,甚至闻起来、尝起来等一切感觉都是真的,如同在现实世界中的感觉一样。沉浸性取决于系统的多感知性(Multi-Sensory)。多感知性指除了一般计算机技术所具有的视觉感知之外,还有听觉感知、力感知、触觉感知、运动感知,甚至包括味觉感知和嗅觉感知等。理想的虚拟现实技术应该具有一切人所具有的感知功能。但由于相关技术,特别是传感技术的限制,虚拟现实技术所具有的感知功能仅限于视觉、听觉、力感、触觉、运动等几种。当用户感知到虚拟世界的各种感官刺激时,才能产生思维共鸣,造成心理沉浸,感觉如同进入真实世界。

1.2.3 构想性

构想性(Imagination)也称想象性,是指用户在虚拟空间中,可以与周围物体进行互动,从而拓宽认知范围,创造客观世界不存在的场景或不可能发生的环境的能力程度。构想性也可以理解为使用者进入虚拟空间,根据自己的感觉与认知能力吸收知识、发散思维,得到感性和理性的认识,在虚拟世界中根据所获取的多种信息和自身在系统中的行为,通过联想、推理和逻辑判断等思维过程,对系统运动的未来进展进行想象,以获取更多的知识,认识复杂系统深层次的运动机理和规律性。构想性使得虚拟现实技术成为一种用于认识事物、模拟自然,进而更好地适应和利用自然的科学方法和科学技术。

借助于虚拟现实技术,让每一位参与者从处于一个具有身临其境的、具有完善交互作用能力的、能帮助和启发构思的信息环境,使人不仅仅靠听读文字或数字材料获取信息,而是通过与所处环境的交互作用,利用人本身对接触事物的感知和认知能力,以全方位的方式获取各式各样表现形式的信息。因此,虚拟现实技术为众多应用问题提供了崭新的解决方案,有效地突破了时间、空间、成本、安全性等诸多条件的限制,人们可以去体验已经发生过或尚未发生的事件,可以进入实际不可达或不存在的空间。

1.3 虚拟现实系统的组成

1.3.1 虚拟现实系统的功能模块

虚拟现实的构建目标就是利用高性能、高度集成的计算机软、硬件及各类先进的传感器,去创造一个使参与者具有高度沉浸感、具有完善的交互能力的虚拟环境。一般来说,一个完整的虚拟现实系统包括虚拟世界数据库及其相应工具与管理软件,以高性能计算机为核心的虚拟环境生成器,以头盔显示器为核心的视觉系统,以语音识别、声音合成与声音定位为核心的听觉系统,以方位跟踪器、数据手套和数据衣为主体的身体方位姿态跟踪设备,以及味觉、嗅觉、触觉与力反馈等功能子系统(图1-2)。

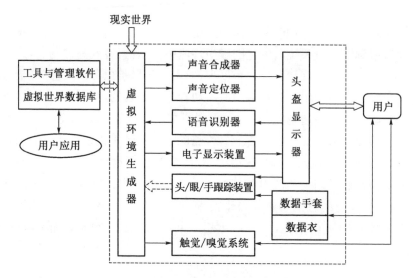

图1-2　虚拟现实系统的功能构成

虚拟现实系统包括检测、反馈、传感器、控制与建模等功能模块(图1-3)。

(1)检测模块。检测用户的操作命令,并通过传感器模块作用于虚拟环境。

(2)反馈模块。接受来自传感器模块信息,为用户提供实时反馈。

(3)传感器模块。一方面接受来自用户的操作命令,并将其作用于虚拟环境。另一方面将操作后产生的结果以各种反馈的形式提供给用户。

(4)控制模块。对各种传感器进行控制,使其对用户、虚拟环境和现实世界产生作用。

(5)建模模块。获取现实世界组成要素的三维表示,并构建对应的虚拟环境。

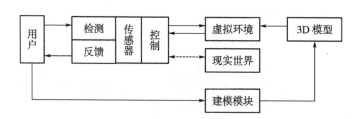

图1-3　虚拟现实系统的功能模块

1.3.2　虚拟现实系统的软硬件设备

典型的虚拟现实系统主要由软件系统(包括虚拟环境数据库、虚拟现实软件和实时操作系统、语音识别与三维声音处理系统)和虚拟现实输入设备、输出设备、图形处理器和跟踪定位器等硬件系统组成(图1-4)。

(1)虚拟现实硬件系统

虚拟现实输入设备包括:三维位置跟踪器、数据手套、数据衣、三维鼠标、跟踪定位器、三维探针及三维操作杆等。虚拟现实输出设备包括:立体显示设备、三维声音生成器、触觉和力反馈的装置等。

构造一个虚拟环境,在硬件方面需要有以下几类系统设备的支持:

① 高性能计算机处理系统。高性能计算机是虚拟现实硬件系统的核心,它承担着虚拟现实中物体的模拟计算,虚拟环境的图像、声音等生成以及各种输入设备、跟踪设备的数据处理和控制。因此,对计算机的性能要求较高,如 CPU 的运算速度、I/O 带宽、图形处理能力等。目前中高端应用主要基于美国 SGI 公司的系列图形工作站,低端平台基于个人计算机或者智能移动设备上运行,高性能计算机需具有高处理速度、大存储量、强联网等特性。

② 跟踪系统。用以跟踪用户的头部、手部的位置及方向,使计算机的图像能随用户头部和手的运动而发生变化。跟踪系统将获

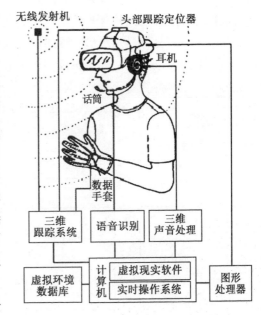

图 1-4　虚拟现实的软硬件系统

得的位置和方向信息送入应用软件中,以确定用户眼睛的位置及视线的方向,以便渲染下一帧图像,模拟用户在虚拟环境中的运动。

③ 交互系统。能使用户与虚拟空间中的对象进行交互,提供用户感知力与压力的反馈,包括数据手套、数据鞋、数据衣、味觉发生器等触觉识别设备等。

④ 音频系统。在虚拟现实中,复杂的虚拟环境除了有感觉之外,还有声音,它可以与视觉信息同时存在并进行交流。三维声音可以用不同的声音表现不同的位置,提供立体声源和判定空间位置,使用户有一种更加接近真实的虚拟体验。

⑤ 图像生成和显示系统。用于产生立体视觉图像效果,实时地显示虚拟环境中计算机渲染对象的输出装置。常用的显示设备有头盔显示器(HMD)、眼镜显示器、支架显示器(BOOM)、全景大屏幕显示器(CAVE)。

(2) **虚拟现实软件系统**

虚拟现实软件系统功能主要是构建虚拟环境数据库、生成并管理虚拟环境;进行复杂的逻辑控制、模拟实时的相互作用、模拟用户所有的智能行为;模拟复杂的时空关系,主要涉及时间与空间的同步等问题;计算模拟感觉的表达,包括用户的听觉、视觉、触觉、味觉和嗅觉的计算机表达;实时数据采集、压缩、分析、解压缩;支持与虚拟环境交互的定位、操纵、导航与控制等。

在虚拟现实场景开发中,首要任务就是三维模型的构建,包括地形、建筑物、街道、树木等静态模型以及运动的汽车、飞鸟、行人等三维模型。虚拟现实要求三维建模软件系统具备实时应用特性,并支持大多数的硬件平台,如美国 Presagis 公司的 Creator 就是符合这一要求的世界先进三维建模软件系统,它包括一套综合的强大的建模工具,具有精简的、直观的交互能力,运行在所见即所得、三维、实时的环境中。三维模型建立后,要应用 Vega Prime

视景仿真引擎进行特殊效果处理,以增强沉浸感。系统采用专用的传感器控制软件或自行开发的虚拟环境交互控制软件来接受各种高性能传感器的信息(如头盔、数据手套及数据服等的信息),并生成立体显示图形。除了以上软件以外,系统还需要动画软件、地理信息系统软件、图形图像处理软件、文本编辑软件以及数据库等软件的支持(图1-5)。

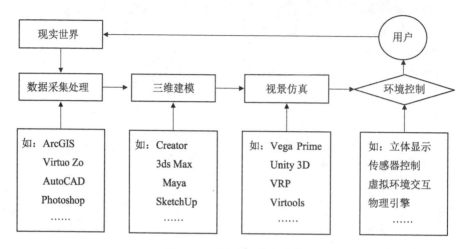

图1-5　虚拟现实软件功能

　　虚拟现实软件是被广泛应用于虚拟现实制作和虚拟现实系统开发的图形图像三维处理软件。虚拟现实软件的开发商一般都是先研发出一个核心引擎,然后在引擎的基础上,针对不同行业、不同需求,研发出一系列的子产品。所以,在各类虚拟现实软件的定位上更多的是一个产品体系。其软件种类一般包括:三维场景编辑器、粒子特效编辑器、物理引擎系统、三维互联网平台、立体投影软件融合系统和二次开发工具包等等。

1.4　虚拟现实系统的分类

　　虚拟现实系统根据交互性和沉浸感以及用户参与形式的不同一般分为桌面式、沉浸式、增强式和分布式四种类型。

1.4.1　桌面式虚拟现实系统

　　桌面式虚拟现实系统(Desktop VR)利用个人计算机或初级图形工作站,以计算机屏幕作为用户观察虚拟世界的一个窗口,采用立体图形、自然交互技术产生三维立体空间的交互场景,用户通过包括键盘、鼠标和三维空间交互球等在内的各种输入设备操纵虚拟世界,实现与虚拟世界的交互。

　　桌面式虚拟现实系统也称窗口VR,是非完全投入式虚拟现实系统,是一套基于普

图1-6　桌面式虚拟现实系统

通 PC 平台的小型桌面虚拟现实系统。在非完全投入式系统中,利用中低端图形工作站及立体显示器,产生虚拟场景(图 1-6)。参与者使用位置跟踪器、数据手套、力反馈器、三维鼠标或其他手控输入设备,可从视觉上感觉到真实世界,并通过某种显示装置,如图形工作站,可对虚拟世界进行观察。用户可对视点做六自由度平移及旋转,可在虚拟环境中漫游。桌面式虚拟现实系统主要用于 CAD/CAM、民用设计等领域。

桌面式虚拟现实系统的特点是结构简单、价格低廉、经济实用、易于普及推广,但沉浸感不高。

1.4.2 沉浸式虚拟现实系统

沉浸式虚拟现实系统(Immersive VR)是一种高级的、较理想的虚拟现实系统,它提供一个完全沉浸的体验,使用户有一种仿佛置身于真实世界之中的感觉。它通常采用洞穴式立体显示装置(CAVE 系统)或头盔式显示器(HMD)等设备,首先把用户的时间、听觉和其他感觉封闭起来,并提供一个新的、虚拟的感觉空间,利用三维鼠标、数据手套、空间位置跟踪器等输入设备和视觉、听觉等输出设备,采用语音识别器让用户对系统主机下达操作命令。与此同时,头、手、眼均有相应的头部跟踪器、手部跟踪器、眼睛视向跟踪器的追踪,使系统尽可能地达到实时性,从而使用户产生一种身临其境、完全投入和沉浸于其中的感觉。常见的沉浸式系统有基于头盔式显示器的系统和立体投影式虚拟现实系统两种类型。

沉浸式系统把用户的个人视点完全沉浸到虚拟世界中,又称投入式虚拟现实系统。在投入式系统中,以对使用者头部位置、方向做出反应的计算机生成的图像代替真实世界的景观。用户可做能在工作站上完成的任何事,其明显长处是完成投入。当具备结合模拟软件的额外处理能力后,使用者就可交互地探索新景观,体验到实时的视觉回应。和桌面式虚拟现实系统相比,沉浸式虚拟现实系统硬件成本相对较高,封闭的虚拟空间能提供高沉浸感的用户体验(图 1-7),适用于模拟训练、教育培训与游戏娱乐等领域。

图 1-7 沉浸式虚拟现实系统

虚拟现实影院(VR Theater)就是一个完全沉浸式的投影式虚拟现实系统,用几米高的六个平面组成的立方体屏幕环绕在观众周围,设置在立方体外围的六个投影设备共同投射在立方体的投射式平面上。用户置身于立方体中可同时观看由五个或六个平面组成的图像,完全沉浸在图像组成的空间中。

1.4.3 增强式虚拟现实系统

增强式虚拟现实系统(Augmented VR)即增强现实(Augmented Reality,简称 AR),是一个较新的研究领域,是一种利用计算机对用户所看到的真实世界产生的附加信息进行景象增强或扩张的技术。增强现实系统是利用附加的图形或文字信息,对周围真实世界的场景动态地进行增强,把真实环境和虚拟环境组合在一起,使用户既可以看到真实世界,又可以看到叠加在真实世界的虚拟对象。

增强式虚拟现实系统又称叠加式虚拟现实系统或补充现实系统,允许用户对现实世界进行观察的同时,将虚拟图像叠加在现实世界之上。增强现实技术是一种实时地计算摄像机影像的位置及角度并加上相应图像的技术,是将真实世界信息和虚拟世界信息"无缝"集成的新技术,这种技术的目标是在屏幕上把虚拟世界套在现实世界并进行互动。增强现实技术不仅能够有效体现出真实世界的内容,也能够促使虚拟的信息内容显示出来,这些细腻内容相互补充和叠加。在视觉化的增强现实中,用户需要在头盔显示器的基础上,促使真实世界能够和电脑图形之间重合在一起,在重合之后可以充分看到真实的世界围绕着它。增强现实技术中主要有多媒体和三维建模以及场景融合等新的技术和手段,增强现实所提供的信息内容和人类能够感知的信息内容之间存在着明显不同。

增强现实的三大技术要点:三维注册(跟踪注册技术)、虚拟现实融合显示、人机交互。其流程是首先通过摄像头和传感器对真实场景进行数据采集,并传入处理器对其进行分析和重构,再通过 AR 头盔显示器或智能移动设备上的摄像头、陀螺仪、传感器等配件实时更新用户在现实环境中的空间位置变化数据,从而得出虚拟场景和真实场景的相对位置,实现坐标系的对齐并进行虚拟场景与现实场景的融合计算,最后将其合成影像呈现给用户。用户可通过 AR 头盔显示器或智能移动设备上的交互配件,如话筒、眼动追踪器、红外感应器、摄像头、传感器等设备采集控制信号,并进行相应的人机交互及信息更新,实现增强现实的交互操作。其中,三维注册是 AR 技术之核心,即以现实场景中二维或三维物体为标识物,将虚拟信息与现实场景信息进行对位匹配,即虚拟物体的位置、大小、运动路径等与现实环境必须完美匹配,达到虚实相生的程度(图 1-8)。

图 1-8 增强式虚拟现实系统

例如,战斗机驾驶员使用的头盔显示器可让驾驶员同时看到外面世界及叠置的合成图形。额外的图形可在驾驶员对机外地形视图上叠加地形数据,或许是高亮度的目标、边界或战略陆标(Landmark)。增强现实系统的效果显然在很大程度上依赖于对使用者及其视线方向的精确的三维跟踪。

1.4.4 分布式虚拟现实系统

分布式虚拟现实系统(Distributed Virtual Reality,简称 DVR),又称为网络虚拟现实系统(Networked Virtual Reality,简称 NVR),是虚拟现实技术和网络技术结合的产物。其目标是建立一个可供异地多用户同时参与的分布式虚拟环境(Distributed Virtual Environment,简称 DVE),在这个环境中,位于不同物理环境位置的多个用户或多个虚拟环境通过网络相连接,或者多个用户同时进入一个虚拟现实环境,通过计算机与其他用户进行交互,进行观察和操作,并共享信息,以达到协同工作的目的。

分布式虚拟现实系统建立在沉浸式虚拟现实系统的基础上,位于不同物理位置的多台计算机及其用户,可以不受其各自的时空限制,在一个共享虚拟环境中实时交互、协同工作,共同完成复杂产品的设计、制造、销售全过程的模拟或某一艰难任务的演练。它特别适用于实现对造价高、危险、不可重复、宏观或微观事件的仿真。例如用于部队联合训练的作战仿真互联网,或者异地的医科学生通过网络对虚拟手术室中的病人进行外科手术。

DVR 系统有四个基本组成部件:图形显示器、通信和控制设备、处理系统和数据网络。DVR 系统的主要特征有:①共享的虚拟工作空间;②伪实体的行为真实感;③支持实时交互,共享时钟;④多个用户以多种方式相互通信;⑤资源信息共享以及允许用户自然操作环境中的对象。分布式虚拟现实系统在远程教育、科学计算可视化、工程技术、建筑、电子商务、交互式娱乐、艺术等领域都有着极其广泛的应用前景。

1.5 虚拟现实的发展历程

2016 年被产业界称为"虚拟现实元年",可能有人会误认为虚拟现实技术是近年来才发展起来的新技术,其实不然,虚拟现实技术最早起源于美国。虚拟现实技术演变发展史大体上可以分为四个阶段:

① 萌芽与诞生阶段(20 世纪 30 年代至 70 年代末),有声形动态的模拟是蕴涵虚拟现实思想的第一阶段,为 VR 技术的探索时期。

② 初步发展阶段(20 世纪 80 年代),军事与航天领域的应用推动,虚拟现实概念产生和理论初步形成,VR 技术从研发开始进入系统化应用时期。

③ 高速发展阶段(20 世纪 90 年代至 21 世纪初),虚拟现实理论进一步完善,游戏、娱乐、模拟应用为代表的民用应用高速发展,VR 在 Internet 上应用的兴起。

④ 大众化与多元化应用阶段(21 世纪以来),VR 技术与文化创意产业、3D 电影、人机交互、增强现实等集成应用,虚拟现实产业化发展。

1.5.1 虚拟现实思想的萌芽与诞生

20 世纪 30 年代至 70 年代末是虚拟现实技术萌芽与诞生阶段,有声形动态的模拟是蕴涵虚拟现实思想的第一阶段,此阶段虚拟现实技术没有形成完整的概念,处于探索阶段。

最早体现虚拟现实思想的设备当属 1929 年美国科学家 Edward Link 设计的室内飞行模拟训练器,乘坐者的感觉和坐在真的飞机上的感觉是一样的。

1935 年,美国著名科幻小说家斯坦利·温鲍姆(Stanley G. Weinbaum)发表了小说 *Pygmalion's Spectacles*(《皮格马利翁的眼镜》),书中描述主角精灵族教授阿尔伯特·路德维奇发明了一副眼镜,只要戴上眼镜,就能进入电影当中,"看到、听到、尝到、闻到和触到各种东西。你就在故事当中,能跟故事中的人物交流,你就是这个故事的主角"。这是学界认为对"沉浸式体验"的最初详细描写,是以眼镜为基础,涉及视觉、嗅觉、触觉等全方位沉浸式体验的虚拟现实概念萌芽。

1957 年,美国电影摄影师 Morton Heilig 开始建造了一个叫作 Sensorama(传感景院仿真器)的立体电影原型系统。1962 年,世界上第一台 VR 设备出现,这款设备需要用户坐在椅子上,把头探进设备内部,通过三面显示屏来形成空间感,从而形成虚拟现实体验(图1-9)。同年,Morton Heileg 申请了专利"全传感仿真器"。虽然该设备不具备交互功能,但 Morton 仍被视为"沉浸式 VR 系统"的实践先驱。

1965 年,被称为"计算机图形学之父"与"虚拟现实之父"的美国科学家伊凡·苏泽兰(Ivan Sutherland)在国际信息处理联合会(IFIP)会议上发表的一篇名为 *The Ultimate Display*(《终极的显示》)的论文,文中首次提出了包括具有交互图形显示、力反馈设备以及声音提示的虚拟现实系统的

图 1-9　Morton Heilig 研制的 Sensorama 的传感景院仿真器

基本思想。他认为,"人们必须面对一种显示屏幕,通过这个窗口可以看到一个虚拟世界"。他对计算机世界提出的挑战是:"必须使窗口中的景象看起来真实,听起来真实,而且物体的行动真实。"1968 年,伊凡·苏泽兰开发了一款头戴式显示器,该立体视觉系统被称为"达摩克利斯之剑",是一个真实的虚拟和增强现实设备的最早例子之一,能够显示一个简单的几何图形网格并覆盖在佩戴者周围的环境上(图1-10)。

1966 年,美国麻省理工学院(MIT)的林肯实验室在海军科研办公室的资助下开始了头戴式显示器(HMD)的研制工作。在第一个头戴式显示器的样机完成不久,研制者又把能模拟力量和触觉的力反馈装置加入这个系统中,直到 1970 年才研制出世界上第一个功能较齐

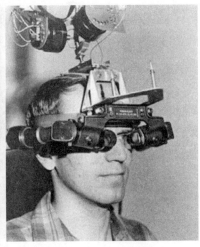

图 1-10　Ivan Sutherland 及其研制的头戴式显示器

全的 HMD 系统。

1.5.2　虚拟现实的初步发展阶段

20 世纪 80 年代是虚拟现实技术从实验室走向系统化实现的阶段,此阶段虚拟现实概念产生和理论初步形成,在军事与航天领域的应用推动下,出现了一些比较典型的虚拟现实应用系统。

1983 年,美国国防高级研究计划局 DARPA(Defense Advanced Research Projects Agency)和美国陆军共同为坦克编队作战训练开发了一个实用的虚拟战场系统 SIMNET。该系统中的每个独立的模拟器都能单独模拟 M1 坦克的全部特性,包括导航、武器、传感和显示等性能。目前 NATO(北大西洋公约组织)计划将海战、空战仿真系统与 SIMNET 相联,把各个不同国家的兵力汇集入 SIMNET 而成为一个虚拟战场。

20 世纪 80 年代,美国宇航局(NASA)及国防部将 VR 技术应用于对航天运载器外的空间活动研究、空间站自由操纵研究和对哈勃空间站维修的研究等系列研究项目中。1984年,NASA Ames 研究中心虚拟行星探测实验室的 M. McGreevy 和 J. Humphries 联合开发出用于火星探测的虚拟环境视觉显示器,将火星探测器发回的数据输入计算机,为地面研究人员构造了火星表面的三维虚拟环境。1985 年,NASA 研制了一款安装在头盔上的 VR 设备,称之为"VIVED VR",其配备了一块中等分辨率的 2.7 英寸液晶显示屏,并结合了实时头部运动追踪等功能(图 1-11)。其作用是通过 VR 训练增强宇航员的临场感,使其在太空能够更好地工作。1987 年,Jim Humphries 设计了双目全方位监视器(Binocular Omni-Oriented Monitor,简称 BOOM)的最早原型。

1989 年,美国生产数据手套的 VPL 公司创始人 Jaron Lanier 正式提出了用"Virtual Reality"来表示虚拟现实一词,并且把虚拟现实技术开发为商品,大大推动了虚拟现实技术的发展和应用。

1990 年,在美国达拉斯召开的 SIGGRAPH(计算机图形图像特别兴趣小组)会议上,明确

图 1-11　NASA 研制的 VIVED VR 设备

提出 VR 技术研究的主要内容包括实时三维图形生成技术、多传感器交互技术和高分辨率显示技术,为 VR 技术确定了研究方向。

1.5.3　虚拟现实的高速发展阶段

20 世纪 90 年代至 21 世纪初为虚拟现实技术高速发展阶段,从 20 世纪 90 年代开始,计算机软硬件的发展为虚拟现实技术的发展打下了基础,虚拟现实理论进一步完善,游戏、娱乐、模拟应用为代表的民用应用以及 VR 在 Internet 上的应用开始兴起。VR 技术的研究热潮也开始向民间的高科技企业转移,美国著名的 VPL 公司开发出世界上第一套传感数据手套命名为"DataGloves",第一套 HMD 命名为"EyePhones"。

1991 年,在 IBM 研究室的协助下,美国 Virtuality 公司开发了虚拟现实游戏系统"VIRTUALITY",玩家可以通过该系统实现实时多人游戏,由于价格昂贵及技术水平限制,该产品并未被市场接受(图 1-12)。

图 1-12　Virtuality 公司开发的 VIRTUALITY

1992 年,美国 Sense8 公司开发出"World Tool Kit"简称"WTK"虚拟现实软件工具包,极大缩短虚拟现实系统的开发周期。同年,美国 Cruz-Neira 公司推出墙式显示屏自动声像虚拟环境(Audio-Visual Experience Automatic Virtual Environment,简称 CAVE)。CAVE 是世界上第一个基于投影的虚拟现实系统,它把高分辨率的立体投影技术、三维计算机图形技术和音响技术等有机地结合在一起,产生一个完全沉浸式的虚拟环境。

1993 年,美国波音公司应用虚拟现实技术设计了波音 777 飞机。波音 777 由 300 多万个零件组成,这些零件及飞机的整体设计是在一个有数百台工作站的虚拟环境系统上进行的,在虚拟环境中实现了飞机的设计、制造、装配。设计师戴上头盔显示器后,就能穿行于这个虚拟的"飞机"中,从各个角度去审视"飞机"的各项设计,实际的运行中证明了真实情况与虚拟环境中的情况完全一致。这种设计大大缩短了产品上市时间,从而节约了大量不可预见的成本,提高产品的竞争力。

1994 年,在瑞士日内瓦举行的第一届国际互联网大会上,科学家们提出了为创建三维网络的界面和网络传输的虚拟现实建模语言(Virtual Reality Modeling Language,简称 VRML)。1995 年 VRML1.0 版本正式推出,1996 年在对 1.0 版本进行重大改进的基础上推出了 2.0 版本,其中添加了场景交互、多媒体支持,碰撞检测等功能。1997 年,经过国际标准化组织的评估后,VRML2.0 成为国际标准,并改称 VRML97。

图 1-13 任天堂推出虚拟游戏主机 Virtual Boy

由于 VRML 得天独厚的优越性,国外一些公司与机构做了大量的工作将其用于因特网上虚拟场景的构建。美国海军研究生学校(Naval Postgraduate School)与美国地质调查局(USGS)共同开发了基于 VRML 的蒙特利海湾(Monterey Bay)的虚拟地形场景;NASA 的 Goddard 航天飞行中心也用 VRML 开发了一套系统用于实时监测和演示墨西哥西海岸的 Linda 飓风;另两位美国学者 Abernathy 与 Shaw 用 VRML 为地形、影像及 GPS 定位数据建模,开发了一套用于演示旧金山海湾地区公路长跑接力赛的系统等等。

1995 年,日本任天堂(Nintendo)公司推出的 32 位携带游戏的主机"Virtual Boy"是游戏界对虚拟现实的第一次尝试(图 1-13),其技术原理是将双眼中同时产生的相同图像叠合成用点线组成的立体影像空间,但限于当时的技术,该装置只能使用红色液晶显示单一色彩。可惜由于理念过于前卫以及当时本身技术力的局限等原因,不久就销声匿迹,此后 VR 设备似乎就再也没有掀起过热潮。

1.5.4 虚拟现实的大众化与多元化应用

进入 21 世纪后,虚拟现实系统和设备开始走向成熟,而且硬件设备的价格也不断降低,从而促进了 VR 在教育、医疗、娱乐、科技、工业制造、建筑和商业等一系列领域中的应用。VR 技术更是进入软件高速发展的时期,一些有代表性的 VR 软件开发系统在不断发展完善,如 MultiGen Creator、Paradigm Vega、OpenSceneGraph、Virtools 等。2000 年以后,虚拟现实技术在整合发展中引入了 XML、JAVA 等先进技术,应用强大的 3D 计算能力和交互式技术,提高渲染质量和传输速度,进入了崭新的发展时代。VR 技术与文化创意产业、3D 电影、人机交互、增强现实等集成应用,虚拟现实进入产业化发展阶段。

其他的一些发达国家如英国、法国、德国、瑞典、西班牙等也积极进行了 VR 的研究开发与应用,目前也有不少实际科技成果,如西班牙的多用户虚拟奥运会、德国的虚拟空间测试平台、瑞典的 DIVE 分布式虚拟交互环境等。

我国虚拟现实技术的研究起步于 20 世纪 90 年代初,虽然起步较晚,但近年来政府有关部门非常重视,制订了 VR 技术的研究计划,并将其列入国家重点研究项目,VR 的研究和应用全面展开。首先应用于军事与航天领域,例如航天(航空)飞行仿真、军事演习模拟等。

北京航空航天大学是国内最早进行 VR 技术研究、最有权威的单位之一,于 2000 年 8 月成立了虚拟现实新技术教育部重点实验室。北京航空航天大学计算机系虚拟现实与可视化新技术研究室建立了分布式虚拟环境网络(Distributed Virtual Environment NETwork,DVENET),并应用于虚拟现实及其相关技术研究和教学。

浙江大学心理学国家重点实验室联合美国 IBM 公司和故宫博物院开发了虚拟故宫在线旅游系统,浙江大学 CAD&CG 国家重点实验室开发出桌面虚拟建筑环境实时漫游系统,还研制出了在虚拟环境中一种新的快速漫游算法和一种递进网格的快速生成算法。

清华大学对虚拟现实及其临场感等方面进行了大量研究,比如球面屏幕显示和图像随动、克服立体图闪烁的措施及深度感实验测试等。

西安交通大学信息工程研究所对虚拟现实中的关键技术——立体显示技术进行了研究,提出一种基于 JPEG 标准压缩编码新方案,获得了较高的压缩比、信噪比以及解压缩速度。

此外,哈尔滨工业大学、国防科技大学、装甲兵工程学院、中科院软件所、上海交通大学等单位也进行了不同领域、不同方面的 VR 研究工作。虚拟现实技术在医疗、机器人以及建筑、教育和娱乐等领域得到了广泛的应用。

2008 年 2 月,美国国家工程院(NAE)公布了一份题为"21 世纪工程学面临的 14 项重大挑战"的报告。虚拟现实技术是其中之一,与新能源、洁净水、新药物等技术相并列。为了获得虚拟现实技术优势,美、英、日等国政府及大公司不惜斥巨资在该领域进行研发。

2012 年,美国 Oculus 公司通过网络众筹募集资金到 160 万美元,2014 年被 Facebook 以 20 亿美元的天价收购。Unity 作为第一个支持 Oculus 眼镜的虚拟现实开发引擎,此后大批开发者投身 VR 项目的开发中。

2014 年 4 月,谷歌公司发布了一款"拓展现实"的眼镜,虽然这和普遍意义上的 VR 有些区别,但是在人机交互、开拓全新的现实视野上受到好评。

进入 2016 年,虚拟现实热潮仍一波接一波。2016 年 3 月,Oculus 公司产品 Oculus Rift 正式上市销售;微软公司产品 HoloLens(开发者版)开始销售;索尼公司产品 PlayStation VR 正式公开;2016 年 4 月,HTC 公司产品 HTC Vive 上市销售;同时,我国工业与信息化部发布《虚拟现实产业发展白皮书 5.0》;2016 年 5 月,虚拟现实和增强现实国家及行业标准开始研究与制定。随着 HTC、微软、Facebook、SONY、AMD、三星等国际知名品牌相继布局 VR 领域,VR 产业生态逐渐完善,消费者对于产品的认知也逐渐深化、成熟。业内普遍认为,"虚拟现实元年"已经到来,图 1-14 描述了 VR 发展简史与标志性事件。

虚拟现实是一项发展中的、具有深远的潜在应用方向的新技术,使用网络计算机及其相关的输入、输出硬件设备,我们的工作、生活、娱乐将更加有情趣,只要发挥自己丰富的想象力,在电脑前就可以实现与大西洋底的鲨鱼嬉戏、参观非洲大陆的天然动物园、感受古战场的硝烟与刀光剑影。

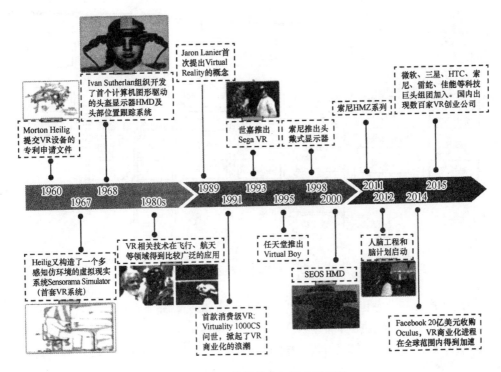

图 1-14　VR 发展简史与标志性事件

虚拟现实发展前景十分诱人，而与 5G 网络通信的结合，更是人们所梦寐以求的。在某种意义上说，它将改变人们的思维方式，甚至会改变人们对世界、自己、空间和时间的看法。

虚拟现实仍然存在着提高 VR 系统的交互性、逼真性和沉浸感的必要，在新型传感器和感知机理、几何与物理建模新方法、高性能计算，特别是高速图形图像处理，以及人工智能、心理学、社会学等方面都有许多挑战性的课题有待研究解决。

1.6　虚拟现实产业分析

2016 年以来，随着虚拟现实消费级智能穿戴产品的不断推出，虚拟现实真正成为电子信息领域最受关注的产业之一，因此，消费端智能穿戴产品的出现成为虚拟现实产业化起点。

1.6.1　虚拟现实产业链

虚拟现实产业链大致可分为硬件设计开发、软件设计开发、内容设计开发和资源运营平台服务等几种类别。硬件设备与关键零部件包括处理器芯片、显示器件、光学器件、传感器等。软件包括操作系统、软件工具包（SDK）、用户界面、中间件等。设备包括了主机系统（PC、一体机、手机）、显示终端、交互终端，还包括内容采集与编辑的终端设备等。应用与内容制作包括了行业应用软件的开发和内容的制作、分发等（图 1-15）。

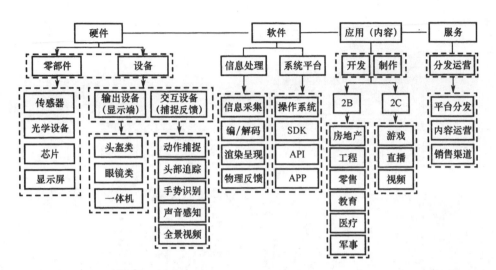

图 1-15 虚拟现实产业链全景图

虚拟现实产业链上游包括制造 VR 眼镜、VR 头盔等必需的硬件材料。例如各类传感器、芯片、摄像头、定位器、密封件、显示屏等等。产业链中游则包括 VR 眼镜、VR 头盔等技术应用必需的终端设备和相关软件。产业链下游为 VR 应用,如游戏、视频等 VR 内容等服务。

虚拟现实的应用需求可分为企业级和消费级两种,即 2B 和 2C。2C 应用是最贴近市场的应用,也是最容易推动市场火爆发展的驱动力;而 2B 应用则需要靠企业、政府等多方面市场主体共同推动,但这部分应用也将推动 VR 与众多行业形成联动效应,为整个社会生产方式带来变革式的影响。

虚拟现实产业链涵盖多个细分领域,内容制作与分发平台占据产业链节点位置(图1-16)。相对于 VR 硬件的一次性收费,以 VR 内容服务为核心的盈利模式更具想象空间。分发运营分为线上和线下两种模式,线上主要是 APP、游戏下载、视频点播和广告植入等形式;线下主要是体验店、游乐园等,此类 VR 体验活动发展态势良好。

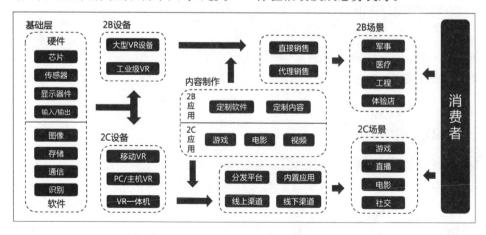

图 1-16 虚拟现实行业产业链构成

通过虚拟现实关键技术的突破以及"虚拟现实＋"的带动,会产生大量行业和领域的虚拟现实应用系统,为网络与移动终端应用带来全新发展,将会推动许多行业实现升级换代式的发展。虚拟现实可以应用于国防军事、航空航天、智慧城市、装备制造、教育培训、医疗健康、商务消费、文化娱乐、公共安全、社交生活、休闲旅游、电视直播等领域中。

由于5G通信时代有边缘计算,网络切片等技术,5G在高带宽、高传输率、低延时等方面技术性能的提高给虚拟现实的应用带来了解决方案。在5G时代,画面质量、图像处理、眼球捕捉、3D声场、人体工程等都会有重大突破,这将促使虚拟现实产业的发展进入快车道。

1.6.2 虚拟现实产业主要厂商

虚拟现实产业呈现爆发式增长,越来越多的企业加入VR产业中,国外知名的VR虚拟现实厂商有Oculus、HTC、谷歌等,国内也涌现出京东方、蚁视科技、3Glasses、暴风科技等知名企业。中国A股市场上虚拟现实概念上市公司有100余家,其中十多家在上海证券交易所交易,另外八十多家均在深圳证券交易所交易。例如联创光电(600363)、暴风集团(300431)、水晶光电(002273)、歌尔股份(002241)、利达光电(002189)、顺网科技(300113)、完美世界(002624)、岭南股份(002717)、巨人网络(002558)等。

国内外虚拟现实产业链的各环节重点企业见表1-1所列,国外VR生态架构呈梯队分布,以Facebook、谷歌、微软、索尼等为第一梯队,零部件、硬件、内容等各环节均有企业参与,行业开源信息多,产业链条清晰。国内企业主要分布于设备制造环节,显示器件国内大多以开始布局为主,VR用高清晰OLED屏技术上尚未完全攻克,不能稳定量产。处理器芯片、高端传感器件、软件与应用内容开发方面,我国企业数量少,短板尤为明显。

表1-1 国内外虚拟现实产业链的各环节重点企业

生产链环节		企　业
关键零部件	处理器芯片	高通,英特尔,英伟达,AMD,ARM
	传感器	Kinect,PrimeSense,Vii,PS Move,Leap Motion,德州仪器
	显示器件	三星,LG,JDI,Magic leap,维信诺,京东方,华星光电
软件	引擎及开发平台	苹果,Amazon,Qualcomm,Razor,Unity,Meta,Otoy,Matterport,Total immersion,Wevr,The Foundry,Cubic Motion,Worldviz,Framestore,Infinity,Vrclay,Middle VR,Wikitude,Paracosm,Doubleme,Thrive,Surgical Theater,Crytek
设备	PC头盔显示器	HTC,Oculus,索尼,Avegant,雷蛇,蚁视科技
	手机VR眼镜	三星,谷歌,暴风科技
	一体机	大朋,小鸟看看,3Glasses,暴风科技,偶米科技,掌网科技
应用与内容制作	游戏开发	谷歌,索尼,EPIC Games,Valve,Jaunt,Harmonix,Eyetouch,Resolution,Survios,Niantic Labs,Reload,CCP Games,Temple Gates,Two Bit Circus,VR-Bits,黑晶科技
	主题乐园	Landmark,VR Cade,The Void

（续表）

生产链环节		企　业
应用与 内容制作	购物平台	Facebook、Blippar、Valve、PTC、Wearvr、 Little star、Sketchfab、Prizmiq、阿里巴巴
	社交应用	微软、Facebook、Altspace VR、Improbable
	教育医疗	Zspace、Ngrain、Surgevry、Fearless、Echopixel、DeepStream VR

1.6.3　虚拟现实产业发展特点

随着虚拟现实技术的不断发展,消费者需求不断增长,虚拟现实行业市场规模保持快速增长。2018 年,虚拟现实产业市场规模持续扩大,在整体规模方面,据 Greenlight Insights 预测,2018 年全球市场规模超过 700 亿元,同比增长 126%。其中,虚拟现实整体市场超过 600 亿元,虚拟现实内容市场约 200 亿元,增强现实整体市场超过 100 亿元,增强现实内容市场接近 80 亿元。

（1）国外虚拟现实产业发展特点

① 巨额投资刺激产业链的各个环节快速发展。近年来,Facebook、谷歌、微软和苹果等巨头科技公司纷纷通过投资、并购、孵化等方式介入虚拟现实产业链布局,GoPro、HTC、NVIDIA、高通和三星等知名企业也开始发展虚拟现实技术。2014 年和 2015 年,VR/AR 领域共进行 225 笔风险投资,投资额达到 35 亿美元,极大地促进了虚拟现实产业在硬件、软件、内容、应用和服务等诸多环节上的快速发展。

② 产业生态构建成龙头企业发展重点。由于虚拟现实盈利模式将和智能手机盈利模式存在相似之处,构建硬件商、消费者、开发者三方共赢的"平台＋应用"闭环生态圈已成为虚拟现实行业发展主流。Facebook 和三星通过软硬件优势互补,在虚拟现实产品方面开展深入合作。索尼围绕现有游戏主机构建开放应用开发平台,从内容和应用端发力完善生态体系。

③ 发展重点开始向行业应用转移。由于虚拟现实普及至少还需要 2～3 年时间,且虚拟现实产品还需要从沉浸感和体验感方面进行优化,现阶段生产厂商很难从消费端的用户获得硬件销售收益,因此多家虚拟现实创业公司开始转向行业应用端用户,以为行业用户提供解决方案和培训业务为生存方向。

④ 虚拟现实相关标准体系加速建立。随着消费需求的进一步扩大和投资资本的拉动,虚拟现实技术将加速成熟,虚拟现实设备的标准体系加速建立。屏幕刷新率、屏幕分辨率、延迟时间,以及软件开发工具、数据接口、人体健康适用性等事实标准将逐步确立,用户体验将大幅提升。虚拟现实设备之间、设备和应用之间的互联互通成为发展共识,虚拟现实内容开发平台生态架构基本完善。虚拟现实应用和引擎将在不同虚拟现实设备上运行,虚拟现实感应器和显示屏与不同的驱动程序的兼容性更好,行业碎片化问题得以解决。

（2）国内虚拟现实产业发展特点

我国虚拟现实企业主要分为两大类别:一是成熟行业依据传统软硬件或内容优势向虚拟现实领域渗透,其中智能手机及其他硬件厂商大多从硬件布局;二是新型虚拟现实产业公司,包括生态型平台型、公司和初创型公司,以互联网厂商为领头羊,在硬件、平台、内容、生态等领域进行一系列布局。目前,国内 VR 行业具有如下特点:

① 资本市场前景良好,融资创新积极性较高。预计 2020 年国内 VR 设备出货量 820 万台,用户量超过 2 500 万人。与 2020 年全球 VR 硬件市场预计规模 28 亿美元比较,国内 VR 硬件市场规模将占全球的 34.6%。目前硬件制造是国内 VR 行业现阶段行业融资发展的重点产业,VR 硬件开发商的融资总占比占到整个 VR 行业的 51.9%。

② 内容开发受市场认可,线下体验馆的数量增长迅速。由于国内 VR 市场主流设备仍以移动端 VR 眼镜为主,国内 VR 视频内容的开发数量要远多于 VR 游戏内容。国内 VR 平台上已有约 2 700 款视频和 800 款游戏。与此同时,国内 VR 线下体验馆的数量近几年增长迅速,全国已超过 2 000 家。

③ 初创企业集结,巨头企业观望。由于硬件设备不统一、产业链和标准不完善、虚拟现实内容和沉浸式体验较为缺乏和用户群体小众化等因素,目前虚拟现实行业企业中多为初创企业,巨头大多保持观望态度,投资也主要集中在天使轮。类似 O2O 产业初期发展历程,国内虚拟现实创业目前属于资本导向下的试探发展,一旦在某个细分领域呈现爆发的苗头,行业巨头将迅速跟进。

1.6.4 虚拟现实产业发展前景

（1）虚拟现实产业市场发展前景

国内外多家大型市场研究机构对 2020 年全球 VR 产业规模预计在 150 亿到 300 亿美元之间;咨询公司 Gartner 预计 VR 产业在 2020 年达到 400 亿美元规模。2015 年中国虚拟现实行业市场规模为 15.4 亿元人民币,预计 2020 年市场规模将超过 550 亿元,2020 年中国 VR 设备出货量预计将达到 820 万台,用户数量超过 2 500 万人。

AR 开发平台持续发力,VR+5G 形成典型案例。2019 年上半年,巨头公司、新进企业相继推出新版 AR 开发平台,VR+5G 在广播电视、医疗、安防等领域创新应用落地,典型案例不断涌现。

平台方面,国内外持续发力。苹果推出为 iOS 开发 AR 应用程序的 AR kit3 和全新 Reality Kit 和 Reality Composer。Mojo Vision 完成 5 800 万美元 B 轮融资,继续构建隐形计算 AR 平台。Unity 推出新版 AR Foundation,能创建在 Android 和 iOS 平台上运行的 AR 软件。视+AR 发布了 EasyAR 引擎新版本,包含 AR 云计算、表面追踪等功能。商汤科技推出 SenseAR2.0 平台,包含基于 AR 眼镜端的 SenseAR Glass 眼镜平台和基于云端的 SenseAR Cloud 云平台。

应用方面,5G 技术发展促进应用创新。VR 直播领域,中央广播电视总台利用"5G+VR"技术对 2019 年春节联欢晚会进行实时直播。VR 远程手术领域,深圳市人民医院完成了 5G+VR/AR 远程肝胆外科手术,相距 2 000 多公里的北京专家对手术进行了实时指导。VR 医疗培训领域,5G+VR 高清直播的心脏瓣膜修复手术暨国际医术观摩交流现场教学活动在南京举办,进行场外临床操作技能培训。VR 安防领域,南昌公安局联合中国移动、华为等单位上线了全国首个真实场景下 5G+VR 的智慧安防应用。

（2）虚拟现实行业应用推进中的共性问题与建议

虚拟现实产业爆发的制约因素一是技术成熟度，包括突破共性技术难题，如广视角、低眩晕、低延时、真三维等；二是明确演进路径，桌面端或移动端，VR 或 AR；三是产业链的支持度，包括硬件配套、应用开发、内容生产；四是消费者认可度，包括用户体验、使用习惯、价格因素等；五是行业应用推广度，能否找到行业应用的突破口，并形成可观收益。

因此，我国虚拟现实产业发展建议如下：①强化顶层设计，面向行业需求规划应用路径。定义和构建若干典型应用场景，明确应用需求。②加强重点攻关，尽快突破行业应用技术瓶颈。组织产、学、研、用各机构多方面力量解决关键共性技术问题，鼓励开发具有更好使用体验的创新型产品。③制定标准规范，开展行业应用联合测试验证。推动建立虚拟现实技术、产品和系统评价指标体系，开发相应的评价工具，保障虚拟现实产品性能和质量。④推进试点示范，以点带面扩大行业应用范围和影响力。推广宣传典型示范案例，提高相关企业、产品和品牌影响力，进一步推动其市场化应用。

复习思考题

（1）什么是虚拟现实技术？VR、AR、MR 的概念有何区别与联系？

（2）虚拟现实系统一般由哪几部分组成？各有何作用？

（3）简述虚拟现实系统中常见的软硬件设备。

（4）虚拟现实技术基本特性有哪些？你认为其中哪个特性最为重要？

（5）虚拟现实系统的类型有哪些？

（6）虚拟现实技术会对我们的工作和生活产生什么样的影响？

（7）网上搜索查找分布式虚拟现实系统实例并加以说明。

（8）虚拟现实技术的发展史可以分为哪些阶段？

（9）增强现实技术是什么？它的应用前景如何？

（10）举例说明你亲身感受过的虚拟现实技术及其产品。

2

虚拟现实的交互方式及其设备

虚拟现实人机交互是用户在虚拟环境中操作各种虚拟对象、获得逼真感知的必要条件，主要涉及人与虚拟环境之间互相作用和互相影响的信息交换方式与设备。VR外设分为立体显示类、运动控制类、人机交互类、位置跟踪类、力反馈类等很多种。逼真虚拟场景显示、真实感力/触觉感知、交互行为信息交换、三维空间方位跟踪等已经成为VR系统中人机交互技术的重要内容。

2.1 场景显示方式及其设备

研究表明，人获取的信息有70%至80%来自视觉，因此视觉系统是VR最重要的感知通道。同时，虚拟场景的可感知也是用户在虚拟环境中进行人机交互的先决条件，所以场景显示方式及其设备是VR系统中人机交互的基本组成部分。

2.1.1 头盔式显示

头盔显示器HMD(又称为数据头盔或数字头盔)是虚拟现实应用中的三维图形显示与观察设备，可单独与主机相连以接受来自主机的三维图形信号。使用方式为头戴，辅以空间跟踪定位器可进行VR输出效果观察，同时观察者可做空间上的自由移动，如自由行走、旋转等，VR效果非常好，沉浸感强。在VR效果的输出硬件设备中，头盔显示器的沉浸感优于立体眼镜。

自头盔显示器HMD问世以来，一些VR系统常使用头盔式显示方式为用户呈现三维虚拟场景。非透视式头盔显示系统将2个显示器安装于头盔内部靠近眼睛的位置，HMD随头部的运动而运动，HMD的位置跟踪器可以实时检测头部的位置和方向，计算机根据头部位置和方向在HMD的显示器上绘制当前视点下的场景。由于用户只能看到非透视式显示器上计算机生成的三维场景，容易产生沉浸感，但也存在容易引起眼睛疲劳、眩晕等问题。

透视式头盔显示器是增强现实系统经常使用的人机交互设备。其中，视频透视式头盔显示器利用安装在头盔前部的双目摄像机获取真实环境信息，计算机在摄像机视频中实时叠加数据、文字、图形等信息，使用户可以通过安装在眼镜前部的显示器，感知虚拟几何对象和真实环境视频融为一体的增强现实场景。而光学透视式头盔显示器利用安装在眼镜前部的双目光学合成器获取真实环境信息，用户既可以透过光学合成器观察到周围的真实环境，又可以观察到计算机产生的数据、文字、图形等叠加信息(图2-1)。

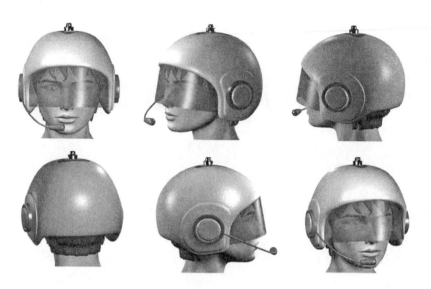

图 2-1　透视式 AR 头盔显示器

（1）Virtual Research Systems 公司的 V8 头盔

Virtual Research Systems 公司是一家为专业仿真训练和虚拟现实应用市场提供显示器的行业领先供应商。公司于 1991 年由 Bruce Bassett 创立，已设计并生产出十几款高质量的显示器产品。Virtual Research Systems 公司为客户提供一系列液晶头戴式显示器和定制化显示器解决方案。

Virtual Research Systems 公司推出的 V8 产品为高性能头戴式显示器，成为业界的一个新的标准。新的矩阵式液晶显示器具有 VGA 级别的分辨率，能够提供明亮生动的色彩和 CRT 级别的图像，支持 $1\,920\times480$（921 600 像素）的分辨率。V8 采用一个简单的后棘齿松紧机构和前弹簧预紧推拉机构，穿戴快速舒适，可用旋钮快速而精确的调节瞳距，前后推拉机构可调节。音频、视频和电源输入输出通过外部控制盒接入图形引擎、工作站或 PC 机。在控制盒的前方可调节亮度和对比度，控制盒上还有显示器端口可输出到外部显示器（图 2-2）。

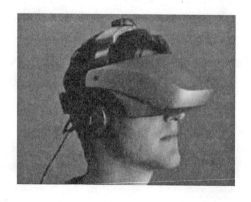

图 2-2　Virtual Research Systems 公司生产的 V8 头盔

（2）Facebook Oculus VR 公司的 Oculus Rift VR 头盔

Oculus Rift 是 Oculus VR 公司 2014 年发布的世界首款为电子游戏设计的头戴式显示器，这款虚拟现实产品基于 PC 开发，同时支持 Xbox 手柄和支持动作控制的 Oculus Touch 手柄，提供虚拟现实体验。戴上后几乎没有"屏幕"这个概念，用户看到的是整个世界，这款设备很可能改变未来人们游戏的方式。Oculus Rift 具有两个目镜，双眼的视觉合并之后拥有 1 280×800 的分辨率，用陀螺仪控制视角是这款游戏产品一大特色，使得游戏的沉浸感大幅提升。Oculus Rift 可以通过 DVI、HDMI、micro USB 接口连接电脑或游戏机。已有 VR 开发 Unity3D 引擎、Source 引擎和虚幻 4 引擎提供官方 VR 内容开发支持（图 2-3）。

图 2-3　Facebook Oculus VR 公司生产的 Oculus Rift

（3）Samsung Gear VR 眼镜

Samsung Gear VR 眼镜是 2015 年 3 月初在巴塞罗那世界移动通信大会（MWC）上发布的，三星将这款产品命名为"创新者版"，软件和游戏部分很多都是技术演示，而不是消费类的产品（图 2-4）。Gear VR 并未在眼镜中集成太多的硬件，而是需要跟 Galaxy S6 或 S6 Edge 配合使用，需要把三星手机组合进 Gear VR 中，才能享受后者带来的震撼视觉效果。

图 2-4　Samsung Gear VR 眼镜

（4）SONY Project Morpheus VR 头盔

SONY 公司于 2014 年 3 月在旧金山举行的世界游戏开发者大会（Game Developers Conference）上，对外展示了最新研发的虚拟现实头戴设备 Project Morpheus。索尼同时宣布，公司于 2016 年上半年发布这款产品。2015 年 9 月，索尼将自家虚拟现实头戴显示器 Project Morpheus 正式命名为 PlayStation VR。索尼 PlayStation VR 分为头盔、处理器、摄像头、手柄等几个主要部件（图 2-5）。在游戏过程中，它通过摄像头来捕捉用户头部和手柄的运动轨迹，从而完成人机交互。目前有多款游戏支持 PlayStation VR，其中包括《RIGS：机械化战斗联盟》《夏日课堂》以及《最终幻想 14》等等。

（5）HTC Vive VR 头盔

HTC Vive 是 2015 年 3 月初在巴塞罗那世界移动通信大会（MWC）上发布的，由 HTC

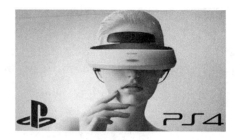

图 2-5 SONY Project Morpheus 游戏头盔

与知名游戏开发商 Valve 合作开发的一款基于 PC 的虚拟现实头戴式装置。通过以下三个部分致力于给使用者提供沉浸式体验：一个头戴式显示器、两个单手持控制器、一个能于空间内同时追踪显示器与控制器的定位系统(图 2-6)。控制器定位系统 Lighthouse 采用的是 Valve 的专利，它不需要借助摄像头，而是靠激光和光敏传感器来确定运动物体的位置，也就是说 HTC Vive 允许用户在一定范围内走动。这是它与另外两大头盔显示器 Oculus Rift 和 PlayStation VR 的最大区别。

图 2-6 HTC Vive VR 头盔

（6）Microsoft HoloLens AR 头盔

Microsoft HoloLens 是微软于 2015 年 1 月 22 日与 Windows 10 同时发布的世界首个不受线缆限制的全息 AR 设备，能让用户与数字内容交互，并与周围真实环境中的全息影像互动(图 2-7)。所谓 AR 就是将计算机生成的物体混合到真实世界中，将电脑生成的物体放入用户的视线中，计算机生成的效果叠加于现实世界之上。用户仍然可以行走自如，随意与人交谈，全然不必担心撞到墙。眼镜将会追踪用户的移动和视线，进而生成适当的虚拟对象，通过光线投射到用户眼中，用户可以通过手势、手指点击与虚拟 3D 对象交互。

（7）Google Project Glass

谷歌眼镜（Google Project Glass）是由谷歌公司于 2012 年 4 月发布的一款"拓展现实"眼镜，它具有和智能手机一样的功能，可以通过声音控制拍照、视频通话和辨明方向，以及上网冲浪、处理文字信息和电子邮件等。Google Project Glass 主要结构包括，在眼镜前方悬置的一台摄像头和一个位于镜框右侧的宽条状的电脑处理器装置，配备的摄像头像素为 500 万，可拍摄 720p 视频(图 2-8)。2015 年 1 月 19 日，谷歌停止了谷歌眼镜的"探索者"项目。

图 2-7　Microsoft HoloLens AR 头盔

图 2-8　Google Project Glass

(8) 深圳 3Glasses VR 头盔

3Glasses 是由深圳虚拟现实科技有限公司研发生产的沉浸式 VR 头盔,能为用户创造出沉浸的 3D 场景体验。2014 年 10 月,3Glasses 召开预售发布会,正式发布沉浸式 VR 头盔;2015 年 2 月,3Glasses 发起成立了中国虚拟现实联盟;2015 年 3 月,3Glasses 应邀参加美国世界游戏开发者大会 GDC 和巴塞罗那世界移动通信大会 MWC 展览,与海外 VR 设备同台竞艳;3Glasses(深圳市虚拟现实科技有限公司)作为国内最早从事 VR 行业的公司之一,是全球第二家量产 VR 头盔也是首款 2K 屏 VR 头盔的公司。2016 年,3Glasses 发布了第三代 VR 头盔产品 3Glasses 蓝珀 S1(图 2-9),其主要技术参数指标均处于同期世界领先水平。在深化硬件性能的同时,3Glasses 着力挖掘针对设备所需的内容生产商,打造虚拟现实完整生态。

图 2-9　3Glasses 蓝珀 S1 头盔

图 2-10　暴风影音集团公司的 VR 眼镜产品

(9) 暴风魔镜

2015 年 6 月,暴风影音集团公司推出了 VR 眼镜——暴风魔镜,这是暴风影音正式发布的第一款硬件产品(图 2-10)。暴风魔镜在使用时需要配合暴风影音开发的专属魔镜应用,在手机上实现 IMAX 效果,普通的电影即可实现影院观影效果。

2.1.2　桌面式显示

桌面是许多用户习惯和需要的一类工作环境,桌面式显示系统将虚拟环境的场景图像投影到水平放置的显示设备上,使用户能够在工作台的水平面上完成交互操作。桌面显示系统主要由工作台、投影机和计算机组成。工作台包括反射镜和桌面显示屏,投影机将计算机生成的场景图像投射到反射镜,反射镜再将场景图像反射到显示屏。显示屏的场景图像既可以表现三维虚拟对象,也可以呈现可操作的系统工具和界面菜单。

借助于立体眼镜,多个用户可以感知虚拟环境的立体三维场景,并且桌面显示系统的跟踪设备可以确定用户的视点位置和方向(图 2-11)。从显示特点和应用效果来看,桌面显示系统比较适用于电子图表绘制和数字化设计、教师操作虚拟对象进行讲解和示范、网络环境下多用户协同工作等,但是桌面显示系统产生的三维虚拟场景沉浸感不强。

立体眼镜是用于 3D 模拟场景 VR 效果的观察装置,它利用液晶光阀高速切换左右眼图像原理,有有线和无线之分,可支持逐行和隔行立体显示观察,也可用无线眼镜进行多人团体 VR 立体图像效果观察,是目前最为流行和经济适用的 VR 观察设备。例如,美国 Stereographics 公司发布的 Crystal Eyes 立体眼镜包括一副置于显示器上的发射器,用于广播红外信号(点状线),多副立体眼镜接受红外信号并且根据视场显示频率同步门阀的开闭。

图 2-11 桌面式显示设备

2.1.3 投影式显示

投影显示系统是虚拟现实显示与交互设备重要组成部分,是产生沉浸感的关键。根据用户的需求,沉浸式投影显示系统可以分为墙式投影显示拼接系统(POWER WALL)和洞穴状自动虚拟环境(Cave Automatic Virtual Environment,简称 CAVE)投影显示系统两种类型。

墙式投影拼接显示系统(POWER WALL)是一种易于推广的虚拟场景显示方式。一般由高性能 3D 图形工作站、大屏幕(分为平面、环形柱面和球面)、融合器和多个

图 2-12 单通道大屏幕立体投影系统

高分辨率立体投影仪组成,能够通过平面(图 2-12)、环形或柱形(图 2-13、图 2-14、图 2-15)与球形(图 2-16)大屏幕、两个以上的投影仪呈现宽视场的立体虚拟场景。其中,融合器是墙式投影拼接显示系统的关键组成部分,能够无缝拼接不同显示通道的图像信息。墙式投影拼接显示系统提供多人沉浸其中的高级可视化仿真环境,适用于需进行实时漫游的城市仿真项目。

图 2-13　三通道大屏幕立体投影系统

图 2-14　三通道环形大屏幕立体投影系统

图 2-15　环幕投影立体显示高尔夫球场

图 2-16　球面投影立体显示系统

　　CAVE 投影式显示系统是一种典型多面投影的虚拟场景显示系统,可以容纳多个用户同时感受逼真的立体虚拟场景。CAVE 系统将多个投影显示屏作为虚拟场景在不同方位的显示"面",利用 3 个以上、彼此相连的显示"面"构成"洞穴"形状的立方体,立方体的边长一般大于 3 米,显示"面"可以包括天花板、地板和多个墙体。投影仪一般安装在"面"的外部,能够将计算机生成的虚拟场景投影到各个"面"的屏幕上(图 2-17)。CAVE投影式显示系统可以为用户呈现前、左、右、上、下方向的立体虚拟场景,能够使用户获得逼真的视觉感知、"沉浸"于虚拟环境,但系统的应用和普及受到高构建成本、大场地等因素的限制。

图 2-17　CAVE 投影式立体显示系统

2.1.4　手持式显示

随着移动计算设备和无线网络技术的快速发展,PDA (Personal Digtal Assistant)和智能手机 SP(Smart Phone)已经具备了较高的信息计算、存储和传输能力,尤其是图形和视频处理能力,如嵌入式计算系统的三维图形库 OpenGL ES、移动计算系统的三维图形库 Direct3Dm,以及移动计算系统的三维图形接口 M3G 等,这使得移动计算设备能够表现虚拟环境的三维场景,也能够支持基于 GPS 定位、语音识别、手写识别等方式的多通道交互(图 2-18)。基于移动计算的手持式显示能力越来越强,受到的关注越来越多,具有广泛的应用前景。

图 2-18　手持式移动 VR

基于移动计算的手持式显示也是增强现实系统的重要交互方式,尤其在一些对沉浸性要求不高的应用系统中,手持式显示在便携性、移动性、安全性等方面有较大优势。手持式移动计算设备能够快速显示三维图形模型和真实场景视频融为一体的增强现实场景。例如,用户手持移动设备获取球场的信息,面对虚拟守门员,通过调整手持设备的方位控制点球的方向,从而体验虚拟点球射门。

2.1.5　自由立体显示

无论头盔显示、桌面显示还是投影显示方式,都需要借助必要的立体显示设备(如立体眼镜)使用户获得虚拟场景的立体感知。由于用户佩戴这些立体显示设备时总是会有一些不适的感觉,因此人们开始研究多种“自由”立体显示方式及其设备,使用户不需要佩戴任何器具就能直接感受虚拟场景的立体效果。在 2007 年 SIGGRAPH 会议上展示的一种自由立体显示器能够较好地呈现三维模型的立体效果,用户可以在显示器的 360°范围内感受自由立体式三维虚拟场景,并可借助交互设备操作自由立体显示器呈现的三维虚拟物体。

2.2 力/触觉交互方式及其设备

许多 VR 应用需要用户感知虚拟环境中对象产生的力感和触觉效果,所以,VR 系统需要力/触觉交互方式和设备,例如力反馈操纵杆和触觉数据手套等。

2.2.1 力反馈操纵杆

力反馈操纵杆是 VR 系统中的一种重要的设备,该设备能使参与者实现虚拟环境中除视觉、听觉之外的第三感觉——力/触觉,进一步增强虚拟环境的交互性,从而真正体会到虚拟世界中的交互真实感。具有力反馈的操纵杆能够根据用户的操作行为和虚拟环境的相关计算模型,通过操纵杆的机械部件产生反作用力效果,使用户在虚拟环境中体验人机交互的力感。不同的力反馈操纵杆具有不同的交互自由度和精度。

典型的力反馈操纵杆在一定交互动作范围内可以提供 3 个自由度的位置感应和 3 个自由度的角度测量。操纵杆的自由度轴通过齿轮或者钢线连接到设备的电动机,电动机根据力反馈芯片处理的交互信息产生机械运动,使高强度力感设备提供多个自由度的力反馈,从而使用户在人机交互过程中产生力感(图2-19)。例如,根据虚拟车辆的计算模型,力反馈操纵杆能够表现道路起伏产生的颠簸感、转动方向盘时产生的反作用力等。

图 2-19 力反馈操纵杆

力反馈操纵杆主要应用于虚拟设计、虚拟装配、虚拟医疗手术训练、远程操作等方面,不同的应用系统根据交互需求选择不同性能的力反馈操纵杆。例如,动画设计应用选较低精度的力反馈操纵杆,而医疗手术训练应用,则需选用较高精度的力反馈操纵杆。

2.2.2 触觉数据手套

数据手套是虚拟现实应用的主要交互设备,它作为一只虚拟的手或控件用于虚拟场景的模拟交互,可进行虚拟物体的抓取、移动、装配、操纵、控制,从而对人手部的运动进行捕获与触觉/力反馈。有有线和无线、左手和右手之分,可用于 WTK、Vega 等 3D-VR 或视景仿真软件环境中。

数据手套一般由富有弹性的轻质材料制成,大多采用重量轻、便于安装的光纤作为传感器,在每个手指的各个关节安装光纤环,以测量手指关节的弯曲角度;利用位置传感器检测手的位置和方向、手指的并拢或张开状态、手指的上翘或下弯的角度等。同时,数据手套装有多个应变电阻片对构成的传感器,通过检测应变电阻片对的信号变化,获取手指在虚拟环境的交互信息。

Pinch Glove 是 3D 交互仿真及虚拟现实应用中具有非凡性能的数据手套系统。用户可以对虚拟目标对象进行"抓"和"捏"等多种动作,通过设定程序,每个手指被定义有各种不同的动作及相关功能。Pinch Glove 使用特殊布料编织而成。每个手指套里面都带有电子传感器,用以探测一个或多个手指的动作的传导路径(图 2-20)。在一些仿真等具体应用项目中,可以结合一些程序指令,定义手指在更大空间的操作及交互功能;手形非标准要求的性能让使用者无须考虑手的大小等。尤其在沉浸式的虚拟现实应用中,Pinch Glove 为用户提供了简易可靠、高性能的、低成本的解决方案。

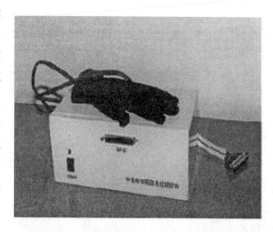

图 2-20 Pinch Glove 数据手套

虚拟环境的触觉感知的生成和表现比力感知更困难,目前主要利用气压感、振动触感、电子触感、神经和肌肉模拟等方法研制具有触觉反馈的数据手套。充气式触觉数据手套利用触觉装置的气泡,根据人机交互行为对装置进行充气和排气。充气过程能够使气泡膨胀,通过压迫手指皮肤产生数据手套的触觉反馈。振动式触觉数据手套利用扬声器的音圈原理,通过手指背部的振动装置刺激皮肤产生数据手套的触觉反馈。

2.3　跟踪定位方式及其设备

三维空间跟踪定位器是 VR 系统中跟踪确定三维空间方位的装置,为立体眼镜、头盔显示器、数据手套等交互设备提供跟踪目标的方位信息,使用户在空间上能够自由移动、旋转,而不局限于固定的空间位置,用户交互操作更加灵活、自如、随意。三维空间跟踪定位器产品有六个自由度和三个自由度之分。

三维空间跟踪定位器的跟踪定位可分为有源跟踪定位方式和无源跟踪定位方式两种,有源跟踪定位方式具有发射器和接收器,能够通过发射和接收信号之间的物理联系确定被跟踪对象的位置和姿态。无源跟踪定位方式不具有主动信号源,仅通过接收器测量接收信号的变化,确定被跟踪对象的位置和姿态。本节将简要分析机电式、电磁式、超声波式、光电式和惯性式等跟踪定位方式的特点。

2.3.1　有源跟踪定位

电磁式跟踪器定位器具有发射源,是目前应用较为广泛的方位跟踪设备。它利用三轴线圈产生低频磁场,通过被跟踪对象的三轴磁场接收器获取磁场的感应信息,根据磁场和感应信号之间的耦合关系确定被跟踪对象的三维空间方位。电磁式跟踪器定位方式移动性好、精度较高、价格较低,但延时较大,易受金属或磁场干扰。

声波式跟踪定位方式具有发射源,利用声波的时间、相位和声压差跟踪定位目标对象的空间方位,主要方法有脉冲波飞行时间测量方法和连续波相位相干测量方法,后者具有较高的精确度和刷新率。声波式跟踪定位方式移动性较好、延时较小、价格便宜,但易受声波噪音干扰。

光电式跟踪定位方式具有发射源,能够利用环境光或跟踪器光源发出的光,在图像传感器上生成光的投影信息,根据投影信息确定被跟踪对象的方位。例如,可将大量红外光固定在天花板上,利用头盔获取的图像信息确定头盔方位。光电式跟踪定位方式移动性好、精度和刷新率高,但价格较高、易受光源干扰。

例如 Ascension 公司的 Flock of Birds 鸟群位置跟踪器应用光电式跟踪定位方式,能进行其他跟踪器所不能的跟踪,即使在金属环境下也能对微小的、轻便的传感器组进行快速、同时的跟踪,可同时跟踪1~4 个传感器,每个 Flock 接收器每秒钟能进行多达 144 次的位置和方位测量。在跟踪用户的头或身体各部位的主要关节时不会降低刷新率或者增加响应时间,无论用户向哪个方位转动,都能及时地、精确地、可靠地捕获用户的运动轨迹(图 2-21)。Flock 的脉动直流电磁场能穿透所有的非金属物体,即使在存在金属结构的情况下,相对于交流电磁场式跟踪

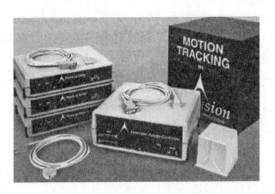

图 2-21　Flock of Birds 鸟群位置跟踪器

定位设备而言,Flock 的扭曲错误比例也小得多。Flock 的每个位置跟踪传感器都有一个单独的微处理器控制,并用一个快速总线(FBB)联结以使通信时间最小化。增加另外的传感器不会明显降低测量率。Flock 位置跟踪器能在所有主要的计算机平台上运行。强大的接口可方便地应用于仿真、虚拟现实、生物力学和医药应用。Flock 还可灵活地配置,用超大范围发送器可以覆盖大的跟踪范围。

2.3.2　无源跟踪定位

基于绝对位置测量的机电式跟踪方式没有发射源,能够提供精确度高、性能稳定、延时较小、干扰较少的六个自由度方位跟踪信息,但是其跟踪设备的移动性较差,因而限制了工作范围和应用场合。VR 系统的头盔显示器可以利用机电式跟踪定位方式,确定用户头部的三维空间位置和姿势。

随着陀螺和加速度计的微型化,无发射源的惯性式跟踪定位方式已经逐渐应用于 VR系统的目标方位跟踪。利用陀螺的方向跟踪能力获取三个转动自由度的角度变化,利用加速度计获取 3 个移动自由度的位置变化。惯性式跟踪定位方式刷新率高、延时小,但价格昂贵、易受时间和温度漂移干扰。

2.4　行走交互方式及其设备

行走交互方式是用户在交互设备上实际行走,交互设备将用户行走活动的有关信息传输给虚拟环境。行走交互涉及用户在虚拟环境的行进、转向、上下坡、越障、改变姿态等交互行为。下面根据设备的特点,介绍踏板行走、地面行走和传动平台行走三种方式。

2.4.1 踏板行走式交互

固定在地面上的自行车模拟器是一种典型的踏板行走式交互,它可以利用刹车摩擦力模拟踏板阻力,利用飞轮和辐条模拟惯性和黏性,通过电动机调整踏板状态模拟上下坡,通过自行车把手实现行走方向的变化,通过踏板和车把的位置传感器测量交互运动的幅度和方向。

可以将自行车的踏板移植到能够上下踩动的行走支架上,用户踩踏具有力传感器的踏板,利用踏板的反方向作用力在虚拟环境中向前行走,并通过踏板支架的左右旋转在虚拟环境中改变行走方向。这种支架踏板式行走交互设备适合于体验地面的起伏和松软变化,不适于速度较快的行走体验。

2.4.2 地面行走式交互

地面行走交互方式不需要踏板,直接通过传感器测量用户行走时关键点的位置和方向,确定用户在地面上行走时的各种状态信息。在用户的鞋垫、膝盖、大腿、腰部等关键部位安放相关传感设备,利用鞋垫的力传感器获取行走的脚步信息;利用膝盖传感器获取相应点的高度、速度和方向;利用腰部跟踪器获取相应点的位置和方向;通过头盔显示器及其传感器获取头部和视点的方位(图 2-22)。地面行走交互方式具有自由行走的优点,但是目前的精度还不高、延时也较大。

图 2-22 基于传感设备的地面行走交互方式

2.4.3 传动平台式行走交互

全方位传动平台行走交互包括两个相互垂直的传动平台,传动平台由旋转滚轴组成,每个平台的传动带具有约 3 400 个滚轴。滚轴利用伺服电动机和可旋转的平台支架,通过滚轴旋转获取行走脚步的位置和方向变化。用户穿戴的背带系统连接了安装在用户上方的位置跟踪器,可以获得用户行走时身体关键部位的位置和方向变化。同时,可以通过 CAVE 投影显示系统或者头盔显示器为用户提供三维虚拟场景。全方位传动平台行走交互方式具有精确度高、实时性好、交互方式较自然等优点,但噪音较大、稳定性不高。

2.5 其他虚拟现实系统的硬件设备

(1) Magellan Space Mouse 三维空间交互球

Logitech 公司的 Magellan Space Mouse 三维空间交互球是虚拟现实应用中的另一重要

的交互设备,用于六个自由度 VR 场景的模拟交互,可从不同的角度和方位对三维物体观察、浏览、操纵,也可作为 3D Mouse 来使用,并可与数据手套或立体眼镜结合使用,作为跟踪定位器,可单独用于 CAD/CAM(如 Pro/E、UG)。空间鼠标是一种可以控制物体在三维空间中做六个自由度移动的鼠标,内部有传感器在实时追踪其每个运动。同时,它包括九个可编程的按钮。常在虚拟现实的应用中作为视点控制器辅助漫游,也可以点击按钮发射物体等(图 2-23)。

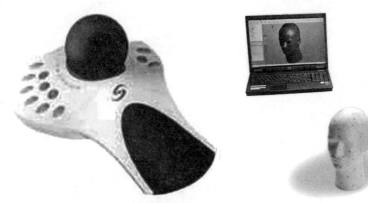

图 2-23　三维空间交互球　　　　　图 2-24　三维立体扫描仪

(2) 三维立体扫描仪

三维立体扫描仪(又称三维模型数字化仪)是一种先进的三维模型建立设备,该设备利用 CCD 成像、激光扫描等手段实现物体模型的取样,同时通过配套的矢量化软件对三维模型数据进行数字化,从而实现计算机系统对数字模型的输入(图 2-24)。该设备特别适合于建立一些不规则三维物体模型,如人体器官和骨骼模型的建立、出土的文物三维数字维模型的建立等等,在医疗、动植物研究、文物保护等 VR 应用领域有广阔的应用前景。

(3) 立体摄像机

立体摄像机是一种能够拍摄立体视频图像的 VR 设备,通过它拍摄的立体影像播放在具有立体显示功能的显示设备上,能产生具有超强立体感的视频图像。观看者戴上立体眼镜能够身临其境地感受虚拟世界带来的真实视觉震撼,使得屏幕上的物体和影像场景可望又可即,非常适合于立体电影、城市风光展览、新产品展示、旅游、广告等有展示和宣传性行业使用。

(4) Google Jump 全景摄像机

Google 公司于 2015 年 5 月 29 日的 I/O 大会发布了一种名为"Jump"的 VR 全景拍摄解决方案(图 2-25)。Jump 用 16 部 GoPro 搭建一套 360°全景摄像机系统,由镜头组、自动整合和素材处理软件、播放平台三部分组成。Jump 的算法支持全局色彩校正和 3D 景深修正,经过处理后便可以生成一幅适合用于 VR 观看的图像。更为重要的是 Youtube 将支持 VR 设备视频,Google 公司计划将 Youtube 打造成为一个虚拟现实视频中心。2017 年 4 月,谷歌与上海小蚁科技有限公司联合发布谷歌 Jump VR 项目的第二代全景摄像机——YI

HALO(图2-26)。YI HALO 将17架摄像机(上海小蚁科技有限公司运动摄像机)集成到Jump 平台上,最高可拍摄 30FPS 的 8K×8K 画质 360°视频,或者以 60FPS 拍摄 5.8K×5.8K画质 360°视频。此外该系统还拥有支持 100 分钟连续拍摄的电池,并且可以用 Android 应用程序来实现远程控制和视频预览操作。

图 2-25　Google 的"Jump"全景摄像机设备及其拍摄的全景视频截图

图 2-26　Google Jump VR 项目的第二代全景摄像机 YI HALO

（5）三维立体打印机

三维立体打印机,也称三维打印机（3D Printer,简称 3DP）是快速成型（Rapid Prototyping,RP）的一种工艺,采用层层堆积的方式分层制作出三维模型。其运行过程类似于传统打印机,只不过传统打印机是把墨水打印到纸质上形成二维的平面图纸,而三维打印机是把液态光敏树脂材料、熔融的塑料丝、石膏粉等材料通过喷射黏结剂或挤出等方式实现层层堆积叠加形成三维实体。

综上所述,虚拟现实就是允许用户通过自己的手和头部的运动与环境中的物体进行交互作用的一种独特的人机界面,对人体各种感官刺激实现反馈的各种 VR 硬件装置如表 2-1 所示。

表 2-1　针对人体各种感官刺激实现反馈的 VR 硬件装置

感官刺激	说明	装置
视觉	感知可见光	图像生成系统,显示屏
听觉	感知声波	声音合成器,耳机或喇叭
嗅觉	感知空气中的化学成分	气味传递装置
味觉	感知液体中的化学成分	气味发生器
触觉	皮肤感知的触摸、温度、压力、纹理等	触觉传感器(感知温度或纹理变化)
力感	以肌肉、关节、肌腱感知的力	中到强的力反馈装置
身体感觉	感知肌体或身躯的位置或角度变化	数据衣服
前庭感觉	平衡感知,由内耳感知头部的加速度	传动平台

复习思考题

(1) 虚拟现实系统的交互方式及其设备主要分为哪几类?

(2) 简述头盔显示器的主要组成部分。

(3) 网上检索并综述比较国内外头盔显示器的应用状况。

(4) 网上检索并综述比较国内外立体眼镜的应用状况。

(5) 沉浸式立体投影系统根据沉浸程度的不同,通常可分哪几种?

(6) 简述单通道立体投影显示系统的特点。

(7) 简述环幕投影系统的特点。

(8) CAVE 沉浸式虚拟现实显示系统的特点有哪些?

(9) 简述球面投影显示系统的特点。

(10) 简述接触反馈和力反馈的概念。

(11) 简述数据手套的基本原理。

(12) 网上检索并综述比较国内外数据手套的发展状况。

(13) 简述跟踪定位装置的分类及其工作原理。

(14) 立体摄像机有什么用途? 简述 Google Jump 全景摄像机的结构与功能特点。

3

虚拟现实的关键技术

虚拟现实技术体系包括建模、呈现、感知、交互以及应用开发等方面。其中,建模技术是对环境对象和内容的机器语言抽象,包括几何建模、地形建模、物理建模、行为建模等;呈现技术是对用户的视觉、听觉、嗅觉、触觉等感官的表现,包括三维显示(视差、光场、全息)、三维音效、图像渲染、AR无缝融合等;感知技术是对环境和自身数据的采集和获取,包括眼部、头部、肢体动作捕捉,位置定位等;交互技术是用户与虚拟环境中对象的互操作,包括触觉力反馈、语音识别、体感交互技术;应用开发与内容制作技术涉及建模软件工具、基础图形绘制函数库、三维图形引擎和可视化开发软件平台技术等等。虚拟现实的关键技术可以包括以下几个方面:动态环境建模技术,它包括实际环境三维数据获取方法、非接触式视觉建模技术等;实时三维图形生成技术;立体显示和传感技术,包括头盔式三维立体显示器、数据手套、力感和触觉传感器技术;快速、高精度的三维跟踪技术;系统集成与内容开发技术,包括数据转换技术、语音识别与合成技术、应用开发与内容制作技术等。

3.1 动态环境建模技术

虚拟环境的建立是虚拟现实系统的核心内容,动态环境建模的目的是获取实际环境的三维数据,并根据应用的需要建立相应的虚拟环境模型。三维数据的获取可以采用CAD技术(有规则的环境),而更多的环境则需要采用非接触式的视觉建模技术,两者的有机结合可以有效地提高数据获取的效率。目前虚拟环境建模方法有应用虚拟现实建模语言VRML来完成建模,也可以直接利用OpenGL建立模型库或开发专门的建模工具,这样做工作量非常大。另一类方法是借助建模软件(如Creator、3ds Max、AutoCAD)通过假设、想象生成模型数据。实际建模过程中,通常根据被模拟的现实世界对象的复杂性以及模型逼真期望程度,采用多种方式相结合构建模型。

3.1.1 几何建模

几何建模是20世纪70年代中期发展起来的,它是一种通过计算机表示、控制、分析和输出几何实体的技术,是CAD/CAM技术发展的一个新阶段。几何建模用计算机画出许多各式各样的多边形构成所模拟对象的立方体外形,达到与真实物体在外观上"形似",即形体的描述和表达,是建立在几何信息和拓扑信息基础的建模。几何信息是指在欧氏空间中的形状、位置和大小,最基本的几何元素是点、直线、面。拓扑信息是指拓扑元素(顶点、边棱线和表面)的数量及其相互间的连接关系。根据几何模型的构造方法和在计算机内的存储形

式,三维几何模型分为三种:线框模型、表面模型和实体模型。静态地物体对象的几何模型所表示的内容包括以下几点:

(1) 对象的几何形状及其属性。几何形状可以用点、直线或多边形、曲线、曲面等来表示。几何形状的各种属性,例如颜色、质地等可以通过使用建模工具直接在描述对象几何形状的多边形里添加。

(2) 对象在整个场景中的坐标位置。一个大的场景是由许多不同的对象构成的,每个具体对象应该有自己的坐标位置,坐标位置建立了场景中各个模型互相连接关系。这样,就能方便地把所感兴趣的对象独立出来,单独对它进行修改,然后再把它集成到整个场景中。

(3) 对象需要说明的属性信息。这些属性信息不一定与对象的几何形状有关,例如对象的名字、对象的特点等。

几何建模除地物建模外,还包括地形建模。三维地形的建模方法有等高线表示法、格网表示法和不规则三角网表示法等,Creator 软件中实现了对地形的四种构建算法,即 Pofymesh 算法、Delaunay 算法、TCT 算法和 CAT 算法。可以通过 CAD 等高线、30 米分辨率 DEM 或者高精度的 5 米的 DEM 构建真实地形,地形纹理贴图可采用谷歌、必应、百度、天地图、高德等多种免费的影像和街道图,也可以使用购买的 WorldView、QuickBird、Spot-5 等高分辨率遥感影像。

3.1.2 纹理映射建模

在目视条件下,存在大量的不规则实体需要模拟,如树木、花草、路灯、路牌、栅栏等,它们是构成虚拟环境,提高模拟逼真度必不可少的部分。在计算机图形学中,对这些不规则实体的模拟所采用的常用方法是通过分形、粒子、布尔等算法构造大量三维物体目标组合而成,而这样的建模方法在提高真实感的同时也耗费了大量的系统资源。但采用纹理映射技术能较好地模拟这类物体,实现逼真度和运行速度的平衡。

纹理映射(Texture Mapping)的基本原理是把二维的图像位图上的像元值映射到三维实体模型的对应顶点上,以增强实体模型的真实感。它本质上是一个二维纹理平面到三维景物表面的一个映射。例如 Creator 软件使用的投影纹理映射技术将纹理图像直接投影到三维模型的几何表面来获取模型表面的纹理坐标。每一幅参与映射的纹理都有自己的一个映射的坐标地址,并用文件的形式保存起来。程序运行时,只要找到纹理的映射地址就可以准确地把相应的纹理映射到三维视景中。

纹理的意义可简单归纳为用图像来替代物体模型中的可模拟或不可模拟细节,提高模拟逼真度和显示速度。使用纹理映射建模所涉及的几项关键技术必须解决:

(1) 透明纹理映射技术

透明纹理是通过纹理融合技术来实现的。所谓融合技术(Blending)指通过融合函数将源与目标颜色相混合,使场景相应部分表现为透明或半透明效果的过程。在 OpenGL 中通过颜色模式 RGBA 来实现,其中的 A 分量(即 Alpha)控制着像素的透明程度。在设定源与目标的融合因子分别为(Sr , Sg , Sb , Sa)和(Dr , Dg , Db , Da)的情况下,最后融合所成的纹理为:(RsSr +Rd Dr ,GsSg +Gd Dg ,BsSb+Bd Db ,AsSa +Ad Da)。

（2）各向同性技术

透明单面的显示机制有两种类型，如桥梁的侧面、车站牌等，本身的厚度可以近似为零，即视点从它们的侧面看，只是一个单面；而树木等物体则不同，本身的厚度不可忽略，视点从任何角度的侧面看，都应类似一个锥体或柱体的形状。在忽略这类物体各个侧面外观不同的条件下，可通过下面方法予以解决：

方法 1：采用两个相互垂直的平面，分别映射相同的纹理（图 3-1(a)），因其角度间隔为 90°，所以在不同角度总可以看到相同的树木图像。但如果视点距离树木很近时，则会看出破绽，因此此方法应用不多。

方法 2：只采用一个平面映射纹理，所不同的是在显示时赋予该平面"各向同性"的特性（图 3-1(b)），即随时根据视线的方向设定该平面的旋转角度，使其法线向量始终指向视点。这种方法又称公告牌（Billboard）技术。公告牌是固定于某一点，可以绕一轴或点旋转的多边形，它永远面向于观测者。它的本质是用二维图像来代替三维的实体模型，从而节省大量的资源，提高速度。例如，对于树木的模拟，如果用实体模型去模拟，可能要一棵就要好几千个面片。如果采用 Billboard 技术，只要一个面，这可以节省大量的资源并提高速度。它的优点是速度快，在平地观测视觉效果好。

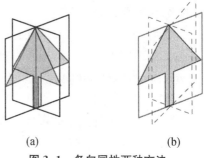

(a)　　　　　　　(b)

图 3-1　各向同性两种方法

它的缺点是如绕着 Billboard 的面做快速转动，可以看出这个面在转动，从高空看，效果也不好。

（3）纹理捆绑技术

OpenGL 允许在缺省的纹理上创建和操纵被赋予名字的纹理目标，纹理目标的名字是无符号整数。每个纹理目标都可以对应一幅纹理图像，也就是说可以将多幅纹理图像绑定到当前的纹理上，通过名字使用某幅纹理图像。图 3-2 给出模拟爆炸效果的十幅图像，将它们按一定顺序以一定的时间间隔显示出来，并采用透明纹理映射技术和各向同性技术，即可模拟一次爆炸过程。应用这种技术到火焰、烟雾等的不定型物的自然景观的模拟上，与其他模拟算法（如：粒子系统）相比，大大简化了系统资源的使用。这种技术应用的效果很大程度上取决于纹理图像的质量。

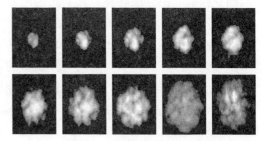

图 3-2　纹理捆绑的例子

（4）不透明单面中的纹理映射

这种典型的纹理映射方式可以大大提高模型的逼真度，一方面赋予模型丰富的色彩、贴图特征；另一方面通过纹理的图像模拟出丰富的细节，简化模型的复杂程度。下面就几种典型应用予以介绍：

① 天空和远景模型。这是一种典型的应用，在环境仿真中，往往要求天空呈现出晴、多云、阴、多雾，还有清晨、黄昏等效果，而视线尽头的远景根据近景地形有诸如海洋、山脉、平原等等效果。这种模型具有的公共特征是与视点距离很远，没有细节的要求，只强调表现效

果。通过在地形的边缘构造一圈闭合的、由若干多边形组成的"围墙",而在相应多边形上映射相应的纹理,实现该方向上远景的模拟。同样,对天空的模拟,采用加盖一个四边形或棱台作为"屋顶",在表面上映射相应天气效果的纹理。这样,当视点在这个由地形、边界立面、顶面组成的盒子内移动时,加上适当的光照效果,用户就可以感到强烈的远景、天空所产生的纵深感。为了增强动态感,可以采用纹理变换的方法实现动态移动的天空云彩。同样的思路,采用增加高度扰动的高度场叠加纹理变换的方式可以实现动态的海面模拟。

② 地形模型表面的纹理映射。地形表面存在着诸如植被、道路、河流、湖泊、海域、居民地等大量的要素信息。在比例尺很小的情况下,即视点位于很高的位置对大范围区域的地形进行观察时,这些要素信息的高度信息已经不重要,可以通过纹理映射的方式将其表现出来,通过与地形模型数据的叠加反映出这些要素的空间位置关系,这个纹理本身已是一幅正射影像图(图 3-3)。

图 3-3 地形纹理图像

③ 房屋模型表面的纹理映射。房屋表面并不是一个简单的平面,而是具有门窗、涂层、框架结构的复杂图案表面,这些房屋模型的细节如果也采用三维模型来表示,将大大增加模型的复杂度,通过纹理映射的方法来模拟出这些细节。

④ 复杂模型表面的纹理映射。诸如飞机、大炮、装甲车之类的复杂几何模型表面上的迷彩、军徽甚至细小结构均可通过纹理映射的技术将其表现出来(图 3-4)。这里的纹理的映射要复杂得多,目前必须依靠诸如 3ds Max、Creator 等专业软件中强大的纹理映射功能,

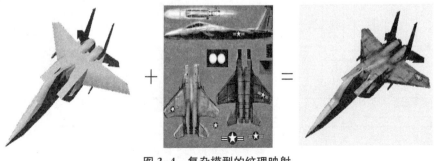

图 3-4 复杂模型的纹理映射

建立纹理的不同部分与模型的不同部位之间的坐标映射关系和映射属性(如透明)。

（5）纹理对象镶嵌技术

纹理是一种用来简化复杂几何体的有效办法,利用纹理映射,可以以很低的代价来生成复杂的视觉效果。在现实环境中,存在着大量不规则的物体,例如树木、花草、栅栏、广告牌、路灯、雕塑等。对于这些环境装饰物,并不是重点展示的物体,如果都用实体表示,所带来的资源耗费将是无法接受的。可以采取纹理映射技术来很好地解决问题。另外,采用纹理映射技术还可以使远方的周围环境(如高山、大海、森林等景物)简化为一幅纹理图像。进一步讲,纹理还可以用来模拟许多难以制作的光照效果,如聚光灯、阴影灯等光照效果。因此,纹理映射技术的使用将极大降低场景的复杂性,提高实时场景生成与显示速度。

在现实世界中,面积大的马路路面的纹理是一样的,同样的现象还存在于诸如天空、水池、草地、广场地面、建筑的墙面等。纹理的使用可以大大简化复杂模型的建模工作,但如果大量纹理使用了高分辨纹理图像,会给系统显示带来沉重的负担。对于这种有着大量重复的纹理,可以采用纹理对象镶嵌技术。

纹理对象镶嵌技术先采集一小块有代表性的、可重复拼接的纹理基元作为基本拼接单元,例如一小段马路路面纹理、一小段天空纹理等,然后用基本拼接单元不断重复拼接,最后拼接出一幅大图像的效果。典型的应用是在地形纹理映射上,用几种小纹理图像即可模拟出一片斑驳、荒凉的地形来;同样,根据湖泊、水库的水涯线的数据即可调用几种小纹理模拟出一片辽阔的水域。对于复杂实体的建模由于其纹理或材质的多样性,将不得不人为地将实体分开,建立多个几何模型进而实现多个形体造型模型,通过组对象组合成为一个实体。而在建立三维虚拟景观过程中,纹理的大量使用是无法避免的,这必将导致场景数据库出现"粒度"细化现象,即节点数量急剧增加。为解决这个问题,纹理对象镶嵌技术提供了高效的实体建模优化措施。它通过计算机图像处理技术对多个纹理对象进行拼接,构成一个大的纹理对象(称为复合纹理),这样一方面可以达到合并几何模型的目的,另一方面也可以通过减少纹理对象数目来提高系统对纹理的处理效率(图 3-5)。

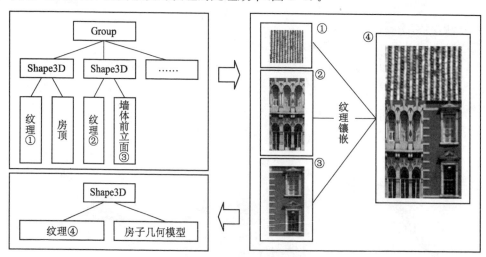

图 3-5　基于纹理镶嵌的实体造型过程

3.1.3 物理建模

虚拟环境和对象的逼真性与外观建模水平有关,更与其运动、相互作用和发生变化时符合物理规律的程度密切相关,这有赖于物理规律的建模。在 1987 年度的 SIGGRAPH 会议上,Barzel R.和 Barr A.在题为"Topic in Physically Based Modeling"报告中提出了"基于物理的建模"的概念。此后,在 VR 研究领域引入了越来越多的物理学方法如流体模型、燃烧现象等,所建立的物理模型也越来越精确、越来越复杂,应用的范围也越来越广泛。

根据建模对象的不同,物理建模方法有针对刚体、柔性物体、不定形物和人体运动的建模。此外,为了模拟某些自然场景和随机变化,人们还在基于物理的建模中采用粒子系统和过程方法。

(1) 刚体运动建模

刚体运动建模时只需考虑它在环境中位置与方向的变化,不需考虑物体变形。实现虚拟环境中物体逼真运动的方法有关键帧方法、运动学方法和动力学方法等。后两者分别通过使用运动学和动力学方法建立物体运动的数学模型,与运动学方法相比,动力学方法需指定的参数较少,而且对复杂运动过程的模拟更为逼真,但动力学方法的计算量较大,运动控制的难度大。

动力学方法中,解决运动控制问题的策略主要有两类:一类为预处理,即首先将所需的约束和控制转换成适当的力和力矩,然后引入动力学方程;另一类是采用约束方程,将约束以方程的形式给出。对于约束方程个数与未知数相等(即全约束)的情况,可采用一般的稀疏矩阵法快速求解,但对于欠约束的情形,约束求解的问题较为复杂。

Witkin A.利用 Lagrange(拉格朗日)动力学方程及时空和能量约束方程进行刚体的运动仿真。Kaufman 等提出一种模拟大量非凸刚体运动的算法,构建了刚体间的挤压模型和摩擦模型。其中,挤压模型根据物体的质量、位置、速度等参数对刚体在最大挤压时的速度进行约束,而摩擦模型则用于存在摩擦情况下刚体的速度计算及响应处理。

铰链对象(如门窗、转动的把手)在多个约束情况下的运动问题属于关联运动的研究范畴。一般来说,关联运动有前向关联运动和反向关联运动。前向关联运动研究的是给出关联运动中每个关节的角度和长度,求解关节末端所能到达的位置,主要应用领域是机器人和自动控制。反向关联运动的研究内容是对于给定的某个位置,确定已知关节模型的可达性,如果可达,计算每个关节的角度,主要应用领域是机器人、自动控制和计算机动画等。

(2) 柔性物体建模

现实世界中,许多物体在运动或相互作用过程中会产生形变,即所谓柔性物体。柔性物体的建模研究主要有基于几何的方法、基于物理的方法和柔性物体的碰撞检测等三个方面。基于几何的柔性物体建模针对外形外观,通常采用悬链线、B 样条等方法,逼真模拟的效果有限。基于物理的建模方法将柔性物体划分为质点网格,将柔性物体的运动看成质点网格在力、能量等各种物理量作用下的质点运动。柔性物体的网格结构可分为离散型和连续型两类,前者有质点模型、粒子模型和弹簧-质点模型;后者有弹簧变形模型、空气动力模型、波传播模型和有限元模型等。

① 离散质点模型。离散质点模型将柔性物体看作离散质点的集合,质点之间的作用通

过变形能量方法和弹簧力学方法模拟。能量方法依据能量最小化原理,以能量为目标函数,以柔性物体作为约束条件,结合外力产生的影响,采用优化方法求解具有最小能量的柔性物体形态。此类方法比较适用于柔性物体的静态模拟。力学方法对质点进行力的分析,运用动力学理论,建立质点运动的微分方程,通过微分方程的数值求解,确定质点在时间序列中的运动轨迹,从而确定柔性物体的空间形态,适用于柔性物体的动态模拟。

Feynman C. R.采用能量最小化原理模拟织物的悬垂效果,该方法基于质点网格模型,由弹性薄板原理导出网格质点的能量公式,用最速下降法求解能量最小化问题。Breen D.E.提出了粒子模型,利用经纬线分割织物,将经纬线的交点看作粒子,粒子间相互作用的能量表达式通过实验测定,该方法对织物的模拟较为逼真,不足之处在于计算过于复杂。Provot X.提出了经典的质点-弹簧模型,该模型约束下的柔性织物被离散为规则的四边域网格,网格交点为质点,质点之间以弹簧相连,进而运用牛顿力学给出质点的运动方程。该方法对简单织物的模拟十分有效,不足之处是模型不够精确,对复杂织物的仿真效率低。

② 连续质点模型。连续质点模型将柔性物体看作连续介质,使用连续介质力学理论计算变形。Terzopoulos D.等采用连续弹性理论模拟物体的形变和运动,根据物体的质量、弹性等物理属性模拟柔性物体对外力的动力学响应,能够模拟多种变形效果,如完全弹性变形、非完全弹性变形、塑性变形、断裂等。他们还采用 Lagrange 方程和热方程模拟了变形物体的融化过程。Witkin A.提出了在参数化模型中附加求解几何约束的方法,该方法将约束表达为能量函数。Sorkine 提出了形变过程中的能量最小原则。Botsch 等给出多种细节保留的变形方法,其主要思路是根据相关细节参数产生层次简化网格,同时针对包含大量几何细节的模型在变形过程中可能产生的自相交等问题进行了研究。

针对布料褶皱的模拟,Thomaszewski 等提出了一种基于细分有限元的共转坐标算法,可以获得逼真的表现效果。Muller 等提出一种基于位置操作的方法,并应用于游戏中的实时衣料模拟。Pentland A.分别采用振动模式和体积模式描述物体的动力学状态和几何形变,并借助多项式变形映射将二者融合。Shi. Yu 等通过对内部和表面空间进行剖分,保留了体积特征。而 Huang 等提出了一种子空间方法,该方法通过建立子空间结构,增强了变形过程的有效性和稳定性。Botsch 等针对变形过程中的非线性问题开展了研究。

（3）流体建模

流体建模一般是从流体力学中选取适当的流体运动方程,进行必要的简化,通过数值求解得到各时刻流体的形状和位置。目前已有模拟水流、波浪、瀑布、喷泉、溅水、船迹、气体等流体效果的模型。粒子系统由 Reeves W. T.于 1983 年提出,用于模拟不规则模糊景物,如火焰、雨、雪、水等自然现象。

① 粒子系统。1983 年 Reeves 等提出粒子系统,用于不定形物体的模拟。在粒子系统中,景物对象被定义为由成千上万个不规则、随机分布的粒子所构成的组织。每个粒子的位置、速度和外形参数等都可以设置,并具有一定的生命周期,要经历"出生""运动和生长"及"死亡"三个阶段。粒子系统体现了不定形物体的动态性和随机性,使得模拟动态自然景物如火、云、水等成为可能。

② 水波的模拟。水波模拟在计算机游戏、影视、广告等领域中有着广泛应用。由于水在不同情况下形态各异,而且表现也有特殊的要求,因此水波模拟具有一定的难度。水波模

拟的方法大致可以分为三类:第一类是基于构造的方法,用数学函数构造出水波的外形,然后变换时间参数生成水波。这类方法能满足视觉上的效果,但不能反映水流的规律;第二类是基于物理的方法,从水波的物理原理出发,通过求解一组流体力学方程,得到流体质点在各个时刻的状态。这类方法效果比较真实,但计算复杂,效率很低;第三类方法就是采用粒子系统,可用于模拟雪花、瀑布、浪花等。

③ 毛发的模拟绘制。毛发的逼真模拟能有效增强具有动物、人物场景的真实性,早年,人们曾用粒子系统、过程纹理和体纹理来绘制毛发。近年来,许多三维动画采用几何建模的方法表示毛发。它们将每根毛发表示成一串三角片或圆锥体,并进行反走样及复杂的光照计算,从而生成令人满意的绘制效果,但绘制速度较慢,无法满足实时要求。

(4) 虚拟人运动建模

虚拟人是虚拟环境的重要组成部分,虚拟人运动的建模研究主要涉及运动数据的获取、处理和运动的控制。

① 运动数据的获取与处理。运动数据的获取需要运动数据捕获设备,如数据衣、数据手套等。将采集到的运动数据应用于虚拟角色,可以有效增强虚拟环境的真实感。数据采集设备的关键部件是传感器,根据传感器的不同原理,目前的运动捕获设备主要有机械系统、电磁系统和光学系统等几类。

运动数据的处理主要面向运动编辑和运动合成。运动编辑通过对运动片段进行少量的改动,使之符合一定的时间和空间约束,从而合成满足特定需求的人体运动。

由于运动捕获数据是对人体各关节运动信号的采样,因此可将信号处理领域的技术应用于运动捕获数据的调整。Bruder N. I.提出一种偏移映射方法,可在保持信号的整体形状和连续性的前提下对信号的局部形状进行调整。Witkin A.等给出一种运动变形方法,基于一个运动片段,利用运动变形技术生成一系列类似的运动片段。

运动重定向是运动编辑的一项重要技术,旨在将同一套运动数据运用于骨架相同但骨骼长度不同的人体模型。Gleicher M.提出了基于时空约束的运动重定向算法,采用最优化理论在全局范围内进行运动求解,然后依据求出的解调整骨架各个关节状态,最终得到满足约束条件并保留原始运动特征的新运动,该方法的问题是计算量较大。

运动合成是依据时间变换权值将多个运动片段合成一个新的运动片段。采用运动合成技术可以将较简单的运动合成为较复杂的运动。Perlin K.提出一种基于过程的实时生成运动系统,可以在用户手动构造基本运动之后,运用合成技术生成新的运动以及运动之间的连接过渡。Park 等采用运动合成算法对运动进行连续的控制。

② 运动控制。通过控制人体模型的虚拟骨架,可以生成人体运动的连续画面。目前,虚拟人运动控制的方法主要有关键帧方法、运动学控制、动力学控制和基于过程的运动控制等。

关键帧方法是虚拟人运动控制的传统方法。用户通过调整插值函数的参数,控制虚拟人的运动学特性,如速度、加速度等。此类方法的制作过程简单,易于理解,但工作量大,对人员素质要求高。

运动学方法有正向运动学和逆向运动学两类。正向运动学通过设定人体关节的状态信息确定其位置和方向,从而控制虚拟人体的运动。逆向运动学则根据各末端关节在世界坐标系中的位置和方向确定人体其他各关节的状态信息,在一定程度上减轻了正向运动学方法的烦琐工作。基于运动学的人体运动控制方法虽然直观,但缺乏完整性,且没有对基本的物理量如重力及惯性力等做出响应。

动力学方法根据人体的受力和力矩情况求解各项运动学参数,如位置、方向、速度、加速度等,从而确定整个人体的运动过程。动力学方法也有正向动力学和反向动力学两类。正向动力学根据人体的受力情况求解人体运动,而反向动力学则是已知人体运动的结果,求解人体的受力情况。与运动学相比,动力学方法能够生成更为复杂、逼真的运动,所需指定的参数相对较少,但动力学方法的计算量大,且控制困难。因此,上述两类方法常结合在一起使用。基于过程的方法对诸如行走、跑步等一些特定类型的人体运动控制十分有效。采用此类方法,设计者只需给定一小部分参数,如速度、行走的步长等,即可计算出每一时刻的人体姿态。

3.1.4 行为建模

几何建模与物理建模相结合,可以实现虚拟现实"看起来真实、动起来真实"的特征,而要构造一个能够逼真地模拟现实世界的虚拟环境,还必须采用行为建模行为。在虚拟现实应用系统中,很多情况下要求仿真自主智能体,如训练、教育和娱乐等领域。这些智能体具有一定的智能性,所以又称为 Agent 建模,它负责物体的运动和行为的描述。如果说几何建模是虚拟现实建模的基础,行为建模则真正体现出虚拟环境的动态特征。

行为建模技术主要研究的是物体运动的处理和对其行为的描述,体现了虚拟环境中建模的特征。也就是说,行为建模就是在创建模型的同时,不仅赋予模型外形、质感等表现特征,同时也赋予模型物理属性和"与生俱来"的行为与反应能力,并且服从一定的客观规律。虚拟环境中的行为动画与传统的计算机动画还是有很大的不同,这主要表现在两个方面:在计算机动画中,动画制作人员可控制整个动画的场景,而在虚拟环境中,用户与虚拟环境可以以任何方式进行自由交互。在计算机动画中,动画制作人员可完全计划动画中物体的运动过程,而在虚拟环境中,设计人员只能规定在某些特定条件下物体如何运动。

在虚拟环境行为建模中,其建模方法如同上述刚体运动仿真和虚拟人运动建模一样,主要有基于数值插值的运动学方法与基于物理的动力学方法两种。

(1)运动学方法。运动学方法是指通过几何变换(如物体的平移和旋转等)来描述运动。在运动控制中,必须知道物体的物理属性。在关键帧动画中,运动是显示指定几何变换来实施的,首先设置几个关键帧用来区分关键的动作,其他动作可根据各关键帧通过内插等方法来完成。关键帧动画概念来自传统的动画片制作:在动画制作中,动画师设计卡通片中的关键画面,即关键帧。然后由助理动画师设计中间帧。在三维计算机动画中,计算机利用插值方法设计中间帧。另一种动画设计方法是样条驱动动画,用户给定物体运动的轨迹样条。由于运动学方法产生的运动是基于几何变换的,复杂场景的建模将显得比较困难。

(2)动力学方法。动力学仿真运用物理定律而非几何变换来描述物体的行为,在该方法中,运动是通过物体的质量和惯性、力和力矩以及其他的物理作用计算出来的。这种方法的优点是对物体运动的描述更精确,运动更加自然。与运动学方法相比,动力学方法能生成更复杂更逼真的运动,而且需要指定的参数较少,但是计算量很大,而且难以控制。动力学方法的一个重要问题是对运动的控制。若没有有效的控制,用户就必须提供力和力矩这样的控制指令,这几乎是不可能的。常见的控制方法有预处理法与约束方程法。采用运动学动画与动力学仿真都可以模拟物体的运动行为,但各有其优越性和局限性。运动学动画技术可以做得很真实和高效,但相对应用面不广,而动力学仿真技术利用真实规律精确描述物体的行为,比较注重物体间的相互作用,较适合物体间交互较多的环境建模,它具有广泛的应用领域。

3.1.5　基于图像的建模

　　基于图像的建模方法利用拍摄的照片构造逼真的三维模型,有主动式和被动式两类方法。主动式方法通过控制场景中的光照主动地获取景物的三维信息,具有较高的重建精度且算法简单,但需人工创建重建线索,操作比较复杂。被动式方法被动地接收场景中的光亮度信息,进而通过分析图像中的明暗、阴影、焦距、纹理、视差等被动线索进行三维重建,对建模景物的规模和位置限制少,但精度较低,算法较为复杂。

　　(1)基于单幅图像重建几何模型。目前在 VR 应用中基于单幅图像进行几何重建主要有两种方法:一是通过大量交互,如使用传统的图像编辑手段来指定图像中各点的深度值;二是引入模型库,如使用建筑物的基本结构模型库,从单幅图像重建建筑物的模型。

　　(2)采用立体视觉与结构光的方法重建几何模型。立体视觉方法利用两幅或多幅图像重建对象的几何模型。寻找并匹配图像之间的对应点是立体视觉方法中的重要问题。通过引入极线约束可以使得搜索图像对应点的范围由二维缩减为一维,得到稳定性较好、精度较高的匹配。通过已知的光源编码信息求得光源和图像中的对应点,称为结构光的方法。常用的光源编码有棋盘格、黑白条纹、正弦光等。

　　(3)利用先验知识的景物重建。依靠图像信息直接恢复景物的几何信息往往难以取得很好的效果,为此提出了一些利用先验知识辅助进行景物重建的方法。Wei 等首先使用"准密"的方法初步恢复几何信息,然后结合先验知识,分别恢复了头发、植物的模型。Tan 等采用基于图像的方法,利用先验信息重建树模型,与未使用先验知识相比,重建效果有显著改善。

　　(4)基于侧影轮廓线重建几何模型。物体在图像上的侧影轮廓线是理解物体几何形状的重要线索。侧影轮廓线和对应的投影中心共同确定了三维空间中一个锥壳,所有这些锥壳的交集就构成了一个包含该物体的空间包络,这个空间包络称为物体的可见外壳,是该物体的一个逼近。由于可见外壳生成算法一般需要多视角的参考图像,因此需要进行图像标定,涉及的外壳的求交集计算也很耗时。Matusik 等采用了计算机视觉中的极线几何技术加速可见外壳的计算,基于侧影轮廓线的方法重建快、鲁棒性高,但由于轮廓信息的限制,该方法只适用于一些形状简单的对象建模。

3.1.6　三维场景数据组织与管理

　　(1)三维场景建模的基本流程

　　三维场景建模基本原则是首先要考虑模型的简要性,然后再逐步细化,构造出一个精确模型。建模第一步是建立概略模型,反映原型的整体特征。原型越复杂,越需要从整体上把据，概略模型越重要。概略模型一般把复杂的原型分成几个简单的主要部分，使人们从总体上了解整个原型的结构。每个部分可以看作是一个子模型。第二步是对子模型建模，同样可以对子系统进一步分解，分析子模型由哪几个部件组成。第三步是综合模型，子模型确立以后，可以根据系统概略模型的结构把子模型综合为原型的总体精确模型。

三维场景建模的内容包括地形、建筑物、道路以及其他环境要素。本小节从场景数据的获取、处理、建模、集成等工作流程方面出发，讨论虚拟场景建模技术（图 3-6）。

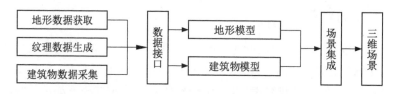

图 3-6 三维场景建模工作流程图

① 数据采集与处理。

虚拟建模涉及众多的数据源，如各种规划建筑物的设计图纸和文档资料、建筑物的三维效果设计模型、数字地图（地形图、地籍图）和现有的 GIS 数据库、摄影测量资料、卫星影像图片等。为了充分利用不同数据源之间的互补性，在三维场景数据库的数据准备阶段，尽可能地收集各种相关的数据和资料非常重要。一般来说，建立三维场景需要的数据主要包括以下几种：

a) 建筑实体数据。构成建筑实体的基础数据主要有地面轮廓特征描述数据、高度数据以及几何外形特征数据等。前一种数据通常可以从 GIS 数据库中获得，而后两项数据的获取则比较复杂。当前建筑实体数据主要获取方法有：在现有 GIS 数据的基础上，按照层数进行估算建筑物的高度；以人工或半自动的方式借助软件基于影像获取建筑物顶部数据；利用规划设计资料或直接引用三维效果图设计模型等，还有一种目前仍处在研究中以算法为主的方法，即直接从影像中提取建筑物高度以及其他几何信息。

b) 纹理数据获取。航空影像很容易得到，因此地形纹理与建筑物顶部纹理较容易获取；建筑物侧面纹理的获取则遇到了与建筑物高度获取同样的问题。目前的获取方法可以概括为：用计算机作简单模拟绘制或用材质代替，该方法优点是数据量少、运行速度快，缺点是缺乏真实感；根据地面摄影相片直接提取，该方法需要用相机拍摄大量的建筑物侧面照片，其获取速度慢，涉及数据量大，且后续处理工作量也很大，优点是所建模型真实感强；从现有的图库或直接引用城市景观纹理库，这种纹理库的构建是一个长期积累的过程；从空中影像中获取，该方法主要用于采集地面地形纹理。

c) 地形数据获取。现有 GIS 中的 DEM（数字高程模型）数据一般由离散点通过不规则三角网（TIN）或者规则网格（Grid）构造生成，这种方法精度高但获取费时。目前可以从高分辨率影像中获取，也可以从城市规划设计图中获取，这种方法对城市街区尤其适用。

d) 其他数据获取。为了增加三维场景表达的真实感，还需要考虑以下数据的获取：植被、大型树木等的相关数据，需要结合现场调查与现有图库获取或由计算机做简单的模拟绘制；各种景观中必要的修饰对象数据，也需要进行实地调查或人为确定，如云雾参数、天空纹理等。

采集了原始数据之后,首先必须进行一定的分类和整理,如对几何实体数据进行坐标转化、统一单位,对纹理图像进行校正等处理后,才可以为下一步的建模所用。

② 三维场景集成。

地物模型与地形模型的匹配:现实中的任何地物总是与其下垫面(即地形)发生不同程度的关系,即地物一定要与地形进行匹配,这表现在实际的三维场景构造中,如果地物模型没有与地形模型相融合(或匹配),就会造成诸如地物"飘"在空中或"坠"入地下的感觉。为处理两种模型之间的匹配,必须考虑:

a) 地物、地形模型往往是通过不同的建模软件生成的,双方在数据结构和组织方式之间存在很大的差异。

b) 地物模型如何与地形模型准确地匹配。在虚拟环境下,地物的基准面以及绝大部分城市街区都可以作为水平处理,但对于某些山体等起伏地形,则会出现地物所覆盖的区域横跨两个或多个高度不同的地形三角形面片山。

在地物与地形的匹配上常用以下两种策略:

a) 直接将地物模型放置在地形模型表面上。这一方法最为简单实用,Creator 建模软件即采用这一种方法。该方法的缺陷在于当场景渲染时,会出现"争夺 Z 值"而造成"擦痕"现象,这是由于在同一个 Z 值或该值附近存在多个三角形面片,而显示卡等渲染设备的深度缓冲区的分辨率不足以分辨这种 Z 方向的微小差异而造成的。

b) 在生成地形 TIN 模型的基础上,逐渐加入地物模型,与地形模型整合在一起(即在同一个 Z 值上只有一个面)。这种方法的缺陷是动态加入地物模型时要完全重构那些受影响的地形块,同时单独实体的管理比较复杂。

为克服上述两种匹配方法的缺点,在构造地形模型时应顾及表面地物特征,表现在建立城市街区时,将地物的地面轮廓线、特征点分别作为三角形镶嵌时的特征点插入,建立地形的 TIN 模型,同时在地物建模时,去掉其底部三角形面片。在城市道路建模时,应将街区或边界地物的外轮廓线作为道路的边界线,并将道路多边形剖分为三角形集合,这样即可建立与地形融合在一起的三维道路模型。

虚拟环境下的完整场景不仅包括地物主体模型,还应考虑天空、远景地形、雾等环境效果。对于天空往往要求能够体现出晴、多云、阴、清晨、黄昏等效果;而视线尽头的远景则需要根据近景地形或实际表达需要体现出诸如海洋、山脉、平原等效果。这种环境模型具有公共特征:与视点距离很远、没有细节上的要求、只是强调表现效果。

通过在场景边缘构造一个闭合的、由若干边界立面组成的"围墙",并在立面上映射相应的纹理,可以实现远景的模拟。同样,对于天空的模拟,可以采用加盖一个四边形或棱台作为"天顶",在其表面映射相应天气效果的纹理。这样当视点在这个由主体场景模型、边界立面、顶面组成的环境"盒"内移动时,加上适当的光照效果,可以感到强烈的远景、天空所产生的纵深感。为了增强动态感,还可以采用纹理切换或纹理矩阵变换等方法实现动态移动的天空云彩。

(2) 三维场景数据库组织与管理

虚拟现实所要表达的现实世界是一个真三维的几何空间,这个空间的任何实体均含有一个确定的三维空间信息,虚拟场景就是用于描述实体对象及其空间组织的有力工具。作为结构化的场景数据管理模式,场景图技术很适合对三维场景进行描述。本小节从数据库角度出发,围绕场景图结构,选择 Cosmo3D 作为构建三维场景数据库的核心,并讨论与数据库管理相关的一系列问题。

① 场景图的基本结构。

从数据结构角度来说,场景图是一种有向无环图(Directed Acylic Graph, DAG)。其基本单元称为节点,场景图描述了节点之间的层次关系和组成关系,由若干个节点通过所描述的实体对象的空间、逻辑、从属、属性等关系组织起来,其基本结构相当于一棵倒置的树型结构(图 3-7)。

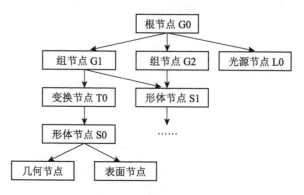

图 3-7 场景图示意图

从节点的构成上看,场景图大致可以分为以下几类:

a) 内容节点。内容节点用来表达场景的几何实体、属性特征等元素。一般情况下,内容节点不包含其他节点,在场景图中是一种叶子节点。如几何(Geometry)节点、表面(Appearance)节点。其中几何节点包含几何体的顶点坐标、法向量、纹理坐标等信息,主要有规则几何体(如 Box、Cone、Cylinder 等)和不规则几何体。不规则几何体一般由三角形集合以及它的一些扩展形式,如三角条集合、三角扇集合等组成;表面节点用来描述场景中物体的表面材质和纹理特性,与几何节点结合使用。

b) 形体节点。形体节点(又称造型节点)用于将各种基本的几何节点以及它们的表面特征节点组织起来以表达现实世界的实体对象。使用这种实体表达方式有利于将几何特征与表面特征分开描述,可以简化场景建模,尤其在城市环境中,可以实现几何特征或表面特征的数据共享。

c) 组合节点。组合节点是非常重要的结构节点,主要用于组织场景的层次结构,是场景图的核心部分。由于场景图所提供的用于几何造型的内容节点类型是有限的,因此在虚拟环境下,场景的表达需要借助组合节点,通过组合一些基本的几何节点来实现。组合节点的基本形式为组(Group)节点。

d) 其他节点。包括灯光节点、相机节点、环境属性描述节点等。

在上述各种节点类型中,可以看出组合节点是关键,它是体现场景对象的层次关系和组合关系的重要工具。类型丰富、功能强大、使用便捷的组合节点关系到场景数据库的建模能力、运行性能,这在虚拟现实应用中是至关重要的。

② 面向对象组织的场景图——Cosmo3D。

面向对象数据模型的概念起源于流行的面向对象程序设计语言。其基本思想是对问题按照自然的方式进行分解,以一种接近人类通常思维的方法建立相应的模型,以便对客观的信息实体进行结构模拟和行为模拟,从而使设计出的系统尽可能直接地表现问题求解的过程。类与对象是面向对象的程序设计语言用来描述数据模型的两个基本概念,对象是一组属性以及施加于这一组属性的操作所组成的独立实体,类是具有相同属性和操作的一组对象的集合。类的继承特性和对象自身的完整性使得面向对象数据模型能够清楚有效地描述现实世界中的各种事物,也正是由于面向对象数据模型具有可扩充性、表达复杂目标、信息继承等优点,从而为描述复杂的三维场景模型提供了一种直观、结构清晰、组织有序的方法。

使用面向对象的思想进行数据模型设计时,对类的设计是第一步也是很重要的一步。Cosmo3D 作为一种面向对象的场景图工具,它将组成场景图的对象类划分为以下三种类型:场景结构描述类(如组合节点与形体节点等)、实体造型描述类(如几何节点与表面节点),以及其他辅助类(如相机节点),它们分别继承相应的基类。

在面向对象程序设计语言中,使用了复合对象来实现这种对象间的引用关系,一般有按值引用和按地址引用两种,其中按地址引用方式可以更方便地实现对象数据的共享,因此,这种方式被场景图用于实现节点之间的引用关系表达。在 Cosmo3D 中,由于构成场景图的节点对象的功能不同,其相应类所具有的引用与被引用关系也是不同的。组合节点和形体节点作为场景结构描述类,构成了场景图的树干部分,它具有双重身份(即引用与被引用);而内容节点在场景图中是一种叶子节点,它只记录自身的被引用关系。

③ 构成场景图的基本对象类。

a) 公共类 Object。Object 类是场景图中所有类的基类,它实现了对象的内存管理以及运行时(Run-Time)的类型识别机制。

由于复杂的场景不可避免地存在着大量节点的多重引用,这种引用关系固然与场景构成(包括城市景观)的复杂性有关,但更重要的是为了数据共享而特意设置所致。这样一方面降低了场景构成要素的复杂度;另一方面也减少了场景的数据量,有利于系统运行性能的提高。但是大量对象引用的存在,将使正确释放内存变得很困难。有效的解决方案是让对象自己判断何时释放内存,因此在 Object 类中引入了"对象引用计数"的内存管理技术来解决这个问题。

节点引用所带来的另一个问题是运行时对象类型的识别问题。为解决这个问题,Object 类提供了类识别函数。类识别函数是一种虚函数,在面向对象的程序设计语言中,虚函数具有动态的编程能力,因此可以根据当前的活动对象自动联接合适的类型识别函数。

b) 管理场景属性的容器类 Container。场景图的结构中的每一个对象类都有供用户自定义的属性,这些属性以集合的形式由 Container 类统一管理。

c) 场景结构描述类 Node。所有描述场景结构的对象类中有一个共同的特点,即具有引用与被引用的关系。Node 类用维护 Container 类型的指针集合实现了这种被引用关系,在实现引用关系时,由于组合节点类与形体节点类所引用的对象类型是不同的,因此在 Node 类中只提供了一个接口,而由相应的子类来实现。

d) 几何节点类 Geometry。几何节点在场景图中是以叶子节点的形式出现,因此它们只有被引用关系。同样在 Geometry 类中使用一个 Container 类型的指针集合实现了这种被引用关系。另外,由于描述几何实体的需要,Geometry 类构建一个包围实体的外界盒,用来满足碰撞检测、实时提取等需求。

e) 场景结构描述类。正如前面提到的那样,在所有描述场景结构的对象类中,组合节点是其中的关键。在 Cosmo3D 中,除了常用的组节点(Group)外,还按照节点的功能扩展了相对变换节点(Transform)、碰撞检测节点(Collision)、场景切换节点(Switch)、层次细节节点(Level of Detail,LOD)以及公告牌节点(Billboard)等。通过不同功能的组合节点的组合使用基本上可以满足三维场景表达的需要。形体节点(Shape)通过将构成实体的几何模型与纹理、材质等表面特征组织起来,共同反映三维实体,具有独立性,是构成三维场景的基本单位。

f) 实体造型描述类。Cosmo3D 提供了许多常用的基本几何形状描述类,有规则几何体如 Box、Cone、Cylinder 等,以及不规则几何体如点集(PointSet)、三角形集合(TriSet)、四边形集合(QuadSet)以及多边形集合(PolySet),这些类继承自 Geometry 类。目前的许多虚拟现实应用中,大多使用三角形集合来建立实体造型。

④ 基于场景图的三维场景数据库组织。

以场景图技术为核心建立起来的三维场景数据管理系统,与当前流行的关系数据库、对象关系数据库相比,在数据模型、组织体系、数据存取、管理方式等方面有着本质的区别。

在场景图中,各种实体的单体模型对应着一个节点或一些节点的集合(以组节点形式存在),同时场景图还提供了数据组织与管理的基本框架。要想使这些模型成为有序的三维场景,使所构建的场景数据库能够满足城市大场景可视化表达的需要,还必须在该框架的基础上做进一步的发展。在空间数据组织方面,目前 GIS 有非常成熟的经验可以借鉴,而分幅和分层是 GIS 组织空间数据的两种有效的管理机制。例如,城市交通干线网将一个城市划分为多个街区,因此街区构成了现代城市的基本形态。这样就可以街区为基础构建整个城市空间分幅体系,并在分幅的基础上通过空间索引建立图幅之间的逻辑联系,从而形成一个完整的城市三维场景数据库。

⑤ 场景数据库存取方法。

对于按照场景图建立起来的数据库系统,存取其中的实体模型通常有两种方法:树遍历法和通用选择法。这两种方法在不同的情况下有各自特定的用途:当进行场景漫游时大多使用树遍历法;而对场景做交互编辑时,则使用通用选择法。

a) 树遍历法。目前针对树型数据结构存在两种遍历方式:深度优先和广度优先。场景数据库中由于 Transform 节点的引入,导致所建立的场景模型的不同层次间会不可避免地存在着相对位移、旋转、缩放等变换操作,而使用深度优先遍历机制可以很方便地处理这种不同层次间 Transform 节点变换操作的累加传递效应,因此深度优先遍历成为场景数据库的基本遍历方式。这种遍历方式以场景结构的根节点作为进入点,按照从上到下、从左到右的次序访问场景的每一个节点。换句话说,每当遍历器进入一个有多个子节点的节点时,它先访问第一子节点部分,然后返回父节点,再去访问它的第二个子节点。因此,深度优先遍历器是一个递归过程。在这个过程中,遍历器将根据它所遍历的节点类型做相应的处理。如当它遇到一个形体节点时,它在当前的位置和方向渲染该节点所描述的几何造型;当它遇到光源节点时,它开启图形渲染的光照效果,并影响属于该节点的所有子节点;当它遇到Transform 节点时,它就修改当前的位置、方向等信息。

b) 通用选择法。通用选择法不依赖于实体模型在整个场景树型结构中的次序,而是根据所确定的选择条件,在结构中选择某特定实体。当然,不同于关系模型所实现的选择方法,本文针对实体设计的选择方法是为了在图形交互的基础上,结合场景数据库的索引机制和查询处理技术,建立起一套图文检索系统。由于目前所实现的场景数据库系统中采用了关系数据库来管理属性数据,因此,如何快速地实现从传统的关系数据表查询到树型结构的场景图转换是一个必须解决的问题。

为了提高运行性能,在三维场景数据库系统中提供辅助索引功能是必要的。设计这些索引是为了解决树型层次数据结构所固有的一些问题,尤其是从"文"到"图"的检索过程中,在关系型数据库中通过一系列条件查询得到相应实体模型记录的关键词(本文为实体模型的 ID 码)。在通常情况下,这意味着要想查找符合该关键词的实体模型,必须按顺序遍历整个场景数据库,直到满足条件为止。通过建立索引,诸如此类的问题就可以得到解决。本文针对场景中所有组合节点和形体节点,建立整个场景数据库的索引机制。

3.2　实时场景生成与优化技术

三维图形的生成技术已经较为成熟,其关键是如何实现"实时"生成。为了达到实时的目的,至少要保证图形的刷新率不低于 15 帧/秒,最好是高于 30 帧/秒,才能让人眼察觉不到闪烁的程度。在不降低图形的质量和复杂度的前提下,如何提高刷新频率将是该技术的研究内容。图像的生成速度主要取决于图形处理的软硬件体系结构,特别是硬件加速器的图形处理能力,以及图形生成所采用的各种加速技术。因此,有必要应用一些三维场景实时生成与显示的优化策略,来减少图形画面的复杂度。下面将介绍和分析常用的几种场景生成与显示的优化策略和相关技术。

3.2.1　真实感光照计算

真实感光照计算有局部光照和全局光照两类方法,在局部光照模型中,计算光照对象某一点的亮度时,仅考虑虚拟场景中的所有预定义的光源对象。全局光照将整个环境作为光源,不仅考虑场景中的光源对被绘制对象的直接影响,还考虑光线经反射、折射或散射后对被绘制对象产生的间接影响。它可使绘制结果真实感大大增强。因此,全局光照是目前光照计算研究的重点。

经典的全局光照现象包括颜色渗透、阴影/柔和阴影、焦点散射/光谱焦散、次表面散射等,对于其中任何一种现象的模拟再现都可以显著提高绘制效果。

① 光线跟踪算法。光线跟踪算法是最早出现的全局光照算法,由 Appel A. 等在 1968 年提出。该算法认为光线沿直线传播,模拟照相机底片捕捉光线的方法,从焦点开始,向每一个像素的方向投射光线,由与此光线相交的场景对象的位置决定光线强度。

光线跟踪算法能够取得较高绘制质量,但计算量较大,需要使用各种优化手段尽量减少不必要的计算。使用最新的图形硬件设备,仍然需要较长时间才能完成一个场景的计算工作,很难在实时环境中应用。

② 辐射度方法。与光线跟踪算法利用光的直线传播这一物理特性不同,辐射度算法的思想来源于热传导理论,主要从光的能量传递角度进行处理。最早的辐射度算法由 Goral C.M. 等于 1984 年提出。辐射度算法首先需要确定整个场景的能量分布,然后再将其绘制为一个或几个不同的视图。在辐射度算法的求解中,形状因子的计算和能量平衡方程组的选

代求解都具有相当大的计算量,因此很多工作致力于对其进行优化。其中,比较重要的工作包括半立方体方法、逐步求精技术和层次结构辐射度方法。这些方法的引入使得辐射度方法成为实用的绘制技术。

由于光线跟踪方法适于求解可能产生镜面反射、折射等效果的光滑表面,而辐射度方法更适用于求解不光滑的漫反射表面,因此出现了一种结合这两种方法的多轮计算策略。与光线跟踪算法类似,辐射度算法的计算量也很大,基本上不能实时应用。可行的一种实时计算方法是预先将光能分布计算出来,静态或动态地附着在实时绘制的场景中。

③ 光子映射(Photon Mapping)。光子映射方法首先由光源射出"光子",并跟踪记录下光子在场景中的几次反射(也可能是折射等)情况。渲染某一个像素时,收集这个像素周围一定半径内的"光子",累加它们的值,得到这个像素的颜色。此方法比较容易表现次表面散射、焦点散射等绘制效果,在绘制具有复杂材质的对象时有一定优势。

④ 预计算辐射度传递(Precomputed Radiance Transfer)。预计算辐射度传递是 Sloan 等在 2002 年提出的一种光照技术。该方法将全局光照分为光照计算和实时绘制两部分,光照计算部分由计算程序预先完成,并将计算结果压缩存储;实时绘制部分使用已经计算完成的数据。与实时环境的光照相结合,得到最终的绘制结果。

预计算辐射度传递算法平衡了全局光照模型绘制质量和绘制速度之间的矛盾,为实时绘制照片级别的真实感图形提供了新的方法,因此很快引起重视。

目前预计算辐射度方法在一定限制条件下已经可以对动态场景进行实时全局光照绘制。然而,该技术由于需要预计算,且预计算的时间随场景规模线性增长,预计算数据对内存和显存的消耗较大,目前尚难适用于大规模场景。

3.2.2　复杂纹理映射

传统的纹理映射是指将具有颜色信息的图像附着在几何对象的表面,在不增加对象几何细节的情况下,提高绘制效果的真实感。随着计算机图形绘制技术的不断发展,出现了更为复杂的纹理形式及与其相对应的映射方法。

① 凹凸映射(Bump Mapping)。传统的纹理映射难以表现物体表面的凹凸细节。为了解决这一问题,Blinn 于 1978 年提出了凹凸映射,利用一个扰动函数扰动物体的表面法向量来模拟物体表面的法向量变化,从而影响其反射光亮度分布的改变,产生更真实、更富有细节的表面。凹凸纹理映射与传统纹理映射的不同之处在于,传统纹理映射是把颜色加到多边形上,而凹凸映射是把粗糙信息加到多边形上,这在多边形的视觉上会产生很吸引人的效果。

凹凸纹理的一个衍生是法线贴图。与凹凸纹理使用扰动函数对物体法向量进行扰动不同的是,法线贴图将对象表面的法向量预先计算,存储在法线图中,在绘制对象表面时,直接使用法线图中的向量作为表面法向量。因此与凹凸纹理相比,该方法速度明显提高,但同时也占用了更多的内存。

② 位移映射(Displacement Mapping)。凹凸纹理并未改变模型的实际形状,因此它并不能对物体的轮廓线造成影响,而且不能产生遮挡和自阴影效果。1984 年,Cook 提出了位移映射技术,根据高度图移动顶点的位置,移动的方向是法线方向,移动的大小由高度图确

定。由于位移映射从实质上改变了物体表面的几何属性,所以它所表现的物体表面的粗糙感较强。然而由于计算量大,难以用于实时绘制。

③ 视差映射(Parallax Mapping)。视差映射是作为对位移映射技术的改进。视差映射的输入需要一幅高度图和一幅法线图,高度图用来沿着视线方向偏移纹理坐标,从而实现比凹凸映射技术更加逼真的效果,同时所需计算量也不算大。

视差映射使用逐像素深度的贴图扩张技术对纹理坐标进行移位,通过视差畸变给纹理赋予高度外观。它可以在不使用大量多边形、计算量较小的前提下让材质具有深度感。视差映射可以在纹理映射过程中与凹凸纹理映射一同使用,产生自遮挡效果,但不能产生自阴影效果。

④ 浮雕映射(Relief Mapping)。浮雕映射与视差映射的原理相似,都是通过图像的前向映射来模拟物体的三维视差效果,但它比视差映射更准确,而且具有自阴影效果和法线贴图。该方法使用图像变形和材质逐像素深度加强技术在平坦的多边形上表现复杂的几何细节。深度信息是通过参考表面和采样表面之间的距离计算出来的。浮雕映射技术仅使用法线贴图就可以在一个平面上生成凹凸的立体效果,常用于绘制物体表面,但计算量较大。

3.2.3　可见性判定和消隐技术

由于视线的方向性、视角的局限性以及物体相互遮挡,人眼所看到的往往只是场景的一部分。在虚拟仿真中,为充分利用绘制硬件的有限资源,就必须充分利用物体空间的相关性进行可见性的判定,减小绘制深度。所以要对可视化数据库进行检索,检索出一部分,该部分经过坐标转换和透视投影所产生的图像是屏幕上可显示的。这些图像有的可能超出屏幕,或部分超出屏幕,这就要进行可见性判定和裁剪。

20 世纪 70 年代发展起来的场景对象分层显示大大加快了可见性判定的速度。层次表示的主要方法有包围盒技术和八叉树结构技术。这两种方法的主要特点是将场景组织成为一棵树,充分利用空间连贯性以加速场景的遍历,从而大大减少了画面绘制过程的空间复杂度。

由于视点的不同,在空间中只能看到三维物体的某些面(向前面),而有些面是看不到(背离面)的,将那些完全或部分被遮挡的面成为蕴藏面,消隐技术就是要消除相对空间给定观察位置的背离面和蕴藏面,这样就能得到不透明物体图像的最基本的真实感。

消隐算法要求构图面元的绘图顺序由它与视点的距离决定,距视点远的面元绘图优先。对几何面元进行朝向的可见性测试,由面元四周相邻两边矢量的乘积求得面元四顶点的法矢量,将四顶点的法矢量平均后即为面元的法矢量,进而求得该面元表面的法矢量和视线的夹角,屏蔽夹角大于 90°的不可见面元,只对夹角小于 90°的可见面元继续处理,进行由三维对象到二维平面的透视投影变换。然后再进行视窗可见性测试,判别经透视投影变换的二维面元是否落在视窗范围以内,只对视窗范围以内的可见面元进行光照模型计算和显示处理。

3.2.4　细节层次模型

为三维场景库模型设立多细节层次(Level of Detail,LOD)描述是控制场景复杂度的一个有效的方法。场景中当视点距离物体越来越远时,物体变得越来越模糊,人们不再能辨清该物体上的许多细节结构。即当物体投影在屏幕上所覆盖的区域比较小的时候,没有必要用该物体细节描述非常复杂的模型去描述它。否则,容易造成走样,不仅影响视觉效果,还造成大量处理资源和处理时间的浪费。细节层次模型是指对同一个场景或场景中的不同物体或物体的不同部分,采用不同的细节描述方法得到一组模型供绘制时选择使用。在绘制时,如果一个物体离视点比较远,或者这个物体比较小,就可以用较粗的 LOD 模型绘制。反之,如果一个物体离视点比较近,或者物体比较大,就必须用较精确的 LOD 模型来绘制。在计算机图形学中,场景中的物体通常是用多边形网格描述的,因此,LOD 模型的自动生成就转化为三维多边形网格的简化问题。

LOD 可以改进复杂场景绘制速度,选择合适的 LOD 可以在不损失所需表现信息的前提下,使得几何模型绘制速度和像片纹理的映射速度达到最优。LOD 越大,表现的内容就越丰富、信息量就越大,但涉及的数据量也愈大,可视表现速度也愈慢,LOD 越小则相反。因此在可视化表现时必须使表现信息量和可视速度之间有一个折中,最好的办法是采用多级 LOD,在不同的可视化阶段采用不同的 LOD。

例如,在某市城市总体规划的虚拟现实系统设计中应用三个 LOD:LOD1 用于大范围内城市对象的三维表现,如一个市区、一个街区等,建筑物表现为基于平面图的建筑块,道路为边线,没有附属设施目标,绿地为绿色渲染区,对应的比例尺为 1/10 000~1/1 000;LOD2 用于基于平面图的目标的精确定位,建筑物表现出正立面和顶部,道路表现出人行道、交通线标记,绿地包含有一些树,另外还可以用像片纹理,对应的比例尺为 1/1 000~1/500;LOD3 用于对所储存的所有的几何数据来表现城市对象,对应的比例尺为 1/500、1/200,甚至可达到 1/1。同一目标可以同时使用几个 LOD,这种混合形式的 LOD 在城市规划过程中起着很重要的作用。下面介绍 LOD 的生成方法和 LOD 的显示切换技术。

(1) 不同 LOD 模型的制作方法

在虚拟仿真建模中,对三维场景库中的具体模型的 LOD 主要通过以下两种方法来制作:

① 采用不断逼近的相似几何体来模拟真实事物。这种方法的核心思想是通过降低不被重点关注的模型几何体的面片数来达到提高图形绘制速度的目的。例如,对一根圆柱的模拟,如果要粗略模拟的话,用长方体甚至用正三棱柱来模拟就可以了;如果要比较准确模拟的话,可以用底面为正十二边形(或更多边形)的圆柱体来模拟。显然,圆柱的底面正多边形的边数越多,它所模拟的圆柱底面也就越圆。

② 降低纹理分辨率。这种方法的核心思想是通过降低几何模型表面所映射上的纹理的分辨率来降低系统所占的资源,从而提高图形绘制的质量和速度。场景库模型一般都有映射上纹理。随着物体离视点越来越远,或物体在屏幕的投影面积不断变小的情况下,几何模型表面所映射上的纹理的分辨率也越来越低。更重要的是,随着模型的简化,所映射上的纹理一般来说也同样地随之改变,即纹理所表现的细节数量上也随之改变。譬如,墙上的某个细小的装饰也许在 50 米内都能清晰地看到,但在 500 米以外就不必再表现出来了,因为此时的建筑物在屏幕上所显示出来的可能只是一个小小的矩形,如果两者色差太大或者是类似于长条的形状,还会造成走样。这种方法的缺点是,对一幅纹理要准备多幅不同分辨率

的纹理,增加了系统内存耗费。在实际应用中,往往只对关键大面积的、易走样的纹理采取这种方法。

(2) 不同细节层次模型的显示切换技术

场景应用了 LOD 后,如果处理不当,当在不同 LOD 模型之间的切换时容易出现"突变"现象。例如,当视点在靠近一幢建筑物时,本来非常模糊的物体突然变得清晰起来,解决这种问题通常有如下两种方法:

① 一种是将物体看作两个不同 LOD 模型的混合物,即利用图形硬件的透明绘制效果,赋予不同 LOD 模型相应的透明指数,同时绘制这两个不同 LOD 模型。这种方法虽然能很好地解决突变问题,但绘制同一物体时必须同时绘制两个模型,浪费了资源,用得比较少。

② 另一种方法称为"Morping",它利用动画变形方法,建立不同层次模型间物体的对应关系,中间插值得到中间物体的描述,较好地解决了突变问题,效率也比较高,用得比较多。在虚拟仿真中,经常要灵活利用 LOD 来解决一些问题。例如,有时候想突出新旧物体的对比,或者想表现同一物体在不同的视点位置出现了相当大的变化时,我们可以故意设置不同的 LOD 模型,让它们在切换时出现突变。

尽管 LOD 已不是新内容,且得到了大量的应用,但是仍有一些问题需要解决。例如,应该建立多少 LOD 才合理,可视化过程期间对于选择所需的 LOD 应该使用哪一种类型的阈值,应该应用哪一种数据结构储存不同的 LOD 等。几何模型和图像纹理使用的 LOD 可能不同,不同对象(如建筑物和地面)之间使用的 LOD 个数亦有可能不同。由于切换 LOD 的阈值对于几何和纹理来说并不相同,因此必须建立 LOD 之间的对应,用户视点的距离无论对几何还是对纹理来说都是一个强制性的阈值。

3.2.5 实例技术

实例(Instance)技术在实时场景绘制中是十分重要的。在虚拟场景中,往往有大量几何形状相同但其位置、大小、方向不一样的物体存在。例如,城市的马路上、广场上、街区中大量存在着几何形状完全一样的各种路灯,同种灯之间的差别仅在于所处的位置、方向、大小。如果把每个灯都放入内存,将造成极大地浪费。可以采用实例技术,相同的物体只在内存中存放一份实例,将这份实例进行平移、旋转、缩放之后得到所有相同结构的物体,从而大大地节约了内存空间。

采用内存实例的主要目标是节省内存,从这个意义上来讲,内存占用少,显示速度会加快,但同时由于物体的几何位置要通过几何变换得到,又会影响速度。但考虑到计算机的内存对大规模场景来说相对缺乏,而计算则是计算机的强项。因而,实例技术在大规模场景的建造中有着十分广泛的应用。

实例技术的一个典型应用是三维场景中的树的表达。在三维场景数据库不可避免地存在着许多结构、形状、纹理相同的树,树木之间的差别仅在于其位置、大小、方向(当用各向同性技术建立树时,将只有位置、大小的差别)。此时使用实例技术处理时只需在场景数据库的以 Transform 节点代替相应的 Shape 节点,并在 Transform 节点中分别设置对其中一个 Shape 节点的应用,而删除其余 Shape 节点(图 3-8)。

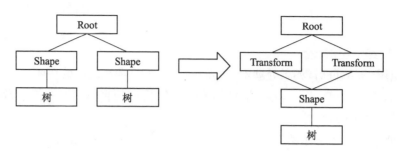

图 3-8　树实体的实例化过程

在这过程中需要计算原来各个 Shape 节点的"坐标中心"位置以及相对于被引用 Shape 节点的缩放系数。对于树木的坐标中心取长方形与地面接边的两点的中点(图 3-9),即:$T_0 = (T_1 + T_2) / 2$。并将被引用的 Shape 节点转化为坐标中心为原点的局部坐标系空间内。而缩放系数 L 则可近似以各 Shape 节点(长方形)的面积 S_i 与被引用的 Shape 节点的面积 S_0 之比的平方根来表示,即:$L = \mathrm{Sqrt}$ (S_i / S_0)。这样再用相应的计算结果分别设置各个 Transform 节点的平移与缩放参数,最终完成实例化过程。

图 3-9　树木的坐标原点的选取

当然,实例技术的负面效应是引入 Transform 节点,由于其处理过程涉及矩阵变换,因此将增加系统的处理负担。但通过共享纹理对象对系统的性能提高总是有益的。实际建库时将取决于对存储和计算开销以及建模效率的综合考虑。对于建立三维场景数据库来说,实践证明实例技术是有效的。

3.2.6　实时碰撞检测

为了保证虚拟环境的真实性,用户不仅要能从视觉上如实看到虚拟环境中的虚拟物体以及它们的表现,而且能身临其境地与它们进行各种交互,这就首先要求虚拟环境中的固体物体是不可穿透的。当用户接触到物体并进行拉、推、抓取时,能真实地发生碰撞并实时做出相应的反应。这就需要虚拟现实系统能够及时检测出这些碰撞,产生相应的碰撞反应,并及时更新场景输出,否则就会发生穿透现象。正是有了碰撞检测,才可以避免诸如人穿墙而过等不真实情况的发生,虚拟的世界才有真实感。

碰撞检测问题在计算机图形学等领域中有很长的研究历史,近年来,随着虚拟现实等技术的发展,已成为一个研究热点。精确的碰撞检测对提高虚拟环境的真实性、增加虚拟环境的沉浸性有十分重要的作用。在虚拟世界中,通常有很多静止的环境对象与运动的活动物体,每一个虚拟物体的几何模型往往都是由成千上万个基本几何元素组成,虚拟环境的几何复杂度使碰撞检测的计算复杂度大大提高,同时由于虚拟现实系统中有较高实时性的要求,要求碰撞检测必须在很短的时间(如 30～50 ms)完成,因而碰撞检测成了虚拟现实系统与其他实时仿真系统的瓶颈,碰撞检测是虚拟现实系统研究的一个重要技术问题。

碰撞问题一般分为碰撞检测与碰撞响应两个部分,碰撞检测的任务是检测到有碰撞的发生及发生碰撞的位置。碰撞响应是在碰撞发生后,根据碰撞点和其他参数促使发生碰撞的对象做出正确的动作,以符合真实世界中的动态效果。由于碰撞响应涉及力学反馈、运动物理学等领域的知识,本书主要简单介绍碰撞检测问题。

最原始最简单的碰撞检测方法是对两个几何模型中的所有几何元素进行两两相交测试。尽管这种方法可以得到正确的结果,但当模型的复杂度增大时,它的计算量过大,这种相交测试将变得十分的缓慢,与虚拟现实系统的要求相差甚远。现有的碰撞检测算法主要可划分为两大类:层次包围盒碰撞检测法和空间分解碰撞检测法。这两种方法的目的都是为了尽可能地减少需要相交测试的对象对或是基本几何元素对的数目。

层次包围盒碰撞检测法是广泛使用的一种方法,它是解决碰撞检测问题固有时间复杂性的一种有效的方法。它的基本思想是利用体积略大而几何特性简单的包围盒来近似地描述复杂的几何对象,并通过构造树状层次结构来逼近对象的几何模型,从而在对包围盒进行遍历的过程中,通过包围盒的快速相交测试来及早地排除明显不可能相交的基本几何元素对,快速剔除不发生碰撞的元素,减少大量不必要的相交测试,而只对包围盒重叠的部分元素进行进一步的相交测试,从而加快了碰撞检测的速度,提高碰撞检测效率。比较典型的包围盒的类型有沿坐标轴的包围盒 AABB、包围球、方向包围盒、固定方向凸包等。层次包围盒碰撞检测方法应用得较为广泛,适用复杂环境中的碰撞检测。

空间分解碰撞检测法是将整个虚拟空间划分成相等体积的单元格,只对占据同一单元格或相邻单元格的几何对象进行相交测试。比较典型的方法有 K-D 树、八叉树、BSP 树、四面体网与规则格网等。空间分解法通常适用于稀疏的环境中分布比较均匀的几何对象间的碰撞检测。

3.2.7 模型简化技术

VR 技术的不断进步以及硬件技术的快速发展,使得三维模型的精细度有了很大提升,导致模型网格化以后几何面片数急剧增加,对系统的实时传输和处理带来很大影响,因此通常在处理模型时要对模型进行简化。

(1) 网格简化技术

场景模型大多由三角面片表示,即使由其他几何面片表示也可以对其进行三角化,网格模型简化研究主要集中于三角网格的简化。1976 年 Clark J.提出模型简化和多分辨率模型表示的思想,随后,国内外许多学者对模型简化算法进行了广泛、深入的研究,特别是近十多年来,提出了许多网格模型简化算法。代表性的方法有如下几种:

① 顶点聚类算法。顶点聚类算法首先用一个包围盒将原始模型包围起来,然后通过空间划分将包围盒分成若干个区域。这样,原始模型的所有顶点就分别落在这些小区域内。将区域内的顶点合并成一个新顶点,再根据原始网格的拓扑关系对这些新顶点进行三角化,就得到简化模型。这是一种通用的、不保持拓扑结构的简化算法,可以处理任意拓扑类型的网格模型,且速度较快。由于这种方法是将模型的包围盒均匀分割,所以无法保持那些大于分割频率的特征,同时新顶点的生成只是采取简单的加权平均,因此生成模型的质量不高。

② 几何元素删除。继 1992 年 Schroeder W.提出顶点删除网格简化方法之后,边折叠算法、三角形删除方法等一些几何元素删除方法被陆续提出。这些方法的共同特点是通过

对几何元素的删除实现简化,即根据原模型的几何拓扑信息,在保持一定几何误差的前提下,删除一些几何图元(点、边、面)。在三角网格中,若一顶点与它周围三角面片可以被认为是共面的,且这一点的删除不会带来拓扑结构的改变,就可将这一点删除,同时所有与该顶点相连的面均被从原始模型中删除,然后对其邻域重新三角化,以填补这一点被删除所带来的空洞。

③ 视点相关法。1996 年,Xia J.C.提出一种基于视点的三角网格模型简化算法,可以实时地在同一模型的不同区域选择不同的精度层次。Hoppe 定义了一个基于视锥模型表面法向和屏幕空间几何误差的细化标准,该标准包括视锥原则、面的方向性原则和屏幕空间几何误差原则,并利用这些准则进行选择性的边折叠和点分裂,建立多分辨率的模型。

④ 渐进网格法。1996 年,Hoppe 在 SIGGRAPH'96 上提出了著名的 PM 算法。PM 算法以边折叠和点分裂为基本操作,记录了模型简化过程中原顶点和新顶点位置以及顶点间的连接关系的变动信息,生成了一个由原始模型的最简化模型和一系列简化信息组成的PM 表示模式。PM 可以把任意拓扑网格表示为一种高效、无损且具有连续分辨率的编码。在实时绘制时,通过逆向跟踪简化信息序列,对每条简化信息执行点分裂逆操作,可以逐步恢复所删除的模型细节,实时得到原始模型的连续精度的简化模型,由此实现了 LOD 模型的平滑过渡。PM 很大程度上克服了以往模型在平滑过渡方面的不足,可以支持不同细节的网格模型的实时生成。但是在实现同一网格不同区域多分辨率的细节的实时生成方面,PM 仍缺乏有力的数据结构的支持,同时由于边删除的先后顺序与边的几何拓扑信息无关,因此在模型恢复的过程中必须进行逐一判断,很难实现 LOD 模型的实时生成。

(2) 在场景遍历时执行各种"剔除"技术

为了进一步减少进入图形渲染通道的三角形和顶点数目,降低图形流水线各个阶段的工作负荷,在场景遍历阶段执行各种"剔除"操作是必要的,这些"剔除"技术包括视锥体剔除(View-Frustum Culling)、遮挡剔除(Occlusion Culling)、细节剔除以及背面剔除等。除了遮挡剔除外,其他各个剔除操作都会给系统性能带来明显的提升。

① 视锥体剔除。

在计算机图形学中,视锥体是视点的可视范围(视场)。所谓的视锥体剔除就是通过剔除位于视场范围之外的实体对象来减少有效渲染的三角形和顶点数目,从而达到减轻图形流水线工作负荷的目的。在实际的算法设计过程中,为提高运行性能,常采用包围实体的边界盒(Bounding Box,或称测试盒)代替相应的实体以便简化运算,此时边界盒与视锥体之间存在三种结果:相离(Outside)、相交(Intersect)、包含(Inside),在相离情况下,该实体将被剔除,而包含在视锥体内的实体则被保留,相交的实体视设定的条件而定,可以视情况用子节点的包围盒做进一步判断,也可以直接保留。

显然,对于建立在三维场景数据库基础之上的 VR 应用系统来说,场景图的层次结构组织方式非常适合视锥体剔除技术的快速实现,尤其对于复杂场景,在步行漫游模式下,场景的大部分模型对象将位于视锥体的外部,此时应用视锥体剔除技术将带来极大的系统性能提升。

值得指出的是,视锥体剔除技术在通常情况下总可以减少图形硬件工作负荷。但对主机(CPU)来说,可能减少负荷,也可能增加其负荷。究竟会发生哪一种情况,则完全取决于执行剔除测试所消耗的时间是小于还是大于由于消除不必要的模型渲染所节省下来的时间。

对于场景中在只有少量带有很多三角形的几何节点的情况下,视锥体剔除在主机上运行得非常快,但大量无效三角形将会减缓图形硬件的渲染速度。如果场景中有很多带有少量三角形的几何节点存在,则可以执行精确的视锥体剔除,从而发送到图形硬件的无效三角形更少,付出的代价是需进行大量的剔除测试工作。

为了达到最佳性能,就必须调整场景节点的"粒度",用以均衡主机与图形硬件之间的负荷。对于精心设计的场景数据库来说,几乎不会处于上述两种极端情况,所以在三维场景仿真系统中使用视锥体剔除操作总是有效的。

② 遮挡剔除。

遮挡剔除可以识别场景中几何对象之间的前后遮挡关系,通过消除被遮挡部分以阻止图形流水线对它们做进一步处理。可以看出是否执行遮挡剔除操作只影响场景渲染的速度而不影响最终显示效果。另外鉴于遮挡剔除算法设计的复杂性,在系统中执行遮挡剔除有可能造成系统的主机出现瓶颈问题,因此是否使用遮挡剔除取决于以下两个因素:遮挡剔除操作所消耗的时间是少于还是大于所节省的渲染时间;场景是否具有很高的深度复杂性。也就是说,如果有很多对象被遮挡,则执行遮挡剔除操作是适宜的。

除了在场景遍历阶段可以执行遮挡剔除操作外,也可以在图形流水线的光栅化阶段进行,通过设置 OpenGL 图形硬件的深度缓冲区测试来消除被遮挡的像素。但这种测试要到光栅化阶段的后期,顶点已经被转换之后才发生。因此,对于遮挡剔除操作来说,完全依赖于深度缓冲区测试会浪费图形硬件的处理周期。

在设计三维场景仿真系统时,在场景遍历阶段一般先执行简单的非保守遮挡剔除操作,可以比较粗略地消除场景中的一部分被遮挡对象,然后利用 OpenGL 图形硬件的深度缓冲区测试来剔除剩下的被遮挡部分。这样通过重新调整遮挡剔除操作在图形流水线相关阶段的负荷,可以避免系统出现瓶颈问题。

③ 细节剔除。

对于任何给定的几何对象,为了调整其顶点的数量,使用 LOD 节点是一种有效的方法,见上文层次细节模型 LOD 技术论述。然而,在某些情况下,最适宜的做法是不渲染那些低于某个特定大小的对象。最直接有效的细节剔除通常结合 LOD 技术来实现。通过将大于某个距离值的 LOD 子节点设置为空值(NULL),即可实现处于极端条件下场景细节的剔除。

另一种细节剔除方法是"删除"场景数据库中那些"小"的几何节点。究竟多小的几何节点才会被删除,这需要某个阈值确定。这个阈值用几何节点大小与场景总体大小之比表示,在实际计算中,可简化为节点测试盒的对角点距离之比。

通常情况下,将那些检选出的几何节点单独组织成一个场景子树,通过 Switch 节点与主场景相连。这种组织方式在场景俯视模式下特别有用,当视点处于俯视状态时,此时视场范围内场景内容多,视锥体剔除等优化措施所起的作用已经不大,但通过 Switch 节点关闭"细节"场景子树,既不影响场景总体视觉效果,又可以起到减轻图形硬件负荷的作用。

④ 背面剔除。

一般情况下，如果三角形的前面（Frontside）背向视点，这样的三角形就不应该被渲染。使用背面剔除操作可以避免对这些三角形进行处理。OpenGL 对背面剔除操作提供了直接的支持。当开启 OpenGL 的背面剔除操作时，其操作在图形流水线的转换阶段后期执行，因此可以提高光栅化阶段和显示阶段的运行速度。

当然，背面剔除操作并不总是适宜的。如果几何对象外表面有缝隙或空洞存在，就应该将背面渲染出来，因为在某些观测角度上，可以透过这些缝隙或空洞看到背面。对于以描述城市景观表面特征为主的三维视景仿真，如果模型设计正确，不应该出现表面的缝隙或空洞等现象，则应用背面剔除操作是必要的。

（3）调整场景节点的"粒度"

正如前面所述，三维场景数据库是由各种节点组织而成的，而为了表达众多节点之间的空间关系，在场景图设计时，为每一个节点引入了一个测试盒，父节点的测试盒就是由其所有子节点的边框的并集构成，这样层层嵌套直至场景图的叶节点。这样的设计使场景的遍历效率更高，因为可以利用一个节点的测试来确定是否剔除构成该节点的所有子场景，而最大的测试次数就是场景图树结构的深度。这种深度与空间实体的细分程度有着密切的关系。通常情况下将空间实体的细分程度称作该实体的粒度。

在场景图中，节点的粒度主要用该节点所包含三角形的数目来衡量，当然还与该节点所包含的子节点个数以及所占空间的紧凑程度有关。一般情况下，三角形数目越多，则表明该节点聚集程度越高，即粒度越大。较小的场景节点粒度可以减少图形硬件的负荷，但在场景数据库中增加了节点的数量，也就增加了场景遍历操作的时间；粗糙的粒度可以减少遍历时间，但减缓了图形流水线的渲染速度，因为在这种情况下，对于大粒度的几何实体对象，即使只有很小的一部分顶点是可见的，也要对所有顶点进行处理。因此利用适宜等级的节点粒度，可以对消耗在剔除测试上的时间量与图形硬件节省下来的时间量之间进行均衡，减少系统瓶颈问题。

在三维场景仿真系统中，最适宜的做法是将节点的最小划分单位设定为城市中具有独立意义的景观单体，如房屋、树木等。但实际的建模过程中，由于受建模方式、数据组织、纹理设置等的影响，其结果通常会产生"破碎化"现象，即所建立的场景数据库节点的粒度往往偏小，这时可以对一些小粒度的几何节点进行合并。另外一个经常出现的问题是由于建模时没有顾及实体的空间排列关系而导致节点的测试发生交叉现象，这需要在场景数据库的建立阶段重新调整相关节点的所属关系来加以解决。

3.3 三维立体显示与虚拟声音技术

虚拟现实的交互能力依赖于立体显示和传感器技术的发展。立体显示技术涉及人眼的生理原理及在计算机上如何产生深度线索的技术，现有的 VR 硬件系统如头盔显示器、单目镜及可移动视觉显示器有待进一步提高性能，光学显示还存在许多局限性。传感器技术中需解决设备的可靠性、可重复性、精确性及安全性等问题，各种类型传感器的性能也需提高。

3.3.1 立体显示技术

立体显示是虚拟现实视觉感知系统的实现方式。人的视觉之所以能分辨远近,是靠两只眼睛的视差。人的两眼分开约5厘米,两只眼睛除了瞄准正前方以外,看任何一样东西,两眼的角度都不会相同。虽然差距很小,但经视网膜传到大脑里,大脑就用这微小的差距,产生远近的深度,从而产生立体感(图3-10)。一只眼睛虽然能看到物体,但对物体远近的距离却不易分辨。根据这一原理,如果把同一影像,用两只眼睛视角的差距制造出两个影像,然后让两只眼睛各自看到自己一边的影像,透过视网膜就可以使大脑产生景深的立体感了。计算机和投影系统的立体显示技术,也多是运用这一原理,又称其为"偏光原理"。

图3-10 立体显示技术原理示意图

立体显示技术主要有分色技术、分光技术、分时技术,以及光栅技术。其中前三种,分色、分光、分时技术的流程很相似,都是需要经过两次过滤,第一次是在显示器端,第二次是在眼睛端。分色技术的基本原理是让某些颜色(一般应用红色和蓝色)的光只进入左眼,另一部分只进入右眼;分光技术的基本原理是由于常见的光源都会随机发出自然光和偏振光,用偏光滤镜或偏光片滤除特定角度偏振光以外的所有光,让0°的偏振光只进入右眼,90°的偏振光只进入左眼(也可用45°和135°的偏振光搭配);分时技术是将两套画面在不同的时间播放,显示器在第一次刷新时播放左眼画面,同时用专用的眼镜遮住观看者的右眼,下一次刷新时播放右眼画面,并遮住观看者的左眼。按照上述方法将两套画面以极快的速度切换,在人眼视觉暂留特性的作用下就合成了连续的画面;光栅技术原理是在显示器前端加上光栅,光栅的功能是要挡光,让左眼透过光栅时只能看到一半的画面,右眼也只能看到另外一半的画面,于是就能让左右眼看到不同影像并形成立体,此时无须佩戴眼镜。而光栅本身亦可由显示器所形成,也就是将两片液晶画板重叠组合而成,当位于前端的液晶面板显示条纹状黑白画面时,即可变成立体显示器,而当前端的液晶面板显示全白的画面时,不但可以显示3D的影像,亦可同时相容于现有2D的显示器(图3-11)。

立体显示主要有以下几种方式:双色眼镜、主动立体显示、被动同步的立体投影设备、立体显示器、真三维立体显示、其他的高级设备等等。

(1) 双色眼镜

这种模式下,在屏幕上显示的图像将先由

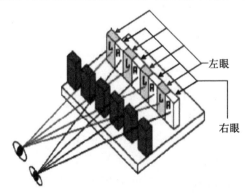

图3-11 光栅3D显示技术原理示意图

驱动程序进行颜色过滤。渲染给左眼的场景会被过滤掉红色光,渲染给右眼的场景将被过滤掉青色光(红色光的补色光,绿光加蓝光)。然后观看者使用一个双色眼镜,这样左眼只能看见左眼的图像,右眼只能看见右眼的图像,物体正确的色彩将由大脑合成。这是成本最低的方案,但一般只适合于观看无色线框的场景,对于其他的显示场景,由于丢失了颜色的信息可能会造成观看者的不适。

(2)主动立体显示

这种模式下,驱动程序将交替地渲染左右眼的图像,例如第一帧为左眼的图像,那么下一帧就为右眼的图像,再下一帧再渲染左眼的图像,依次交替渲染。然后观测者将使用一幅快门眼镜。快门眼镜通过有线或无线的方式与显卡和显示器同步,当显示器上显示左眼图像时,眼镜打开左镜片的快门的同时关闭右镜片的快门,当显示器上显示右眼图像时,眼镜打开右镜片的快门同时关闭左镜片的快门。看不见的某只眼的图像将由大脑根据视觉暂留效应保留为刚才的画面,只要在此范围内的任何人戴上立体眼镜都能观看到立体影像。如Elsa 3D Revelator就是这种类型的快门眼镜。该方法将降低图像的一半亮度,并且要求显示器和眼镜快门的刷新速度都达到一定的频率,否则也会造成观看者的不适。

(3)被动同步的立体投影设备

这种模式下,驱动程序将同时渲染左右眼的图像,并通过特殊的硬件输出和同步。一般是使用具有双头输出的显卡。输出的左右眼图像将分别使用两台投影机投射,在投射左眼的投影机前加上偏振镜,然后在投射右眼图像的投影机前也加偏振镜,但角度旋转 90°,观测者也将佩戴眼镜,左右眼的偏振镜也实现做了相应的旋转。根据偏振原理,左右眼都只能看见各自的图像。这是最佳的模式,但计算机显卡和投影机硬件上的成本将会翻倍。

(4)立体显示器

虽然被动同步的立体投影能达到很好的效果,但是还是需要戴偏振眼镜观看。很多公司正在开发不需眼镜的立体显示器,例如在液晶中精确配置用来遮挡光线行进的"视差屏障(Barrier)"。视差屏障通过准确控制每一个像素遮住透过液晶的光线,只让右眼或左眼看到。由于右眼和左眼观看液晶的角度不同,利用这一角度差遮住光线就可将图像分配给右眼或左眼。这样,立体显示器不需要任何编程开发,只要场景有三维模型就可以实现三维模型的立体显示,用肉眼即观察到突出的立体显示效果,实现视频图像(如立体电影)的立体显示和立体观察,不需要戴任何立体眼镜设备。

(5)真三维立体显示

真三维立体显示技术(True 3D Volumetric Display Technique)是计算机立体视觉系统最新的研究方向。基于这种显示技术,可以直接观察到具有物理景深的三维图像。真三维立体显示技术图像逼真,具有全视景、多角度、多人同时观察和实时交互性等众多优点。真三维显示是一种能够在一个真正具有宽度、高度和深度的真实三维空间内进行图像信息再现的技术,因此又被称为空间加载显示(Space Filling Display)。真三维显示装置通过适当方式激励位于透明显示体积内的物质,利用可见辐射的产生、吸收或散射形成体素。

(6)其他的高级设备

其他高级设备包括 HMD 和 CAVE 系统,通过特定接口可以实现三维立体显示。HMD 头盔显示器是更高级的一种显示方式,左眼和右眼的图像将直接由很近的距离的显示屏分别显示在眼睛前,或直接把图像投射到视网膜上。HMD 可以获得很大的视角覆盖范围,同时可以追踪并把视角和头部运动同步。CAVE 也是一种被动同步的立体投影设备,但 CAVE 的投影是一个空间的上下左右前后的所有面,这样视觉上就可完全沉浸在一个虚拟空间中。

3.3.2　三维全景技术

三维全景技术(3D Panoramic Technique)是目前迅速发展并逐步流行的一个虚拟现实分支,可广泛应用于网络三维展示,也适用于网络虚拟教学领域。传统三维技术及以 VRML 为代表的网络三维技术都采用计算机生成图像的方式来建立三维模型,而三维全景技术则是利用实景照片建立虚拟环境,按照照片拍摄、数字化、图像拼接、生成场景的模式来完成虚拟现实的创建,更为简单实用。

全景也称为全景摄影或虚拟实景,是基于静态图像的虚拟现实技术。是把相机进行环 360°拍摄的一组照片拼接成一个全景图像,在一个专用的播放软件(通常有 Java、QuickTime、Active X、Flash)的支持下,使用鼠标控制环视的方向,可左可右,可近可远观看物体或场景。使消费者感到就好像处在现场环境中,在一个三维窗口中浏览外面的一切。

三维全景技术是一种桌面虚拟现实技术,并不是真正意义上的三维图形技术。三维全景技术具有以下几个特点:一是实地拍摄,有照片级别的真实感,是真实场景的三维展现;二是有一定的交互性,用户可以通过鼠标选择自己的视角,任意放大和缩小,如亲临现场般环视、俯瞰和仰视;三是不需要单独下载插件,一个 Java 程序,自动下载后就可以在网上观看全景照片,或者使用 Quick Time 播放器直接观看。并且,全景图片文件采用先进的图像压缩与还原算法,文件较小,一般只有 100~150 K,利于网络传输。Java 插件模拟三维展示,是一类可以在电子商务网站中较好地在较低网络速度的情况下显示较流畅的三维场景的方法。主要需要准备以下两类素材:一是实景互动 360°图片,是利用鱼眼镜头相机拍摄两张 180°的球形图片,通过专业的软件把两幅图像缝合起来做成一个图像。二是 360°全景摄影,以数位相机加上三脚架在固定景点处以 30°或更少的角度旋转相机,连续拍摄 12 至 20 张以上的数位影像。

VR 全景技术最早应用于谷歌互联网地图的街景全景,后来国内的百度地图街景全景和腾讯地图的全景图争相开始发展国内市场。目前汽车之家、安居客、携程、支付宝口碑、阿里巴巴、百度地图、腾讯等各大公司都在布局 VR 全景,百度地图已经开始普及 VR 全景到所有商家。720yun(https://720yun.com/)是一站式专业化的全景平台,是一款 VR 全景内容分享互联网应用,用户可查看全球各地的 VR 全景视频内容,在线与摄影师交流分享创作的体验。第二章阐述的谷歌 Jump VR 第二代全景摄像机——YI HALO 能拍摄 360°全景视频,并且可以用 Android 应用程序来实现远程控制和视频预览操作,广泛应用于三维全景虚拟现实系统的构建中。

3.3.3　全息投影技术

"全息"来自希腊字"holo",含义是"完全的信息",即包含光波中的振幅和相位信息。普通的摄影技术仅能记录光的强度信息(振幅),深度信息(相位)则会丢失。而全息技术的干涉过程中,波峰与波峰的叠加会更高,波峰波谷叠加会削平。因此会产生一系列不规则的、明暗相间的条纹,从而把相位信息转换为强度信息记录在感光材料上。全息投影技术(Front-Projected Holographic Display)也称虚拟成像技术,是利用激光的干涉和衍射原理记录并再现物体真实的三维图像的记录和再现的 3D 成像技术。其终极目标是将物体光波的全部信息记录下来,同时可以不借助屏幕或幕布,在空间中呈现 360°的真 3D 虚拟影像。被记录的主体既可以是物品,也可以是动态的人物或动物。用户无须配戴眼镜即可以看到立体的虚拟人物或物品。全息投影技术不仅可以产生立体的空中图像,还可以使图像与表演者产生互动,一起完成表演,产生令人震撼的演出效果。主要适用于产品展览、服装发布会、舞台节目、互动演出、酒吧娱乐等。

(1) 全息投影技术的发展历程

1947 年,英国匈牙利裔物理学家丹尼斯·盖伯在英国 BTH 公司研究增强电子显微镜性能手段时偶然发明了全息投影术,他因此项工作获得了 1971 年的诺贝尔物理学奖。由于光波的相干性与大强度光源等问题的限制,全息投影技术一直到 1960 年激光的发明才取得了实质性的进展。第一张实际记录了三维物体的光学全息投影照片是在 1962 年由苏联科学家尤里·丹尼苏克拍摄的。与此同时,美国密歇根大学雷达实验室的工作人员艾米特·利思和尤里斯·乌帕特尼克斯也发明了同样的技术。尼古拉斯·菲利普斯改进了光化学加工技术,以生产高质量的全息投影图片。1967 年,古德曼和劳伦斯提出了数字全息概念,开创了精确全息技术的时代。到了 20 世纪 90 年代,人们开始用 CCD 等光敏电子元件代替传统的感光胶片或新型光敏等介质记录全息图,用数字方式通过电脑模拟光学衍射来呈现影像,使得全息图的记录和再现真正实现了数字化。2001 年,德国国家实验室首创研发了全息膜技术,使三维图像的再现成为可能。2003 年全息膜首次成功应用于全息投影中。依靠这薄薄的透明膜,无论是 T 形台上的流光溢彩,还是舞台上虚幻影像,都可实现。2006 年丹麦公司 ViZoo 研发的 360°幻影成像是全息投影目前最具魔幻效果的技术。其方法是用全息膜搭建一个倒金字塔形的三角漏斗几何模型,由四台投影机投射的视频图像,在漏斗里经过一系列的光学衍射后汇合成为全息图像。这一系统还可以配加触摸屏,现场观众可通过各种手势和动作,操纵 3D 产品模型进行旋转或部件分解。该系统被广泛用于各种展览会和发布会上的新型广告的发布。2008 年,美国亚利桑那州大学打造了展现大脑的可更新的 3D 全息显示屏。这是世界上首批 3D 全息显示屏之一,显示屏尺寸为 4 英寸乘 4 英寸。2019 年 5 月 16 日,第三届世界智能大会上展出了全息投影技术,将 3D 全息投影技术广泛应用到虚拟现实、增强现实和混合现实应用系统中。

(2) 全息投影技术原理与实施方案

全息投影本质上是在空气或者特殊的立体镜片上形成立体的影像。不同于平面荧幕投影仅仅在二维表面通过透视、阴影等效果实现立体感,全息投影技术是真正呈现 3D 的影像,可以从任何角度观看影像的不同侧面。全息投影技术原理第一步是利用干涉原理记录物体光波信息,此即拍摄过程:被摄物体在激光辐照下形成漫射式的物光束;另一部分激光作为参考光束射到全息底片上,和物光束叠加产生干涉,把物体光波上各点的位相和振幅转换成在空间上变化的强度,从而利用干涉条纹间的反差和间隔将物体光波的全部信息记录下来。记录着干涉条纹的底片经过显影、定影等处理程序后,便成为一张全息图,或称全息照片。

其第二步是利用衍射原理再现物体光波信息,这是成像过程。全息图犹如一个复杂的光栅,在相干激光照射下,一张线性记录的正弦型全息图的衍射光波一般可给出两个像,即原始像(又称初始像)和共轭像。再现的图像立体感强,具有真实的视觉效应。全息图的每一部分都记录了物体上各点的光信息,故原则上它的每一部分都能再现原物的整个图像,通过多次曝光还可以在同一张底片上记录多个不同的图像,而且能互不干扰地分别显示出来。

360°全息影柜。360°全息投影系统简称 360°全息影柜,也称 360°全息成像、三维全息影像、全息三维成像。全息影柜是能够把影像悬浮于空中的立体成像技术,是由透明全息材料(玻璃或者透明有机板)制成的四面锥体反射面,通过四个视频源在锥体上边或者下边投射到锥体中的特殊棱镜上,根据光学原理,汇集到一起后形成具有真实维度空间的立体影像。360°全息投影系统主要是由柜体、分光镜面、成像锥体、图像投影和图像处理器五部分组成。对产品进行实拍和构建三维模型,再用电脑数字处理制作成 360°旋转动画,通过图像投影设备将动画投射到分光镜面上,再折射到四个面的成像锥体上边,形式 360°立体成像(图 3-12)。参观者可以 360°参观产品,不需要佩戴任何偏光眼镜,在完全没有束缚的情况下就可以尽情观看 3D 幻影立体显示特效,给人以视觉上的强烈冲击,是一种科技含量高、广受大中型展馆欢迎的多媒体展示。

图 3-12　全息影柜原理示意图

空气成像(Helio Display)。气体投影机的设计灵感来自海市蜃楼的成像原理,一套投影系统包括一台投影机和一个空气屏幕系统,空气屏幕系统可以制造出由水蒸气形成的雾墙,投影机将画面投射在上面,由于空气与雾气的分子震动不均衡,可以形成层次感和立体感很强的图像。"Helio Display"的研制者 Chad Dyne 最早发明了气体投影成像和交互技术,运用电子和热动力学系统,将空气吸进系统,然后转换其成像特性,再重新射出,形成气体屏幕;而其交互技术则采用了激光跟踪系统,通过它来控制浮在半空的投影图像。

投影幕式全息投影成像。采用光源折射 45°成像在幻影全息膜上,进而形成全息影像。舞台幻影成像技术以宽银幕的环境、场景模型和灯光的变换为背景,使用投影机播放 3D 全息视频,经由透明全息半透膜的光学反射,将活动人像叠加进场景之中,构成了动静结合的

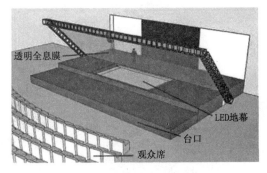

图 3-13　幻影舞台原理示意图

影视画面。如图 3-13 所示,地面上有一个屏幕,然后钢架上架设一个 45°倾斜的半透明高反射膜,把它当作一个镜子,那么地面屏幕上显示的东西恰好会被反射到观众的眼睛里,看起来就像是立着的。实际舞台中,利用一个或者多个光学镜面组合将实物或者动态图像悬浮于空中,使观众可以看到立体的图像。舞台幻影成像所使用的反射膜是特殊的专用膜,在膜的表面通过真空磁

控溅射镀膜工艺镀制纳米级的感光涂层,使膜在保持透过率 95％以上的同时也具有高的反射率(镜面外观)。膜层主要成分是 SOB 感光材料,具有成像细腻、高清晰度成像功能,能使影像产生极大立体纵深感。

(3) 3D 全息投影技术的应用

3D 全息投影技术是近年比较流行的一项高科技技术,它采用全息投影所制作的影像可以在玻璃或者亚克力材料上成像,突破了传统声、光、电局限,将美轮美奂的画面带到观众面前,给人不同的视觉效果和震撼。利用全息投影技术可以生动形象地再现事件的发生过程,让本来已经过去的事或人能够活灵活现地再次出现在人们眼前。

2010 年 3 月,日本世嘉公司举办了一场名为"初音之日"(Miku's Day)的演唱会,采用了德国 Sax 3D 公司的 3D 全息透明屏幕进行视频播放。在屏幕上投影画面,这个屏幕被制作成不同透明度有不同的作用,如屏幕为全透明的,舞台上就只留下 Miku"初音之日"演唱会上专职唱歌的少女形象,实为以 Yamaha VOCALOID 2 语音合成引擎为基础的虚拟女性歌手的软件的成像,投影仪在屏幕的背面。这种技术成像不具备全息图像的特点,只是让观众感觉是 3D 图像。2014 年公告牌音乐奖的颁奖仪式,就曾用这种技术"复活"了过世的天王迈克尔·杰克逊。国内 3D 全息投影在影视舞台演出上的应用,首先出现在 2012 年各大卫视的跨年晚会。如在江苏卫视、东方卫视的跨年晚会上,利用全息投影技术,将逝去的歌手投射在空中,与现场歌手上演"隔空对唱",为观众带来奇妙的观赏感受。2013 年歌手周杰伦在其个人演唱会上与虚拟邓丽君的跨时空对唱掀起了演唱会最高潮。上海世博会上总长度达到 128 米的清明上河图,通过投影机的拼接,达到将原图放大了 100 倍的效果。以上实例都是通过令人惊叹的全息投影技术实现。

3.3.4　三维虚拟声音技术

听觉信息是人类仅次于视觉信息的第二传感通道,是增强虚拟现实的浸没感和交互性的重要途径。它作为多通道感知虚拟环境中的一个重要组成部分,一方面负责用户与虚拟环境的语音输入,另一方面生成虚拟世界中的三维虚拟声音。本小节首先描述虚拟声音的概念、作用及特征,然后着重介绍各种听觉模型、语音识别合成技术、语音定位等关键技术。

(1) 三维虚拟声音的概念与作用

① 三维虚拟声音的概念。

三维虚拟声音与人们熟悉的立体声音不同。就立体声音而言,听者可以调整它的左右声道,但是,整体来说听者能够感受到的立体声音还是来自听者的某一个平面。虚拟现实系统中的三维声音,使听者能感觉到声音是来自围绕听者双耳的一个半球形中的任何地方(图3-14)。因此把在虚拟场景中能使用户准确地判断出声源的精确位置、符合人

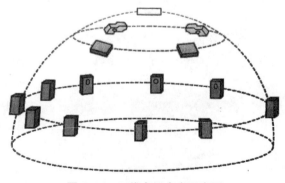

图 3-14　三维虚拟声音示意图

们在真实境界中听觉方式的声音系统称为三维虚拟声音。

举个例子来说,如果你在体验一个虚拟现实的射击游戏,你作为游戏中的战斗者,当听到了敌人的射击枪声时,你可以像在现实世界中一样,能够及时准确地分辨出枪声的来源方位,如果敌人在你背后你也可以分辨出来,而这在平时的立体声音中是完全体会不到的。所以,三维虚拟声音更加符合我们在真实世界中的听觉方式。

② 三维虚拟声音的作用。

在虚拟现实系统中加入与视觉并行的三维虚拟声音,一方面可以在很大程度上增强用户在虚拟世界中的沉浸感和交互性,另一方面也可以减弱大脑对于视觉的依赖性,降低沉浸性对视觉信息的要求,使用户体验视觉感受、听觉感受带来的双重信息享受。声音在虚拟现实系统中的作用,主要有以下几点:

a) 声音是用户和虚拟环境的另一种交互方法,可以通过语音与虚拟世界进行双向交流。

b) 数据驱动的声音能传递对象的属性信息。

c) 增强空间信息,特别是当空间超出了视觉范围,这个时候,就完全要靠声音来识别。

(2) 三维虚拟声音的特征

三维虚拟声音系统最核心的技术是三维虚拟声音定位技术,三维虚拟声音主要的特征有全向三维定位特征、三维实时跟踪特性以及沉浸感与交互性,下面对它们分别做介绍。

① 全向三维定位特征。全向三维定位特征是指在三维虚拟空间中把实际声音信号定位到特定虚拟专用源的能力。它能使用户准确判断出声源的位置,非常符合用户在现实生活中的听觉感受。举个例子来说,在现实生活中,我们一般都是先听到声响,然后再用眼睛去看这个地方,三维声音系统允许用户根据眼睛注视的方向以及根据所有可能的位置来监视和识别各种信息源。由此可以看出,三维声音系统可以利用粗调的机制用以引导较为细调的视觉能力的注意。在有视觉干扰的虚拟环境中,这一点尤其重要。这个时候,用户一般会通过听觉感受来引导肉眼对于目标位置的搜索,这种方法肯定要优于没有任何辅助而直接用肉眼搜索目标,即使是对处于视野中心的物体也是如此。这就是声学信号的全向特性。

② 三维实时跟踪特性。三维实时跟踪特性是指在三维虚拟空间中实时跟踪虚拟声源位置变化或景象变化的能力。比如说,当用户的头部转动时,虽然虚拟声源在虚拟场景中的绝对位置没有发生改变,但是它相对于用户头部的位置发生了变化,所以用户的听觉感受也应该发生变化,从而使用户感受到声源位置的固定性。而当虚拟发声物体移动位置时,用户的听觉感受也应随之改变。只有声音效果与实时变化的视觉相一致,才能产生视觉与听觉的叠加与同步效应。如果三维虚拟声音系统不具备这样的实时变化能力,看到的景象与听到的声音就会相互矛盾,听觉就会削弱视觉的沉浸感。

③ 沉浸感与交互性。三维虚拟声音的沉浸感就是指在三维场景中加入三维虚拟声音后,能够使用户在听觉与视觉交互的同时能够有身临其境的感觉,沉浸在虚拟世界中,这有助于增强临场效果。三维声音的交互特性是指随用户运动而产生的临场反应和实时响应的能力。

（3）三维虚拟声音的建模方法

为了建立具有真实感的三维虚拟声音,一般从最简单的单耳声源开始,然后通过专门的三维虚拟声音系统的处理,生成分离的左右信号,分别传入听者的左右耳朵。以此来使听者准确定位声音的位置。目前常用的听觉模型包括头部相关传递函数、房间声学模型、增强现实中的声音显示。

① 头部相关传递函数。有很多学者致力于研究从声源发出的声波是如何传输到人耳中的。声波从声源处到鼓膜处的变化其实可以看作是人的双耳对声波的滤波作用,它主要表现为人的头、躯干和外耳构成的复杂外形对声波产生的散射、折射和吸收作用。人们将声波从自由场传到鼓膜处的变换函数称为与头部相关的传递函数 HRTF(Head-Related Transfer Function)。由于每个人的头、耳的大小和形状各不相同,所以 HRTF 也因人而异。但是这些函数通常是从一群人身上获得的,因而它是一组平均特征值。获取 HRTF 的一般方法是:通过测量外界声音及人耳鼓膜上的声音频谱差异,即可获得声音在耳朵附近发生的频谱波形。随后利用这些数据对声波与人耳的交互方式进行编码,得出 HRTF,并确定双耳的信号传播延迟特点。

然而,HRTF 受到很多因素的影响,除了耳郭是最主要的因素,还有头部、耳道、肩膀、躯体等等。这些影响因素可以分为两类,一种是与方向有关的因素,包括躯体影响、肩膀反射等,还有一种是与方向无关的因素,包括耳控共振以及耳道与鼓膜的阻抗。

② 房间声学模型。房间声学模型的目标就是计算第二声源的空间图,也就是为初始声源计算一组离散的第二声源(回声)。因为在声音的传输过程中如果能够模拟声音与虚拟场景的反射效果,那么即使只有少量的一阶反射和二阶反射,也可以增加声音效果的真实性。对于第二声源可以由三个主要特性描述:距离上有延迟,相对第一声源的频谱有改变(空气吸收、表面发射等),与听者的入射方向有变化。

通常找到第二声源的方法有镜面图像法和射线跟踪法。镜面图像法能够保证找到所有几何正确的声音路径,不过由于该算法是递归的,所以不容易改变尺度。射线跟踪法使用一系列射线的反射和折射寻找第二声源,它的缺点在于很难确定所需射线数目。主要优点是即使处理时间很短,也能产生不错的合理的听觉效果,而且通过调节可用射线的数目,很容易以给定的帧频工作。

③ 增强现实中的声音显示。增强现实中的声音显示可以将计算机合成的声音信号与真实的声音信号叠加在一起。真实的声音信号可以由定位麦克风采样得到,可以是当地环境的,也可以是借助遥操作系统来自远地环境的。这个声音增强系统能够接收任何环境中麦克风接收的信号,用来适应给定情况并变换这些信号,然后把它们叠加到虚拟现实系统提供的声音信号上。

（4）语音识别技术

与虚拟世界进行语音交互是实现虚拟现实系统的一个高级目标。语音技术在虚拟现实中的关键是语音识别技术和语音合成技术。语音识别技术(Automatic Speech Recognition,简称 ASR)是将人说话的语音信号转换为可被计算机程序所识别的文字信息,从而识别说话人的语音指令以及文字内容的技术。语音识别的过程分为:参数提取、参数模式建立、模式识别等过程。举一个例子来说明,当我们对着话筒讲一句话,这句话传入系统中,系统先把它转换成数据文件,然后相应的软件便开始识别,主要是把用户输入的样本与事先存储好的样本进行对比,系统选出它认为最像的声音序列号。通过这些序列号的拼接,可以知道用户刚才念的内容,然后执行相应的操作。

其实在语音识别方面还有很大的困难,因为要真正建立识别率高的语音识别系统是非常困难的。在实际应用中每个使用者的语音长度、音调、频率都不一致,甚至同一个人在不同的时间念出来相同的声音,波形却也不尽相同,如果所在环境有杂音的话就更加识别不出来了。例如科大讯飞公司的语音助手之类的语音软件,很多时候它很难识别出来人们的讲话内容。不过现在也有很多科研人员在尽力解决这个问题,以后识别度会越来越高。

(5) 语音合成技术

语音合成技术(Text to Speech,简称 TTS)是用人工的方法生成语音的技术,相当于是语音识别的逆过程。当计算机合成语音时,需要能做到听话人能理解其意图并感知其情感,一般对“语音”的要求是清晰、可听懂、自然、具有表现力。

目前来讲,实现语音输出有两种方法,一种是录音/重放,另一种是文-语转换。对第一种方法,我们首先要把模拟语音信号转换成数字序列,编码,然后暂存于存储设备,就是把真实声音保存起来。需要时,再经过解码操作,重建声音信号(重放),就是把这个声音再放出来。运用此种方法,可以获得高音质声音,并能保留特定人的音色。但所需的存储容量随发音时间线性增大。第二种方法是基于声音合成技术的一种声音产生技术。主要是把计算机内的文本转换成连续自然的语声流。使用这种方法,应该事先建立语音参数数据库、发音规则库等。需要输出语音时,系统先合成语音单元,再按照语音学规则连接成自然的语流。

(6) 虚拟声音技术存在的问题

就目前虚拟声音技术的发展情况来看,在有些地方确实还存在着很多问题。列举如下:

① 听觉定位的混淆问题。无论应用哪一种听觉定位方法,通过耳机定位,常常导致定位声音的前后颠倒和上下颠倒,所以会大大降低立体定位的性能和声源形象化。这主要是因为耳机掩蔽了听觉辅助器官的作用而形成的一个听觉定位锥。

② 虚拟声音环境的可视化问题。虚拟声音通常与视频技术结合创造一个虚拟视听环境。把视觉背景作为听觉补偿,可以提高声音环境的逼真度和降低听觉定位混淆。但是,如果听觉通道信息与视觉通道信息互相冲突,反而会降低虚拟视听环境的逼真度,所以,视听保持同步、头部运动补偿等问题都会影响虚拟声音。视听同步不仅包括声音事件与运动事件在时间上的同步,而且与声音控制系统参数保持同步映射关系。

③ 听觉心理学和听觉生理学的限制。对外围听觉系统的研究充分,而对于听觉通路及中枢听觉的研究则很不充分。由于听觉系统的复杂性,目前对它的机理还有很多不清楚的地方。从生理学来看,听觉系统对于声音的频率、强度以及各种不同声音之间的关系表现出外围听觉系统处理的非线性,从而要用响度、音调以及临界带宽等加以描述。至于更高层次,要涉及听者的认知系统以及各种知识源的相互作用。因此,对于听觉系统还需进行深入的研究。

3.4 人机自然交互技术

在计算机系统提供的虚拟空间中,用户可以使用眼睛、耳朵、皮肤、手势和语音等各种感觉方式与之发生交互,这就是虚拟环境下的人机自然交互技术。在虚拟现实领域中最为常用的交互技术主要有手势识别、面部表情识别、眼动跟踪以及触觉交互、嗅/味觉交互等等。

交互性(Interaction)是虚拟现实技术的三个特性之一,是虚拟环境提供给用户与虚拟世界之间直接通信的手段。其基本过程是当用户通过交互设备操作虚拟环境中的三维对象时,这些对象将对用户的操作做出实时响应(图3-15)。根据虚拟现实应用系统的不同运行模式,交互操作的对象有所不同。在场景漫游模式下,从系统设计角度来说,不管是第一人称还是第三人称,用户操作的对象实际上都可归结为虚拟三维空间中的视点(或称相机)。通常情况下,将该模式下的交互操作称为三维场景交互。对应地,另外一种交互过程称为三维模型交互,它一般发生在场景修

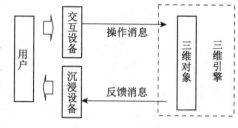

图 3-15 三维交互过程

改(编辑)模式中,其操作对象为三维场景中的各种节点对象,是一种基于对象选择的交互过程。

从计算机诞生至今,人与计算机之间交互技术的发展是较为缓慢的,人机交互界面经历了以下几个发展阶段。

① 基于键盘和字符显示器的交互阶段。

20 世纪 40 年代到 70 年代,人机交互采用的是命令行方式(CLI),这是第一代人机交互界面。人机交互使用了文本编辑的方法,可以把各种输入输出信息显示在屏幕上,并通过问答式对话、文本菜单或命令语言等方式进行人机交互。但在这种界面中,用户只能使用手敲击键盘这一种交互通道,通过键盘输入信息,输出也只能是简单的字符。因此,这一时期的人机交互界面的自然性和效率都很差。人们使用计算机,必须先经过很长时间的培训与学习。

② 基于鼠标和图形显示器的交互阶段。

20 世纪 80 年代初,出现了图形用户界面方式(GUI),GUI 的广泛流行将人机交互推向图形用户界面的新阶段。人们不再需要死记硬背大量的命令,可以通过窗口(Windows)、图标(Icon)、菜单(Menu)、指点装置(Point)直接对屏幕上的对象进行操作,即形成了第二代人机界面。与命令行界面相比,图形用户界面采用视图、鼠标,使得人机交互的自然性和效率都有较大的提高,从而极大方便非计算机专业用户的使用,鼠标也可称为第二代人机交互技术的象征。

③ 基于多媒体技术的交互阶段。

20 世纪 90 年代初,多媒体界面成为流行的交互方式,它在界面信息的表现方式上进行了改进,使用了多种媒体。同时,界面输出也开始转为动态、二维图形/图像及其他多媒体信息的方式,从而有效地增加了计算机与用户沟通的渠道。因此多媒体技术交互阶段可称为

第三代人机交互技术。

④ 基于多模态技术集成的自然交互阶段。

21世纪以来,计算机图形交互技术的飞速发展充分说明了,对于应用来说,使处理的数据易于操作并直观是十分重要的。一方面人们的生活空间是三维的,虽然GUI已提供了一些仿三维的按钮等界面元素,但界面仍难以进行三维操作。另一方面,人们习惯于日常生活中的人与人、人与环境之间的交互方式,其特点是形象、直观、自然,人通过多种感官来接收信息,如可见、可听、可说、可摸、可拿等,而且这种交互方式是人类所共有的,对于时间和地点的变化是相对不变的。但无论是命令行界面,还是图形用户界面,都不具有以上所述的进行自然、直接、三维操作的交互能力。因为在实质上它们都属于一种静态的、单通道的人机界面,而用户只能使用精确的、二维的信息在一维和二维空间中完成人机交互。因此,更加自然和谐的交互方式逐渐为人们所重视,并成为今后人机交互界面的发展趋势。

人机交互界面应能支持时变媒体实现三维、非精确及隐含的人机交互,而虚拟现实技术正是实现这一目的的重要途径,它为建立起方便、自然、直观的人机的交互方式创造了极好的条件。从不同的应用背景看,虚拟现实技术是把抽象、复杂的计算机数据空间表示为直观的、用户熟悉的事物,它的技术实质在于提供了一种高级的人与计算机交互的接口,使用户能与计算机产生的数据空间进行直观的、感性的、自然的交互,它是多媒体技术发展的高级应用。虚拟现实技术强调自然交互性,即人处在虚拟世界中,与虚拟世界进行交互,甚至意识不到计算机的存在,即在计算机系统提供的虚拟空间中,人可以使用眼睛、耳朵、皮肤、手势和语音等各种感觉方式直接与之发生交互。这就是虚拟环境下的自然交互技术,即第四代的人机交互技术。

作为新一代的人机交互系统,虚拟现实技术与传统交互技术的区别可以从下列几方面说明。

自然交互。人们研究"虚拟现实"的目标是实现"计算机应该适应人,而不是人适应计算机",人机接口的改进应该基于相对不变的人类特性。在虚拟现实技术中,人机交互可以不再借助键盘、鼠标、菜单,而是使用头盔、手套甚至向"无障碍"的方向发展,从而使最终的计算机能对人体有感觉,能聆听人的声音,通过人的所有感官进行沟通。

多通道。多通道界面是在充分利用一个以上的感觉和运动通道的互补特性来捕捉用户的意向,从而增进人机交互中的可靠性与自然性。现在,计算机操作时,人的眼和手十分累,效率也不高。虚拟现实技术可以将听、说以及手、眼等协同工作,实现高效人机通信,还可以由人或机器选择最佳反应通道,从而不会使某一通道通信过载。

高"带宽"。现在计算机输出的内容已经可以快速、连续地显示彩色图像,其信息量非常大。而人们的输入却还是使用键盘一个又一个地敲击,虚拟现实技术则可以利用语音、图像及姿势等的输入和理解进行快速大批量地信息输入。

非精确交互。这是指能用一种技术来完全说明用户交互目的的交互方式,键盘和鼠标均需要用户的精确输入。但是,人们的动作或思想往往并不很精确,而计算机应该理解人的要求,甚至于纠正人的错误,因此虚拟现实系统中智能化的界面将是一个重要的发展方向。通过交互作用表示事物的现实性,在传统的计算机应用方式中,人机交互的媒介是将真实事物用符号表示,是对现实的抽象替代,而虚拟现实技术则可以使这种媒介成为真实事物的复现、模拟甚至想象和虚构。它能使用户感到并非是在使用计算机,而是在直接与应用对象打交道。

在最近几年的研究中,为了提高人在虚拟环境中的自然交互程度,研究人员一方面不断改进现有自然交互硬件、同时加强了对相关软件的研究,另一方面积极将其他相关科学与技术领域的技术成果引入虚拟现实系统,从而扩展全新的人机交互方式。

3.4.1 手势识别

在计算机科学中,手势识别是通过数学算法来识别人类手势的一个课题。手势识别可以是来自人的身体各部位的运动,但一般是指脸部和手的运动。用户可以使用简单的手势来控制或与设备交互,让计算机理解人类的行为。手势识别系统的输入设备主要分为基于数据手套的识别和基于视觉(图像)的手语识别系统两种。手势识别技术主要有模板匹配、人工神经网络和统计分析技术,其核心技术分为手势分割、手势分析以及手势识别。

最初的手势识别主要是利用机器设备,直接检测手、胳膊各关节的角度和空间位置。这些设备多是通过有线技术将计算机系统与用户相互连接,使用户的手势信息完整无误地传送至识别系统中,其典型设备如数据手套等。数据手套是由多个传感器件组成,通过这些传感器可将用户手的位置、手指的方向等信息传送到计算机系统中。数据手套虽可提供良好的检测效果,但将其应用在常用领域则价格昂贵。其后,光学标记方法取代了数据手套,将光学标记戴在人手上,通过红外线可将人手位置和手指的变化传送到系统屏幕上。该方法也可提供良好的效果,但仍需较为复杂的设备。

外部设备的介入虽使得手势识别的准确度和稳定性得以提高,但却掩盖了手势自然的表达方式。为此,基于视觉的手势识别方式应运而生。视觉手势识别是指对视频采集设备拍摄到的包含手势的图像序列,通过计算机视觉技术进行处理,进而对手势加以识别。

手势无论是静态或动态,其识别顺序首先需进行图像的获取,手的检测和分割手势的分析,然后进行静态或动态的手势识别。

① 手势分割。手势分割是手势识别过程中关键的一步,手势分割的效果直接影响到下一步手势分析及最终的手势识别。目前最常用的手势分割法主要包括基于单目视觉的手势分割和基于立体视觉的手势分割。

单目视觉是利用一个图像采集设备获得手势,得到手势的平面模型。建立手势形状数据库的方法是将能够考虑的所有手势建立起来,利于手势的模板匹配,但其计算量随之增加,不利于系统的快速识别。立体视觉是利用多个图像采集设备得到手势的不同图像,转换成立体模型。立体匹配的方法与单目视觉中的模板匹配方法类似,也要建立大量的手势库;而三维重构则需建立手势的三维模型,计算量将增加,但分割效果较好。

② 手势分析。手势分析是完成手势识别系统的关键技术之一。通过手势分析,可获得手势的形状特征或运动轨迹。手势的形状和运动轨迹是动态手势识别中的重要特征,与手势所表达意义有直接的关系。手势分析的主要方法有以下几类:边缘轮廓提取法、质心手指等多特征结合法以及指关节式跟踪法等。

边缘轮廓提取法是手势分析常用的方法之一,手型因其特有的外形而与其他物体区分。采用结合几何矩和边缘检测的手势识别算法,通过设定两个特征的权重来计算图像间的距离,实现对手势的识别。

多特征结合法则是根据手的物理特性分析手势的姿势或轨迹。Meenakshi Panwar 将手势形状和手指指尖特征相结合来实现手势的识别。指关节式跟踪法主要是构建人手的二维或三维模型,再根据人手关节点的位置变化来进行跟踪,其主要应用于动态轨迹跟踪。

③ 手势识别。手势识别是将模型参数空间里的轨迹(或点)分类到该空间里某个子集的过程,其包括静态手势识别和动态手势识别,动态手势识别最终可转化为静态手势识别。从手势识别的技术实现来看,常见手势识别方法主要有:模板匹配法和隐马尔可夫模型法。模板匹配法是将手势的动作看成是一个由静态手势图像所组成的序列,然后将待识别的手势模板序列与已知的手势模板序列进行比较,从而识别出手势。隐马尔可夫模型法(Hidden Markov Model,简称 HMM)是一种统计模型,用隐马尔可夫建模的系统具有双重随机过程,其包括状态转移和观察值输出的随机过程。其中状态转移的随机过程是隐性的,其通过观察序列的随机过程所表现。

手势识别作为人机交互的重要组成部分,其研究发展影响着人机交互的自然性和灵活性。目前大多数研究者均将注意力集中在手势的最终识别方面,通常会将手势背景简化,并在单一背景下利用所研究的算法将手势进行分割,然后采用常用的识别方法将手势表达的含义通过系统分析出来。但在现实应用中,手势通常处于复杂的环境下,例如:光线过亮或过暗、有较多手势存在、手势距采集设备距离不同等各种复杂背景因素。这些方面的难题目前尚未得到解决。且将来也难以解决。因此需要研究人员就目前所预想到的难题在特定环境下加以解决,进而通过多种方法的结合来实现适于不同复杂环境下的手势识别,由此对手势识别研究及未来人性化的人机交互做出贡献。

3.4.2 面部表情识别

人可以通过脸部的表情来表达自己的各种情绪,传递必要的信息。随着计算机技术和人工智能技术及其相关学科的迅猛发展,整个社会的自动化程度不断提高,人们对类似于人和人交流方式的人机交互的需求日益强烈。计算机和机器人如果能够像人类那样具有理解和表达情感的能力,将从根本上改变人与计算机之间的关系,使计算机能够更好地为人类服务。表情识别是情感理解的基础,是计算机理解人们情感的前提,也是人们探索和理解智能的有效途径。

面部表情识别(Expression Recognition)是指从给定的静态图像或动态视频序列中分离出特定的表情状态,从而确定被识别对象的心理情绪,实现计算机对人脸表情的理解与识别,从根本上改变人与计算机的关系,从而达到更好的人机交互。因此人脸表情识别在心理学、智能机器人、智能监控、虚拟现实及合成动画等领域有很大的潜在应用价值。

(1)面部表情识别技术研究现状

面部表情识别技术是近几十年来才逐渐发展起来的。由于面部表情的多样性和复杂性,并且涉及生理学及心理学,表情识别具有较大的难度。因此,与其他生物识别技术如指纹识别、虹膜识别、人脸识别等相比,发展相对较慢,应用还不广泛。但是表情识别对于人机交互却有重要的价值,因此国内外很多研究机构及学者致力于这方面的研究,已经取得了一定的成果。

20 世纪 70 年代美国心理学家 Ekman 和 Friesen 对现代人脸表情识别做出了开创性的工作。Ekman 定义了人类的 6 种基本表情：高兴（Happy）、生气（Angry）、吃惊（Surprise）、恐惧（Fear）、厌恶（Disgust）和悲伤（Sad），确定了识别对象的类别；其次是建立了面部动作编码系统(Facial Action Coding System,简称 FACS)，使研究者按照系统划分的一系列人脸动作单元(Action Unit,AU)来描述人脸面部动作，通过人脸运动和表情的关系，进而检测人脸面部细微表情。1978 年，Suwa 等人对一段人脸视频动画进行了人脸表情识别的最初尝试，一系列的研究在人脸表情视频序列上展开。到 20 世纪 90 年代，随着图像处理与模式识别技术的发展，使得人脸表情识别的计算机自动化处理成为可能。K. Mase 和 A. Pentland 是其中的先驱者，二人首先使用光流来判断肌肉运动的主要方向，然后提取局部空间中的光流值，组成表情特征向量，最后利用表情特征向量构建人脸表情识别系统。该系统可以识别高兴、生气、厌恶和惊奇 4 种表情，识别率接近 80%。1997 年，哈尔滨工业大学的高文教授领导的团队将国外人脸表情识别的研究成果引入我国。2003 年，北京科技大学的王志良教授领导的团队，将人脸表情识别算法应用于机器人的情感控制研究中，并发表了自 2002 年以来人脸表情识别发展情况的综述。2004 年，东南大学的郑文明博士在面部表情识别方面，提出了基于核典型相关分析、偏最小二乘回归等多种识别方法，并开发了自动面部表情识别系统。2006 年，国家自然科学基金对人脸表情识别的相关研究正式立项，近年来，项目数有总体增长的趋势。国内的清华大学、中国科学院、北京航空航天大学、北京交通大学、北京科技大学、哈尔滨工业大学、东南大学、上海交通大学、西北工业大学、华中师范大学等多所高校和科研机构参与了人脸表情识别相关课题的研究。虽然人脸表情识别的商业应用还处于起步阶段，但是国内外研究机构和企业都在不同的领域进行尝试和研究，部分成果已经取得了专利。因此表情识别的研究具有很大的开发潜力。

（2）面部表情识别方法

面部表情识别可分为三部分：人脸图像的获取与预处理、表情特征提取和表情分类。表情识别方法分类大致分为四种，即基于模板的匹配方法、基于神经网络的方法、基于概率模型的方法和基于支撑向量机的方法。人脸图像的分割、人脸主要特征（如眼睛、鼻子等）定位以及识别是这个技术的主要难点。

人脸图像检测与定位就是在输入图像中找到人脸确切的位置，它是人脸表情识别的第一步。人脸检测的基本思想是用知识或统计的方法对人脸建模，比较待检测区域与人脸模型的匹配程度，从而得到可能存在人脸的区域。其方法分为两类：①基于统计的人脸检测是将人脸图像视为一个高维向量，将人脸检测问题转化为高维空间中分布信号的检测问题。②基于知识的人脸检测是利用人的知识建立若干规则，从而将人脸检测问题转化为假设、验证问题。

表情特征的提取根据图像性质的不同可分为：静态图像特征提取和序列图像特征提取。静态图像中提取的是表情的形变特征，即表情的暂态特征。而对于序列图像不仅要提取每一帧的表情形变特征还要提取连续序列的运动特征。形变特征提取必须依赖中性表情或模型，把产生的表情与中性表情做比较从而提取特征，而运动特征的提取则直接依赖于表情产生的面部变化。特征选择的依据是：①尽可能多地携带人脸面部表情的特征，即信息量丰富；②尽可能容易提取；③信息相对稳定，受光照变化等外界的影响小。

3.4.3 眼动跟踪

为了模拟人眼的功能,在虚拟现实系统中引入眼动跟踪技术。眼动跟踪即是对眼睛的注视点或者是眼睛相对于头部的运动状态进行测量的过程。美国谷歌公司发布的智能眼镜能够通过眼动跟踪技术感知到用户的情绪,来判断用户对注视的广告的反应。

眼动跟踪技术的基本工作原理是利用图像处理技术,使用能锁定眼睛的特殊摄像机。通过从人的眼角膜射入和瞳孔反射的红外线连续地记录视线变化,从而达到记录、分析视线追踪过程的目的。目前,用于智能眼镜的眼动跟踪测量技术主要是基于图像和视频测量法,该方法囊括了多种测量可区分眼动的特征技术,这些特征有巩膜和虹膜的异色边沿、角膜反射的光强以及瞳孔的外观形状等。基于图像、结合瞳孔形状变化以及角膜反射的方法在测量用户视线的关注点中应用很广泛。下表 3-1 归纳了目前几种主要的视线追踪技术及特点。

表 3-1 几种眼动跟踪方法特点比较

眼动追踪方法	技术特点
眼电图	高带宽,精度低,对人干扰大
虹膜-巩膜边缘	高带宽,垂直精度低,对人干扰大,误差大
角膜反射	高带宽,误差大
瞳孔-角膜反射	低带宽,精度高,对人无干扰,误差小
接触镜	高带宽,精度最高,对人干扰大,不舒适

眼动仪器用于记录人在处理视觉信息时的眼动轨迹特征,广泛用于注意、视知觉、阅读等领域的研究。早在 19 世纪就有人通过考察人的眼球运动来研究人的心理活动,通过分析记录到眼动的数据来探讨眼动与人的心理活动的关系。眼动仪器的问世为心理学家利用眼动技术(Eye Movement Technique)探索人在各种不同条件下的视觉信息加工机制,观察其与心理活动直接或间接奇妙而有趣的关系,提供了新的有效工具。眼动技术先后经历了观察法、后像法、机械记录法、光学记录法、影像记录法等多种方法的演变。眼动技术就是通过对眼动轨迹的记录从中提取诸如注视点、注视时间和次数、眼跳距离、瞳孔大小等数据,从而研究个体的内在认知过程。20 世纪 60 年代以来,随着摄像技术,红外技术(Infrared Technique)和微电子技术的飞速发展,特别是计算机技术的运用,推动了高精度眼动仪器的研发。

眼动仪器的结构一般包括四个系统,即光学系统、瞳孔中心坐标提取系统、视景与瞳孔坐标叠加系统和图像与数据的记录分析系统。眼动有三种基本方式:注视(Fixation)、眼跳(Saccades)和追随运动(Pursuit Movement)。眼动可以反映视觉信息的选择模式,对于揭示认知加工的心理机制具有重要意义。从研究报告看,利用眼动仪器进行心理学研究常用的资料或参数主要包括:注视点轨迹图、眼动时间、眼跳方向(Direction)的平均速度、时间和距离(或称幅度 Amplitude),瞳孔(Pupil)大小(面积或直径,单位像素 Pixel)和眨眼(Blink)。眼动的时空特征是视觉信息提取过程中的生理和行为表现,它与人的心理活动有着直接或间接的关系,这也是许多心理学家致力于眼动的研究原因所在。

世界知名眼动仪器有瑞典 Tobii 公司的眼动追踪系统、德国 Mangold 公司的行为分析系统及多导生理仪系统、美国 PST 公司的 E-prime 心理实验设计系统等等。Tobii Glasses 系列眼动仪器是一款可在现实场景中高效采集眼动的数据工具,可应用于基于现实场景或实物的定性及定量的眼动研究,在被试者处于完全自然状态的前提下,确保眼动的数据精确性。Tobii Glasses 系统组件含有一副眼动眼镜、一个辅助记录器、一些 IR Marker 以及 Tobii Studio 分析软件。Tobii Glasses 眼镜部件可以捕捉看到的对象和记录对象的状态。使用者感觉就像戴一副普通的眼镜一样,这使得在真实场景测试时不会吸引太多场外人员的注意而影响被试的行为。超轻的结构和普通的摄像头,加上镜片设计使整个实验过程可以在最自然的环境中进行。辅助记录器可采集眼动数据、声音、视频、AOA 快照及 IR Marker 位置数据。并可将数据保存到 SD 卡中。它将引导完成校准过程——确保数据的可靠和避免主观意见,并可现实追踪性能,电池寿命等。口袋大小的记录器可以自由地随身携带而无须带沉重的设备。IR Marker 红外标记器用于确定分析区(AOA)的范围。同时通过发射红外线和眼镜进行交流,并可使眼镜追踪多个 AOA 区域。AOA-Track 数据映射技术使得数据可自动映射与叠加,为后期的统计分析提供了可能。Tobii Studio 是领先的眼动追踪分析软件,它提供了强大的功能对大容量的数据进行高效的叠加和分析,可以创建数据可视化图片和统计数据分析表等,并可自由进行复制粘贴到研究报告中,Tobii Studio 也支持后期采访和眼动追踪的结合。

虽然眼睛是身体当中接收信息最广和最快的器官,但眼动跟踪却离人性化的交互方式还有较大差距。由于眼睛本身存在固有的眨动以及抖动等特点,会产生很多的干扰信号,可能会造成数据的中断,这样会导致从眼动的信息中提取到准确数据的难度大大升高。

3.4.4 力/触觉交互技术

视觉与听觉提供给人的都是非接触性感知信息。提供虚拟对象的接触性感知信息能够更直接地增强用户的真实感、沉浸感,扩大 VR 的应用领域。力/触觉表现的目的就是使用户在与虚拟对象进行接触时能够获得逼真的力/触觉感受。触觉交互可以增进人机交互的自然性,使用户能按其熟悉的技能进行人机通信。

(1)力/触觉交互的发展过程

狭义的触觉指微弱的机械刺激导致皮肤浅层的触觉感受器兴奋引起的肤觉。广义的触觉还包括由较强的机械刺激导致深部组织变形时引起的压觉。触压觉的绝对感受性在身体表面的不同位置有很大的差别。一般说来,活动越大的部分触压觉的感受性越高。

① 远程控制装置。

触觉交互技术的起源可以追溯到远程控制装置的出现。计算机性能的提升和更全面地与虚拟世界交互的向往,驱动了触觉交互装置的产生和发展。远程控制装置的研究由来已久。早期的远程控制使用由连杆和缆索控制的钳子,后来发展成为有肘、腕和手的机械臂。在操纵者和机械手臂之间,机械联接装置和缆索传递运动和力。

② 电机和电子传感器。

当更远距离的操控需求产生后,研究人员用电机和电子传感器取代了在操控者和远程装置之间的机械连接。通过电子信号将操控者手部的动作和远程装置联系起来。在这些装置中,电机提供执行任务和给人反馈感觉的力。人们意识到如果计算机产生适当的电信号,主控装置可以使用户产生与执行真实任务相同的感觉。一些早期的研究通过实验证明了计算机编程控制机电主控装置可以使用户产生触碰一些简单形状的感觉,从而在理论上证明了触觉虚拟现实的可行性。但受计算机处理能力的限制,这些早期的研究无法建立复杂的虚拟对象。

随着计算机性能的进一步提升,实时的三维图形成为可能,虚拟现实技术在工业领域广为应用。与此同时,不能触碰虚拟物体的弊端也初见端倪。有些任务不仅需要看到和听到虚拟世界的物体,还需要触碰它们,甚至有时触觉占主导地位。例如机械工程师只有用手真实地感受到引擎内部零件的空间布局,才能判断该设计是否便于装配和维修;如果不能触碰到肌体组织,那么虚拟的外科手术便失去了训练的意义。于是,各种类型的触觉交互装置应运而生。在计算机游戏和日常的应用领域,特殊的游戏操纵杆、操纵轮、鼠标被用来提供一维和二维的触觉反馈。手指套环和笔状的探针被设计用来提供三维位置的感知和反馈。直到 20 世纪 90 年代初,这些触觉装置还是由于费用昂贵、用途单一等原因,主要限于军事仿真研究用途。

③ Phantom 触觉界面。

1993 年,麻省理工学院人工智能实验室的 Salisbury 等开发了一种装置,解决了触觉研究人员面临的许多问题。它实现了点接触力的传递,可以用来产生指尖与各种物体交互的感觉,给人们提供前所未有的精确和方便的触觉激励。这种名为"Phantom 触觉界面"的装置改变了人们和计算机交互的方式,引发了全球的触觉交互的研究热潮。

(2) 力/触觉交互设备及其原理

在虚拟现实系统中,力/触觉装置是非常重要的人机交互设备。目前的力/触觉装置有外骨骼和固定设备、数据手套和穿戴设备、点交互设备和专用设备等,这些力/触觉装置中采用气动、液压、电机或磁场等驱动的主动式力反馈居多,也有基于液体智能材料的被动式力/触觉反馈。触觉的实现方法主要有由电磁(螺线管、发声线圈)驱动的机械振动,压电晶体、形状记忆合金驱动的探针阵列,气动系统等。力/触觉表现需要借助力/触觉设备,并进行高效的力/触觉信息处理,主要是碰撞检测和碰撞响应。当用户操纵力触觉设备时,碰撞检测算法检测与虚拟对象的碰撞情况。如果发生碰撞,就按照预先制定的策略对碰撞做出响应,提供虚拟对象的相关力/触觉信息。

近年来,触觉设备已进入主流消费品市场,其中应用最广泛的是 Immersion 公司的 i-Force 产品与微软公司的 Sidewinder FF 产品。随着技术的进步,市场上出现了新一代的力反馈感应技术,主要有 i-Touch 触觉感应技术和 G-Force G-Tilte 动作感应技术两种。i-Touch 触觉感应技术主要用在鼠标或轨迹球等产品中,通过 i-Touch 触觉感应技术,可以让用户"触摸"到图像的边框或者体验"拖放"文件的不同感受。另外,它还支持所有应用了 i-Touch 触觉感应设计的网站,可以发送带有"触觉"问候的贺卡等。而动作感应技术 G-Tilte 主要用在动感游戏控制器中。运用该技术的游戏控制器能感受到用户任何细微的动作和方向,将使用者身体的动作转换成游戏所能识别的信号指令,并在游戏中产生相应的动作,使用户可以用更加自然和直觉的方式来控制游戏的进行。

（3）力/触觉交互技术的展望

① 触觉仿真的真实感提升。

像所有的机械装置一样，现在的触觉交互设备的性能受限于系统的摩擦、惯性和不稳定性，只能提供近似真实的触觉体验。而未来的触觉交互系统能沿着皮肤提供分布式的感应以获得真实的触觉仿真。一些科研人员已经致力于进一步提升触觉交互设备精度和灵敏度的研究中。例如，哈佛大学正在开发一种针排列矩阵构成的触觉呈现设备。这种触觉设备用计算机控制针的升降，来转换一系列的物理印象，包括高频振动和小范围的形状或压力分布，传递物体的触觉属性给用户。卡内基梅隆大学设计开发了一个磁悬浮触觉界面，用电流来产生力反馈，用户通过一个旋钮状的手柄来触摸和旋转虚拟的物体。

② 触觉反馈设计多样，智能感知环境。

触觉反馈是便携移动设备中触觉交互设计的重要方面，触觉反馈设计的好坏不仅能影响产品对于用户的友好性，同时对于一些特殊群体，如视觉障碍者、高视觉负荷作业者等来说也是非常重要的信息交互方式。便携移动设备能智能感知当前所处的环境，其特点是具有隐蔽性、自感知性、多通道性等。

③ 触觉交互软件性能提高。

触觉交互技术软件方面的挑战也越来越受到关注。触觉模型需要比电脑图像程序更快的芯片处理速率，这使它们很难集成到现有的计算机图形软件的代码里。一些学者正致力于节省触觉交互计算机处理时间的研究，如优化碰撞检测的运算法则，在不借助高保真度的模型的前提下，通过声音等辅助手段传递需要的触觉印象。

由于没有单一装置的配置可以满足所有的需要，所以需要有一系列的标准来管理各种界面的规范和控制方法。如果没有这些规则，软件开发者的程序就不能确保在所有界面设备上以相同的方式运行。目前业界认可的行业标准尚在研究之中。

虽然现阶段触觉交互的软件和硬件方面有众多问题尚未解决，但已有学者在从事触觉界面人因学方面的研究了。据 Hodges 介绍，卡内基梅隆大学的心理学教授 Lederman 已经通过实验证实了，视觉比触觉有更高的空间分辨率，可以迅速且精确地获取非常精细的空间细节，而触觉在分辨物质的材料属性方面略胜一筹。在使用多模式的显示时，设计者需要理解人们如何对不同感觉获得的信息做出反应。设计者把触觉集成到计算机应用软件系统里，需要考虑人们认知过程对力反馈的理解和操作者以往的知识和经验。

3.4.5　嗅/味觉交互技术

嗅觉是人体的重要感知，让虚拟环境中的人感受到各种气味是 VR 领域研究的一个重要内容。嗅觉是由化学刺激产生的，这和视、听、触觉有很大不同。Kaye J.N.指出嗅觉表现必须依靠气味间的差异。很长一段时间，研究人员试图类比视觉，用几种基本颜色合成任意颜色那样，寻找一组"基础气味"来合成任意气味。Amoore J.E.曾尝试采用 7 种气味来进行合成，但研究表明与气味有关的感受器至少有数百个，而且每个感受器可检测多种分子，上述思路的实现是困难的。

鉴于特定应用环境中所需要的气味并不是很多，因此目前的许多研究集中于气味的传播。日本东京大学研究人员开发出一种嗅觉模拟器，用户把能放出香味的环状嗅觉提示装置套在手上,环状装置里装着8个小瓶,分别盛8种水果的香料。用户头戴虚拟环境图像显示器,如果看到苹果和香蕉等水果,就用指尖把显示器拉到鼻尖上。位置感知装置检测出显示器和环状嗅觉提示装置接近,气泵就会根据显示器上的水果形象释放特定的香味,让人闻到水果飘香。为了减少头盔给使用者带来的不便,研究人员研制出非接触气味产生装置生成相应的气体,并进行时空的控制。

Yasuyuki Yanagida等使用"空气大炮"将用户附近产生的气味以环状涡流的形式传送到用户的鼻子处。研究者还使用基于视觉的人脸跟踪技术来进行鼻子跟踪以确定传输位置。这种方法要求用户面前没有遮挡物,并且用户会感到吹在脸上的气流。Yamada等在室外环境中建立了一种可佩戴的气味显示系统来表现户外气味的空间性,该系统将气味看成气体,将气体通过管道输送到用户的鼻子处,系统可以根据气味源和用户的位置控制气味的强度来呈现气味的空间性。

味觉与化学物质、触觉和声音等多方面的因素有关,因此对其进行表现的难度很大,Iwata等将其称为VR的最后战线。他们用多聚体薄膜制作的生物传感器记录食物味道的主要化学成分,录制下颚骨咀嚼食物时产生的声音,将嗅觉模拟器放入口中,传感器记录咀嚼的力量,电动机提供合适的阻力,模拟食物被咀嚼的过程,并通过细管向舌头喷出"味道",通过模拟酸、甜、苦、咸和味精的化学物质来模拟食物的味道。

3.4.6 体感交互技术

体感技术,在于人们可以很直接地使用肢体动作,与周边的装置或环境互动。而无须使用任何复杂的控制设备,便可让人们身历其境地与内容做互动。体感互动技术是集成动作识别硬件互动设备、体感互动系统软件以及三维数字内容为一体的控制系统平台,通过感应站在窗口前的观看者,当观看者的动作发生变化时,窗口显示的画面同时发生变化。体验者能够使用自然的肢体动作和手势,如挥手、转身、向左、向右等简单姿势,实现肢体与显示屏内容进行互动,体验人机交互的乐趣。体感互动系统能够将运动与娱乐融入人们生活中,操作者可以通过自己的肢体去控制系统,并且实现与互联网玩家互动,分享图片、影音信息等。

体感互动系统实际上是一种3D体感摄像机,比一般的摄像头更为智能。首先,它能够发射红外线,从而对整个房间进行立体定位,摄像头则可以借助红外线来识别人体的运动(图3-16)。动作感应器能追踪人体全身的动作,并且会根据数据建立用户数位骨架,它可以对人体的20个部位进行实时追踪,该设备最多可以同时对两个用户进行实时追踪。体感互动系统利用即时动态捕捉、影像辨识、麦克风输入、语音辨识等功能让人们摆脱传统单调的操作模式。

(1)体感交互技术分类

依照体感交互方式与原理的不同,主要可分为三大类:惯性感测、光学感测以及惯性及光学联合感测。

① 惯性感测。主要是以惯性传感器为主,如用重力传感器,陀螺仪以及磁传感器等来感测使用者肢体动作的物理参数,分别为加速度、角速度以及磁场,再根据这些物理参数来求得使用者在空间中的各种动作。

图 3-16　体感互动系统示意图

② 光学感测。光学感测主要代表厂商为 Sony 及 Microsoft。早在 2005 年以前，Sony 便推出了光学感应套件——Eye Toy，主要是通过光学传感器获取人体影像，再将人体影像的肢体动作与游戏中的内容互动，以 2D 平面为主，而内容也多属较为简易类型的互动游戏。直到 2010 年，Microsoft 发布了跨世代的全新体感感应套件——Kinect，号称无须使用任何体感手柄，便可达到体感的效果。而比起 Eye Toy 更为进步的是，Kinect 同时使用激光及摄像头（RGB）来获取人体影像信息，可捕捉人体 3D 全身影像，具有比起 Eye Toy 更为进步的深度信息，而且不受任何灯光环境限制。

③ 惯性及光学联合感测。联合感测主要代表厂商为 Nintendo 及 Sony。2006 年所推出的 Wii，主要是在手柄上放置一个重力传感器，用来侦测手部三轴向的加速度，以及一红外线传感器，用来感应在电视屏幕前方的红外线发射器讯号，主要可用来侦测手部在垂直及水平方向的位移，来操控一空间鼠标。这样的配置往往只能侦测一些较为简单的动作，因此 Nintendo 在 2009 年推出了 Wii 手柄的加强版——Wii Motion Plus，主要为在原有的 Wii 手柄上再插入一个三轴陀螺仪，如此一来便可更精确地侦测人体手腕旋转等动作，强化了在体感方面的体验。Sony 于 2010 年推出游戏手柄 Move，主要配置包含一个手柄及一个摄像头，手柄包含重力传感器、陀螺仪以及磁传感器，摄像头用于捕捉人体影像，结合这两种传感器，便可侦测人体手部在空间中的移动及转动。

（2）体感互动技术典型应用行业

① 互联网购物与营销。消费者站在一个大屏幕前，用手翻页、滑动、确认等简单的操作就可实现对商品的浏览并完成购物，这是体感技术在消费品领域的应用带来的便利。此外，商家也可以通过这个计算机获取精准的消费反馈，计算机的摄像头可以记录消费者的面部表情，通过匿名识别技术记录消费者的性别、停留时间等信息，从而了解产品对每一类消费者的吸引程度，以便制定更加有效的营销策略。

② 动画娱乐业。如体感互动可应用于体感游戏当中，它通过模拟器模拟出三维场景，玩家手握专用游戏手柄，通过自己身体的动作来控制游戏中人物的动作，让玩家"全身"投入游戏当中，享受到前所未有的体感互动新体验。

③ 医疗、教育培训等行业。如医院的康复治疗、医用资料的浏览,这种非直接接触方式可以减少细菌传播;学校的教学培训、智力开发,动态的教学更容易产生深刻的记忆。

3.5　虚拟现实内容制作技术

虚拟现实技术产生后,很快就在军事演练、航空航天和工业设计等领域得到应用,人们开发了一些成功的应用系统。20 世纪 90 年代初,在巨大需求的拉动和应用部门的推动下,开始出现各种类型的虚拟现实软件开发工具,这些开发工具对降低 VR 系统开发门槛、提高开发效率起到了重要作用,推动了 VR 应用的发展。

国外虚拟现实软件产品丰富。例如,美国硅图公司(Silicon Graphics Inc., SGI)开发的 OpenGL 是通用共享的开放式三维图形标准;World Tool Kit(WTK)是提供完整的三维虚拟环境开发平台;Presagis 公司的 Vega 与 Vega Prime 主要应用于实时视觉模拟;Open Inventor 是面向对象和交互式的专业 3D 图形开发工具包;OpenGVS 用于场景图形的实时开发;EON 将实时视觉效果、物理机制与真实人体动作有机结合;VRML 和 X3D 常用于基于 Internet 的网络虚拟现实作品开发;AVS/Express 涉及工程分析、航空航天、遥感和国防等领域;STK 用于航天和卫星的虚拟仿真;STAGE Scenario 是作战指挥等高度灵活开放的开发平台;CG2 VTree 是基于便携平台的图像开发包;VRAX 和 NavMode 的沉浸感好;VirSSPA 通常用于虚拟医学手术流程;VEStudio 主要应用在三维地理信息、展示和古迹复原等。

国内虚拟现实软件开发技术的研发相对美欧国家起步较晚,主要有 WEBMAX、VRP、"通用分布式虚拟现实软件开发平台"、北京航空航天大学的分布交互仿真开发与运行平台 BH HLA/RTI、华南农业大学的"农业视景仿真系统"等。

虚拟现实软件分类及其代表性软件工具有:建模工具软件。如 Creator、3ds Max 和 Maya 等;分形地形建模 Mojoworld;飞行建模类 Flight Sim 与 Helicopter Sim;人物仿真类 DI-Guy Scenarios;三维地形建模 TerraVista、Mojoworld;3D 自然景观制作 Vista Pro、Bryce、World Builder 等。数据转换与优化软件。其中,地理数据转换软件有 FME Suite;3D 模型转换软件 Polytrans 与 Deep Exploration;3D 模型减面类 Geomagic Decimate、Action3D Reducer、Rational Reducer 等。Web3D 技术软件。Eon Studio、Virtools、X3D-VRML、Cult3D 等。视景驱动类软件。如 Vega、Vega Prime、Open GVS、Vtree、World Tool Kit、3DVRI、World UP、3DLinX、Open Inventor、OpenGL Performer、Site Builder 等。其中最著名的是 Presagis 公司的 Creator 与 Vega Prime 以及国内深圳中视典科技有限公司的 VRP 等。

虚拟现实应用软件开发模式有:利用 C 或 C++等高级语言,采用 OpenGL 或者 DirectX 支持的图形库进行编程;利用现有成熟、专业的面向对象虚拟现实开发软件作为开发工具开发;利用专业的虚拟现实引擎编程开发库或开发包,进行二次开发。虚拟现实系统开发工具种类繁多,有的支持 VR 应用系统不同组成模块的开发,有的支持特定领域 VR 应用系统的开发。本节结合前面几节的内容,主要介绍建模工具软件、虚拟现实造型语言(Virtual Reality Modeling Language,VRML)、基础图形绘制工具、场景渲染引擎与物理行为引擎、可视化开发平台和其他一些专业化开发工具等等。

3.5.1 虚拟现实建模工具软件

构建具有逼真感和交互性的 VR 应用系统,首先面临的就是建模。现有的 VR 建模工具主要集中在支持虚拟景物的外观和物理建模方面,前者大体上又可分为面向动画制作的建模工具和面向实时绘制的建模工具两类。

（1）面向动画制作的建模工具

面向动画制作的建模,也称为三维几何造型设计,是三维动画制作工具的基本功能。动画制作中的建模一般包括基本几何形体绘制和复杂模型组合等步骤。现有一些公开的三维模型库可供使用,以提高开发效率。

三维动画制作工具美国 Discreet 公司的 3ds Max 和 Alias 公司的 Maya 目前均被美国 AUTODESK 公司收购成为旗下产品,此外还有 Avid 公司的 Softimage XSI,Side Effects Software 公司的 Houdini,Newtek 公司的 Lightwave 3D,Pixar 公司的 Photorealistic Renderman 和美国著名的建筑设计软件开发商 Atlast Software 公司的草图大师 SketchUp 等等。Maya 和 Softimage XSI 是高端三维动画制作工具,在影视制作行业有着广泛应用。3ds Max 是应用于 PC 平台的三维动画软件,由于提供了开放接口,有许多第三方插件支持,可以方便地转换为其他模型格式,在游戏和工业领域应用广泛。

（2）面向实时绘制的建模工具

三维模型的数据组织格式对实时绘制有着重要影响,用于三维动画的模型格式并不适合这种实时绘制要求。在面向实时绘制的三维模型格式中,最有代表性的是 Presagis 公司的 OpenFlight 格式,该数据格式已成为视景仿真领域公认的模型数据标准,大部分 VR 开发工具(如 Vega,OpenGVS 等) 都支持这种格式。Creator 是美国 Presagis 公司推出的一个交互式三维建模软件,支持建立优化的三维模型,具有多边形建模、矢量建模、大规模地形精确生成等功能。在处理一些大规模地形模型时,手工建模工作量巨大,因此出现了一些面向地理数据的地形制作工具,如 Creator Terrain Studio,Terrain Vista 等。Creator Terrain Studio 支持多种矢量格式,并有海量地形数据支持。Terrain Vista 是一个基于 Windows 平台的实时 3D 地形生成工具软件,适合于大数据量的地形生成。Terrain Vista 具有点、线、面要素编辑器,开发者可以交互式地对矢量文化特征数据进行编辑和修改,可以通过定制文化特征数据的属性信息,直接自动生成相应的文化特征,如道路、河流、森林和植被等。

为了提高建模效率,出现了一些有特定功能的辅助工具,如格式转换工具 Polytrans,Deep Exploration 等,可将面向动画制作的三维模型数据格式进行转换,适用于实时 VR 系统;三维模型简化工具 Geomagic Decimate,Action3D Reducer,Rational Reducer 等,可对较为复杂的面向动画制作的三维模型进行简化,以满足实时绘制的需要。

此外,还有一些面向深度图像的建模工具,如摄像采集装置和激光扫描仪附带的软件系统。这些软件系统专门处理通过相应设备采集到的深度图像,并生成几何模型。

（3）Web3D 标准与建模工具

最初的 Web3D 标准是虚拟现实造型语言(Virtual Reality Modeling Language,VRML),它描述三维景物的几何尺寸、形状、色彩、材质、光照等。VRML 与 Web3D 技术将在下两节详细阐述。1997 年 12 月 VRML 作为国际标准正式发布,1998 年,组织改名为 Web3D 联盟,同时制订了一个新的标准 Extensible 3D(X3D)。X3D 整合新出现的 XML、Java 和流传输等技术,希望提高处理能力、绘制质量和传输速度。2002 年 Web3D 联盟发布了 X3D 标准草案,2004 年 8 月,X3D 规范被 ISO 批准为 ISO/IEC 19775 国际标准。但到目前为止,X3D 标准仍未完全统一 Web3D 格式,面临一些有力的竞争,如由 Intel、Microsoft、Macromedia、Adobe 和 Boeing 等公司联合组建的 3DIF(3D Industry Forum)联盟支持的 U3D(Universal 3D)标准。

上述表明,VRML 和 X3D 常用于基于 Internet 的网络虚拟现实作品开发,另外还有 Cult3D、Java3D、Viewpoint、Shockwave3D 等软件,都支持 3ds Max 和 Maya 构建的模型,使用领域最多的是简单的模型展示介绍,这类对展示的图像效果要求都不高,一般用于器具模型、楼盘模型等等。这类软件的仿真功能较少,一般只有漫游、组装、模型实体化、碰撞检测、事件触发、透明、反射、变色、编写人物动作等,这类软件所用的贴图文件格式都是有限制的,不能用那些能够高保真的文件格式,从而降低图像质量。对这类软件的最大要求就是适用范围广,要求多种场合通用,并满足其他软件和应用环境,如 HTML 网页、MS Office、Adobe Acrobat 等。

另外,在面向 Web 的应用方面也有一些基于图像的建模工具,如 Canoma、Photo3D、PhotoModeler 和 ImageModeler 等。

3.5.2 虚拟现实建模语言 VRML

第一代 Web 是以 HTML 为核心的二维浏览技术,第二代 Web 是以 VRML 为核心的三维浏览技术。第二代 Web 把 VRML 与 HTML、Java、媒体信息流等技术有机地结合起来,形成一种新的三维超媒体 Web。虚拟现实造型语言 VRML 被称为继 HTML 之后的第二代 Web 语言,它本身是一种建模语言,是用来描述三维物体及其行为,可以集成文本、图像、声音、视频等多种媒体类型,还可以内嵌 Java、JavaScript 等语言编写的程序代码。VRML 的基本目标是建立因特网上的交互式三维多媒体,其基本特征包括分布式、三维、交互性、多媒体集成、境界逼真性等。

(1) VRML 的发展历史

最初的三维浏览器叫作 Labyrith,它诞生于 1994 年 2 月,是由 Mark Pesce 和 Tony Parisi 两人开发的。1994 年 5 月,在瑞士日内瓦召开的万维网会议上,Mark Pesce 和 Tony Parisi 在会上介绍了这个可浏览万维网上三维物体的 Labyrith。当代 Web 的奠基人 Tim Berners Lee 提出需要制定 3D Web 标准,并创建了虚拟现实标记语言 VRML(Virtual Reality Markup Language) 这一名字。VRML 的名字很快更改为"Virtual Reality Modeling Language"即"虚拟现实造型语言",以反映它强调的是构建整个虚拟世界,而不是单纯的文本页面。

VRML 是脱胎于美国 SGI 公司开发的 Open Inventor 交互式 3D 图形程序的,SGI 的设计师 Paul Strauss 开发了 VRML 公共域(Public Domain)的词解译程序(Parser),当时流行于业界的名字叫 QvLib。这个程序的作用是把 VRML 的可读文件格式转换成浏览器可理解的格式。

1995 年秋，SGI 进一步推出了 Web Space Author(供创作的程序)。这是一种 Web 创作工具，可在场景内交互地摆放物体，并改进了场景的功能，还可用于发表 VRML 文件。1996 年初，VRML 委员会审阅并讨论了若干个 VRML 的建议方案，其中有 SGI 的动态境界(Moving Worlds)、太阳微系统(Sun Microsystem)的全息网(Holl Web)、微软公司(Microsoft)的能动 VRML(Active VRML)、苹果公司(Apple)的超世境界(Out of the World)等。委员会的很多成员参与修改和完善种种方案，特别是 Moving Worlds。经过多方努力，最终在 2 月底以投票裁定将 Moving Worlds 方案改造成为 VRML 2.0。1996 年 8 月在新奥尔良(New Orleans)召开的国际 3D 图形技术会议Siggraph'96上公布通过了规范的 VRML 2.0 标准。

1997 年 12 月 VRML 作为国际标准正式发布，1998 年 1 月正式获得国际标准化组织 ISO 批准(国际标准号 ISO/IEC 14772-1:1997)，简称 VRML 97。VRML 97 只在 VRML 2.0 基础上进行了少量的修正。这意味着 VRML 已经成为虚拟现实行业的国际标准。1999 年底，VRML 的又一种编码方案 X3D 草案发布。X3D 整合了正在发展的 XML、JAVA、流技术等先进技术，包括了更强大、更高效的 3D 计算能力、渲染质量和传输速度，以及对数据流强有力的控制、多种多样的交互形式。2000 年 6 月世界 Web 3D 协会发布了 VRML 2000 国际标准(草案)，2000 年 9 月又发布了 VRML 2000 国际标准(草案修订版)。

2002 年 7 月，Web 3D 联盟发布了可扩展 3D(X3D)标准草案，并且配套推出了软件开发工具供人们下载和对这个标准提出意见。这项技术是虚拟现实建模语言(VRML)的后续产品，是用 XML 语言表述的。X3D 获得许多重要厂商的支持，可以与 MPEG-4 兼容，同时也与 VRML 97 及其之前的标准兼容。它把 VRML 的功能封装到一个轻型的、可扩展的核心之中，开发者可以根据自己的需求，扩展其功能。X3D 标准的发布为 Web 3D 图形的发展提供了广阔的前景。

(2) VRML 的工作原理

VRML 是一种用在 Internet 和 Web 超链上的、多用户交互的、独立于计算机平台的网络虚拟现实建模语言。VRML 浏览器既是插件，又是独立运行的应用程序。VRML 提供了六个自由度，用户可以操作物体沿着 X、Y、Z 三个方向移动和旋转，同时还可以建立与其他 3D 空间的超链接。VRML 定义了一种把 3D 图形和多媒体集成在一起的文件格式。VRML 文件可以包含对其他标准格式文件的引用。可以把 JPEG、PNG 和 MPEG 文件用于对象纹理映射，把 WAV 和 MIDI 文件用于在境界中播放的声音。

VRML 使用场景图(Scene Graph)数据结构来建立三维环境，这种数据结构是以美国 SGI 公司开发的 Open Inventor 3D 工具包为基础的一种数据格式。VRML 的场景图的节点包括几何关系、质材、纹理、几何转换、光线、视点以及嵌套结构。虚拟环境中的对象及其属性用节点(Node)描述，节点按照一定规则构成场景图(Scene Graph)。

VRML 文件的解释、执行和呈现通过浏览器实现，这与利用浏览器显示 HTML 文件的机制完全相同。浏览器把场景图中的形态和声音呈现给用户，用户通过浏览器获得的视听觉效果。VRML 的访问方式是基于客户/服务器模式的。其中服务器提供 VRML 文件及支持资源(图像、视频、声音等),客户端通过网络下载希望访问的文件,并通过本地平台上的 VRML 浏览器交互式地访问该文件描述的虚拟环境。由于浏览器是本地平台提供的,从而实现了平台无关性。

(3) VRML 的工作组及其研究目标

为了推动 VRML 技术的发展,VRML 协会组织了很多工作组,每个工作组都是自愿组织、自我约束、并经 VRML 协会认可的技术委员会,负责某个与 VRML 有关的专题技术的研究和实现工作。下面介绍目前已组建的工作组及其研究目标,它们基本涵盖了 VRML 的主要功能与发展方向。

①人性动画工作组(Humanoid Animation WG),利用 VRML 表现人类行为特性。②色彩保真工作组(Color Fidelity WG),确保采用任何平台的观众所看到的效果都和创作者的原始作品一样,颜色应相当一致。③元形式工作组(Meta Forms WG),提出一般性的方法论和规范,使之能够映射为某种特定形式。④面向对象扩展工作组(Object-Oriented Extensions WG),探讨和推动对 VRML 进行面向对象扩展的方法。⑤数据库工作组(Database WG),推进基于 VRML 商业应用的创建,利用数据库维护 VRML 内容的持久性、升级能力和安全传输能力。⑥外部创作接口工作组(External Authoring Interface WG),在 VRML 境界和外部环境之间建立标准接口。⑦界面组件工作组(Widgets WG),为开发者和用户提供一套基础性的、可自由使用的标准用户界面组件集,并提供支持基本组件集和所有 VRML 组件的理论框架。⑧二进制压缩格式工作组(Compressed Binary Format WG),探讨并开发 VRML 文件的二进制编码方法,重点是研究为了快速传送目的而尽量缩小文件尺寸,同时为了快速解码目的而尽量简化文件结构。⑨通用媒体库工作组(Universal Media Libraries WG),为了提高 VRML 境界的真实感,同时减少网络的下载量,而定义一种由驻留本地的媒体元件(纹理、声音和 VRML 对象)组成的小型跨平台媒体库。同时定义一种统一机制,通过这种机制,VRML 内容创作者可以在自己的境界中使用这些媒体元件。⑩活动境界工作组(Living Worlds WG),为多用户(包括多个开发者)应用的产生和进化定义概念框架,并确定一组界面。⑪键盘输入工作组(Keyboard Input WG),为了使内容创作者能够在自己的境界中访问键盘输入,定义一个或多个扩充节点。⑫一致性工作组(Conformance WG),为与一致性测试有关的问题提供一个讨论场所,特别地,本组将辨别 VRML 实现发生分歧的地方以及相应的动作序列。⑬生物圈工作组(Biota WG),为生命系统(Living System)的研究和学习建立、配备数字式工具和环境。⑭分布式交互仿真工作组(Distributed Interactive Simulation WG),为建立有多广播能力(Multicast-Capable)的大规模虚拟环境(Large-Scale Virtual Environments,LSVEs)确立初始网络约定。⑮VRML 脚本工作组(VRML Script WG),向 VRML 监查组(VRML Review Board,VRB)提供有关 Java 和 JavaScript 的问题列表、修改建议和评论。⑯自然语言处理和动画工作组(NLP & Animations WG),为了使用户能使用自然语言和 VRML 动画形象进行交流,使交互方式更自然,增强用户和动画形象之间的信息流动,研究如何使用"问题/回答""命令/响应"式的对话以及基于操作系统命令和字符控制的自然语言。⑰VRML-DHTML 集成工作组

（VRML-DHTML Integration WG），为 VRML 和 DHTML 在文档对象模型、组件（Component）接口和绘制等三个层次的紧密集成开发一种概念模型。

3.5.3 虚拟现实的 Web 3D 技术

Web3D 一词出自 Web 3D 联盟，其前身是 VRML 联盟。这是一个致力于研究和发展互联网虚拟现实技术的国际性的非营利组织，主要任务是制定互联网 3D 图形标准与规范。Web 3D 技术是实现网页中虚拟现实的一种最新技术，Web 3D 作为一种正在普及的非沉浸式网络虚拟现实系统，在许多领域呈现出广泛的发展空间和应用前景。

Web 3D 也就是网络三维，该技术最早追溯到 20 世纪 90 年代中期的 VRML。1998 年，VRML 组织改名为"Web 3D 组织"，同时制订了一个新的标准 Extensible 3D (X3D)。直至 2000 年春天，Web 3D 组织完成了 VRML 到 X3D 的转换。X3D 整合了发展中的 XML、Java、流技术等先进技术，同时也包括了更强大、更高效的 3D 计算能力、渲染质量和传输速度。与此同时，Web 3D 格式的竞争正在进行中，如 Adobe Atmosphere 创建网络虚拟环境的专业开发解决方案，还有 Macromedia Director、Shockwave Studio 的解决方案。由于没有统一的标准，每种方案都使用了不同的格式及方法。Flash 能够如此的大行其道因为它是唯一的，Java 在不同平台上运行顺利也因为它是唯一的。没有标准使 3D 在 Web 上的实现还有很长的路要走。

Web 3D 的实现技术，主要分三大部分，即建模技术、显示技术、三维场景中的交互技术。三维复杂模型的实时建模与动态显示技术可以分为两类：一是基于几何模型的实时建模与动态显示；二是基于图像的实时建模与动态显示。在众多的 Web 3D 开发工具中，Cult3D 是采用基于几何模型的实时建模与动态显示的技术，而 Apple 的 QTVR 则是采用基于图像的三维建模与动态显示技术。把建立的三维模型描述转换成人们所见到的图像，就是所谓的显示技术。在浏览 Web 3D 文件时，一般都需要给用户安装一个支持 Web 3D 的浏览器插件，但 Java 3D 技术在这方面有很大优势，它不需要安装插件，在客户端用一个 Java 解释包来解释就行了。Web 3D 实现的用户和场景之间的交互是相当丰富的，而在交互的场景中，实现用户和用户的交流也将成为可能。交互功能的强弱由 Web 3D 软件本身决定，但用户可以通过适当的编程来改善软件的不足。

（1）Web 3D 核心技术及其特征

目前，走向实用化阶段的 Web 3D 的核心技术有基于 VRML、Java、XML、动画脚本以及流式传输的技术，为网络虚拟环境设计和虚拟现实开发提供了更为灵活的选择空间。由于采用了不同的技术内核，不同的实现技术也就有不同的原理、技术特征和应用特点（表3-2）。

表 3-2 Web 3D 的核心技术及特征对比

技术类别	实现原理	技术特征	应用特点
基于 VRML 技术	服务器提供的是 VRML 文件和支持资源，浏览器通过插件将描述性的文本解析为对应的类属，并在显示器上呈现出来	通过编程、三维建模工具和 VRML 可视化软件实现；在虚拟三维场景展示时，文件数据量很大	高版本浏览器预装插件；文件传输慢，下载时间长；呈现的图像质量不高；与其他技术集成能力及兼容性弱。适合三维对象和场景展示

技术类别	实现原理	技术特征	应用特点
基于 XML 技术	将用户自定义的三维数据集成到 XML 文档中，通过浏览器对其进行解析后实时展现给用户	通过三维建模工具和可视化软件实现；在三维对象和三维场景展示时，文件数据量小	需要安装插件；文件传输快，可被快速下载；呈现的图像质量较好；与其他多技术集成能力强；兼容性好。适合三维对象和场景展示
基于 Java 技术	通过浏览器执行程序，直接将三维模型渲染后实时展现三维实体	通过编程和三维建模工具来实现；在三维对象和三维场景展示时，文件数据量小	不需要安装插件；文件传输快，可被快速下载；呈现的图像质量高；兼容性好。适合三维对象和场景展示
基于动画脚本语言	在网络动画中加入脚本描述，通过脚本控制图像来实现三维对象	通过脚本语言编程来实现；在三维对象和三维场景展示时，文件数据量较小	需要插件；文件传输快，可被快速下载；呈现的图像质量随压缩率可调；兼容性好。适合三维对象和场景展示
基于流式传输技术	直接将交互的虚拟场景嵌入视频中去	通过实景照片和场景集成（缝合）软件来实现；在场景模拟时，文件数据量较小	需要下载插件；用户可快速浏览文件；三维场景的质量高；兼容性好。实现 360°全景虚拟环境

（2）几种常用 Web 3D 技术介绍

① Java3D 和 GL4Java(OpenGl For Java)。

Java 3D 可以用于三维动画、三维游戏、机械 CAD 等领域，同时也可以用来编写三维形体。但是同 VRML 不同之处在于，Java 3D 没有基本形体，不过我们可以利用 Java 3D 所带的 Utility 生成一些基本形体如立方体、球、圆锥等，我们也可以直接调用一些软件如 Alias、Lightware、3ds Max 生成的形体，也可以直接调用 VRML2.0 生成的形体。使用 Java 3D 可以和 VRML 一样，使形体带有颜色、贴图，同时也可以产生形体的运动、变化，动态地改变观测点的位置及视角，并且使其具有交互作用，如点击形体时会使程序发出一个信号从而产生一定的变化。总之，Java 3D 包含了 VRML2.0 所提供的所有功能，还具有 VRML 所没有的形体碰撞检查功能。应用具有强大功能的 Java 语言，编写出复杂的三维应用程序，是 Java 3D 的优势所在。

② Fluid3D。

Fluid3D 并不是 Web 编写工具，它着眼于强化 3D 制作平台的性能。而最近发布的 Fluid3D 插件填补了市场的一个空白，尽管到目前为止它的应用范围还相当有限。由于高度压缩的 3D 图像的下载通常来讲相当耗时和麻烦，因此 Fluid3D 的主要功能为传输这种 3D 图像。它的运用使 Web 与 3D 技术的结合更切合实际，同时也为桌面用户提供更多乐趣。

③ Cult3D。

瑞典的 Cycore 原本是一家为 Adobe After Effect 和其他视频编辑软件开发效果插件的

公司。为了开发一个运用于电子商务的软件,Cycore 动用了 50 多名工程师来开发他的流式三维技术——Cult3D。这种崭新的 3D 网络技术,可以在建立好的模型上增加互动效果,把图像质量高、速度快、交互的、实时的物体送到所有的因特网用户手上,开发者仅需创造出产品的压缩 3D 模型,并且很容易把交互功能、动画和声音加到模型上。技术上和 Viewpoint 相比,Cult3D 的内核是基于 Java ,它可以嵌入 Java 类,利用 Java 来增强交互效果和功能扩展,但是对于 Viewpoint,它的 XML 构架能够和浏览器与数据库达到方便通信。Cult3D 的开发环境比 Viewpoint 人性化和条理化,开发效率也要高得多。

④ Superscape VRT。

Superscape VRT 是 Superscape 公司基于 Direct3D 开发的一个虚拟现实环境编程平台。它最重要的特点是引入了面向对象技术,结合当前流行的可视化编程界面。另外,它还具有很好的扩展性。用户通过 VRT 可以创建真正的交互式的 3D 世界,并通过浏览器在本地或 Internet 上进行浏览。

⑤ Viewpoint(Metastream)。

Viewpoint Experience Technology (简称 VET)的前身是由 Metacreation 和 Intel 开发的 Metastream 技术。2000 年夏天,Metastream 购买了 Viewpoint 公司并继承了 Viewpoint 的名字。Viewpoint Data Lab 是一家专业提供各种三维数字模型出售的厂商,Metastream 收购 Viewpoint 的目的是利用 Viewpoint 的三维模型库和客户群来推广发展 Metastream 技术。它生成的文件格式非常小,三维多边形网格结构具有 scaleable(可伸缩)和 steaming (流传输)特性,使得它非常适合于在网络上传输。

VET(也即 mts3.0)继承 Metastream 以上特点,并实现了许多新的功能和突破,在结构上它分为两个部分,一个是储存三维数据和贴图数据的 mts 文件,一个是对场景参数和交互进行描述的基于 XML 的 mtx 文件。它具有一个纯软件的高质量实时渲染引擎,渲染效果接近真实而不需要任何的硬件加速设备。VET 可以和用户发生交互操作,通过鼠标或浏览器事件引发一段动画或是一个状态的改变,从而动态地演示一个交互过程。VET 除了展示三维对象外,还犹如一个能容纳各种技术的包容器。它可以把全景图像作为场景的背景,把 flash 动画作为贴图使用。

⑥ Pulse3D。

作为在娱乐游戏领域发展多年的 Pulse,目前正凭借着游戏方面的开发经验把 3D 带到网络中。Pulse 提供了一个囊括了 2D、3D 图形、声音、文本以及动画的多媒体平台。这个平台包含三个组件:Pulse Player,Pulse Producer 和 Pulse Creator。Pulse Player 即播放器插件,除了为 IE 和 Netscape 提供的浏览器插件外,Pulse 还得到了 Apple 和 Real Network 的支持,并且在 QuickTime 和 RealPlayer 中已经包含了 Pulse 播放器。Pulse Producer 被用来作为在三维动画工具中输出 Pulse 所需数据的插件。目前支持的有 3ds Max 和 Maya 的插件。

能够输出到 Pulse 中的数据包括:几何体网格、纹理、骨骼变形系统(支持 Character Studio),Morph 网格变形动画,关键帧动画,音轨信息,摄像机信息。Pulse 还支持从 VRML 和 BioVision 的输入。Pulse Creator 是 Pulse 总的组装平台。导入 Pulse Producer 生成的数据后,Pulse Creator 进行以下的功能操作:加入交互性、打光、压缩、流传输和缓存。

⑦ Atmosphere。

Atmosphere 是在图像处理和出版领域具有权威地位的 Adobe 公司推出的一个可以通过互联网连接多用户的三维环境式在线聊天工具，Atmosphere 场景可以通过 Internet 连接多个用户，连接到同一场景的用户可以彼此实时地看到代表对方的对象（avatar）位置和运动情况，并且可以向所有用户发送聊天短讯。Atmosphere 环境提供了对自然重力和碰撞的模拟，使浏览的感受极具真实性。

Atmosphere 使用了 Viewpoint 的技术，安装 Atmosphere 的浏览器插件同时也安装了 Viewpoint 插件。Atmosphere 场景中的三维对象包括由参数定义的基本几何体和 Viewpoint 对象。Viewpoint 技术提供了对三维几何体高质量的压缩和实时渲染。Atmosphere 场景的开发相对来说比较容易，Adobe 提供了制作工具 Atmosphere Builder。从场景的质量看，Atmosphere 还比较粗糙；从短信息聊天功能上看，只支持一对多的方式；从扩展性上看，Atmosphere 目前只能在浏览器和它自己的播放器内运行，还不支持嵌入其他的环境中；从服务器端的支持看，Adobe 还未提供用来处理多用户交互信息传送的服务器端程序，目前建立的 Atmosphere 场景只能连接到 Adobe 的服务器上使用。

⑧ Shockwave3D。

Macromedia 的 Shockwave 技术，为网络带来了互动的多媒体世界。Shockwave 在全球拥有过亿的用户。早在 2000 年 8 月 SIGGRAPH 大会上，Intel 和 Macromedia 联合声称将把 Intel 的网上三维图形技术带给 Macromedia Shockwave 播放器。现在 Macromedia Director Shockwave Studio8.5 中最重大的改变就是加入了 Shockwave3D 引擎。Intel 的 3D 技术具有以下特点。对骨骼变形系统的支持；支持次细分表面，可以根据客户端机器性能自动增减模型精度；支持平滑表面、照片质量的纹理、卡通渲染模式，一些特殊效果如烟、火、水。

其实在此之前已经有 Director 的插件产商为之开发过 3D 插件，如 3Dgroove，主要是用于开发网上三维游戏。Director 为 Shockwave3D 加入了几百条控制 LINGO（交互式的线性和通用优化求解器），结合 Director 本身功能，无疑在交互能力上 Shockwave3D 具有强大的优势。鉴于 Intel 和 Macromedia 在业界的地位，Shockwave3D 自然得到了众多软硬件厂商的支持。Alias、Wavefront、Discreet、Softimage、Avid 和 Curious Labs 等在他们的产品中加入了输出 W3D 格式的能力。Havok 为 Shockwave3D 加入了实时的模拟真实物理环境和刚体特征，ATI、NVIDIA 也发布在其显示芯片中提供对 Shockwave3D 硬件加速的支持。从画面生成质量上看，Shockwave3D 还无法和 Viewpoint、Cult3D 抗衡，因此对于需要高质量画面生成的产品展示领域，它不具备优势。Shockwave3D 更适合应用于需要复杂交互性控制能力的娱乐游戏教育领域。

⑨ Blaxxun3D 和 Shout3D。

Blaxxun3D 和 Shout3D 都是基于 Java Applet 的渲染引擎，它渲染特定的 VRML 结点而不需要插件的下载安装，并且都遵循 VRML、X3D 规范。Shout3D 支持的特征：使用插件直接从 3ds Max 中输出 3D 内容和动画，支持直接光、凹凸、环境、Alpha、高光贴图模式，以及之间的结合，支持光滑组和多层次物体贴图，支持 Character Studio，支持多个目标对象之间的变形动画。

Blaxxun3D 则是 Brilliant Digital 娱乐公司旗下一个坐落于洛杉矶并涉足澳大利亚电脑游戏业的公司的产品。Brilliant 于 SIGGRAPH2000 大会上发布了他们给 3ds Max 提供的 B3D 技术。Brilliant 的程序员通过开发数据压缩以及发布的技术,使 3D 数据流在窄带的环境下得以传输,并且,它引入了以对象为基础的数据库,将数据流与所存储的数据相连接,然后角色按情节指令进行动画。艺术家与动画师可以直接从 3ds Max 中输出动画到 B3D 技术授权的环境下,在那里文件被压缩并使用 Brilliant 的数字播放技术发布到 Web 上。

而 B3D 技术独特之处是可制作具宽频效果的立体动画,占用空间小、下载时间短及全屏幕显示的互联网立体动画内容。Brilliant Digital 播放器提供对实时灯光及实时阴影的直接控制,并且它不依赖点的颜色来模拟这些效果。

⑩ Plasma。

Plasma 可以说是 3ds Max 的 Web 3D 版本,有简洁的界面、直观的用法、强大的 Havoc 引擎,而且 Plasma 支持 Flash、Shockwave 和 VRML 的输出。因此,Plasma 也被认为是专门为 Shockwave 设计的建模工具。Plasma 的内容输出到 Shockwave 以后,能够表现出不错的质量,但在 Flash 里面却并非如此。另外,在支持 VRML 输出方面的功能比起 3ds Max 或者其他软件来说并不占优势。

Plasma 可以说是专门为 2D/3D Web 用户设计的三维建模、动画和渲染软件。作为 3D 建模工具,它完全继承了 3ds Max 强大的建模功能,而且支持 Web Rendering(Flash Renderer)和 Exporting Tool,另外它还统合了 Macromedia 公司的 Flash、Shockwave 3D 等设计工具和文件格式。Discreet 推出 Plasma 的一个很大的目标就是,通过让平面设计师掌握 3D 工具,从而能够更快地生成 Web 3D 内容。

⑪ VRPIE。

VRPIE 是国内中视典数字科技有限公司开发的虚拟软件 VRP 的网络版,因此也被冠以 VRPIE 的名称。VRPIE 的推出立刻引起业界的巨大反响,频频出现的一批商业作品也正是得益于单机用户数的绝对优势。VRPIE 软件人性化程度好,软件成熟度高,上手快,一些简单的互动不需要编程即可完成,软件也提供编程接口,可以通过编程实现更复杂的交互,加上后续出现的物理引擎系统,实现了刚体碰撞和控制、物理火焰、物理流体等等效果,使得软件得到很大程度的完善,可以说 VRPIE 是一款有着强大技术后盾为基础的成熟虚拟现实开发工具,对我国的虚拟现实行业发展产生积极影响。

⑫ WebMax。

Webmax 由上海创图网络科技发展有限公司研发,是国内第一款 Web 3D 发明专利软件,也是 2010 年上海世博会在国内唯一指定的 Web 3D 技术。它的最大特点在于它的压缩比可以达到 120∶1,因此作品的文件量较小,网络发布上有天生的优势,画面方面也比较细腻,互动方面需要配合一些代码编写能力,扩展性也较强,而且对客户端机器的配置要求很低。Webmax3.0 于 2010 年 10 月份发布,在视觉效果、操作面板、互动功能、设计开发方面做了非常大的提升,可以与国外先进技术媲美。而且依然坚持免费理念,用户已达到 10 万之多,后续版本也在不断推出水特效、实时反射和全局光晕等值得期待的新功能。

⑬ Converse3D。

Converse3D 是由北京中天灏景网络科技有限公司自主研发的三维网络虚拟现实平台,

采用 DirectX9.0 和 C++ 编写,包括场景管理、资源管理、角色动画、Mesh 物体生成、3ds Max 数据导出模块、粒子系统、LOD 地形、UI、服务器模块等。支持 3ds Max 角色动画、相机动画、烘焙贴图,使用脚本配置粒子系统和 UI,功能强大而灵活,在 API 接口上技术领先。Converse3D 的开发团队紧跟网络发展的潮流,率先提出了"一个场景,一个社区"的概念,领先业界开发出了 Web 3D 在线多人互动交流功能。

目前,Web 3D 技术已经极大地推动了 3D 网络的发展,其广泛应用于汽车、家电、房产、数码以及旅游等行业,将有形的实物产品进行三维模拟并在网上虚拟展示,并嵌入相应的多媒体元素,使用户和虚拟场景中的物品进行诸如开门、播放音乐或启动发动机这样的交互操作等等。与目前网络主流的图片、Flash 或视频等展示形式相比,Web 3D 使用户可以从自己想看的角度去观察,并添加特效以及互动操作加以辅助,使用户的浏览更有自主感,并且产生身临其境的感觉,从而使客户体验更加个性化。

3.5.4 虚拟现实基础图形绘制库 OpenGL

基础三维图形绘制库主要有 OpenGL、Direct3D 和 Java3D,它们直接操作图形硬件,提供了三维图形绘制的底层基础 API。

OpenGL 是一个开放的三维图形软件包,具有建模、变换、颜色模式设置、光照和材质设置、纹理映射、位图显示和图像增强、双缓存动画这 7 类功能。OpenGL 独立于窗口系统和操作系统,以它为基础开发的应用程序可以十分方便地在各种平台间移植。

Direct3D 提供了基于微软 COM 接口标准的三维图形 API,具有良好的硬件兼容性,支持很多最新的图形学技术成果,现在几乎所有具有三维图形加速的显示卡都对 Direct3D 提供支持。但其接口较为复杂,且只能在 Windows 平台上使用。

Java3D API 是 Sun 定义的用来开发三维图形和 Web 3D 应用程序的编程接口,除了 OpenGL、Direct3D 定义的一部分底层绘制功能外,还提供了许多建造三维物体的高层构造函数。因此,从所处层次来看,Java3D 兼有基础三维图形绘制库和三维图形引擎的一些功能。

直接使用基础图形绘制库,可以完全自主控制应用系统的底层细节,灵活性强,能更好地体现应用系统需求。但是,对系统开发人员的技术要求高。系统开发的复杂性大,周期长,应用系统的规模也受到限制。因此,现在的应用系统开发已很少直接使用这些基础 API 进行。

(1) OpenGL 的发展历史

OpenGL(即开放性图形库 Open Graphics Library),是一个三维的计算机图形和模型库,最初是美国 SGI 公司为图形工作站开发的一种功能强大的三维图形机制(或者说是一种图形标准)。它源于 SGI 公司为其图形工作站开发的 IRIS GL,在跨平台移植过程中发展成为 OpenGL。SGI 在 1992 年 7 月发布 OpenGL1.0 版,现在 OpenGL 被认为是高性能图形和交互式视景处理的标准。OpenGL 被设计成独立于硬件,独立于窗口系统,在运行各种操作系统的各种计算机上都可用,并能在网络环境下以客户/服务器模式工作,是专业图形处理、科学计算等高端应用领域的标准图形库。

OpenGL 可以运行在当前各种流行操作系统之上,如 Mac OS、Unix、Windows、Linux、OpenStep、Python、BeOS 等,各种流行的编程语言都可以调用 OpenGL 中的库函数。

OpenGL 完全独立于各种网络协议和网络拓扑结构。目前,Microsoft 公司、SGI 公司、ATT 公司的 Unix 软件实验室、IBM 公司、DEC 公司、SUN 公司、HP 公司等公司都采用了 OpenGL 图形标准。尤其是在 OpenGL 三维图形加速卡和微机图形工作站推出后,人们可以在微机上实现 CAD 设计、仿真模拟、三维游戏等,从而使得应用 OpenGL 及其应用软件来创建三维图形变得更为方便。

（2）OpenGL 的特点与功能

OpenGL 作为一个性能优越的图形应用程序设计界面（API）,适用于广泛的计算机环境,OpenGL 应用程序具有广泛的移植性。OpenGL 已成为目前的三维图形开发标准,是从事三维图形开发工作的技术人员所必须掌握的开发工具。OpenGL 应用领域十分宽广,如军事、电视广播、CAD/CAM/CAE、娱乐、艺术造型、医疗影像、虚拟世界等。它具有以下特点:

①工业标准。OARB（OpenGL Architecture Review Board）联合会管理 OpenGL 技术规范的发展,OpenGL 是业界唯一的真正开发的、跨平台的图形标准。②可靠度高。利用 OpenGL 技术开发的应用图形软件与硬件无关,只需硬件支持 OpenGL API 标准,OpenGL 应用可以运行在支持 OpenGL API 标准的任何硬件上。③可扩展性。OpenGL 是低级的图形 API,它具有充分的可扩展性。OpenGL 开发商在 OpenGL 核心技术规范的基础上,增加了许多图形绘制功能。④易用性。OpenGL 的核心图形函数功能强大,带有很多可选参数,这使得源程序显得非常紧凑;OpenGL 可以利用已有的其他格式的数据源进行三维物体建模,大大提高了软件开发效率;采用 OpenGL 技术,开发人员几乎可以不用了解硬件的相关细节,便可以利用 OpenGL 开发照片质量的图形应用程序。⑤灵活性。尽管 OpenGL 有一套独特的图形处理标准,各平台开发商仍可以自由地开发适合于各自系统的 OpenGL 执行实例。

OpenGL 提供了以下基本功能:①绘制物体。真实世界里的任何物体都可以在计算机中用简单的点、线、多边形来描述。OpenGL 提供了丰富的基本图元绘制命令,从而可以方便地绘制物体。②变换。无论多复杂的图形都是由基本图元组成并经过一系列变换来实现的。OpenGL 提供了一系列基本的变换,如取景变换、模型变换、投影变换及视口变换。③光照处理。如自然界不可缺少光一样,绘制有真实感的三维物体必须做光照处理。④着色。OpenGL 提供了两种物体着色模式,一种是 RGBA 颜色模式,另一种是颜色索引模式。⑤反走样。在 OpenGL 绘制图形过程中,由于使用的是位图,所以绘制出的图像的边缘会出现锯齿形状,称为走样。为了消除这种缺陷,OpenGL 提供了点、线、多边形的反走样技术。⑥融合。为了使三维图形更加具有真实感,经常需要处理半透明或透明的物体图像,这就需要用到融合技术。⑦雾化。OpenGL 提供了"fog"的基本操作来达到对场景进行雾化的效果。⑧位图和图像。在图形绘制过程中,OpenGL 提供了一系列函数来实现位图和图像的操作。⑨纹理映射。在计算机图形学中,把包含颜色、Alpha 值、亮度等数据的矩形数组称为纹理。而纹理映射可以理解为将纹理粘贴在所绘制的三维模型表面,以使三维图形显得更生动。⑩动画。动画效果是 OpenGL 的特色,OpenGL 提供了双缓存区技术来实现动画绘制。

（3）OpenGL 的体系结构与工作流程

① OpenGL 在 Windows 系统实现的体系结构。

一个完整的窗口 OpenGL 图形处理系统的结构为:最底层为图形硬件,第二层为操作系统,第三层为窗口系统,第四层为 OpenGL,第五层为应用软件。

OpenGL 在 Windows 系统上的实现是基于 Client/Server 模式的,应用程序发出 OpenGL 命令,由动态链接库 OpenGL32.DLL 接收和打包后,发送到服务器端的 WINSRV.DLL,然后由它通过 DDI 层发往视频显示驱动程序。如果系统安装了硬件加速器,则由硬件相关的 DDI 来处理,OpenGL/NT 的体系结构如图 3-17 所示。在编写基于 Windows 的 OpenGL 应用程序之前必须清除两个障碍,一个是 OpenGL 本身是一个复杂的系统,这可以通过简化的 OpenGL 辅助库函数来学习和掌握;另一个是必须清楚地了解和掌握 Windows 与 OpenGL 的接口。

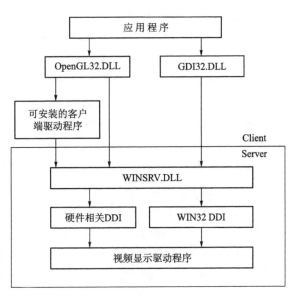

图 3-17　OpenGL/NT 体系结构

② OpenGL 像素格式管理。

Windows 调色板分为系统调色板和逻辑调色板。每个应用程序都拥有一套自己的逻辑调色板,系统调色板由 Windows 内核来管理,它是由系统保留的 20 种颜色和应用程序设置的颜色组成,并与硬件的 256 个调色板相对应。应用程序的逻辑调色板与硬件的调色板没有直接的对应关系,而是按照最小误差的原则映射到系统调色板中。

OpenGL 内部用浮点数来表示和处理颜色,红绿蓝和 Alpha 值四种成分每种的最大值为 1.0,最小值为 0.0。在 256 色模式下,OpenGL 把一个像素颜色值按线性关系转换为 8 比特(bit)来输出到屏幕上,其中红色占最低位的 3 比特,绿色占中间的 3 比特,蓝色占最高位的 2 比特,Windows 将这个 8 比特看作逻辑调色板的索引值。例如 OpenGL 的颜色值(1.0,0.14,0.666 7)经过转换后二进制值为 10001111(红色为 111,绿色为 001,蓝色为 10),即第 143 号调色板,该调色板指定的颜色的 RGB 值应与(1.0,0.14,0.666 7)有相同的比率,为(255,36,170),如果不是该值,那么显示出来的颜色就会有误差。经过上面的处理后,256 种颜色均匀分布在颜色空间中,并没有完全包含系统保留的 20 种颜色(只包含了 7 种),这意味着将会有数种颜色显示成一样,从而影响效果。一个较好的解决办法是按照最小均方误差的原则把 13 种系统颜色纳入逻辑调色板中。像素格式是 OpenGL 窗口的重要属性,它包括是否使用双缓冲,颜色位数和类型以及深度位数等。像素格式可由 Windows 系统定义的所谓像素格式描述子结构来定义,该结构定义在 windows.h 中。

③ OpenGL 图形处理流水线。

目前作为三维图形开发的高端工业标准,OpenGL 是大多数虚拟现实三维引擎的设计基础,其在处理三维图形时遵循一种标准的图形处理流水线(图 3-18),这种架构在实践中被证明是一种高效率的三维图形处理方式,在硬件上容易实现,编程也相对简单。在图形处理的各个阶段中,生成阶段(Generate Stage)是一个创建模型、组织场景、最终建立三维场景数据库的过程。对于三维场景仿真应用而言,三维场景的复杂程度和真实感程度除了与系统设计目标密切相关外,还与该阶段所采用的建模技术、数据结构、场景数据库的组织体系等有关。转换阶段(Transform Stage)、光栅化阶段(Rasterize Stage)、显示阶段(Display Stage)是 OpenGL 图形硬件执行阶段,在目前的 OpenGL 图形处理流水线中并没有提供相应的可编程控制措施和方法,也就无法进行一些直接的优化操作,但在三维引擎设计时,通过精心编排和压缩进入图形渲染通道的 OpenGL 绘图指令集,可有效提高图形硬件的执行性能。遍历阶段是影响系统实时性能的另一个重要因素,系统每渲染一帧就对应着一次场景数据库的遍历操作,因此在提高场景遍历速度的同时,还需要减少进入 OpenGL 图形渲染通道的顶点和三角形数量,这是在遍历阶段进行性能优化的真正意义所在。

OpenGL 通过"选择"机制对场景中的对象选择提供了支持。选择机制实际上是一种特殊的渲染模式,所不同的是在选定渲染模式中,并没有真正将像素复制到帧缓存中,即没有输出到显示设备上。其基本原理是当 OpenGL 进入选定渲染模式时,先设定选择区域(如以光标为中心的较小区域),然后 OpenGL 将落在选择区域内的对象名称标识从名称堆栈中检选出来,并在系统退出选定渲染模式时,存入选定缓冲区中,这样通过检测选定缓冲区就可以确定所选择的对象。因此对象选择的实现还需要结合 OpenGL 的"名称堆栈"机制以及选定缓冲区检测功能。选择操作一般由 Windows 事件驱动,如鼠标点击等。

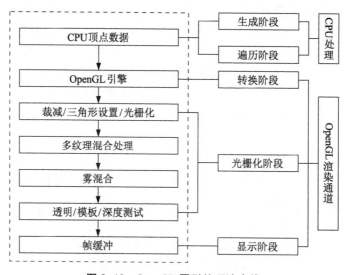

图 3-18 OpenGL 图形处理流水线

在三维模型交互设计过程中,由于虚拟三维空间中存在着多种空间坐标系统(图 3-19),这在一定程度上增加了问题的复杂性。因而解决各坐标系之间的互相转换,从某种意义上说是实现三维模型交互的关键所在。一方面,场景数据库是建立在世界坐标系的基础上,场景中模型对象在其自身坐标空间内的旋转、缩放以及相对于世界坐标系的平移,构成了模型空间内的基本交互操作,通过扩展这些交互操作,可以实现复杂的模型编辑系统。另一方面,在三维可视化系统中,最终显示在输出设备上的三维场景是视点空间内的模型对象经投影变换而产生的,因此通过鼠标等输入设备与模型进行一些交互操作,首先应该是视点空间(简称视空间)内的交互,然后通过两种坐标空间的转换关系,由模型空间内的一些基本操作来完成。OpenGL 针对空间坐标系的转换提供了从模型空间到视点空间的设置操作(gluLookAt)、投影设置(gluPerspective 和 glFrustum)、投影转换(gluProject)及其逆变换(gluUnProject)以及视图转换的设置操作(glViewport)等,但没有提供从视点空间到模型空间的相应设置和转换操作函数,而这恰恰是三维模型交互设计所必需的。

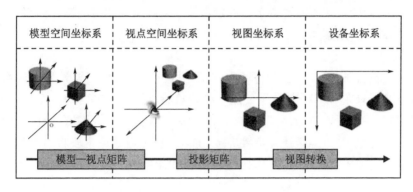

图 3-19 OpenGL 的空间坐标系转换过程

④ OpenGL 的工作流程。

在 OpenGL 中一切物体都在三维空间中,但由于屏幕坐标为二维空间像素数组,OpenGL 大部分工作就是把 3D 坐标转换成适应屏幕的 2D 像素。3D 坐标转换成 2D 屏幕坐标并把 2D 坐标转换成实际有颜色的像素的过程是由 OpenGL 的图形渲染管线管理的。OpenGL 将三维图形图像渲染为二维图像主要有几何操作、像素操作与像素段的操作等基本工作流程(图 3-20)。

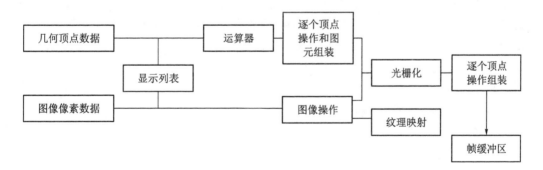

图 3-20 OpenGL 的工作流程

a) 几何操作。

针对每个顶点的操作。每个顶点的空间坐标需要经过模型取景矩阵变换、法向矢量矩阵变换,若系统允许纹理自动生成,则由变换后的顶点坐标所生成的新纹理坐标替代原有的纹理坐标,再经过当前纹理矩阵变换,传递到几何要素装配步骤。几何要素装配。不同的几何要素类型决定采取不同的几何要素装配方式。若使用平直明暗处理,线或多边形的所有顶点颜色则相同;若使用裁剪平面,裁剪后的每个顶点的空间坐标由投影矩阵进行变换,再由标准取景平面进行裁剪,再进行视口和深度变换操作。如果几何要素是多边形,还要做剔除检验,最后生成点图案、线宽、点尺寸的像素段,并赋上颜色、深度值。

　　b) 像素操作。

　　由主机读入的像素首先解压缩成适当的组分数目,然后进行数据放大、偏置,并经过像素映射处理,根据数据类型限制在适当的取值范围内,像素最后写入纹理内存,使用纹理映射或光栅化生成像素段;如果像素数据是从帧缓冲区读入,则执行放大、偏置、映射、调整等像素操作,再以适当的格式压缩。像素拷贝操作相当于解压缩和传输操作的组合,只是压缩和解压缩不是必需的,数据写入帧缓冲区前的传输操作只发生一次。

　　c) 像素段操作。

　　当使用纹理映射时,每个像素段将产生纹素,再进行雾效、反走样处理。接着进行裁剪处理、一致性检验(只在 RGBA 模式下使用)、模板检验、深度缓冲区检验和抖动处理。若采用颜色索引模式,像素还要进行逻辑操作;在 RGBA 模式下则进行混合操作。根据着色模式不同,决定像素段是颜色屏蔽还是指数屏蔽,屏蔽操作之后的像素段将写入适当的帧缓冲区。如果像素写入模板或深度缓冲区,则进行模板和深度检验屏蔽,而不用执行混合、抖动和逻辑操作。

　　OpenGL 的绘制过程多样、内容丰富,提供以下几种对三维物体的绘制方式与环境模拟。线框绘制方式(Wire Frame):绘制三维物体的网格轮廓线。深度优先线框绘制方式(Depth Cued):采用线框方式绘图,使远处的物体比近处的物体暗一些,以模拟人眼看物体的效果。反走样线框绘制方式(Antialiased):采用线框方式绘图,绘制时采用反走样技术,以减少图形线条的参差不齐。平面明暗处理方式(Flat Shading):对模型的平面单元按光照进行着色,但不进行光滑处理。光滑明暗处理方式(Smooth Shading):对模型按光照绘制的过程进行光滑处理,这种方式更接近于现实。加阴影和纹理的方式(Shadow and Texture):在模型表面贴上纹理甚至加上光照阴影效果,使三维场景像照片一样逼真。运动模糊绘制方式(Motion Blured):模拟物体运动时人眼观察所觉察到的动感模糊现象。大气环境效果(Atmosphere Effects):在三维场景中加入雾等大气环境效果,使人有身临其境之感。深度域效果(Depth of Effects):类似于照相机镜头效果,模拟在焦点处清晰。

　　(4) OpenGL 库函数与运行方式

　　Windows 下的 OpenGL 组件有两种,一种是 SGI 公司提供的,一种是 Microsoft 公司提供的。两者的开始库大体上没有什么区别,都是由三大部分组成:函数的说明文件,gl.h、glu.h、glut.h 和 glaux.h;静态链接库文件,glu32.lib、glut32.lib、glaux.lib 和 opengl32.lib;动态链接库文件,glu.dll、glu32.dll、glut.dll、glut32.dll 和 opengl32.dll。所有开发 OpenGL 应用程序的库文件在 OpenGL 程序中可以找到。

　　① OpenGL 库函数。

　　开发基于 OpenGL 的应用程序,必须先了解 OpenGL 的库函数。OpenGL 库函数的命名方式非常有规律,每个库函数均有前缀 gl、glu、aux,分别表示该函数属于 OpenGL 基本库、实用库和辅助库。OpenGL 的库函数大致可以分为六类:

　　a) OpenGL 核心库。包含有 115 个函数,函数名的前缀为 gl。这部分函数用于常规的、核心的图形处理。由于许多函数可以接收不同数据类型的参数,因此派生出来的函数原形多达 300 多个。

b) OpenGL 实用库。包含有 43 个函数,函数名的前缀为 glu。这部分函数通过调用核心库的函数,为开发者提供相对简单的用法,实现一些较为复杂的操作,如坐标变换、纹理映射、绘制椭球、茶壶等简单多边形。OpenGL 中的核心库和实用库可以在所有的 OpenGL 平台上运行。

c) OpenGL 辅助库。包含有 31 个函数,函数名前缀为 aux。这部分函数提供窗口管理、输入输出处理以及绘制一些简单三维物体。OpenGL 中的辅助库不能在所有 OpenGL 平台上运行。

d) OpenGL 工具库。包含大约 36 个函数,函数名前缀为 glut。这部分函数主要提供基于窗口的工具,如多窗口绘制、空消息和定时器,以及一些绘制较复杂物体的函数。由于 glut 中的窗口管理函数是不依赖于运行环境的,因此 OpenGL 中的工具库可以在所有的 OpenGL 平台上运行。

e) Windows 专用库。包含有 16 个函数,函数名前缀为 wgl。这部分函数主要用于连接 OpenGL 和 Windows,以弥补 OpenGL 在文本方面的不足。Windows 专用库只用于 Windows 环境中。

f) Win32/64 API 函数库。包含有 6 个函数,函数名无专用前缀。这部分函数主要用于处理像素存储格式和帧缓存。这 6 个函数将替换 Windows GDI 中原有的同样的函数。Win32/64API 函数库用于 Windows 环境中。

② OpenGL 程序运行方式。

运行 OpenGL 主要有以下三种方式:

a) OpenGL 硬件加速方式。一些显示芯片如 3Dlabs 公司的 Glint 进行了优化,OpenGL 的大部分功能均可由硬件实现,仅有少量功能由操作系统来完成。这样极大地提高了图形显示的性能,并且能够获得工作站级的图形效果,但是这样的图形硬件价格十分昂贵,非一般用户所能承担。

b) 三维图形加速模式。一些中低档的图形芯片往往也具备一定的三维加速功能,由硬件来完成一些较为复杂的图形操作。一些重要的 OpenGL 操作,例如 Z 缓存等就能够直接由显示卡硬件来完成,显示卡所不能支持的图形功能,则通过软件模拟的方式在操作系统中进行模拟。采用这种方法,显示速度尽管无法与硬件加速方法相比,但与采用纯软件模拟方式相比,速度要快得多。

c) 纯软件模式。对于不具备三维加速功能的显卡,要运行 OpenGL,只能采用纯软件模拟方式。由于所有复杂的 OpenGL 图形功能均通过主机来模拟,所以速度将会受到很大的影响。但由于有了软件模拟方式,才使得用户能够领略 OpenGL 的强大功能,并能在硬件性能较差的机器上对 OpenGL 进行开发。

3.5.5 虚拟现实图形引擎

虚拟现实内容开发的核心技术是虚拟现实图形引擎技术,而一个封装了硬件操作和图形算法、简单易用、功能丰富的三维图形开发环境,就可以称作三维图形引擎。虚拟现实图形引擎提供面向实时 VR 应用的完整软件开发支持,负责管理底层三维图形绘制的数据组织和处理,发挥硬件的加速特性,为上层应用程序提供有效的图形绘制支持。图形引擎一般包括真实感图形绘制、三维场景管理、声音管理、碰撞检测、地形匹配以及实时对象维护等功能，并提供与三维虚拟环境绘制相关的高层 API。各种图形引擎有自己的 VR 应用程序框架，开发者基于这个框架和高层 API，可以方便地建立自己的应用程序。常见的虚拟现实图形引擎有 OpenGL Peformer、OpenGVS 与 Vtree、Vega 与 Vega Prime、Open Scene Graph（OSG）、OGRE、WTK、Unreal Engine4、Unity3D、CryEngine 和 OpenVR 等。

（1）SGI OpenGL Peformer

SGI 公司是实时可视化仿真或高性能图形应用领域的开拓者之一，OpenGL Performer 是 SGI 可视化仿真系统的一部分，提供了访问 Onyx Ultimate Vision、SGI Octane、SGI VPro 图形子系统等 SGI 视景显示高级特性的编程接口。OpenGL Performer 和 SGI 图形硬件一起提供了一套基于强大的、灵活的、可扩展的专业图形生成系统。Performer 已经被移植到多种图形平台，用户不需要考虑各种平台的硬件差异。OpenGL Performer 的通用性非常好，它并不是专门为某一种视景仿真而设计，API 功能强大，提供的 C 和 C++接口相当复杂。除了可以满足各种视景显示需要，它还提供了美观的 GUI 开发支持。OpenGL Performer 可以大幅度减轻 3D 开发人员的编程工作，提高 3D 应用程序的性能。

（2）Quantum3D OpenGVS 与 CG2 Vtree

OpenGVS 是 Quantum3D 公司的早期成功的产品，用于场景图形的视景仿真的实时开发，易用性和重用性较好，有良好的模块性、编程灵活性和高可移植性。OpenGVS 提供了各种软件资源，利用资源自身提供的 API，可以很好地以接近自然和面向对象的方式组织视景单元和进行编程，来模拟视景仿真的各个要素。OpenGVS 支持 Windows 和 Linux 等操作系统。

由于 Quantum3D 已经收购了 CG2，而 OpenGVS 又是基于 C 的老套架构，对 OpenGVS 的后续开发投入不足，Quantum3D 把战略眼光投放在 VTree 和 Quantum3D IG（整套解决方案 Mantis）上边。

Quantum3D Mantis 系统是 Quantum3D 推出的一整套视景仿真解决方案。Mantis 系统作为一种图形生成器开发平台，提供了使用现有计算机和图形硬件就能得到高效率、高性能以及较好的图形质量。CG2 公司的 VTree 是实时 3D 可视化仿真的首选开发包，Mantis 合并了 VTree 开发包和可扩展图形生成器架构，从而创造了强大的、可伸缩的、可配置的图形生成器。其重要的特征包括：Mantis 可以在包括 Win32 和 Linux 等多种操作系统上运行；支持分布式交互仿真（DIS），也支持更现代的公共图形生成接口（CIGI）；支持许多高级特性，包括同步的多通道，包括各种特效，比如仪表、天气、灯光、地形碰撞检测等；多线程可视化仿真应用可能有多种多样的显示需求，可以根据需要进行器件的裁减；作为一个开放系统硬件平台，可以利用最新的硬件和图形卡，而基于客户端/服务器端的架构，又可以使 Mantis 的配置通过网络在客户端上进行，可配置功能极为丰富；软件模块可以通过插件的形式增强软件功能；支持地形数据库，支持场景管理。

CG2 VTree 是一个面向对象、基于便携平台的图像开发软件包（SDK）。Mantis 系统的强大功能主要基于 VTree。VTree SDK 包括大量的 C++类和压缩抽象 OpenGL 图形库、数组类型及操作的方法。VTree SDK 功能强大，能够节省开发时间，获得高性能的仿真效果。

Vtree 显示效率非常高，CG2 设计优化了代码，Vtree 既可用在高端的 SGI 工作站上，也能用在普通 PC 上。Vtree 生成和连接不同节点到一个附属于景物实体的可视化树状结构，这个可视化树状结构定义了如何对实体进行渲染和处理。这些树状结构对于实体的描述能变得非常精细，并且通过不同的路径能够显示用于优化的不同的细节等级划分（LOD）。VTree 针对仿真视景显示中可能用到的技术和效果，如仪表、平显、雷达显示、红外显示、雨雪天气、多视口、大场景地形数据库管理、3D 声音、游戏杆、数据手套等等，均有相应的支持模块。

（3）Vega 与 Vega Prime

Vega 是 Paradigm 公司最早的虚拟环境仿真软件，应用于实时视景仿真、声音仿真和虚拟现实等领域的世界领先的仿真环境。原开发目的是用于美国军方，后来转为民用。Vega 将先进的模拟功能和易用工具相结合，对于复杂的应用，能够提供便捷的创建、编辑和驱动工具。Paradigm 公司还提供和 Vega 紧密结合的特殊应用模块，这些模块使 Vega 很容易满足特殊模拟要求，例如航海、红外线、雷达、高级照明系统、动画人物、大面积地形数据库管理、CAD 数据输入和 DIS 分布应用等。

Vega 对于程序员和非程序员都是使用友好的。LynX 是一种基于 X/Motif 技术的点击式图形环境，使用 LynX 可以快速、容易、显著地改变应用性能、视频通道、多 CPU 分配、视点、观察者、特殊效果、一天中不同的时间、系统配置、模型、数据库及其他，而不用编写源代码。LynX 可以扩展成包括新的、用户定义的面板和功能，快速地满足用户的特殊要求。利用 LynX 的动态预览功能，用户可以立刻看到操作的变化结果。Vega 还包括完整的 C 语言应用程序接口，为软件开发人员提供最大限度的软件控制和灵活性。

Vega Prime 是 Paradigm 公司和 MultiGen 公司合并为 MPI 公司（现为 Presagis 公司）开发的全新产品，已经取代 Vega。Vega Prime 全部用 C＋＋写成，而不是 Vega 的后续版本。Vega Prime 的核心引擎 Vega Scene Graph 具有完全面向对象的先进架构，Vega Prime 提供的接口恰好符合其编程思维，易于上手，特别有吸引力，因此 Vega Prime 发展前景良好。本书第七章将详细介绍 Vega Prime 仿真开发技术。

（4）Open Scene Graph（OSG）

OSG 是一个可移植的、高层图形工具箱，它为战斗机仿真、游戏、虚拟现实或科学可视化等高性能图形应用而设计。它提供了基于 OpenGL 的面向对象的框架，使开发者不需要编程、优化低层次图形功能调用，并提供了很多附加的功能模块来加速图形应用开发。OSG 通过动态加载插件的技术，广泛支持目前流行的 2D、3D 数据格式，还可通过 FreeType 插件支持一整套高品质、反走样英文字体。OSG 内含大场景地形数据库管理模块，加载大地形速度较快，帧速率高，在运行过程中占用计算机资源少。

另外，OSG 是自由软件，公开源码，完全免费。用户可自由修改 OSG，来进一步完善功能。目前已经有很多成功的基于 OSG 的 3D 应用，效果不亚于商业视景渲染软件。如果要自主开发视景渲染软件，OSG 是最佳的基础架构选择。

（5）OGRE 图形引擎

OGRE 是用 C＋＋开发的面向对象且使用灵活的 3D 图形引擎，对底层 Direct3D 和 OpenGL 系统库的全部使用细节进行了抽象，并提供了基于现实世界对象的接口，使用少量代码就能构建一个完整的三维场景,使开发人员更方便、更直接地开发基于三维硬件设备的应用程序。OGRE 引擎采用可扩展的程序框架,拥有高效率和高度可配置的资源管理器,支持多种场景类型,支持高效的插件体系结构,采用高效的网格资料格式储存模型数据,并且具有清晰、整洁的设计以及全面的文档支持。OGRE 是一款开源引擎,更新迅速,功能日益强大,采用 MIT 授权,使用时不会产生授权费用,OGRE 引擎在涉及三维图形绘制的仿真、游戏等方面有着极为广泛的应用前景。

OGRE 引擎的场景管理结构中,根节点(Root)是整个三维场景的入口点,用于配置系统内的其他对象,必须最先创建和最后释放。渲染系统(Render System)设置场景的渲染属性并执行渲染操作。场景管理器(Scene Manager)负责组织场景,生成并管理灯光、摄像机、场景节点、实体、材料等元素。灯光(Light)为场景提供照明,有点光源、聚光源和有向光源三种类型。摄像机(Camera)用来观察所创建的场景,通过视口可将渲染后场景输出到屏幕。实体(Entity)为场景中的几何体,一般通过网格(Mesh)创建。材质(Material)为场景中几何体的表面属性,支持多种格式的图片文件加载纹理(Texture),并可拥有足够多的纹理层,每层纹理支持各种渲染特效,支持动画纹理。场景管理器通过场景节点(Scene Node)来确定实体、摄像机、灯光等元素的位置和方向。OGRE 场景组织原理是将场景划分成抽象的多个空间,这些空间还可以划分成多个子空间,每个空间由一个场景节点来管理,实体、灯光等场景元素本身并不负责与空间位置相关的行为,全部交给场景节点来做。OGRE 将大量场景节点按照空间的划分层次组织成树状结构,从而完成对整个场景的有序组织(图 3-21)。在利用 OGRE 引擎创建三维图形系统时,首先需要创建根节点,然后对系统进行初始化并创建场景,之后处理输入响应,进行帧循环更新图形。其中帧循环更新图形一般由 OGRE 引擎自动完成,开发人员主要需要处理创建场景和处理输入响应两部分。

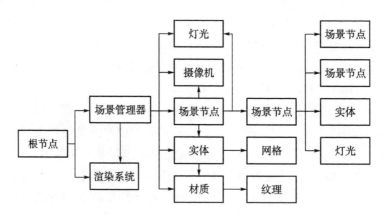

图 3-21　OGRE 图形引擎场景管理结构图

(6) WTK(World Tool Kit)

WTK(World Tool Kit)是由 Sense 8 公司开发出的一种虚拟现实系统高级跨平台开发环境。WTK 有函数库与终端用户工具,可用于生成、管理与包装各种应用。通俗地说,WTK 提供了一系列 WTK 函数,用户可以调用这些函数用于构造虚拟世界。WTK 提供超过 1 000 个 C 语言编写的函数库,使用户能够快速开发新的虚拟现实应用。WTK 构造的虚拟世界可以组合各种具有真实感特性与行为的对象,用户可以通过一系列的输入传感器来控制这些世界,使用计算机显示器或带有头部跟踪的立体显示器(HMD 或方体眼镜)来游历这些世界。WTK 支持二十多种 3D 输入设备,同时 它还提供了外设驱动程序开发接口和指南,有利于用户开发自己的三维外设。WTK 的体系结构中引入了场景层次功能,并使用户能够通过把节点组装成一个层次场景来构造一个虚拟现实应用。

(7) Unreal Engine4

Unreal Engine4 虚幻 4 引擎是目前世界上最知名、授权最广的顶尖游戏引擎,占有全球商用游戏引擎 80%的市场份额。UE4 由于渲染效果强大以及采用 PBR 物理材质系统,所以它的实时渲染的效果能够达到类似 VRay 静帧的效果,成为游戏开发者最喜爱的引擎之一。2005 年 8 月,Epic Games 公司开始开发 Unreal Engine 4,如今已有数不清的游戏公司运用 Unreal Engine 引擎成功开发出不少知名的游戏大作。

虚幻编辑器(简称为"UnrealEd")是一个以"所见即所得"为设计理念的操作工具,它可以很好地弥补一些在 3ds Max 和 Maya 中无法实现的功能的不足,并很好地运用到游戏开发里去。在可视化的编辑窗口中,游戏开发人员可以直接对游戏中角色、NPC、物品道具及光源进行自由的摆放和属性的控制,并且全部是实时渲染的。还有完整的数据属性编辑功能,可以让关卡设计人员自由地对游戏中的物件进行设置,或是由程序人员通过脚本编写的形式直接进行优化设置。实时的地图编辑工具可以让游戏的美术开发人员自由地对地形进行升降的高度调节。编辑器的资源管理器功能也非常的强大,可以进行快速准确的查找,观看并对游戏开发中的各种资源进行整理组织。虚幻编辑器中还为美术制作人员提供了完整的模型、骨骼和动画数据导出工具,并将它们连同编辑游戏事件所需要的声音文件、剧情脚本进行统一的编辑。在编辑器中还为开发人员提供了一个"游戏测试"的按钮,只要用鼠标点击后就可以对编辑好的游戏内容进行测试。为那些使用 3ds Max 和 Maya 进行制作的美术人员,提供了完善的导入导出插件,可以把模型导入虚幻引擎当中进行编辑。虚幻的游戏播放脚本语言还提供了许多自动化的原数据供游戏开发人员参考和使用。虚幻引擎还可用于移动设备,无论是简单的二维游戏,还是令人惊讶的高端视觉效果,虚幻引擎 4 都能够针对苹果 iOS 和 Android 设备上的游戏进行开发和无缝部署。

(8) CryEngine

CryEngine 游戏引擎(简称 CE3)是由德国 Crytek 公司研发,旗下工作室"GMBH"优化、深度研究对应最新技术 DirectX 11 的游戏引擎。在某种方面也可以说是 CEinline 的进化体系。CE3 具有许多绘图、物理和动画的技术以及游戏部分的加强。是世界游戏业内认为堪比虚幻 3 引擎(Unreal Engine 3)的游戏引擎,目前 CE3 已经应用在各大游戏之中。CryEngine 无须第三方软件的支持就可以处理物理效果、声音及动画,是一款非常全能的引擎。

(9) OpenVR

OpenVR 是由 Valve 公司开发的一套 VR 设备通用 API ,不管是 Oculus Rift 或 HTC Vive 甚至是其他 VR 设备,都不再需要使用厂商提供的 SDK 就可以进行开发,OpenVR SDK 不必关注硬件设备本身造成的差异。

(10) Unity3D

Unity3D 是由 Unity Technologies 开发的一个让用户轻松创建诸如三维视频游戏、建筑可视化、实时三维动画等类型互动内容的多平台综合型游戏开发工具,是一个全面整合的专业游戏引擎。Unity Technologies 源于丹麦哥本哈根,目前公司总部位于美国旧金山。Unity 利用交互的图形化开发环境,其编辑器可运行在 Windows 和 Mac OS X 下,可发布游戏至 Windows、Mac、IOS、WebGL(需要 HTML5)、Windows Phone 8 和 Android 平台。也可以利用 Unity Web Player 插件发布网页游戏,支持 Mac 和 Windows 的网页浏览。

Unity 3D 引擎特点有:可视化编程界面完成各种开发工作,高效脚本编辑,方便开发;自动瞬时导入,Unity 支持大部分 3D 模型,骨骼和动画直接导入,贴图材质自动转换为 U3D 格式;只需一键即可完成作品的多平台开发和部署;底层支持 OpenGL 和 Directll,简单实用的物理引擎,高质量粒子系统,轻松上手,效果逼真;支持 Java Script、C♯、Boo 脚本语言;Unity 性能卓越,开发效率与性价比高;支持从单机应用到大型多人联网游戏开发。本书第 5 章将详细介绍 Unity3D 技术方法与开发流程。

虚拟现实开发引擎多种多样,用户和开发者可选择高级引擎开发 VR 应用程序,还可选用许多免费使用或开源的引擎。虚幻引擎和 Unity 已被用于无数的 3D 视频游戏和 VR 应用程序。它们是视频游戏开发的经典选择,甚至是移动应用程序开发的选择。虚幻引擎是免费使用的,允许开发团队免费创建自己的交互式应用程序。由于 Unity 对全球年收入 10 万美元以下的机构和个人开发者免费使用,Unity 是游戏开发人员的最爱。如果寻找可能的最低开发成本,则可选用完全开源的 VR 引擎,如 Apertus VR 就是这样一个例子。它是一组可嵌入的库,可以轻松插入现有项目中。开源虚拟现实(OSVR)是另一个 VR 框架,可以帮助开发者开始开发自己的游戏。最近 HTC Vive 针对虚拟现实开发者做了一项调查,调查中 VR 开发者主要使用的 VR 开发引擎为 Unity 和 Unreal Engine,分别为占比70.5%和 51.8%。而以 OpenGL Peformer、OpenGVS、Vtree、Vega Prime、OSG、OGRE、WTK、CryEngine 和基于 OpenVR 自研引擎的 VR 引擎主要面向各专业应用领域,所占比例较少。

3.5.6 虚拟现实可视化开发平台

虚拟现实可视化开发平台是在虚拟现实引擎的基础上,通过图形用户界面可视化定制和编辑实现大部分常规功能的 VR 应用系统,有效地降低了应用开发的技术门槛和要求,上一小节阐述的许多虚拟现实引擎都不同程度地增强了可视化开发的功能,如 Vega Prime 的 Lynx Prime、Unreal Engine4、Unity3D 等。目前流行的 VR 可视化开发平台有法国达索公司的 Virtools、EON Reality 公司的 EON Studio、Act3D 公司的 Quest3D 以及中视典数字科技有限公司的 VR-Platform 简称 VRP 等。

(1) EON Studio

EON Reality 公司总部位于美国硅谷,是世界知名的 VR/AR 技术解决方案提供商。从桌面网络型虚拟现实到支持数据手套、头盔的洞穴型 VR 都有独到的解决方案。EON Studio 是一种依据图形使用接口、用来研发实时 3D 多媒体应用程序的工具,主要应用在电子商务、网络营销、数字学习、教育训练与建筑设计等领域。

EON Studio 软件主要分成以下几个模块:①仿真树,即整个场景节点结构图;②每个场景节点的相应属性面板;③节点模板库,提供所支持的所有节点类型;④原始节点类型,提供大量的内置模板供用户直接使用;⑤本地节点类型统计;⑥交互设计窗口,通过拖拉关系线直接完成;⑦节点交互的相应路径设置与设计;⑧场景的层结构设计;⑨脚本编辑模块;⑩场景仿真模拟预览窗口;⑪软件使用的日志记录等等。

EON Studio 应用程序主要由 EON Studio 图形界面的视窗来架构,EON 视窗共分为以下几个种类。元件收藏视窗(Library Window)提供模拟程序中所包含的功能节点及功能原型的存取;树状结构视窗(Simulation Tree Window)主要用来架构模拟程序的结构;功能节点之间传送数据流程顺序则是在流程定义视窗(Route Window)中进行增加定义;说明(Help)视窗能给予协助,能够更快地建立模拟程序;事件记录视窗(Log Window)可提供 EON 操作期间的信息;搜寻视窗(Find Window)则是用来寻找目前模拟程序中的功能节点;蝶状结构视窗(Butterfly Window)则是用来显示所选择的功能节点相关的详细资料;展示视窗(Show Window)执行模拟程序预览视窗。

EON 可与众多 VR 相关硬件相接,来辅助 EON Studio 虚拟实境的呈现。输出设备包括:①HMD(Head-mounted Display)头盔式显示器,在双眼前展示 EON Studio 创造的虚拟三度空间;②Stereo Headphones 立体声耳机,由一组耳机所构成,可将虚拟环境中的音效实时地回传至用户,加强沉浸效果;③LCD Shutter Glasses 液晶显示立体眼镜,自然地产生立体感。输入设备包括:①Data Gloves 数据手套,数据手套利用指尖的感应器,将用户的动作数据回传至计算机,以加强使用者于虚拟实境中的互动性;②六维自由度操控鼠标,包含 X、Y、Z、Roll、Pitch、Yaw 这 6 个自由度,方便用户在虚拟场景中做各种方向、角度、旋转等动作。信号转换(Signal Converter)设备:①Tracking System 位置追踪器,利用位置追踪器可将使用者的位置、动作实时地回传至计算机系统,使计算机可判别操控者所下的指令,增加其互动性与真实性;②多频道洞穴型虚拟实境,EON 可经由多频道及多视角的影像输出,创造洞穴型虚拟实境。

(2) Virtools

Virtools 由法国达索集团(Dassault Systemes)出品,是一套具备丰富互动行为模块的实时 3D 环境编辑软件,可以将现有常用的文件格式整合在一起,如 3D 模型、2D 图形或音效等,这使得用户能够快速地熟悉各种功能,包括从简单的变形到复杂的力学功能等。

Virtools 主要有一个设计完善的图形使用者界面,使用模块化的行为模块撰写互动行为元素的脚本语言。这使得使用者能够快速地熟悉各种功能,包括从简单的变形到力学功能等。而对于高端开发者,则可利用软件开发包和 Virtools 脚本语言创建自定义的交互行为脚本和应用程序。

Virtools 主要的应用领域在游戏方面,包括冒险类游戏、射击类游戏、模拟游戏、多角色游戏等。Virtools 为开发人员提供针对不同游戏开发的各类应用程序接口(Application Programming Interface,API),包括 PC、Xbox、Xbox360、PSP、PS2、PS 3 及 Nintendo Wii。

Virtools 可制作具有沉浸感的虚拟环境,它对参与者生成诸如视觉、听觉、触觉、味觉等各种感官信息,给参与者一种身临其境的感觉。因此是一种新发展的、具有新含义的人机交互系统。

(3) Quest3D

Quest3D 是 Act3D 公司开发的实时 3D 环境建构可视化开发平台。比起其他的可视化的建构工具,如网页、动画、图形编辑工具来说,Quest3D 能在实时编辑环境中与对象互动,处理所有数字内容的 2D/3D 图形、声音、网络、数据库、互动逻辑及智能,可以不用编写程序,就能建构出实时 3D 互动世界。因为在 Quest3D 里,所有的编辑器都是可视化、图形化的。真正所见即所得,用户可以实时见到作品完成后执行的样子。开发者可更专注于美工与互动,而不用担心程序内部错误,来提高虚拟现实应用系统开发效率。Quest3D 功能特色包括:

①图形可视化的界面。用户界面被整合为更有利于用户使用的已包含 3D 渲染框架的模式。用户可以自定义物体编辑、材质编辑和编译环境修改中的很多功能的操作方式和界面。②最新导入系统。Quest3D 中可以导入 DXF,3DS,obj 文件,DAE,FBX 和 MAX 格式的三维模型。导入文件的质量是非常高的,这都是通过近年不断的调试和客户反馈所改进的效果。Quest3D 导入操作非常简单,也没有额外的配置要求。三维模型可以存储在面向对象的结构中。这样做简化了为 3D 模型应用诸如凹凸贴图、延迟着色等着色技巧的行为。③虚拟相机。渲染系统就像在计算机里有一个虚拟相机一样,完全在 Quest3D 中实现高动态范围计算,并能体现真实世界的摄像效果,从而获得非常真实的图片光晕和色彩特效,可通过特殊的后期处理模拟眩光特效。④自然环境与特效模拟。在 Quest3D 的建筑工具中,可以完美地配置需要的地形,流动着的云和天空系统特效都随着阳光的变化而发生变化,从而体现出更加贴切、更加真实的天气效果。同时在制作场景中可以在任何地方添加各式各样的岩石,并对岩石着色。添加海洋仿真系统,方便用户构建海岸和海湾的场景。⑤真实的物理引擎,仿真物理模型。Physics 动力学包含牛顿动力学和 ODE 动力学,动力学就是将三维虚拟物件通过程序模拟真实世界的物理状态,包含重力、摩擦力、地球引力、流体力学等等,ODE 属于比较简单的并且是开源的程序,它的设定过于单一,对于复杂的物理碰撞,可以调节的参数太少。牛顿力学是 Q3D4.0 版本开始加入的新模组,它比 ODE 更人性化,功能更强大,能做复杂的物理碰撞。⑥支持人工智能、数据库操作等附加功能,支持 VR 等外设,对于大多数的虚拟外设,比如数据手套、空间位置跟踪器、三维鼠标、模拟驾驶器等提供了图形化的模块开发功能。⑦强大的网络模块功能。对于网络和协同操作提供了图形化和面向对象的编程方法,完全能够满足我们对于仓储物流的协同网络工作。⑧粒子特效系统,对于火,雨雪,水,喷泉,落叶,烟,风灯特效系统提供了逼真,简洁的开发模块。⑨骨骼动画支持,对于骨骼角色提供了灵活及方便的开发及控制。

(4) VR-Platform 或 VRP

VRP 是一款由中视典数字科技有限公司开发的、具有完全自主知识产权的、直接面向三维美工的虚拟现实可视化开发平台。它的适用性强、操作简单、功能强大、高度可视化、所见即所得。所有的操作都是以美工可以理解的方式进行,不需要程序员参与。只需开发者具有良好的 3ds Max 建模和渲染基础,对 VRP 平台稍加学习和研究就可以很快制作出自己的虚拟现实场景。VRP 虚拟现实可视化开发平台包含九大子产品。即 VRP-BUILDER 虚拟现实编辑器、VRPIE3D 互联网平台(又称 VRPIE)、VRP-PHYSICS 物理模拟系统、VRP-DIGICITY 数字城市平台、VRP-INDUSIM 工业仿真平台、VRP-TRAVEL 虚拟旅游平台、VRP-MUSEUM 虚拟展馆、VRP-SDK 系统开发包、VRP-MYSTORY 故事编辑器。同时,VRP 还包括 VRP 多通道环幕模块、VRP 立体投影模块、VRP 多 PC 级联网络计算模块、

VRP 游戏外设模块、VRP 多媒体插件模块五大高级模块。鉴于 VRP 是国内公司开发的,界面上对中文的支持程度高,可将制作成的 vrp 文件嵌入 Director,IE,VC,VB 软件中。同时,VRP 开放了 SDK,支持二次开发。VRP 跟 3ds Max 无缝接合,直接通过插件支持从 3ds Max 里把模型导出,在 3ds Max 里的渲染也能完好地延续到 VRP 里,它支持的贴图格式较多,有 jpg, bmp, psd, png, tga, dds。事实上,VRP 开始研发的一个方向就是游戏开发,因此,它在图像精美(光影效果、细腻程度、色泽鲜亮等)和流畅方面都很好,同时也注意到了配合低端硬件需求。尽管 VRP 的画面质量能够做得很高,但是,比起 VRTools、EON Studio 和 Quest3D 能够渲染出来的图像,在以假乱真的仿真方面它还是有一定的距离。

2014 年,OpenVRP1.0 发布,OpenVRP 是一个标准的、易用的、高效率的虚拟现实开发引擎,是一款全新的、虚拟现实开放的可视化开发平台。OpenVRP 将底层引擎完全开放,基础数学库、前向渲染器、场景管理器、资源管理器等各个基础模块完全开源(提供 CPP 源文件),虚拟现实 SDK、播放器内核、编辑器内核等由免费提供的 SDK 开发。本书第 6 章将详细介绍 VRP 的技术方法与开发流程。

复习思考题

(1) 动态环境建模的技术途径有哪些?

(2) 列举几种在图形实时绘制技术中用来降低场景复杂度的方法。

(3) 简述碰撞检测技术的实现方法。

(4) 列举几种当前比较流行的立体显示技术。

(5) 简述三维虚拟声音的主要特点。

(6) 简述全息技术的基本原理。

(7) 简述眼动跟踪技术的基本工作原理。

(8) 列举几种人工几何建模常用软件。

(9) 简述什么是 Web 3D 技术,Web 3D 的产品和技术解决方案常见的应用。

(10) 对比 OpenGL 和 Direct 3D 的功能与性能特点。

(11) 比较 Vega Prime、OpenGVS 和 OSG 这三种引擎,它们各自适用于什么样的应用开发?

(12) 比较 Unity3D、Unreal Engine 和 CryEngine 三种游戏引擎的主要特点。

(13) 举例说明常见的虚拟现实可视化开发平台有哪些。

虚拟现实建模工具 3ds Max

4.1 3ds Max 的用户界面

3ds Max 是美国 Autodesk 公司开发的三维建模和影视动画设计软件,是强大的虚拟现实建模工具。可以使用 3ds Max 在个人计算机上快速创建专业品质的三维模型、照片级别真实感的静止图像以及电影品质的动画。它在影视广告、游戏动画、军事科技、建筑设计、机械制造、科技教育和科学研究等很多领域有着广泛的应用。

3ds Max 软件用户界面分为标题栏、菜单栏、工具栏、命令面板标签栏、状态栏、工作视图区、视图控制区、动画控制区和 Max 脚本输入区(图 4-1)。

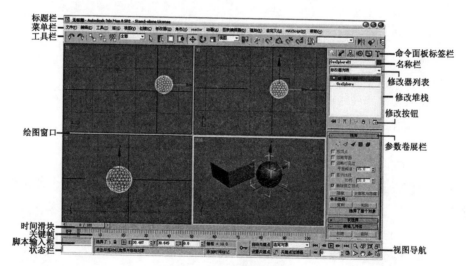

图 4-1　3ds Max 界面布局

视口占据了主窗口的大部分,可在视口中查看和编辑场景。窗口的剩余区域用于容纳控制功能以及显示状态信息。

使用 3ds Max 最重要的方面之一就是它的多功能性。许多程序功能可以通过多个用户界面元素来使用。例如,可以从"主工具栏"和"图表编辑器图"菜单中打开"轨迹视图"来控制动画,但要在"轨迹视图"中获得某个特定对象的轨迹,最容易的方法是右键单击该对象,然后从四元菜单中选择" Track View Selected"。

可以用下列多种方法定义用户界面:添加键盘快捷键、调整工具栏和命令面板、创建新工具栏和工具按钮,甚至在工具按钮中记录脚本。

4.1.1 菜单栏

3ds Max 和标准的 Windows 风格软件菜单一样带有"文件""编辑"和"帮助"菜单。3ds Max 特殊菜单包括:"工具"为主工具栏命令;"组"管理组合对象;"创建"包含创建对象的命令;"修改器"为修改对象的命令;"视图"设置和控制视图;"角色"包含编辑骨骼、链接结构和角色集合的工具;"动画"设置对象动画和约束对象;"图表编辑器"可以使用图形方式编辑对象和动画,其中,"轨迹视图"允许在"轨迹视图"窗口中打开和管理动画轨迹,"图解视图"提供另一种方法在场景中编辑和导航到对象;"渲染"包含渲染、Video Post、光能传递和环境等命令;"自定义"可以使用自定义用户界面的控制;"MAXScript"为编辑 MAXScript 内置脚本语言。

"文件"菜单有新建、重置、打开、打开最近的、保存、另存为、保存副本为、保存选定对象、XRef 对象、XRef 场景、导入、导出、导出选定对象、合并、合并动画、替换、存档、存档(存档、资源收集器工具、位图/光度学路径编辑器工具)、摘要信息、文件属性、查看图像文件、退出等子菜单。"文件"对话框(例如,"打开""保存"和"另存为")都会记住上次使用的路径并默认指向那个位置。可以通过自定义菜单 → 加载自定义 UI 方案 → 选择自己保存过的界面方案名称 → 打开(按钮)来装入自定义界面布局。

4.1.2 命令面板

命令面板是 3ds Max 的特色界面,包括:◢(创建),可创建二维、三维、灯光等物体;◢(修改),可更改物体尺寸参数及使物体变形;◢(分层),可更改物体轴心位置和◢(显示),可显示/隐藏物体以及运动和工具面板。另外,"运动"包含动画控制器和轨迹,"工具"包含其他工具。借助于这六个面板的集合,可以访问绝大部分建模和动画命令,可以将命令面板拖放至任意位置。默认情况下,命令面板位于屏幕的右边。在命令面板上单击右键会显示一个菜单,可以通过该菜单浮动或消除命令面板。如果菜单没有显示,或者要更改其位置和停靠或浮动状态,在任何工具栏的空白区域单击右键,然后从快捷键菜单中进行选择。

(1)"创建"面板

"创建"面板提供用于创建对象的控件。这是在 3ds Max 中构建新场景的第一步。很可能要在整个项目过程中继续添加对象。例如,当渲染场景时需要添加更多灯光。"创建"面板将所创建的对象种类分为 7 个类别。每一个类别有自己的按钮。每一个类别内可能包含几个不同的对象子类别。使用下拉列表可以选择对象子类别,每一类对象都有自己的按钮,单击该按钮即可开始创建。

"创建"面板提供的对象类别如下:①几何体。几何体是场景的可渲染几何体。有像长方体、球体、锥体等几何基本体,也有像布尔、阁楼以及粒子系统这样的更高级的几何体。②图形。图形是样条线或 NURBS 曲线。虽然它们能够在 2D 空间(如长方形)或 3D 空间(如螺旋)中存在,但是它们只有一个维度。可以为形状指定一个厚度以便于渲染,但主要用于构建其他对象或运动轨迹。③灯光。灯光可以照亮场景,并且可以增加其逼真感。3ds

Max 有很多种灯光,每一种灯光都将模拟现实世界中不同类型的灯光。④摄像机。摄像机对象提供场景的视图。摄像机在标准视口中的视图上所具有的优势在于摄像机控制类似于现实世界中的摄像机,并且可以对摄像机设置漫游动画。⑤辅助对象。辅助对象有助于构建场景。它们可以帮助定位、测量场景的可渲染几何体,以及设置其动画。⑥空间扭曲对象。空间扭曲在围绕其他对象的空间中产生各种不同的扭曲效果,一些空间扭曲专用于粒子系统。⑦系统。系统将对象、控制器和层次组合在一起,提供与某种行为关联的几何体,也包含模拟场景中的阳光和日光系统。

（2）"修改"面板

通过 3ds Max 的"创建"面板,可以在场景中放置一些基本对象,为每个对象指定一组创建参数,可以在"修改"面板中更改这些参数,也可以使用"修改"面板来指定修改器。

修改器是重新整形对象的工具,当它们塑造对象的最终外观时,修改器不能更改其基本创建参数。应用修改器调整一个对象或一组对象,更改修改器的参数并选择它们的组件,将参量对象转化为可编辑对象。

除非通过单击另一个命令面板的选项卡将其消除,否则"修改"面板将一直保留在视图中。当选择一个对象,面板中选项和控件的内容会更新,从而只能访问该对象所能修改的内容。可以修改的内容取决于是否对象是几何基本体（如球体）还是其他类型对象（如灯光或空间扭曲）。每一类别都拥有自己的范围。"修改"面板的内容作用于选定的对象,从"修改"面板进行更改之后,可以立即看见传输到对象的效果。

（3）"层次"面板

通过"层次"面板可以访问和调整对象间层次链接关系。通过将一个对象与另一个对象相链接,可以创建父子关系。应用到父对象的变换同时将传递给子对象。通过将多个对象同时链接到父对象和子对象,可以创建复杂的层次关系。

（4）"运动"面板

"运动"面板提供用于调整选定对象运动的工具。例如,可以使用"运动"面板上的工具调整关键点时间,还提供了"轨迹视图"的替代选项,用来指定动画控制器。

如果指定的动画控制器具有参数,则在"运动"面板中显示其展卷栏,如果"路径约束"指定给对象的位置轨迹,则"路径参数"展卷栏将添加到"运动"面板中。"链接"约束显示"链接参数"展卷栏等。单击"轨迹"可绘制对象在视口中穿行的路径,路径沿线的黄点代表帧,提供速度和缓和程度。通过启用"子对象关键点",关键点将以一定间距移动,可以更改关键点属性,轨迹将反应所做的所有调整。

（5）"显示"面板

通过"显示"面板可以访问场景,是控制对象显示方式的工具。它可以隐藏和取消隐藏、冻结和解冻对象、改变其显示特性、加速视口显示以及简化建模步骤。

（6）"工具"面板

使用"工具"面板可以访问各种工具插件程序,一些工具由第三方开发商提供,"工具"面板包含用于管理和调用工具的展卷栏。运行工具时,将显示其他展卷栏。某些工具使用对话框而不使用展卷栏。"工具"展卷栏的顶部包含以下控件:更多,显示"工具"对话框,在此列出所有在"工具"面板的按钮上不显示的工具。在列表中高亮显示工具,然后单击"确定"

可在"工具"面板中显示其控件。"集",显示按钮集的列表,可以从中进行选择。默认情况下,仅有一个称为"MAX 默认值"的按钮集。通过单击"配置按钮集"可创建自定义按钮集。配置按钮集,显示"配置按钮集"对话框,在此最多可以创建包含 32 个按钮的按钮集。已命名工具按钮,这些按钮显示工具的选择。单击这些按钮之一即可运行一个工具。工具的参数显示在"工具"下面的参数展卷栏中,某些工具使用对话框而不使用展卷栏。

正在运行一个工具时,其按钮将一直处于活动状态,直至再次单击使其禁用并关闭该工具,或单击另一个工具的按钮。

4.1.3 工作视图及状态栏

3ds Max 可以显示一到四个视口,它们可以显示同一个几何体的多个视图,以及"轨迹视图""图解视图"和其他信息显示。启动 3ds Max 之后,主屏幕包含四个同样大小的视口。透视视图位于右下部,其他三个视图的相应位置为:顶部、前部、左部。默认情况下,透视视图"平滑"并"高亮显示"。可以选择在这四个视口中显示不同的视图,也可以从"视口右键单击"菜单中选择不同的布局。

视口布局。可以选择其他不同于默认配置的布局。要选择不同的布局,右键单击视口标签,然后单击"配置"。选择"视口配置"对话框的布局选项卡来查看并选择其他布局。

活动视口边框。四个视口都可见时,带有高亮显示边框的视口始终处于活动状态。该视口中的命令和其他操作生效。一次只能有一个视口处于活动状态。其他视口设置为仅供观察。除非禁用,否则这些视口会同步跟踪活动视口中进行的操作。

通常,当在视口中工作时该视口将变为活动状态。可以在一个视口中移动对象,然后在另一个视口中拖动同一个对象使之继续移动。如果左键击视口,那么将激活视口并选中所单击的任何物体。这样将放弃前面的选择。

视口标签。视口在左上角显示标签。可以通过右键单击视口标签来显示"视口右键单击"菜单,以便控制视口的多个方面。

动态调整视口的大小。可以调整四个视口的大小,这样它们可以采用不同的比例。要调整视口大小,按住并拖动分隔条上四个视口的中心,移动中心来更改比例。要恢复到原始布局,右键单击分隔线的交叉点并从右键单击菜单中单击"重置布局"。

世界空间三轴架。世界空间三轴坐标系显示在每个视口的左下角。世界空间三个轴的颜色分别为:X 轴为红色,Y 轴为绿色,Z 轴为蓝色。

对象名称的视口工具提示。当在视口中处理对象时,如果将光标停留在任何未选定对象上,那么将显示带有对象名称的工具提示。如果需要选择对象或链接到对象,等待出现一个工具提示,确保已选中所需的对象。

要使视口成为活动状态,执行单击任一视口。如果单击视口中的对象,那么将选中该对象。如果单击没有对象的空间,则将取消任何选中的对象。

要最小化或最大化视口,执行下列操作之一:在键盘上,按 ALT＋W 键,或者单击 3ds Max 窗口右下角的"最大化视口切换"按钮。

要调整视口大小,执行以下操作:在水平和垂直分隔条的交叉点上,按住并拖动四个视口的中心;将中心移动到任何新位置;要重置视口,再次右键单击同一点并从右键单击菜单中选择"重置布局"。

要更改视口的数目及其排列,执行以下操作:右键单击任何视口标签,从右键单击菜单中选择"配置";在"视口配置"对话框中,单击"布局"选项卡,从对话框顶部的 14 种方案中选择一种布局,指定每个视口在此对话框下面的窗口中显示的内容,单击"确定"可进行更改。

状态栏和提示行。这两行显示关于场景和活动命令的提示和信息,它们也包含控制选择和精度的系统切换以及显示属性。

4.1.4 视图控制区

3ds Max 主窗口右下角的按钮簇包含在视口中进行缩放、平移和导航的控制。一些按钮针对摄像机和灯光视口而进行更改。

视口导航控件。导航控件取决于活动视口。透视视口、正交视口、摄像机视口和灯光视口都拥有特定的控件。所有视口中的"所有视图最大化显示"弹出按钮和"最大化视口切换"都包括在"透视和正交"视口控件中。这些控件可以重复使用,按钮在启用时将高亮显示。要将其禁用,按 Esc 键,并在视口中单击右键,或选择另一个工具。

透视和正交视口控件包括缩放视口(缩放所有视图、最大化显示/最大化显示选定对象),"视野"按钮(透视)或缩放区域,平移视图,弧形旋转、弧形旋转选定对象、弧形旋转子对象等等。

摄像机视口控件主要包括推拉摄像机、目标或两者,透视、侧滚摄像机,"视野"按钮,平移摄像机和环游/摇移摄像机等等。

灯光视口控件主要包括推拉灯光、目标或两者,灯光聚光区,侧滚灯光,灯光衰减区,平移灯光和环游/摇移灯光等等。

4.2 3ds Max 建模方式与工作流程

4.2.1 3ds Max 建模方式与模型操作

(1) 3ds Max 建模方式

①参数化的基本物体和扩展物体构建,即几何体 Geometry 下的标准基本物体(Standard Primitives)和扩展基本物体(Extanded Primitives)创建工具;②参数化的楼梯、门、窗 等,即 Geometry 下的 Stairs、Doors 和 Windows;③运用挤压(Extrude)、车削(Lathe)、放样(Loft)和布尔运算(Boolean)等修改器来创建物体;④基本网格面物体节点拉伸创建物体,即编辑节点法;⑤面片建模方式,即 Patch;⑥运用表面工具,即 Surface Tools 的正交选择(CrossSection)和 Surface 修改器的建模方式;⑦NURBS 建模方式。其中,①至④这几种方法是基础建模方式,是虚拟现实建模的主要建模方式。⑤至⑦这几种建模方法为高级建模方式,是三维动画制作的主要建模方式。

(2) 3ds Max 模型基本操作

① 选择/显示/隐藏模型。包括下列操作:"在视窗中选中对象""按名称选择""按名称取消隐藏""全部取消隐藏""隐藏未选定对象""隐藏当前选择"等。

② 模型的移动、旋转、缩放。移动:"移动"按钮→ 将光标放在物体的某一个轴上,当轴线变黄色时,沿坐标轴的方向拖动鼠标或将光标放在物体的两轴之间的黄色矩形区域时,移动鼠标,可在该平面内作任意方向的移动。

③ 模型旋转。按下"旋转"按钮将光标放在模型的某一个轴上(圆弧上),当轴线变黄色时,上下拖动鼠标。缩放分为"约束比例缩放""锁定某轴向缩放"和"挤压缩放"。

④ 组的使用。可以将有密切联系的模型组合为一体,便于统一处理。建立组:选中多个物体 →组(菜单)→组 → 输入组名称 →"确定";打开组:可以不解散组,进入组子集,调整组内的物体摆放位置,选中已编组的物体 →组(菜单)→"打开";关闭组(即退出组子集):组(菜单)→"关闭";解散组:分层解散组,选中已编组物体 →组(菜单)→"取消组";炸开:一次性解散所有层次的组,选中已编组物体 →组(菜单)→"炸开"。

4.2.2　3ds Max 建模工作流程

3ds Max 是单文档应用程序,这意味着一次只能编辑一个场景。打开多个 3ds Max 副本需要占用大量内存。为了获得最佳性能,应该计划好一次只打开一个副本并只编辑一个场景。3ds Max 典型的工作流程如下:

① 建立对象模型。在视口中建立对象的模型并设置对象动画,视口的布局是可配置的。可以从不同的三维基本体开始,也可以使用 2D 图形作为放样或挤出对象。可以将对象转变成多种可编辑的曲面类型,然后通过拉伸顶点和使用其他工具进一步建模。另一类建模工具是将修改器应用于对象。修改器可以更改对象几何体。例如,"弯曲"和"扭曲"就是常用修改器,在命令面板和工具栏中可以使用它们来建模。

② 材质设计。使用"材质编辑器"设计材质,编辑器在其自身的窗口中显示。定义曲面特性的层次可以创建有真实感的材质,曲面特性可以表示静态材质,也可以表示动画材质。

③ 灯光和摄像机。可以创建带有各种属性的灯光来为场景提供照明。灯光可以投射阴影、投影图像以及为大气照明创建体积效果。基于自然的灯光让用户在场景中使用真实的照明数据,光能传递在渲染中提供灯光模拟。创建的摄像机能如在真实世界中一样控制镜头长度、视野和运动控制(如平移、推拉和摇移镜头)。

④ 动画设置。任何时候只要打开"自动关键点"按钮,就可以设置场景动画。关闭该按钮以返回到建模状态。也可对场景中对象的参数进行动画设置以实现动画建模效果。此外,还可以设置参数,做出灯光和摄像机的变化,并在 3ds Max 视口中直接预览动画。可使用轨迹视图来控制动画,在其中为动画效果编辑动画关键点、设置动画控制器或编辑运动曲线。

⑤ 场景渲染。渲染会在场景中添加颜色和着色,3ds Max 中的渲染器包含下列功能,例如,选择性光线跟踪、分析性抗锯齿、运动模糊、体积照明和环境效果。当使用默认的扫描线渲染器时,光能传递解决方案能在渲染中提供精确的灯光模拟,包括由于反射灯光所带来的环境照明。当使用 mental ray 渲染器时,全局照明会提供类似的效果。如果工作站是网络的一部分,网络渲染可以将渲染任务分配给多个工作站。

4.2.3　设置场景

当打开程序时就启动了一个未命名的新场景。也可以从"文件"菜单中选择"新建"或"重置"来启动一个新场景。

设置系统单位。在"单位设置"对话框中选择单位显示系统。用户可以从"公制""美国标准""通用"方法中选择，或者设计一个自定义度量系统。随时可以在不同的单位显示系统之间切换。"单位设置"对话框中的系统单位设置，确定 3ds Max 与输入场景的距离信息如何关联。该设置还确定舍入误差的范围。除非建立非常大或者非常小的场景模型，否则不要更改系统单位值。

设置栅格间距。在"栅格和捕捉设置"对话框→"主栅格"面板中设置可见栅格的间距，可以随时更改栅格间距。

视口布局选项。3ds Max 中默认的四个视口按一种有效的和常用的屏幕布局方式排列。在"视口配置"对话框中可以更改视口布局和显示属性。

保存场景。经常保存场景能避免误操作和丢失所做的工作。

4.2.4　建立对象模型

通过创建标准对象，如 3D 几何体和 2D 图形，然后将修改器应用于这些对象，可以在场景中建立对象模型。程序包含大量的标准对象和修改器。

创建对象。在"创建"面板上单击对象类别和类型，然后在视口中单击或拖动来定义对象的创建参数，这样就可以创建对象。"创建"面板有以下基本类别：几何体、图形、灯光、摄像机、辅助对象、空间扭曲和系统。每一种类别包含有多种子类别，可以从中进行选择。可在"创建"菜单中选择对象类别和类型，然后在视口中单击或拖动来定义对象的创建参数，这样就可以创建对象。

"创建"菜单有以下基本类别：标准基本体、扩展基本体、AEC 对象、复合对象、粒子、面片栅格、图形、动态体、形状、灯光、摄像机、辅助对象、空间扭曲和系统对象。

选择和定位对象。在对象周围的区域单击或拖动来选择该对象，也可以通过名称或其他属性，例如颜色或对象类别，来选择对象。选择对象之后，使用变换工具"移动""旋转"和"缩放"来将它们定位到场景中，可使用对齐工具精确定位对象。

建立对象模型。从"修改"面板中应用修改器将对象塑造和编辑成最终的形式，应用于对象的修改器将存储在堆栈中，可以随时返回并更改修改器的效果，或者将其从对象上移除。

4.2.5　使用材质

使用"材质编辑器"来设计材质和贴图，从而控制对象曲面的外观。贴图也可以被用来控制环境效果的外观，例如，灯光、雾和背景。

基本材质属性。可以设置基本材质属性来控制曲面特性。例如，默认颜色、反光度和不透明度级别。仅使用基本属性就能够创建具有真实感的单色材质。

使用贴图。通过应用贴图来控制曲面属性，例如纹理、凹凸度、不透明度和反射，可以扩展材质的真实度。大多数基本属性都可以使用贴图进行增强。任何图像文件,例如在画图程序中创建的文件,都能作为贴图使用,或者可以根据设置的参数来选择创建图案的程序贴图。程序也包含创建精确反射和折射的光线来跟踪材质和贴图。

查看场景中的材质。可以在着色视口中查看对象材质的效果,但该预览显示只是接近最终的效果,渲染场景以精确地查看材质。

4.2.6 放置灯光和摄像机

放置灯光和摄像机来完成场景就像在拍电影以前在电影布景中放置灯光和摄像机一样。

默认照明。默认照明均匀地为整个场景提供照明,当建模时此类照明很有用,但不是特别有美感或真实感。

放置灯光。当想在场景中获得更加特定的照明时,可以从"创建"面板的"灯光"类别中创建和放置灯光。3ds Max 包含下列标准灯光类型:泛光灯、聚光灯和平行光。可以将灯光设为任意颜色,甚至可以设置颜色动画以模拟变暗或颜色变换灯光,所有这些灯光都能投射阴影、投影贴图和使用体积效果。

光度学灯光。光度学灯光可以使用真实的照明单位(流明)来更加精确和直观地工作。光度学灯光同样支持行业标准的光度学文件格式(IES、CIBSE、LTLI),所以可以模拟真实的人造光源特性,甚至从 Web 中拖入现成的光源。同时使用光度学灯光与 3ds Max 光能传递解决方案能更精确地从实际上和数量上评估场景的照明效果。从"创建"面板→"灯光"下拉列表中,可选择"光度学"灯光。

日光系统。日光系统将太阳光和天光结合,创建一个统一的系统,该系统遵循太阳在地球上某一给定位置的、符合地理学的角度和运动。可以选择位置、日期、时间和指南针方向,也可以设置日期和时间的动画。该系统适用于计划中的和现有结构的阴影研究。

查看场景中的照明效果。当在场景中放置灯光时,默认灯光会关闭,整个场景只有创建的灯光照明。在视口中所看到的照明只是真实照明的近似效果。渲染场景可精确地查看照明。如果日光系统看起来冲蚀场景,则使用对数曝光控制。

放置摄像机。可以从"创建"面板的"摄像机"类别中创建和放置摄像机。摄像机定义用来渲染的视口,还可以设置摄像机动画来产生电影的效果,例如,推拉和平移拍摄。此外,还可以从"透视"视口中,通过使用"视图"菜单中的"从视图创建摄像机"命令,自动创建摄像机。可以调整"透视"视口直到满意为止,然后选择"视图"→"从视图创建摄像机"。3ds Max 创建摄像机并使用显示相同透视的"摄像机"视口取代了"透视"视口。

4.2.7 设置场景动画

可以对场景中的几乎任何物体进行动画设置,单击"自动关键点"按钮来启用自动创建动画,拖动时间滑块,并在场景中做出更改来创建动画效果。

控制时间。3ds Max 为每一个新场景启动 100 帧的动画。帧为度量动画时间的一种方法,可以通过拖动时间滑块来查看不同的时间。也可以打开"时间配置"对话框来设置场景中使用的帧数和帧显示的速度。

动画变换和参数。当"自动关键点"按钮处于启用状态时,只要变换对象或更改参数,程序就会创建一个动画关键点。要对某一范围的帧之间设置参数动画,需在第一帧和最后一帧指定值,程序会计算两者之间所有帧的值。

编辑动画。可以打开"轨迹视图"窗口或更改"运动"面板上的选项来编辑动画。"轨迹视图"就像一张电子表格,它沿时间线显示动画关键点,更改这些关键点可以编辑动画。

4.2.8　渲染场景

渲染将颜色、阴影、照明效果等等加入几何体中,使用渲染功能可以定义环境并从场景中生成最终输出结果。

定义环境和背景。用户一般很少在默认的背景颜色中渲染场景,打开"环境和效果"对话框→"环境"面板可以为场景定义背景,或设置效果(例如,雾)。

设置渲染选项。要设置最终输出的大小和质量,可以从"渲染场景"对话框的众多选项中进行选择。可以完全地控制专业级别的电影和视频属性以及效果。例如,反射、抗锯齿、阴影属性和运动模糊。

渲染图像和动画。将渲染器属性参数设置为渲染动画的单个帧,就可以渲染单幅图像,再指定要生成的图像文件的类型以及程序存储文件的位置。除了需要将渲染器设为渲染一系列帧以外,渲染动画与渲染单幅图像是一样的。可以选择将动画渲染成多个单独帧文件或是渲染成常用的动画格式(例如 FLC 或 AVI)。

4.3　二维形体创建与编辑

4.3.1　创建基本二维形体

3ds Max 二维形体是由一条或多条曲线或直线组成的对象。3ds Max 提供了下列两种图形类型:样条线和 NURBS 曲线。3ds Max 提供了 11 种类型的样条线图形对象和两种 NURBS 曲线。可以使用鼠标或通过键盘输入快速创建这些图形,然后将其组合,以便形成复合图形。

创建图形。要访问图形创建工具,转到"创建"面板,然后单击"图形"按钮。标准图形将会显示在类别列表中"样条线"的下方,而"点曲线"和"CV 曲线"会显示在"NURBS 曲线"的下方。添加插件时,该列表中可能会显示其他图形类别。"对象类型"展卷栏包含各种样条线的创建按钮,并可以将一条或多条样条线组合成一个图形。"对象类型"展卷栏下方有"名称和颜色""渲染""插值""创建方法"与"键盘输入"等展卷栏,用于相应参数配置与修改(图 4-2)。

从边创建图形。通过网格对象中的选定边,可以创建图形。"编辑几何体"展卷栏"边"选择层级的"编辑/可编辑网格"对象中有一个名为"从边创建图形"的按钮。使用该按钮,可以根据选定的边创建样条线图形。同样,对于"可编辑多边形"对象,可以使用"边"选择层级的"创建图形"按钮。

创建复合二维形体。由多个图形和曲线构成二维形体。创建复合二维形体的方法:其

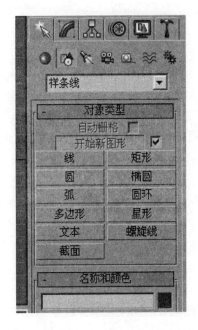

图 4-2　3ds Max 二维形体创建命令面板与属性参数展卷栏

一,可以直接利用圆环,文本工具来产生多种曲线形体;其二,通过关闭开始新图形模式来产生复合二维形体;其三,利用编辑样条线命令,将曲线添加到一个已经存在的二维形体上。

4.3.2　从二维图形到三维模型的转变

将图形设置为平面对象。图形的简单用法是 2D 裁切或平面对象。例如,地平面、符号文字和裁切布告牌。创建平面对象时,可以对闭合图形应用"编辑网格"修改器,也可以将其转化为可编辑网格对象。大多数默认的图形都是由样条线组成,使用这些样条线图形,可以生成面片和薄的 3D 曲面。另外,还可以对 3D 图形应用"编辑网格"修改器,以便创建曲线曲面。通常,生成的 3D 曲面的面和边需要进行手动编辑,以便平滑曲面上的隆起部分。

挤出和车削图形。创建 3D 对象时,可以对图形应用修改器。这两种修改器是"挤出"和"切削"修改器。通过向图形添加高度,可以使用挤出创建 3D 对象。通过绕轴旋转图形,可以使用切削创建 3D 对象。

放样图形。采用特殊方法组合两条或多条样条线时,可以创建放样。图形可以形成放样路径、放样横截面和放样拟合曲线。

倒角文字图形。可将二维形体挤压成型,并且在挤压的同时,在边缘上加入直角或圆形倒角。线性边(线性侧面)指两个倒角级别的补插方式为直线方式;曲性边(曲线侧面)指两个倒角级别的补插方式为曲线方式。分段数为倒角步幅数,值越大,倒角越圆滑。光滑交叉面(级间平滑)指对倒角的边进行光滑处理。创建贴图坐标(生成贴图坐标)是自动指定贴图坐标。另外,还可设置拉伸的高度数和倒角轮廓大小。

按照动画路径设置图形。使用各种图形,可以定义动画对象的位置。可以创建图形,然后使用它来定义其他某些对象遵循的路径。对于图形,控制动画位置所采用的方法可能如下：可以通过路径约束使用图形控制对象运动。使用"运动"面板→"轨迹"→"转化自"功能，可以将图形转化为位置关键点。

4.3.3 编辑样条线

可编辑样条线。基本样条线可以转化为可编辑样条线，可编辑样条线包含各种控件，用于直接操纵自身及其子对象。例如，在"顶点"子对象层级，可以移动顶点或调整其 Bezier 控制柄。使用可编辑样条线，可以创建没有基本样条线选项规则但比其形式更加自由的图形。将样条线转化为可编辑样条线时，将无法调整其创建参数，或对其设置动画。

设置图形可渲染。通过放样、挤出或其他方法使用图形创建 3D 对象时，图形将会成为可渲染的 3D 对象。但是，可以制作图形渲染，而不必将其转换成 3D 对象。渲染图形的基本步骤有三：启用图形创建参数的"渲染"展卷栏中的"可渲染"复选框；使用"渲染"展卷栏中的"厚度"微调器指定样条线的厚度；如果计划向样条线分配贴图材质，启用"生成贴图坐标"。启用"可渲染"时，可以将圆用作横截面来渲染图形。通过在周界附近 U 向贴图一次，然后沿着长度 V 向贴图一次生成贴图坐标。3ds Max 可以提高对可渲染图形的控制；包括线框视口在内的视口可以显示可渲染图形的几何体。此时，图形的渲染参数显示在各自的展卷栏中，"步数"设置会影响可渲染图形中的横截面数。

将图形转化为网格。应用如挤出或车削修改器时，无论"可渲染"复选框的状态如何，该对象都会自动变成可渲染对象。只有需要渲染创建中未修改的样条线图形时，才需启用"可渲染"复选框。同所有对象一样，图形的层必须是要渲染的图形所在的层。"对象属性"对话框也包含"可渲染"复选框。默认情况下，该复选框处于启用状态。为了渲染图形，必须同时启用该复选框和"常规"展卷栏→"可渲染"复选框。

4.4 创建三维模型

3ds Max "创建"面板包含创建新对象的控件，这是构建场景的第一步。尽管对象类型各不相同，但是对于多数对象而言创建过程是一致的。"修改"面板提供完成建模过程的控件，任何对象都可以重做，从其创建参数到其内部几何体。

4.4.1 创建几何体

（1）使用"创建"面板

"创建"面板提供用于创建对象和调整其参数的控件，单击命令面板中的"创建"选项卡，默认情况下，在启动该程序时，此面板将打开。

创建过程。使用鼠标单击、拖动动作可完成对象的实际创建，具体情况取决于对象类型。常规顺序如下：选择一个对象类型，在视口中单击或拖动以创建近似大小和位置的对象，立即调整对象的参数和位置或以后再执行。

"创建"面板界面。"创建"面板中的控件取决于所创建的对象种类。然而，某些控件始终显示，几乎所有对象类型都共享另外一些控件。位于该面板顶部的按钮可访问七个对象的主要类别。"几何体"是默认类别。"子类别"用于选择子类别。例如，"几何体"下面的子类别包括"标准基本体""扩展基本体""复合对象""粒子系统""面片栅格""NURBS 曲面"和"动力学对象"。每个子类别都包含一个或多个对象类型。如果已经安装了其他对象类型的插件组件,则这些组件可能组合为单个子类别。对象类型展卷栏。包含用于创建特殊子类别中对象的按钮及自动栅格复选框;名称和颜色展卷栏。"名称"显示自动指定的对象名称。既可以编辑名称,也可以用其他名称来替换它。单击方形色样可显示"对象颜色"对话框,可以更改对象在视口中显示的颜色(线框颜色)。创建方法展卷栏。提供如何使用鼠标来创建对象的选择。例如,可以使用中心(半径)或边(直径)来定义圆形的大小。在访问该工具时始终选择默认创建方法。如果要使用其他方法,在创建对象之前选择该选项。创建方法对已完成的对象无效;这些选项将便于进行创建。键盘输入展卷栏。用于通过键盘输入几何基本体和形状对象的创建参数。参数展卷栏。显示创建参数,对象的定义一些参数可以预设,其他参数只能在创建对象之后用于调整。

(2)几何体类型

① 标准基本体。标准基本体为相对简单的 3D 对象,比如长方体、球体、圆柱体、圆锥体、平面、圆环、几何球体、管状体、茶壶体和四棱锥等。因为熟悉的几何基本体在现实世界中就是像水皮球、管道、长方体、圆环和圆锥形冰激凌杯这样的对象。在 3ds Max 中可以使用基本体对这样的对象建模,还可以将基本体结合到更复杂的对象中,并使用修改器进一步细化。3ds Max 包含 10 个基本体。可以在视口中通过鼠标轻松创建基本体,大多数基本体也可以通过键盘生成。这些基本体列在"对象类型"展卷栏和"创建"菜单上:长方体、圆锥体、球体、几何球体、圆柱体、管状体、圆环、四棱锥、茶壶、平面等(图 4-3)。

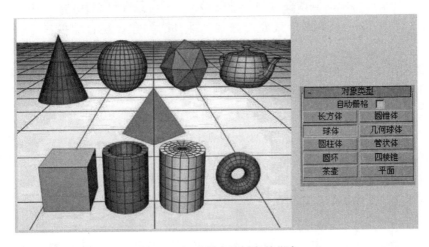

图 4-3　标准基本体对象的集合

② 扩展基本体。扩展基本体是 3ds Max 复杂基本体的集合。可以通过"创建"面板上的"对象类型"展卷栏和"创建"菜单→"扩展基本体"使用这些基本体。扩展基本体主要有:异面体、环形结、切角长方体、切角圆柱体、油罐、胶囊、纺锤、L 形挤出、球棱柱、C 形挤出、环形波、棱柱、软管等(图 4-4)。所有基本体都拥有名称和颜色控件,并且允许从键盘输入初始值。

③ 建筑对象。建筑对象扩展:对于建筑对象设计很有用的元素,包括地形、植物(地面

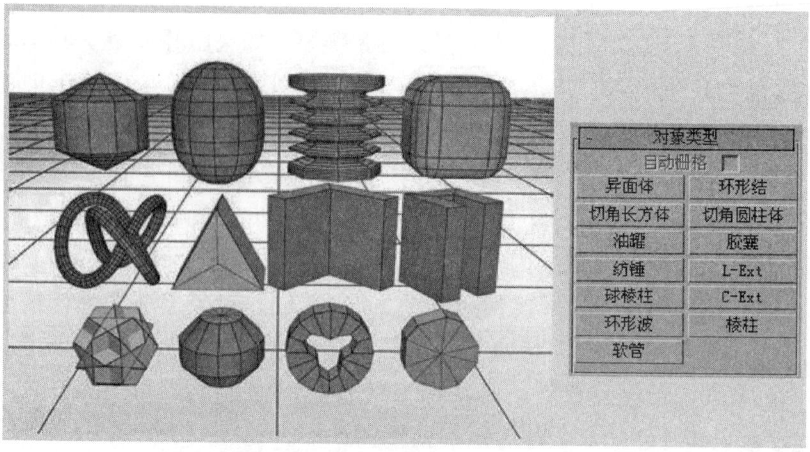

图 4-4　扩展基本体对象的集合

和树木)、栏杆(创建自定义栏杆)和墙(用于产生墙对象)。楼梯:包括四种类型楼梯,即螺旋型楼梯、L 型楼梯、直线楼梯和 U 型楼梯。门:参数化的门类型包括轴门、折叠门和滑动门。窗户:参数化窗户类型包括遮篷式窗户、固定顶点窗户、投射窗户、平开窗户、轴窗户和滑动窗户。

④ 复合对象。复合对象包括散布、连接、图形合并、布尔计算、变形、水滴网格和放样。布尔计算使用结合、交叉和其他不同的操作组合两个对象的几何体。变形是一种动画对象,它将一个几何体的图形随时间改变为另一种图形。图形合并允许在几何体网格中嵌入一个样条线图形。放样将图形用作横截面沿路径产生 3D 对象。复合建模在下一节将详细阐述。

⑤ 其他对象。粒子系统:模拟喷射、下雪、暴风雪和其他一些小对象集合的动画对象;面片栅格:用于建模或修复现有网格的简单 2D 曲面;NURBS 曲面:适合使用复杂曲线建模的解析生成曲面;动力学对象:用于动力学模拟而设计的对象。

⑥ 图形类型。样条线:普通的 2D 图形比如一条线、矩形、圆形、椭圆、弧形、圆环、多边形和星形;文本图形:支持 TrueType 字体,从对象的交叉部分创建一条样条线;螺旋线:一个 3D 图形;NURBS 曲线:点曲线和 CV 曲线为复杂曲面提供起始点。

(3) 将标准基本体塌陷为几何体

在不需要访问构建对象的参数时,可以将其塌陷为一种基本几何体类型。例如,可以将任意标准基本体转换为可编辑网格、可编辑多边形、可编辑面片和 NURBS 对象,并且可以将样条线图形转化为可编辑网格、可编辑样条线或 NURBS 对象。塌陷对象的最简单方法是先将其选中,右键单击然后从四元菜单→"变换"区域中选择"转换为"选项。此操作允许对对象使用显式编辑方法,比如变换顶点。

(4) 贴图坐标

大多数几何体对象都有一个用于生成贴图坐标的选项,如果要对对象应用贴图材质,那么这些对象需要这些贴图坐标。贴图材质包括很大范围的渲染效果,从 2D 位图到反射和折射。如果贴图坐标已应用于对象,则启用此功能的复选框。

4.4.2 修改几何体

（1）修改器的概念

使用修改器可以塑形和编辑对象，它们可以更改对象的几何形状及其属性。应用于对象的修改器存储在修改器堆栈中，通过在堆栈中上下导航可以更改修改器的效果，或者将其从对象中移除。或者可以选择"塌陷"堆栈，使更改一直生效。可以将无穷数目的修改器应用到对象或部分对象上；当删除修改器时，对象的所有更改都将消失；可以使用修改器堆栈显示，将修改器移动和复制到其他对象上；添加修改器的顺序或步骤是很重要的，每个修改器会影响它之后的修改器。例如，先添加弯曲修改器再添加锥化，它的结果可能会与先添加"锥化"，后添加"弯曲"完全不同。

对象数据流。一旦定义了一个对象，3ds Max 会对改变基础对象的影响进行计算并将结果显示于场景，这些改变和计算它们的顺序被称为对象数据流。原始对象指的是通过一系列创建参数、原始位置和轴点方向来定义的对象，在视口中看到的始终是对象数据流的结果。

对象空间修改器。对象空间修改器是在数据流中计算的，每个修改器按着在修改器堆栈中的顺序进行计算。对象变换。一旦对修改对象进行计算，它会变换到世界坐标系内。横跨位置、旋转度和缩放的变化改变通过工具栏上的变换按钮实现，先计算所有修改器然后计算合成变换的方法是通过操作 3ds Max 的重变换进行的。变换的效果是独立于它们所应用的顺序的。

空间扭曲。空间扭曲在变换之后进行计算，它们会将绑定到基于对象在世界空间位置的空间扭曲的对象扭曲化。例如，波浪空间扭曲使对象曲面以一组波浪进行波动。像空间扭曲一样，世界空间修改器在变换之后进行计算。世界空间修改器就像绑定于单独对象上的空间扭曲一样。

对象属性。对象属性在显示对象前进行计算指定一些对象的值，比如在"对象属性"对话框中指定名称和设置的对象；还有一些应用于对象的材质。这是数据流的末端，结果就是在场景中看到的命名的对象，右键单击对象并选择"属性"可显示其"对象属性"对话框。

（2）修改命令面板

从"创建"面板中添加对象到场景之后，通常会移动到"修改"面板，来更改对象的原始创建参数，并应用修改器。修改器是整形和调整基本几何体的基础工具。在场景中选择对象，单击"修改"选项卡可显示"修改"面板。选定对象的名称会出现在"修改"面板的顶部，更改字段以匹配该对象。对象创建参数出现在"修改"面板的展卷栏中，在修改器堆栈的下面显示。使用展卷栏可更改对象的参数，对象将在视口中更新。将修改器应用于对象之后，它会变为活动状态，修改器堆栈显示设置下面的展卷栏会指定到活动的修改器。要将修改器应用于对象，执行以下操作：选择对象，从"修改器列表"中选择修改器。如果"修改"面板上的修改器按钮可见，并且该修改器符合要求，则单击该按钮，展卷栏将出现在修改器堆栈的下面，显示出修改器的参数设置。更改这些设置时，对象将在视口中更新。

使用修改器堆栈。修改器堆栈（或简写为"堆栈"）是"修改"面板上的列表。它包含累积历史记录，上面有选定的对象，以及应用于它的所有修改器。将修改器应用于对象之后，就可以使用修改器堆栈查找某个特定的修改器，更改其参数，编辑其在修改器堆栈中的顺序，或将其设置复制到另一个对象,或将其完全删除。修改器堆栈及其编辑对话框是管理所有修改的关键。使用这些工具可以执行以下操作:找到特定修改器,并调整其参数。查看和操纵修改器的顺序。在对象或对象集合之间对修改器进行复制、剪切和粘贴。

堆栈的功能是不需要做永久修改,单击堆栈中的项目,就可以返回到进行修改的那个点。然后可以重做决定,暂时禁用修改器,或者删除修改器并完全丢弃它,也可以在堆栈中的该点插入新的修改器。所做的更改会沿着堆栈向上摆动,更改对象的当前状态。可以应用任意数目的修改器,包括重复应用同一个修改器。当开始应用对象修改器时,修改器会以应用它们时的顺序"入栈"。第一个修改器会出现在堆栈底部,紧挨着对象类型出现在它上方。程序会将新的修改器插入堆栈中当前选择的上面,紧挨着当前选择,但是总是会在合适的位置。在修改器堆栈内部,软件会从堆栈底部开始"计算"对象,然后顺序移动到堆栈顶部,对对象应用更改。因此,应该从下往上"读取"堆栈,沿着使用的序列来显示或渲染最终对象。

(3) 常用的修改器

世界空间修改器。世界空间修改器的行为与特定对象空间扭曲一样,对其效果使用世界空间而不使用对象空间。世界空间修改器不需要绑定到单独的空间扭曲 gizmo,使它们便于修改单个对象或选择集。应用世界空间修改器就像应用标准对象空间修改器一样。从"修改器"菜单,"修改"面板中的"修改器列表"和可应用的修改器集中,可以访问世界空间修改器。通过星号或修改器名称旁边的字母"WSM"表示世界空间修改器。将世界空间修改器指定给对象之后,该修改器显示在修改器堆栈的顶部,当空间扭曲绑定时相同区域中作为绑定列出。

对象空间修改器。对象空间修改器直接影响对象空间中对象的几何体。应用对象空间修改器时,直接显示在对象的上方,堆栈中显示修改器的顺序可以影响结果几何体。某些修改器的可用性取决于当前选择,例如,仅当选定图形或样条线对象时,"倒角"和"倒角截面"才出现在"修改器列表"的下拉菜单中。

修改器列表。修改器列表中列出了 3ds Max 绝大多数修改器,例如,弯曲修改器、倒角修改器、倒角剖面修改器、摄像机贴图修改器(对象空间)、摄像机贴图修改器(世界空间)、编辑网格修改器、编辑面片修改器、编辑多边形修改器、编辑样条线修改器、挤出修改器、车削修改器、材质修改器、网格选择修改器、网格平滑修改器、镜像修改器、多分辨率修改器、噪波修改器、可渲染样条线修改器、蒙皮变形修改器、平滑修改器、球形化修改器、挤压修改器、拉伸修改器、锥化修改器、扭曲修改器、UVW 贴图修改器、波浪修改器等。

物体形变修改器。常用的物体形变修改器有:①弯曲修改器,将一个对象沿着某一个特定的轴向进行弯曲变形的操作;②锥化修改器,作用是使对象沿着某一轴向,一端大,一端小,从而产生一定形变的效果(图 4-5);③扭曲修改器,作用是使对象产生沿着单一轴向扭曲的效果;④噪波修改器,使对象的表面产生杂乱不规则的变化,使它产生扭曲变形的效果(图 4-6)。

样条曲线修改器。常用的样条曲线修改器有:①挤出修改器,作用是将一个 2D 造型对象突出形成一个 3D 立体对象;②车削修改器,作用是将二维对象转化为三维旋转体(图 4-7);③倒角修改器,使用 3 个平的或圆的倒角拉伸样条曲线,常用于制作三维立体文字;④倒角剖面修改器,倒角修改器的升级版本,它可以更多地控制倒角斜面的形状(图 4-8)。

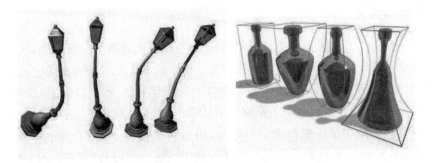

图 4-5　弯曲修改器与锥化修改器效果图

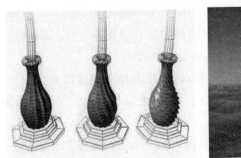

图 4-6　扭曲修改器与噪波修改器效果图

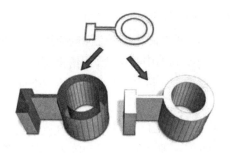

轮廓线　　　　车削效果

图 4-7　挤出修改器与车削修改器效果图

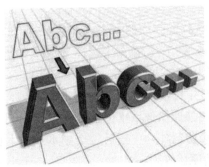

图 4-8　倒角修改器与倒角剖面修改器效果图

4.4.3 复制几何体

3ds Max 提供了几种复制或重复对象的方法,克隆是此过程的一般术语,这些方法可以用来克隆任意选择集。3ds Max 提供了三种克隆物体的方法:①副本,复制出一个完全一样的独立的物体;②实例,复制出的物体与原物体之间相互关联、相互影响;③参考,对原始物体的修改会影响复制物体,反过来不影响。SHIFT + 克隆。使用 SHIFT + 克隆会在变换对象时将其克隆。使用鼠标变换选定对象时,可以采用按住 SHIFT 键的方法,此方法快捷通用,可能是复制对象时最为常用的方法。使用捕捉设置可获得精确的结果,设置变换中心和变换轴的方式会决定克隆对象的排列。根据设置不同,可以创建线性和径向的阵列。

镜像。镜像对象会在任意坐标轴的组合周围产生对称的复制。还有一个"不克隆"的选项,来进行镜像操作但并不复制。效果是将对象翻转或移动到新方向。镜像具有交互式对话框。更改设置时,可以在活动视口中看到镜像显示的效果。

间隔工具。"间隔工具"沿着路径进行分布,该路径由样条线或成对的点定义。通过拾取样条线或两个点并设置许多参数,可以定义路径。也可以指定确定对象之间间隔的方式,以及对象的相交点是否与样条线的切线对齐。

克隆并对齐工具。使用"克隆并对齐"工具可以基于当前选择将源对象分布到目标对象的第二选择上。例如,可以使用"克隆并对齐"同时填充配备了相同家具布置的几个房间。同样,如果导入含有代表会议室中椅子的 2D 符号的 CAD 文件,那么可以使用"克隆并对齐"来以 3D 椅子对象 en masse 替换该符号。

阵列。阵列能创建重复的设计元素,例如观览车的吊篮,螺旋梯的梯级,或者城墙的城垛。阵列可以给出所有三个变换和在所有三个维度上的精确控制,包括沿着一个或多个轴缩放的能力。就是因为变换和维度的组合,再与不同的中心结合,才给出了一个工具如此多的选项。例如,螺旋梯是围绕公共中心的"移动"和"旋转"的组合。另外一个使用"移动"和"旋转"的阵列可能产生一个链的联锁链接。

阵列对象。"阵列"是专门用于克隆、精确变换和定位很多组对象的一个或多个空间维度的工具。对于三种变换(移动、旋转和缩放)的每一种,可以为每个阵列中的对象指定参数或将该阵列作为整体为其指定参数。使用"阵列"可以获得的很多效果是使用 "SHIFT+ 克隆"技术无法获得的。

创建阵列。要创建阵列,执行以下操作:选择阵列中的一个或多个对象;选择坐标系和变换中心;在"阵列"弹出按钮上单击"阵列",或从"工具"菜单中选择"阵列"。

阵列设置的重用。通常将"阵列"创建作为一个迭代过程,通过修订当前设置并重复阵列,可以开发满足需求的解决方案。创建阵列并检查其结果之后,使用"编辑"菜单→"撤销创建阵列"或 CTRL+Z 可以撤销阵列,这样将使原始选择集位于原位。

重复阵列。当创建阵列时,对象选择将移动到阵列中最后一个副本或副本集。通过简单重复当前设置,可以创建一个无缝且连续的原始阵列。

4.4.4 创建建筑对象

（1）AEC 扩展对象

"AEC 扩展"对象专为在建筑、工程和构造领域中使用而设计。如使用"植物"来创建树，使用"围栏"来创建围栏和栅栏，使用"墙"来创建墙。

植物可产生各种植物对象，如树木。3ds Max 将生成网格表示方法，以快速、有效地创建漂亮的植物。可以控制高度、密度、修剪、种子、树冠显示和细节级别。种子选项用于控制同一物种的不同表示方法的创建。可以为同一物种创建上百万个变体，因此，每个对象都可以是唯一的。采用"视口树冠模式"选项，可以控制植物细节的数量，减少 3ds Max 用于显示植物的顶点和面的数量。

围栏对象组件包括栏杆、立柱和栅栏。栅栏包括支柱（栏杆）或实体填充材质，如玻璃或木条。创建栏杆对象时，既可以指定栏杆的方向和高度，也可以拾取样条线路径并向该路径应用栏杆。3ds Max 对样条线路径应用围栏时，前者称作扶手路径。此后，如果对扶手路径进行编辑，栏杆对象会自动更新，以便与所做的更改相符。可以使用三维样条线作为扶手路径。创建围栏的下围栏、立柱和栅栏组件时，可以使用间隔工具指定这些组件的间隔。3ds Max 为每个围栏组件命名了"间隔工具"对话框："下围栏间距""立柱间距"或"支柱间距"。使用"栏杆"，可以为楼梯创建完整的栏杆。

墙由三个子对象类型构成，这些对象类型可以在"修改"面板中进行修改。与编辑样条线的方式类似，同样也可以编辑墙对象、其顶点、其分段以及其轮廓。在创建两个通过角相接的墙分段时，3ds Max 将删除所有重复的几何体，这个角"清理"操作可能需要用到修剪。

（2）楼梯

在 3ds Max 中可以创建 4 种不同类型的楼梯：螺旋楼梯、直线楼梯、L 型楼梯和 U 型楼梯。默认情况下，3ds Max 为楼梯指定 7 个不同材质的 ID。材质库中包括楼梯模板以及使用楼梯设计的多维/子对象材质。

栏杆/材质组件：楼梯的梯级，楼梯的前梯级竖板，楼梯的梯级竖板的底面、后面和侧面，楼梯的中柱，楼梯的扶手，楼梯的支撑梁，楼梯的侧弦。3ds Max 不会自动将材质指定给楼梯对象。要使用提供的材质，需打开相应的库，然后向所用的对象分配所需的材质。

（3）门

在 3ds Max 中使用提供的门模型可以控制门外观的细节。还可以将门设置为打开、部分打开或关闭，以及设置打开的动画。房屋模型中有三种类型的门：枢轴门是仅在一侧装有铰链的门；折叠门的铰链装在中间以及侧端，就像许多壁橱的门那样。也可以将这些类型的门组成一组双门；推拉门有一半固定，另一半可以推拉。每一种类型门的主题描述了该类型门的唯一控件和行为，大多数门参数通用于所有类型的门。

（4）窗口

在 3ds Max 中使用窗口对象可以控制窗口外观的细节。还可以将窗口设置为打开、部分打开或关闭，以及设置随时打开的动画。3ds Max 提供六种类型的窗口：平开窗口有一到两扇像门一样的窗框，它们可以向内或向外转动；旋开窗口的轴垂直或水平位于其窗框的中心；伸出式窗口有三扇窗框，其中两扇窗框打开时像反向的遮篷；推拉窗口有两扇窗框，其中一扇窗框可以沿着垂直或水平方向滑动;固定式窗口不能打开;遮篷式窗口有一扇通过铰链与顶部相连的窗框。

4.4.5 曲面建模

曲面建模比几何体(参数)建模具有更多的自由形式。尽管可以从"创建"面板中创建"面片"和 NURBS 基本体,但更多情况下使用四元菜单或修改器堆栈控件时开始使用曲面建模,以将参数模型"塌陷"为可编辑曲面的一些形式。如果执行此操作,可以使用各种工具来制作曲面图形。通过编辑曲面对象的子对象来使用多个曲面建模。

(1)可编辑面片

"可编辑面片"提供了各种控件,不仅可以将对象作为面片进行操纵,而且可以在下面五个子对象层级进行操纵:顶点、控制柄、边、面片和元素。"可编辑面片"对象与"编辑面片"修改器的基本功能相同。因为使用这些对象时需要的处理和内存较少,所以,建议尽可能使用"可编辑面片"对象,而不要使用"可编辑面片"修改器。

将某个对象转化为"可编辑面片"形式或应用"可编辑面片"修改器时,3ds Max 可以将该对象的几何体转化为单个 Bezier 面片的集合,其中,每个面片由顶点和边的框架以及曲面组成。控制点的框架和连接切线可以定义该曲面,变换该框架的组件是重要的面片建模方法,此时,框架不会显示在扫描线渲染中。曲面是 Bezier 面片曲面,其形状由顶点和边共同控制,曲面是可渲染的对象几何体。"曲面"修改器的输出是面片曲面。如果是样条线建模,且使用"曲面"修改器从样条线框架生成面片曲面,可以使用"编辑面片"修改器进一步建模。

(2)面片栅格

可以在栅格表格"四边形面片和三角形面片"中创建两种面片表面。面片栅格以平面对象开始,但通过使用"编辑面片"修改器或将栅格的修改器堆栈塌陷到"修改"面板的"可编辑面片"中可以在任意 3D 曲面中修改。面片栅格为自定义曲面和对象提供方便的"构建材质",或为将面片曲面添加到现有的面片中提供该材质。可以使用各种修改器(如"柔体"和"变形"修改器)来设置"面片"对象的曲面的动画。使用"可编辑面片"修改器来设置控制顶点和面片曲面的切线控制柄的动画。

曲面工具。曲面修改器的输出是"面片"对象。面片将灵活的替代方法提供给网格、NURBS 建模和动画。可编辑面片可以将基本面片栅格转化为可编辑面片对象。可编辑面片具有各种控件,使用这些控件可以直接控制该面片和其子对象。例如,在"顶点"子对象层级上,可以移动顶点或调整它们的 Bezier 控制柄。使用"可编辑面片"可以创建比基本、矩形面片更不规则、更具有自由形式的曲面。在将面片转化为可编辑面片时,将会损失调整或设置其创建参数动画的能力。

(3)可编辑网格曲面

可编辑网格不是状态修改器,不过,像"编辑网格"修改器一样,在三种子对象层级上像操纵普通对象那样,它提供由三角面组成的网格对象的操纵控制:顶点、边和面。可以将 3ds Max 中的大多数对象转化为可编辑网格,但是对于开口样条线对象,只有顶点可用,因为在被转化为网格时开放样条线没有面和边。

在无可编辑网格的对象(例如基本对象)上,要选择子对象以便将堆栈向上传递给修改器,使用网格选择修改器。一旦用"可编辑网格"做了选择,就有如下这些选项:使用"编辑几何体"展卷栏的选项修改此选择,与任何对象一样,可以变换或对选定内容执行 SHIFT ＋克隆操作,将此选择传递到堆栈中后面的修改器,使用"曲面属性"展卷栏上的选项改变所选网格组件的曲面特性。

因为"编辑网格"修改器的功能几乎与可编辑网格对象修改器的功能完全相同,所以"可编辑网格"主题中描述的功能也适用于应用"编辑网格"的对象,除非特别指出需要注意。可编辑多边形与"可编辑网格"相似,但是可以使用四边或者更多边的多边形,并且提供更多的功能(图 4-9)。在活动视口中单击右键就可以退出大多数"可编辑网格"命令模式,例如"挤出"。

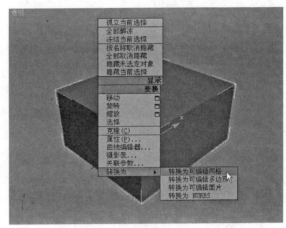

图 4-9　将基本体转换为可编辑网格

(4)可编辑多边形曲面

可编辑多边形曲面由创建或选择对象→四元菜单→"变换"区域→"转化为"子菜单→"转化为可编辑多边形"或者创建或选择某个对象→"修改"面板→右键单击堆栈中的基本对象→选择"转化为可编辑多边形"。

可编辑多边形是一种可编辑对象,它包含下面五个子对象层级:顶点、边、边界、多边形和元素。其用法与可编辑网格对象的用法相同。"可编辑多边形"有各种控件,可以在不同的子对象层级将对象作为多边形网格进行操纵。但是,与三角形面不同的是,多边形对象的面是包含任意数目顶点的多边形。

"可编辑多边形"提供了下列选项:与任何对象一样,可以变换或对选定内容执行 SHIFT ＋ 克隆操作。使用"编辑"展卷栏中提供的选项修改选定内容或对象。后面的主题讨论每个多边形网格组件的这些选项。将子对象选择传递给堆栈中更高级别的修改器。可对选择应用一个或多个标准修改器。使用"细分曲面"展卷栏中的选项改变曲面特性。通过在活动视口中右键单击,可以退出大多数"可编辑多边形"命令模式,如"挤出"。

(5)NURBS 建模

3ds Max 提供 NURBS 曲面和曲线。NURBS 代表非均匀有理数 B 样条线。NURBS已成为设计和建模曲面的行业标准。它们尤其适合于使用复杂的曲线建模曲面。使用NURBS 的建模工具不要求了解生成这些对象的数学。NURBS 是常用的方式,这是因为它们很容易交互操纵,且它们的创建算法效率高,计算稳定性好。也可以使用多边形网格或面片来建模曲面。与 NURBS 曲面做比较,网格和面片具有这些缺点:使用多边形很难创建复杂的弯曲曲面;由于网格为面状效果,则面状出现在渲染对象的边上,必须有大量的小面以渲染平滑的弯曲边,而 NURBS 曲面是解析生成的,可以更加有效地计算它们,而且也可旋转显示为无缝的 NURBS 曲面。

4.5　创建复合对象

复合对象是由两个或多个对象组合成的,复合对象建模由"创建"面板→"几何体"→"复合对象"或者"创建"菜单→"复合"命令对象创建。命令对象包含下列对象类型:变形复合对象、散布复合对象、一致复合对象、连接复合对象、水滴网格复合对象、图形合并复合对象、布尔复合对象、地形复合对象、放样复合对象、网格化复合对象。

4.5.1　变形复合对象

变形是一种与 2D 动画中的中间动画类似的动画技术。"变形"对象可以合并两个或多个对象,方法是插补第一个对象的顶点,使其与另外一个对象的顶点位置相符。如果随时执行这项插补操作,将会生成变形动画。原始对象称作种子或基础对象。种子对象变形成的对象称作目标对象。可以对一个种子执行变形操作,使其成为多个目标。此时,种子对象的形式会发生连续更改,以符合播放动画时目标对象的形式。可以创建变形之前,种子和目标对象必须满足下列条件:这两个对象必须是网格、面片或多边形对象;这两个对象必须包含相同的顶点数。如果不满足上述条件,将无法使用"变形"按钮。创建变形时,需要执行下列步骤:为基础对象和目标对象建立模型;选择基础对象,单击"创建"面板→"几何体"→"复合对象"→"变形",添加目标对象,设置动画。

设置变形几何体。创建要用作变形种子和目标对象的"放样"对象时,确保启用"变形封口",并禁用"自适应路径步数"和"优化"。"放样"对象中的所有图形都必须具有相同的顶点数。

变形对象和"变形器"修改器。设置变形动画的方法有下面两种:"变形"复合对象和"变形器"修改器。"变形"修改器更为灵活,因为该修改器可以在对象的修改器堆栈显示中进行随意地多次添加。可以在使用"变形"修改器(例如使用噪音修改器)之前,设置基础对象或变形目标对象的动画。"变形器"修改器和"变形"材质相辅相成。"重心变形"控制器可以更为方便地在"轨迹视图"中使用。无论目标对象数如何,"复合变形"的"轨迹视图"显示只有一个动画轨迹。轨迹中的每个关键点代表的是基于所有目标对象的百分比的变形结果。为了满足基本变形要求,"复合变形"可能是"变形器"修改器的首选项。最后,可以向"复合变形"对象的堆栈中添加"变形器"修改器。

4.5.2　散布复合对象

散布是复合对象的一种形式,将所选的源对象散布为阵列,或散布到分布对象的表面(图 4-10)。

要创建散布对象,执行以下操作:创建一个对象作为源对象,或者创建一个对象作为分布对象。选择源对象,然后在"复合对象"面板中单击"散布"。源对象必须是网格对象或可以转换为网格对象的对象。如果当前所选的对象无效,则"散布"按钮不可用。可以不使用分布对象将源对象散布为一个阵列,也可以使用分布对象来散布对象。

要不使用分布对象散布源对象,可在"散布对象"展卷栏→"分布"组中选择"仅使用变

图 4-10 山的平面用于散布树和两组不同的岩石

换"。设置"重复数"微调器,以指定所需的源对象重复项的总数目。调整"变换"展卷栏上的微调器,设置源对象的随机变换偏移。

要使用分布对象、散布源对象,执行以下步骤:确保选择了源对象;选择克隆分布对象的方法(引用、复制、移动或实例化);单击"拾取分布对象",然后选择要用作分布对象的对象;确保在"散布对象"展卷栏上选择了"使用分布对象"。使用"重复数"微调器指定重复项的数目。在"散布对象"展卷栏→"分布对象参数"组的"分布方式"下选择一个分布方法,或者调整"变换"微调器随机变换重复项。如果显示速度太慢,或网格过于复杂,可以考虑选择"显示"展卷栏上的"代理",或通过降低显示百分比来减小所显示重复项的百分比。

4.5.3 一致复合对象

一致复合对象适合于创建山表面的道路。一致对象是一种复合对象,通过将某个对象(称为"包裹器")的顶点投影至另一个对象(称为"包裹对象")的表面而创建(图 4-11)。

要创建一致对象,需执行以下操作:定位两个对象,其中一个为"包裹器",另一个为"包裹对象"。选择好包裹器,然后单击"创建"面板→"几何体"→"复合对象"→"对象类型"展卷栏→"一致"按钮。一致中所使用的两个对象必须是网格对象或可以转化为网格对象的对象。要将道路投影到地形上,执行以下操作:创建道路和地形对象。通过创建面片栅格并对其应用"噪波"修改器,可快速创建地形。对于道路,则可以通过沿曲线放样矩形来使用放样复合对象。两个对象都必须具有足够的细节级别,才能平滑得一致。确定道路和地形的方向,以便在"顶"视口中笔直地向下查看它们。确定道路的位置,以使道路完全位于地形的上方(即在世界坐标系 Z 轴上更高)。在"顶"视口中查看时,道路不应当超出地形的边界,才能正确地进行一致投射。选择道路对象。单击"一致"。在"拾取包裹对象"展卷栏中,确保选择了"实例化"选项。单击"拾取包裹对象",然后单击地形。将创建地形对象的实例,对象颜色与道路一样。激活"顶"视口。在"参数"展卷栏→"顶点投射方向"组中,选择"使用活动视

图 4-11 一致复合对象创建山表面的道路

口",然后单击"重新计算投射"。在"更新"组中,启用"隐藏包裹对象"。此操作将隐藏地形的实例,以便清楚地查看投射在其上的道路。选择"参数"展卷栏→"包裹器参数"组→"间隔距离"值,设置道路沿世界坐标系 Z 轴距离地形的单位数量。如有必要,调整"间隔距离"以提高或降低道路。

4.5.4 布尔复合对象

布尔复合对象通过对两个对象执行布尔操作将它们组合起来。几何体的布尔操作有:①并集,布尔复合对象包含两个原始对象,将移除几何体的相交部分或重叠部分(图 4-12)。②交集,布尔复合对象只包含两个原始对象共用的部分(也就是说,重叠的位置)。③差集(或差),布尔复合对象包含从中减去相交部分的原始对象。

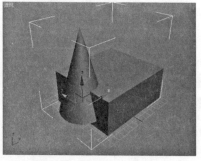

图 4-12 布尔复合对象求并集示意图

要创建布尔复合对象,执行以下操作:选择对象,此对象为操作对象 A。单击"布尔"。操作对象 A 的名称显示在"参数"展卷栏的"操作对象"列表中。在"拾取布尔"展卷栏上选择操作对象 B 的复制方法:引用、移动、复制或实例化。在"参数"展卷栏上选择要执行的布尔操作：并集、交集、差集（A－B）或差集（B－A）。在"拾取布尔"展卷栏上，单击"拾取操作对象 B"。单击视口以选择操作对象 B。3ds Max 将执行布尔操作。操作对象保留为布尔对象的子对象。通过修改布尔操作对象子对象的创建参数，稍后可以更改操作对象几何体，以更改布尔操作结果或设置布尔操作结果的动画。

4.5.5　地形复合对象

地形复合对象可由选择样条线轮廓→"创建"面板→"几何体"→"复合对象"→"对象类型"展卷栏→"地形"或者选择样条线轮廓→"创建"菜单→"复合"→"地形"创建。通过"地形"按钮可以生成地形对象，3ds Max 可以通过轮廓线生成地形对象。可以选择表示海拔轮廓的可编辑样条线，并在轮廓上创建网格曲面。还可以创建地形对象的"梯田"表示，使每个层级的轮廓数据都是一个台阶，以便与传统的土地形式研究模型相似(图 4-13)。

要分析海拔变化，需执行以下操作：导入或创建轮廓数据，选择轮廓数据，然后单击"地形"按钮。在"按海拔上色"展卷栏上的"基础海拔"框中，输入介于海拔最大值与最小值之间的海拔区域值。在输入值后，单击"添加区域"。3ds Max 可以在"创建默认值"按钮下的列表中显示区域。单击"基础颜色"色样，以更改每个海拔区域的颜色。例如，可以使用深蓝色来表示低海拔、浅蓝色来表示中等海拔，并且可以使用绿色来表示较高海拔。单击"填充到区域顶部"以条带效果查看海拔的变化。

图 4-13　使用轮廓构建地形

4.5.6　放样复合对象

放样复合对象可由选择路径或图形→"创建"面板→"几何体"→"复合对象"→"对象类

型"展卷栏→"放样"或者选择路径或图形→"创建"菜单→"复合对象"→"放样"创建。放样对象是沿着第三个轴挤出的二维图形,从两个或多个现有样条线中创建放样对象,其中的一条样条线会作为路径,其余的样条线会作为放样对象的横截面或图形,沿着路径排列图形时,3ds Max 会在图形之间生成曲面。可以为任意数量的横截面图形创建作为路径的图形对象。该路径可以成为一个框架,用于保留形成对象的横截面。如果仅在路径上指定一个图形,3ds Max 会假设在路径的每个端点有一个相同的图形,然后在图形之间生成曲面。可以创建曲线的三维路径,甚至三维横截面。

与其他复合对象不同,一旦单击"复合对象"按钮就会从选中对象中创建它们,而放样对象与它们不同,单击"获取图形"或"获取路径"后才会创建放样对象。场景具有一个或多个图形时启用"放样"。要创建放样对象,首先创建一个或多个图形,然后单击"放样"。单击"获取图形"或"获取路径",并且在视口中选择图形。创建放样对象之后,可以添加并替换横截面图形或替换路径(图 4-14)。要创建放样对象,执行以下操作:创建要成为放样路径的图形,作为放样横截面的一个或多个图形。选择路径图形并使用"获取图形"将横截面添加到放样。或者选择图形并使用"获取路径"来对放样指定路径。使用"获取图形"来添加附加的图形。可以使用放样显示设置在线框和着色视窗中查看放样所生成的模型。

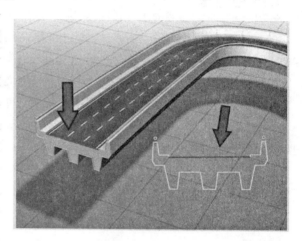

图 4-14　按横截面图形放样创建的高架路

4.6　3ds Max 材质与贴图

4.6.1　材质编辑器

材质描述对象如何反射或透射灯光,在材质中,贴图可以模拟纹理、应用设计、反射、折射和其他效果,贴图也可以用作环境和投射灯光。"材质编辑器"是用于创建、改变和应用场景中的材质的对话框。

材质编辑器提供了大量用于材质设计的选项,并且还拥有许多控件,在创建新材质并将其应用于对象时,应该遵循以下步骤:使示例窗为活动状态,并输入所要设计材质的名称,选择材质类型。3ds Max 提供了两个渲染器,即默认扫描线渲染器和 Mental Ray 渲染器,每个渲染器都拥有自己的功能,可以针对每个场景决定要使用的渲染器。

示例窗是"材质编辑器"界面最突出的功能,通过示例窗材质小球显示材质的预览效果。示例窗的下方和右侧是"材质编辑器"的各种工具按钮,工具按钮下方是显示材质名称的名称字段。在开始使用材质时,务必为材质指定一个唯一的、意义清楚的名称。默认情况下,一次可显示六个示例窗,可以使用滚动栏在示例窗之间移动,如果处理的是复杂场景,一次需查看多个示例窗(图 4-15)。

热材质和冷材质。当示例窗中的材质指定给场景中的一个或多个物体时,示例窗是"热"的。当使用"材质编辑器"调整"热"示例窗时,场景中的材质也会同时更改。示例窗的拐角处轮廓为白色三角形,表明当前材质是热材质。换句话说,它已经在场景中实例化。可以在示例窗中对材质进行更改,同时也会更改场景中物体显示的材质。

4.6.2 材质类型

每种材质都属于一种类型,默认类型为最常用的标准材质类型。通常,其他材质类型都有特殊用途。标准材质可用于设置材质的颜色组件,以及其他组件(如光泽度或不透明度),还可以用标准材质将贴图应用到各个组件,这样可以得到各种效果。除了标准材质,其他材质类型有:高级照明覆盖,用于微调材质在高级照明上的效果,包括光跟踪和光能传递解决方案。计算高级照明时并不需要光能传递覆盖设置,但使用它可以增强效果。卡通材质,使用平面着色和"绘制的"边框生成卡通

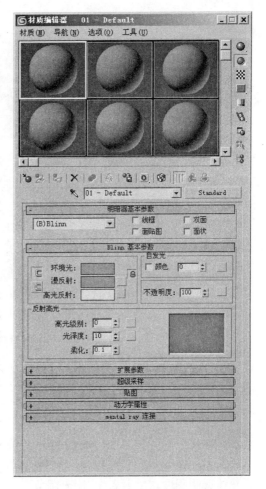

图 4-15　示例窗和材质贴图参数

效果。无光/投影,显示环境,但接收阴影,这是一种特殊用途材质,效果类似于在电影摄制中使用隐藏。变形器材质,可用于使用变形修改器在材质之间变形。壳材质,包含的材质已渲染到纹理,以及纹理所基于的原始材质。虫漆材质,通过将"虫漆"材质应用到另一种材质,将两种材质混合起来。

复合材质为两个或者两个以上的材质复合在一起,共同作用在物体表面的材质类型。下面举例说明几种复合材质:①顶/底材质包含两种材质,一种用于向上的面,另一种用于向下的面,是将对象顶部和底部分别赋予不同材质(图 4-16(a));②多维/子对象材质将多个子材质应用到单个对象的子对象,能分别赋予对象的子对象不同的材质(图 4-16(b));③光线跟踪材质支持和标准材质同种类型的漫反射贴图,同时还提供完全光线跟踪反射和折射,以及其他效果(如荧光)(图 4-16(c));④合成材质是将两个或两个以上的子材质叠加合成在一起(图 4-16(d));⑤混合材质包含两个子对象的材质以及一个蒙板,它根据蒙板的黑白对比来配置两个材质的分配(图 4-16(e));⑥双面材质在需要看到背面材质时使用,一种材质用于对象的前面,另一种用于对象的背面(图 4-16(f))。

（a）顶/底材质　　　　　　　　（b）多维/子对象材质　　　　　　（c）光线跟踪材质

（d）合成材质　　　　　　　　　（e）混合材质　　　　　　　　　（f）双面材质

图4-16　几种复合材质渲染后的效果图

标准材质的参数展卷栏包括"明暗器基本参数""基本参数""扩展参数""超级采样""贴图"和"动力学属性"。其中"明暗器基本参数"包括："Blinn基本参数""扩展参数""超级采样""贴图"和"动力学属性"。"基本参数"包括"环境光"，模拟材质阴影部分反射的颜色；"漫反射"，反射直射光的颜色，即物体的颜色；"高光反射"是物体高光部分直接反射到人眼的颜色；"自发光"，使物体表面具有漫反射颜色的同时产生一种白光效果；"不透明度"用于控制灯管物体透明程度；"反射高光"用来调节材质质感。

材质的"贴图"展卷栏可为材质的各个组件指定贴图，可以选择多种贴图类型。混合不透明度和其他材质组件的贴图量指在贴图标量分量时（如高光度、光泽度、自发光和不透明度），基本参数展卷栏中的分量值与"贴图"展卷栏中它的关联贴图量相混合。例如，当"不透明度"设置为0时，贴图的"数量"微调器完全控制不透明度。也就是说，减少"数量"值会增加整个表面的透明度。

材质/贴图浏览器用于选择材质、贴图或Mental Ray明暗器。单击获取材质时，在单击"类型"按钮、"环境"对话框中的"贴图指定"按钮或从投影仪灯光显示"浏览器"时，它显示为包含"确定"和"取消"按钮的模式对话框。可以保持打开"浏览器"，并将材质从列表拖到用户界面中的材质或者贴图示例窗和按钮。当"浏览器"显示"材质库"时，还可以通过从"材质编辑器"示例窗拖动材质来向库中添加材质。双击"浏览器"中的材质、贴图或着色时，会将该材质、贴图或着色放在"材质编辑器"的活动示例窗中（图4-17）。

4.6.3　材质的贴图

3ds Max贴图坐标有三类：内部坐标、外部指定贴图坐标、放样物体贴图坐标。在"UVW贴图"参数展卷栏可以选择以下几种坐标："平面""柱形""球形""收紧包裹"

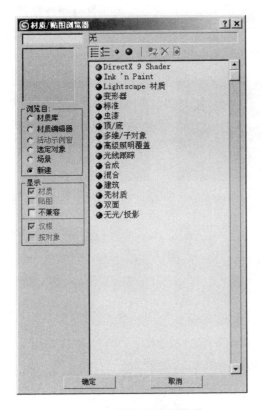

图 4-17　材质/贴图浏览器　　　　图 4-18　UVW 贴图修改器的参数设置

"长方体""面"和"XYZ 到 UVW"(图 4-18)。标准材质有十二个贴图通道,可以以各种方式管理、组合、分支贴图,使最简单的表面丰富多彩。使用贴图通道的效果和它的计算方法有关。通道结果用颜色或灰度强度来计算。"环境光颜色""漫反射颜色""高光颜色""过滤色""反射"和"折射"贴图通道进行颜色方面的处理;"光泽度""高光级别""自发光""不透明度""凹凸"和"置换"贴图通道只考虑强度,按灰度方式处理它们的颜色。

　　"漫反射颜色"贴图是使用最普遍的贴图,在这种方式下,材质的漫反射光部位的颜色成分将被贴图替换(图 4-19(a))。"高光颜色"贴图是根据贴图决定高光经过表面时的变化或细致的反射(图 4-19(b))。"自发光"贴图赋给物体可以使之产生自发光效果,它根据图像文件的灰度值决定自发光的强度(图 4-19(c))。"不透明度"贴图通道则根据图像中颜色的强度值来决定物体表面的不透明度(图 4-19(d))。"凹凸"贴图中,图像文件的明亮程度会影响物体表面的光滑平整程度(图 4-19(e))。"反射"贴图产生反射效果(图 4-19(f)),是周围环境的一种作用,它们不使用或不要求贴图坐标。

　　要指定贴图,执行以下操作:在"贴图"展卷栏中,单击一个贴图按钮;将显示模式材质/贴图浏览器;使用"浏览自"按钮选择要查看的位置。如果选择"材质库",对话框的显示区域为空白,需要打开一个库文件。单击"打开"按钮,然后选择要浏览的库;使用显示按钮选择查看贴图的方式,双击需要的贴图。要更改贴图类型,执行以下操作:在贴图级别,单击"材质编辑器"工具栏下方标记为"类型"的按钮,将显示模式材质/贴图浏览器。从列表中选择一个贴图类型,然后单击"确定"。如果更改贴图类型且新的贴图类型具有组件贴图,则会显示"替换贴图"对话框。使用此对话框,可选择是丢弃原贴图还是使用它作为组件贴图。如果新的贴图类型不包含组件,则它直接替换原贴图类型。

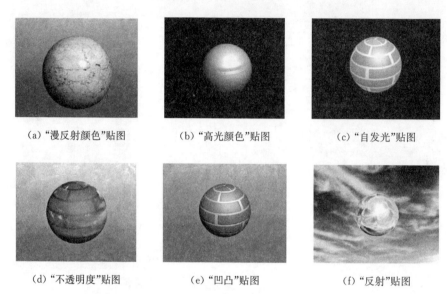

(a) "漫反射颜色"贴图　　　　(b) "高光颜色"贴图　　　　(c) "自发光"贴图

(d) "不透明度"贴图　　　　(e) "凹凸"贴图　　　　(f) "反射"贴图

图 4-19　几种贴图通道贴图渲染后的效果图

4.7　灯光、摄像机与场景渲染

4.7.1　灯光的应用

灯光是模拟真实灯光的对象,如家用或办公室灯、舞台和电影工作时使用的灯光设备和太阳光本身。不同种类的灯光对象用不同的方法投射灯光,模拟真实世界中不同种类的光源。当场景中没有灯光时,将使用默认照明着色或渲染场景。如果场景创建了一个灯光,那么默认照明就会被禁用。但如果在场景中删除了所有的灯光,则系统重新启用默认照明。默认照明包含两个不可见的灯光,一个灯光位于场景的左上方,而另一个位于场景的右下方。

使用创建灯光命令添加灯光到场景,将默认照明转化为灯光对象。添加的灯光使场景外观更逼真,增强了场景的清晰度和三维效果。场景一般需设置主光源、辅助光源和背景光。主光源并不是只能有一个光源,而是指场景照明的主要光源。主光源通常是放在物体的 45°前方,这样更能表现模型的立体效果。辅助光源使得场景背光的地方和阴影变得饱满,使得场景有明有暗,增加了场景的层次和真实感。背景光源放置在较高的位置并处于主光源的对面,背景光把物体从背景中区分出来,并在边缘产生高光。

灯光的类型和性质。3ds Max 提供两种类型的灯光:标准灯光和光度学灯光。3ds Max 标准灯光分为五种类型,即目标聚光灯、自由聚光灯、目标平行光、自由平行光和泛光灯。标准灯光主要控制参数有灯光强度、倍增系数、灯光颜色、阴影及阴影类型、衰减范围和聚光范围等。

目标聚光灯的光源来自一个发光点,产生一个锥形的照明区域(图 4-20(a))。自由聚光灯是一种没有投射目标的聚光灯,产生一个锥形的照明区域以及一些灯光的效果(图 4-20(b))。目标平行光发出类似于圆柱体的平行光源(图 4-20(c))。自由平行光发出类似于圆柱体的平行光,只能调整光柱和投射点(图 4-20(d))。泛光灯是指按 360°球面向外照射的点光源(图 4-20(e))。天光是一种圆顶的光,提供了一种柔和的背景阴影(图 4-20(f))。区域泛光灯和聚光灯可以从一点产生一个球形或者圆柱形的照明区域,通常用于 Mental Ray 渲染方式。

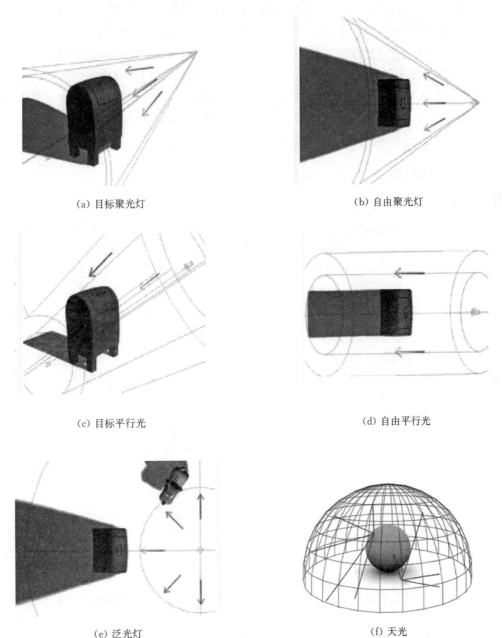

(a) 目标聚光灯　　　　　　　　　　　　(b) 自由聚光灯

(c) 目标平行光　　　　　　　　　　　　(d) 自由平行光

(e) 泛光灯　　　　　　　　　　　　　　(f) 天光

图 4-20　3ds Max 标准灯光的类型示意图

光度学灯光分为目标点光源、自由点光源、目标线光源、自由线光源、目标面光源、自由面光源、IES 天光共七种类型。光度学灯光主要是在以 Lightscape 方式渲染时使用，主要控制参数有阴影及阴影类型、灯光强度、发光强度坎德拉 Candelas（cd）、光通量流明 lumens（lm）、距离照度流明（lx）、灯光颜色等。

与光度学灯光不同，标准灯光不具有基于物理的强度值。光度学灯光使用光度学（光能）值可以更精确地定义灯光，就像在真实世界一样。可以设置它们分布、强度、色温和其他真实世界灯光的特性。也可以导入照明制造商的特定光度学文件以便设计基于商用灯光的照明。将光度学灯光与光能传递解决方案结合起来，可以生成物理精确的渲染或执行照明分析。不仅可以设置灯光位置的动画，而且可以设置其颜色、强度和一些其他创建参数的动画。可以使用"放置高光"命令更改灯光的位置。灯光视口对调整灯光非常有用，而对调整泛光灯没有多大用处。要模拟太阳光，使用日光或太阳光系统，这样可以设置日期、时间和模型的地理位置。日光系统是光度学，而太阳光系统使用标准的平行光。标准的天光灯光与光度学日光灯光是截然不同的，天光灯光与光跟踪一起使用。

4.7.2　创建摄像机

摄像机可以从特定的观察点来表现场景，模拟真实世界中的静止图像、运动图像或视频，设置摄像机为场景提供可控制的观察点，也可以创建摄像机移动的动画。摄像机可以模拟真实世界图片的某些方面，如景深和运动模糊。3ds Max 中的摄像机技术与现实中摄像机技术大同小异，原理相通，但它比现实中的摄像机功能更强大，且处理效果远远超越了现实中摄像机所能达到的高度。

3ds Max 提供了三种摄像机类型，包括物理摄像机、目标摄像机和自由摄像机三种。物理摄像机可模拟用户可能熟悉的真实摄像机设置，例如快门速度、光圈、景深和曝光。借助增强的控件和额外的视口内反馈，让创建逼真的图像和动画变得更加容易。它将场景与曝光控制和其他效果集成在一起，是用于基于物理的真实照片级别渲染的最佳摄像机类型。

目标摄像机景深是多重过滤效果，通过模糊到摄像机焦点处的帧的区域，使图像焦点之外的区域产生模糊效果。

自由摄像机在摄像机指向的方向查看区域，与目标摄像机非常相似，如同目标聚光灯和自由聚光灯的区别。不同的是自由摄像机少一个目标点，自由摄像机由单个图标表示，可以更轻松地设置摄像机动画。

如果要设置观察点的动画，可以创建一个摄像机并设置其位置的动画。例如，可能要飞过一个地形或走过一个建筑物。可以设置摄像机参数的动画。例如，可以设置摄像机视野的动画以获得场景放大的效果。"显示"面板的按类别隐藏展卷栏可以进行切换，以启用或禁用摄像机对象的显示。控制摄像机对象显示的简便方法是在单独的层上创建这些对象，通过禁用层可以快速地将其隐藏。使用"摄像机匹配"工具可以从背景照片开始并创建具有相同观察点的摄像机对象，对于特定场地的场景该选项非常有用。

可以从"创建"菜单→"摄像机"子菜单中创建摄像机，或通过单击"创建"面板上的"摄像机"按钮创建摄像机。也可以通过激活"透视"视口，然后选择"视图"菜单→"从视图创建摄像机"，创建一个摄像机。创建一个摄像机之后，可以更改视口以显示摄像机的观察点。

当摄像机视口处于活动状态时,导航按钮更改为摄像机导航按钮。可以将"修改"面板与摄像机视口结合使用来更改摄像机的设置。当使用摄像机视口的导航控件时,可以只使用 Shift 键约束移动、平移和旋转运动为垂直或水平。可以移动选定的摄像机,以便其视图与"透视""聚光灯"或其他"摄像机"视图相匹配。

摄像机创建完毕后,选择任一视图,按 C 键即可切换至摄像机视图。调节摄像机的位置,可以得到不同视角的视图效果。推动镜头使观者的焦点集中到场景的中心对象上,就是告诉观者这个对象是重要的。有时使摄像机纹丝不动,即冻结摄像机,会产生很独特的效果。

4.7.3 渲染场景

通过渲染场景从而可以使用所设置的灯光、所应用的材质及环境设置(如背景和大气)为场景的几何体着色。使用"渲染场景"对话框以创建渲染并将其保存到文件,渲染也显示在屏幕上和渲染帧窗口中。可以在渲染首选项中启用"位图分页程序",以防止渲染由于过度使用内存而中止,减缓渲染进程的速度。

各种特殊效果(如胶片颗粒、景深和镜头模拟)可用作渲染效果。另一些效果(例如雾)作为环境效果提供。使用"环境设置"该选项可以选择渲染时的背景或图像,或选择环境光值,而无须使用光能传递。环境设置的一个类别为曝光控制,它可以调整显示在监视器上的灯光级别。渲染效果提供向渲染器添加模糊或胶片颗粒的方法,或提供调整其颜色平衡的方法。

常用的渲染器有 VRay、Lightscape、FinalRender、Mental Ray、Maxman 等。3ds Max 附带的渲染器作为第三方插件组件提供。3ds Max 附带的渲染器如下:①默认扫描线渲染器。默认情况下,扫描线渲染器处于活动状态,该渲染器以一系列水平线来渲染场景。可用于扫描线渲染器的"全局照明"选项包括光跟踪和光能传递。扫描线渲染器也可以渲染到纹理("烘焙"纹理),其特别适用于为游戏引擎准备场景。②Mental Ray 渲染器。可以使用由 Mental Images 创建的 Mental Ray 渲染器。该渲染器以一系列方形"渲染块"来渲染场景。Mental Ray 渲染器不仅提供了特有的全局照明方法,而且还能够生成焦散照明效果。在"材质编辑器"中,各种 Mental Ray 明暗器提供只有 Mental Ray 渲染器才能显示的效果。

"渲染场景"对话框具有多个面板,"命令"面板包含任何渲染器的主要控件,不管是渲染静态图像还是动画,设置渲染输出的分辨率等等。"公用参数"展卷栏用来设置所有渲染器的公用参数。设置图像的大小可在"输出大小"组中,单击其中一个预设分辨率按钮或从下拉列表中选择一个预格式化电影或视频格式。图像越小,渲染速度越快。例如,可以使用 320×240 的分辨率来渲染草图图像,最终使用时再更改为较大的尺寸;要将渲染的静态图像保存在文件中,在"渲染输出"组中,单击"文件",在"文件"对话框中,指定文件名和图像文件类型,然后单击"确定",启用"保存文件"切换。要加快测试(草图)渲染的渲染时间,可在"公用参数"面板的"选项"组中,启用"区域光源/阴影视作点",设置好其他参数并单击"渲染"。在渲染过程中,场景中的所有区域和线光源都将被看作点光源。这将减少渲染时间,然而会损失一些质量。准备进行高质量渲染时,只需要禁用"区域光源/阴影视作点"并再次渲染即可(图 4-21)。

3ds Max"默认扫描线渲染器"展卷栏中,禁用贴图选项可忽略所有贴图信息,从而加速测试渲染。自动影响反射和环境贴图,同时也影响材质贴图。默认设置为启用。忽略自动反射/折射贴图可以加速测试渲染,禁用阴影选项后,不渲染投射阴影,这可以加速测试渲染,默认设置为启用。强制线框,像线框一样设置为渲染场景中所有曲面,选择线框厚度(以像素为单位),默认设置为 1。启用 SSE 选项后,渲染使用"流 SIMD 扩展",可以缩短渲染时间。默认设置为禁用状态。抗锯齿可以平滑渲染时产生的对角线或弯曲线条的锯齿状边缘,只有在渲染测试图像并且速度比图像质量更重要时才禁用该选项。禁用"抗锯齿"将使"强制线框"设置无效,即使启用"强制线框",几何体也将根据其自身指定的材质进行渲染。过滤器下拉列表中可以选择高质量的基于表的过滤器,将其应用到渲染上。在运动模糊组中,可以调整图像倍增微调器,以增加或减小被模糊对象条纹的长度。对"对象运动模糊",设置"持续时间""持续时间细分"和"采样数",可以增大"持续时间"来扩大运动模糊的效果(图 4-22)。

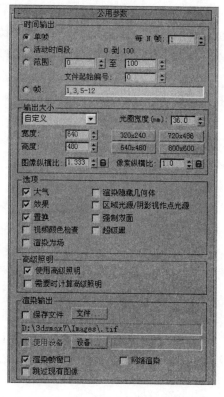

图 4-21 "公用参数"展卷栏参数设置

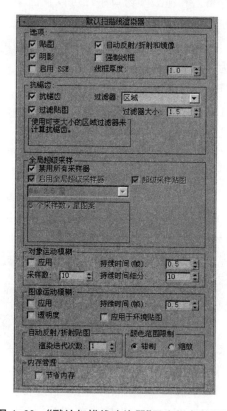

图 4-22 "默认扫描线渲染器"展卷栏参数设置

使用"渲染到纹理"或"纹理烘焙"可以基于对象在渲染场景中的外观创建纹理贴图。随后纹理将"烘焙"到对象,将通过贴图成为对象的一部分,并用于在支持 Direct3D 的设备上(如图形显示卡或游戏引擎)快速显示纹理对象。

典型的纹理烘焙方法:设置带有灯光的场景;选择要烘焙其纹理的对象;选择"渲染"→"渲染到纹理";将显示"渲染到纹理"对话框。在此对话框中,可以选择渲染时要烘焙的元素。元素就是渲染的各个方面,如漫反射颜色、阴影、Alpha(透明/不透明)等。在此对话框中,可以为在着色视口中显示烘焙纹理选择各种显示选项,并单击"渲染"。在"渲染到纹理"对话框中单击"渲染"之后,将进行很多处理;渲染选定的元素,每个元素都与其单独的位图文件相对应;在修改器堆栈中,新修改器将应用于对象,这就是"自动压平 UV"。这只是自动应用展开 UVW 修改器。此修改器管理压平纹理到对象面的贴图,并可按照需要调整贴图,壳材质将应用于对象。此材质是对象原始材质、最新创建的烘焙材质及其新纹理的容器。使用壳材质可以访问材质,并按照需要调整其设置。还可以用于选择在着色视口或渲染中要查看的原始材质或纹理烘焙材质。为了获得最佳效果,建议对"渲染到纹理"使用对数曝光控制。

复习思考题

(1) 简述 3ds Max 构建虚拟场景的基本流程。

(2) 说明"克隆选项"对话框中 3 种单选按钮的意义。

(3) 简述创建半径为 50 mm,高为 100 mm 的胶囊体的步骤。

(4) 倒角、倒角剖面命令和挤出、车削命令有何区别?

(5) 解释布尔运算中的并集、交集、差集操作分别实现的是什么样的效果。

(6) 常用的复合建模方法有哪些?

(7) 放样和倒角剖面都需要一个截面和一个路径,二者有何区别?

(8) 请举例说明采用图形及修改器建模的步骤并进行练习和制作。

(9) 简要说明材质编辑器中颜色构成的环境光、漫反射、高光反射作用。

(10) 说明材质编辑器中反射高光的高光、高光级别、光泽度、柔化的作用。

(11) 简述 3ds Max 中的贴图类型。

(12) 说明 UVW 贴图坐标的种类以及它们的特点。

(13) 简述 3ds Max 提供的标准灯光的类型及其特点。

(14) 简述 3ds Max 提供的摄像机的类型及其特点。

5

虚拟现实引擎 Unity 3D

Unity 3D 简称 U3D 或者 Unity,是当前业界领先的 VR/AR 内容制作工具,也是世界范围内主流的虚拟现实与 3D 游戏开发引擎,大多数 VR/AR 创作者首选 Unity 3D 作为开发工具,据统计,世界上超过 60% 的 VR/AR 内容是用 Unity 3D 制作完成的。用 Unity 3D 开发的虚拟现实作品或游戏可以在电脑、手机、游戏机、浏览器等几乎所有常见平台上运行,基于跨平台的优势,Unity 3D 支持市面上绝大多数的硬件平台,原始支持 Oculus Rift、PlayStation VR、Samsung Gear VR 、HTC Vive VR 以及 Microsoft HoloLens。

5.1 Unity 3D 软件概述

5.1.1 Unity 3D 简介

Unity 3D 是由 Unity Technologies 开发的一个集游戏开发、实时三维动画创建、建筑可视化等功能的跨平台的开发工具,是一个全面整合的专业 VR/AR 游戏引擎。Unity 以其酷炫的 3D 渲染效果和强大的跨平台性闻名,它可以轻松地开发出绚丽的 2D 和 3D 内容,然后一键发布到多种平台上。跨平台为开发者们节省了平台移植所需的时间和精力,平台之间的差异对项目的开发进度有很大影响,比如硬件、操作方式、屏幕尺寸等条件的不同会使程序在不同平台部署时出现各种问题,因此开发者需要花费大量的时间和精力去做平台间的移植开发,而在这方面消耗过多精力并不值得。

Unity 已经形成了一条完整的生态链,它的资源商店 Asset Store 上面拥有丰富的 Unity Technologies 和社会上的开发人员上传的各种免费和付费的资源,开发者们可以非常容易地在资源商店里面检索到自己需要的内容,细腻的纹理、逼真的模型、多样的插件、酷炫的动画、项目案例和 Unity 教程等应有尽有,并且可以通过 Unity 软件直接导入,方便了广大开发者们的学习和使用。Unity 还拥有非常活跃的社区,广大的开发者和爱好者可以在这里相互交流学习、反馈和解答问题、分享 Unity 技术和经验。

Unity 是类似于 Director、Blender Game Engine、Virtools 或 Torque Game Builder 等利用交互的图形化环境为首要方式的软件,其编辑器运行在 Windows 和 Mac OS X 下,可发布游戏至 Windows、Mac、Wii、iPhone 和 Android 平台。也可以利用 Unity Web Player 插件发布网页游戏,支持 Mac 和 Windows 的网页浏览。它的网页播放器也被 Mac Widgets 所支持。业界现有的商用游戏引擎和免费游戏引擎数不胜数,其中最具代表性的商用游戏引擎有 UnReal、CRYENGINE、Havok Physics、Game Bryo、Source Engine 等,但是这些游戏引擎价格昂贵,使得游戏开发成本大大增加。而 Unity 公司提出了"大众游戏开发"(Democratizing Development)的口号,对全球年收入 10 万美元以下的机构和个人开发者免费使用,提供了任何人都可以轻松开发的优秀游戏引擎,使开发人员不再顾虑价格。

5.1.2 Unity 3D 的发展

Unity 的创始团队一共有 3 人,分别是来自冰岛、丹麦和德国的 David、Joachim Ante、Nicholas Francis,他们都很喜欢做游戏,在网上认识了对方。就这样,3 人在丹麦的哥本哈根开始埋头做游戏,团队取名为 OTEE(Over the Edge Entertainment)。2004 年,Unity 3D 诞生于丹麦的哥本哈根。2005 年,发布了 Unity 1.0 版本,此版本只能应用于 Mac 平台,主要针对 Web 项目和 VR(虚拟现实)的开发。2008 年,推出 Windows 版本,并开始支持 iOS 和 Wii,从众多的游戏引擎中脱颖而出。2009 年,荣登 2009 年游戏引擎的前五,此时 Unity 的注册人数已经达到了 3.5 万。2010 年,Unity 3D 开始支持 Android,继续扩大影响力。2011 年,开始支持 PS3 和 XBox360,此时全平台的构建完成。2012 年,Unity Technologies 公司正式推出 Unity 4.0 版本,新加入对于 DirectX 11 的支持和 Mecanim 动画工具,以及为用户提供 Linux 及 Adobe Flash Player 的部署预览功能。2013 年,Unity 3D 引擎覆盖了越来越多的国家,全球用户已经超过 150 万,Unity 4.0 引擎已经能够支持在包括 MacOS X、Android、iOS、Windows 等在内的 10 个平台上发布游戏。同时,Unity Technologies 公司 CEO David Helgason 发布消息称,游戏引擎 Unity 3D 今后将不再支持 Flash 平台,且不再销售针对 Flash 开发者的软件授权。2014 年,发布 Unity 4.6 版本,更新了屏幕自动旋转等功能。2016 年,发布 Unity 5.4 版本,专注于新的视觉功能,为开发人员提供了最新的理想实验和原型功能模式,极大地提高了其在 VR 画面展现上的性能。

Unity 从诞生到现在不过十几年的时间,在这么短的时间里,Unity 取得的成绩令人惊叹。据统计,苹果 App Store 中有超过 1500 款的应用是用 Unity 研发的,这与 Unity 强大的易用性是分不开的。在 Unity 中,对象的创建和外部资源的导入简单便捷,并且各种对象可以通过代码紧密地连接在一起并通过脚本非常方便地对对象进行控制。Unity 具有"所见即所得"的操作特点,通过可视化的编辑器,开发者只需要一个简单的拖放就可以完成各种任务,比如创建包含多个部分的、复杂的对象,给变量赋值,连接脚本等等,这大大缩短了开发一个项目的时间。Unity Technologies 公司还专门成立了一个 Unity Games 部门,负责将用 Unity 开发的项目放到各种平台上进行推广,这样很多中小型的团队得到了与大型公司和团队竞争的机会,并且这些开发团队就可以省出做宣传的时间和精力来专心做项目。

5.1.3 Unity 3D 功能特点

Unity 3D 引擎具有如下功能特点:

① NVIDIA 专业的物理引擎。物理引擎是模拟牛顿力学模型的计算机程序,其中使用了质量、速度、摩擦力和空气阻力等变量。Unity 3D 内置 NVIDIA 的 PhysX 物理引擎,开发者可以用高效、逼真、生动的方式复原和模拟真实世界中的物理效果,例如碰撞检测、弹簧效果、布料效果、重力效果等。Unity 3D 在属性中具有了很多的物理相关属性,其中包括重力、刚体、关节车辆以及各个类别的碰撞器(包括了盒子碰撞器、球体碰撞器、网格碰撞器、地

形碰撞器、胶囊碰撞器)的物理特性,其中物理引擎 Collider、Rigidbody、PhysicM 分别是碰撞、刚体和材料的物理特性,它们的参数功能有如下三点:a. 碰撞是最基本的触发物理的条件,例如碰撞检测。基本上,没有碰撞的物理系统是没有意义的(除了重力)。b. 刚体是物体的基本物理属性设置,其提供了计算基本参数,当有刚体的对象物体被碰撞,那将会有碰撞反应。如果该脚本控制的是位移而不是物理加力的方式的话,将穿透过去。c. 在场景中,需要调整好缩放和模型的数量来提高场景的真实感和渲染效率。在此可创建一个刚体的连续碰撞检测,从没有碰撞检测的其他物体传递,用来防止快速移动的物体。连续碰撞检测只支持刚体的球体、胶囊或盒子碰撞器。同时,在车辆的驱动脚本中添加了力矩来控制对象。

② 3A 级图像渲染引擎。Unity 3D 具有强大灵活的着色器,对 DirectX 11 完美支持,画质逼真,因为 Unity 3D 内置了一百组 Shader 渲染,同时也具备了灵活易用、高效的特征。在属性中 Fog 使得用户能够设置雾的开关状态。Fog Color(颜色)、Fog Density(密度)、Ambient Light(透明度)、Skybox Material(天空盒材质)都是 Unity3D 提供的功能属性和模块。

③ 高性能的灯光照明。Unity 3D 为了让用户得到细腻而真实的场景效果,提供了一系列的动态阴影技术、高性能的 HDR 技术、灯光系统以及光羽镜头效果灯,同时全局照明技术也是依赖于它提供的多线程渲染技术,柔和阴影以及烘焙 lightmaps 的高度完善的烘焙效果的光影渲染系统,具有逼真的光效系统。

④ 高效率的路径使用。Unity 3D 中可加入 iTween 插件,iTween 使得做开发更便捷和高效,它的使用能够让用户很快实现各种动画路径,同时也包括了缩放、旋转、移动、颜色深浅处理以及控制音频等等。iTween 的核心思想是数值的插值。其中的 iTween.path 模块可快速编辑三维场景运动路径,用来规范运动物体的运动轨迹,可大幅度提升路径的编写效率。

⑤ 逼真的粒子系统。开发便捷、运营速度快是 Unity3D 开发的两个显著特点,其内设有高性能粒子系统。高性能粒子系统如同现实一样控制粒子运作行为,如大小、形状、规模、运动轨迹,所以很容易创建汽车尾气、车撞击碎片、燃烧的火焰、雨雪天气等效果。

⑥ 强大的地形编辑器。在以往的 3D 虚拟现实开发中,对于地形的开发往往需要借助于 3ds Max 来进行。而 Unity3D 内置了强大的地形编辑系统,该系统可使开发者实现任何复杂的地形,支持地形创建和树木与植被贴片,支持自动的地形 LOD,水面特效,尤其是低端硬件亦可流畅运行广阔茂盛的植被景观,能够方便地创建三维场景中所用到的各种地形,包括地表情况如山峰岩石、树木以及草地等。更重要的是,只要开发的地貌超过 75%,那么引擎能够自行填充其他剩余的部分,从而提高了开发者的开发效率。

⑦ 跨场景调用预设 Prefab。资源在场景中作为一个物体对象被初始化,可以在该虚拟对象上添加或移除组件。然而不能将任何改变应用到资源自身上,因为这需要添加一些数据到该资源物体上。如果要创建需要重用的物体时要将资源实例作为预设,当已经创建了一个资源实例,可以创建一个新的空预设并绑定游戏物体到该预设上。最重要的是 Prefab 类似于面向对象语言中的一个公共类,其可以在项目中的任何场景中直接调用,大大提高了管理和制作的效率。

⑧ 综合编辑。Unity 3D 简单的用户界面具有视觉化编辑、详细的属性编辑器和动态

预览特性,Unity 对 DirectX 和 OpenGL 拥有高度优化的图形渲染管道。Unity 编辑器高度整合而且可以扩展,所见即所得,功能强大且容易使用。开发者可以很方便地对场景中的灯光、模型、地形、音频、材质等参数进行调整。用户可以根据自己的需求对编辑器界面进行个性化的调整,开发者编写的脚本参数也可以直观地在编辑器中显示,可以通过编辑器对参数进行调整且可以直接看到调整后的效果。用户还可以非常方便地使用第三方插件辅助项目开发,Unity 具有丰富的第三方插件资源,包含了动画、网络、GUI、材质等各大类,通过使用第三方插件可以对 GUI 等 Unity 还不是很完善的功能进行非常好的补充。Unity 自带多个标准资源(Standard Assets)包,这是一些借助 Unity 进行开发人员广泛使用的资源集合。包括常用的材质、贴图、角色控制器等资源。开发者在打开 Unity 创建一个新的工程时,可以选择把这些资源都打钩,也可以选择性的部分打钩,也可以都不打钩,然后创建新工程。没打钩的资源在工程建立后也可以通过菜单里的导入选项导入需要的资源,这些资源可以减轻开发人员的开发量,在开发过程中可以直接使用,也可以做适当修改再使用。

⑨ 跨平台开发,一键部署。Unity 用户可以在 Mac OS X 和 Windows 平台下进行项目开发然后不用进行任何修改就可以一键发布到各大主流平台,Unity 支持包括 Windows、Mac OS X、Linux、Android、IOS、Xbox360、PS3 以及 Web 等等平台。因此,开发者不用考虑项目在各平台直接的移植,只需要专心提高项目的质量就可以。以往开发中,开发者要考虑平台之间的差异,比如屏幕尺寸、操作方式、硬件条件等,这样会直接影响到开发进度,给开发者造成巨大的麻烦,Unity 3D 几乎为开发者完美地解决了这一难题,将大幅度减少移植过程中不必要的麻烦。

⑩ 脚本语言开发,通用性强。Unity 3D 集成了 MonoDeveloper 编译平台,支持 C♯、JavaScript 和 Boo 3 种脚本语言,其中 C♯ 和 JavaScript 是在游戏开发中最常用的脚本语言。Unity 支持的 3D 模型格式非常多,几乎涵盖了目前所能见到的所有三维动画创作和渲染软件,例如 3ds Max、Lightwave、Maya、Modo、Cinema4D、Blender 等。Unity 良好的通用性和兼容性使它可以和上述的多数软件协同工作。

⑪ 联网支持。Unity 支持从单机应用到大型多人联网游戏的开发,提供了一套完整的网络解决方案,包含了客户端和服务器。对于一些对网络性能要求比较高的项目,可以用 RakNet、Photon 等第三方的网络解决方案。

⑫ 内容丰富的资源商店(Asset Store)。资源商店是一个非常便捷的在线资源商店,资源商店里有大量的免费或付费的资源。绝大多数项目开发所需的资源开发者们都可以在资源商店里找到,比如扩展插件、特效效果、项目源码、3D 模型、学习教程、脚本代码等等。开发者可以通过资源商店里的资源节省时间和成本,也可以通过资源商店销售自己的资源或产品。

⑬ 使用成本低。Unity 的授权费和其他引擎动辄数十万美元的授权费相比非常便宜,而且官方还提供了对全球年收入 10 万美元以下的机构和个人开发者免费开发或学习用的个人版的 Unity,虽然相对于专业版的 Unity 少了一些功能,例如实时光影、支持 LOD、NavMesh 等,但对于小型机构和个人而言已经足够。另外,专业版的 Unity 还支持 30 天的免费试用。

5.1.4　Unity 3D 性能优势

① 跨平台特性。跨平台一键设置,易于移植到移动客户端。跨平台特性是 Unity 3D 最大的特点之一,它是跨平台的专业开发引擎,通过开发者所编写的平台识别代码可在不同平台进行自动编译,并能在不同文件路径下进行自动识别。在 Unity 3D 的界面 File 菜单 Build Setting 中可以快速地进行设置,可以选择将 Unity 3D 程序发布到 Windows、Web、Android 或 iOS 平台上,Unity 3D 程序可以不需要复杂的修改就能移植到移动客户端。

② 高效和实时性。Unity 3D 的开发可以直接调用"所见即所得"以及引擎所自带的粒子系统、物体系统、强大的地形建模和面向对象场景建模技术、图像实时渲染功能,并且它面向对象的封装特性使得多个三维物体对象可以重复地调用,对 NVIDIA 的 PhysX physics engine 物理引擎的支持,使 Unity 3D 在构建虚拟现实世界、开发真实感游戏具有其独特的魅力。所以它大大提升了开发的高效性和实时性。

③ 脚本程序兼容和系统交互性。基于 Unity 3D 的应用系统在开发过程中,其动态建模部分是结合程序参数绑定实现的,程序编辑支持脚本 C♯、Javascript、Boo 语言,可以实现满足系统开发的交互内容,方便开发人员使用。同时,它也提供了 API,方便开发人员接入应用和处理音频。它的程序兼容和系统交互性为开发人员提供了较好的便利性,并在一定程度上缩短了开发周期。

④ 入门快捷,功能全面。Unity 3D 是一个层级式的综合开发环境,既可以完成建模、模型编辑的功能,也可以完成游戏开发的工作,并且可以创建虚拟现实环境,功能非常全面,父子链式的组织结构非常符合人的思维习惯,并且具有视觉化的编辑、详细的属性编辑器和动态的游戏预览,所以 Unity 3D 入门简单,使用者可以在一个非常短的周期内掌握 Unity 3D 的使用。

5.1.5　Unity 3D 的应用领域与前景

Unity 平台无论在开发周期与开发成本,在开发模式,在功能的扩展性、灵活性,在跨平台的移植性上面都具有非常大的优势。目前,用 Unity 3D 来进行游戏开发已经是市场上的主流,尤其是随着移动设备的普及,利用 Unity 开发的项目能够一键部署到包括移动平台的各大平台的优势越发地体现了出来,这吸引着越来越多的公司和开发者加入 Unity 阵营中来。Unity 3D 在游戏开发、虚拟仿真、电子商务、动画设计、教育培训、建筑规划、电影创作等多个行业中得到广泛运用。

游戏领域:Unity 3D 是目前主流的游戏开发引擎,有数据显示,全球最赚钱的 1 000 款手机游戏中,有 30% 是使用 Unity 3D 开发出来的。尤其在 VR 设备中,Unity 3D 游戏开发引擎具有统治地位。Unity 3D 能够创建实时、可视化的 2D 和 3D 动画、游戏,被誉为 3D 手机游戏的传奇,孕育了成千上万款高质、超酷炫的神作,如《炉石传说》《神庙逃亡 2》等。

城市规划领域:利用 Unity 3D 进行城市建模,我们可以很轻松地对建筑的高度、建筑的位置、建筑的颜色材质,对绿化的密度进行设置和修改,提高了设计方案的修正效率和质量,同时节省了大量成本。展现规划方案时,可以通过其数据接口在实时的虚拟环境中随时获取项目的数据资料,方便大型复杂工程项目的规划、设计、投标、报批、管理,有利于设计与管理人员对各种规划设计方案进行辅助设计与方案评审。

室内设计领域:在房屋进行装修之前,往往都需要先进行装修设计,要想反映出每个装修细节意味着大量的图纸,而且只有专业人士能看懂,普通人很难从设计图纸上对装修效果有直观的认识。借助 Unity3D 引擎将设计理念和效果进行数字化,消费者可以在虚拟房间中任意变换视角和位置进行观察,从而对设计效果有直观的感知,方便与设计师交流修改意见。

产品三维虚拟展示:将在建模工具中建好的模型添加到 Unity 3D 工程中,布置灯光、场景,编写交互脚本,交互包括放大、缩小、旋转、灯光强弱、视角切换等。最终,发布成各平台上的应用,进行三维虚拟展示。用户在进行操作时,通过界面控制基础动作(单击按钮、拖拽等操作),获取全方位浏览,并通过交互性高级动作更深入地了解所展示产品的信息。

艺术领域:利用 Unity 3D,结合网络技术,可以将艺术品与文物古迹的展示和保护工作带入一个崭新的领域。通过对艺术品的数据进行采集并进行三维建模,可以把艺术品的光影、空间、位置、色彩等数据永久地保存下来。还可以利用这些数据和技术简化艺术品修复的难度,提高艺术品修复的精度和效果,并可以通过 Unity 3D 构建虚拟博物馆、虚拟画廊,并且通过网络打破地域限制,实现艺术品资源共享,将各地艺术品进行生动、逼真的展示。

地理领域:利用 Unity 将建筑物、三维地面模型结合街区规划融合到虚拟场景中,将城市景观和建筑风貌完整地呈现出来,用户可以很直观地在显示屏上看到逼真的街区景观,结合电子地图,可以进行测绘、查询、浏览、漫游等一系列的活动,为城建规划、交通旅游、物业管理、社区服务、消防安全等提供了非常大的便利。

军事领域:军事演习和模拟训练一直都是军事领域的重要课题,它们共同的特点是成本高、安全性低,很容易造成安全事故,尤其是在进行飞行员训练、大规模军事演习时,一旦出现事故往往是机毁人亡的局面,利用 Unity 3D 引擎开发虚拟训练系统和进行战场场景仿真,可以大大提高军事训练的效果。

5.2 Unity 3D 技术基础

5.2.1 Unity 集成开发环境的搭建

首先进入 Unity 的官方网站 http://unity3d.com/cn/,然后点击网站中的黄色按钮"获取 Unity"即可进入 Unity 集成开发环境的选择页面。Unity 集成开发环境分为个人版和专业版,开发人员需要根据自身的需求进行选择,选择页面如图 5-1 所示。

Unity 在 5.0 版本之后,个人版的 Unity 集成开发环境开始提供免费下载,与专业版的 Unity 集成开发环境功能大致相同,非常适合个人开发者或者小型机构开发使用。本书将以个人版的下载和安装为准,点击个人版下方的"免费下载"按钮,即可进入个人版 Unity 集成开发环境的下载页面。目前 Unity 集成开发环境最新版本为 5.2.3,而且在当前下载页面中能够选择 Windows 平台和 MAC OS X 平台下的 Unity 集成开发环境,默认为 Windows 版本,点击 Windows 即可切换到 MAC OS X 版本。接下来打开下载器,开始下载 Unity 集成开发环境,图 5-2 显示选择需要下载的文件,包括 Unity 集成开发环境、Web 插件、标准资源包、示例工程和 2015 版的 Visual Studio 代码编辑软件,可根据需要自行调整。

　　进入 Unity 集成开发环境中的综合编辑界面,还需要为其加载 Android 的 SDK,点击菜单栏中 Edit→Preferences 打开配置窗口,点击左侧的 External Tools 打开相应的设置面板,在下方的 SDK 处选择 SDK 文件所在的路径,如图 5-3 所示,还可以根据需要挂载 JDK 和 NDK。MAC OS X 平台下的 Unity 集成开发环境的安装和前面介绍的 Windows 平台下 Unity 集成开发环境的安装过程完全一样。

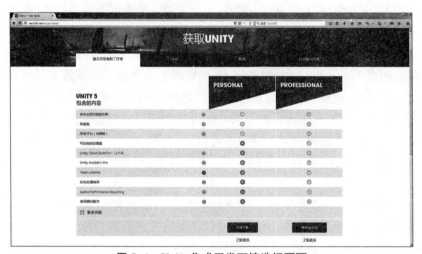

图 5-1　Unity 集成开发环境选择页面

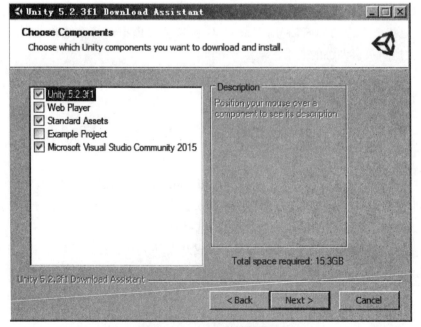

图 5-2　Unity 安装选择界面

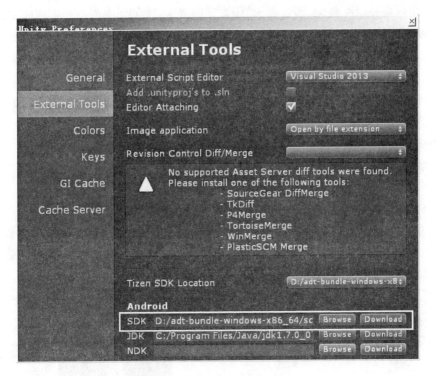

图 5-3 加载 Android SDK 文件

5.2.2 Unity 3D 系统基本模块

Unity 3D 是一个层级式的综合开发环境,具有视觉化的属性编辑器和动态的预览;一个完整的 Unity 3D 程序由若干个场景(Scene),每个场景中又包含若干模型(Game Object),通过脚本来控制它们的行为,场景内容是由摄像头(Camera)来呈现并控制的;Unity 3D 拥有地形编辑器、Mecanim 角色动画系统、脚本语言编辑器、资源浏览器、材质编辑器、属性查看器、光照烘焙工具、着色器、第三方插件以及强大的物理引擎(图 5-4),能模拟现实世界中的物理现象,并且提供粒子系统功能来实现许多炫丽特效,下面介绍几个重点模块。

地形编辑器:Unity 的地形编辑器可以通过画刷简便快捷地创建各种地形和植被。Unity 地形编辑器高效且细腻,开发者可以通过地形编辑器添加山川、树木、草、石头、灌木,并且支持水面特效,地形编辑器还有一个 Tree Creator 专门编辑植被的细节,因而可以很容易地创建壮阔茂密的植被景观。

着色器(Shaders)。Unity 内置三大类超过 40 种的着色器,着色器 Shader 运行在 GPU 上,它负责的是 3D 模型三角形的绘制,要想创造出特色鲜明的三维画面就必须学会运用 Shader,Shader 对游戏画面具有非常强的控制力,每个着色器通常只包含一个参数接口,但是它可以包含多个变量。Unity 可以自动选择当前最合适的参数,然后根据参数选择对应的 Shader,有效地提高了兼容性。因此,Unity 的 Shader 具有高性能、灵活、易用的特点。

角色动画系统。角色动画系统是 Unity 的一大特色功能,它的功能强大到令人惊叹。利用角色动画系统可以创造出各种流畅逼真的动作,能在编辑器中直接设置和编辑控制器和状态机、角色蒙皮、IK 骨骼、混合树、动画重定向等等,使创建出的角色栩栩如生。

光影纹理烘焙工具。Unity 可以把逼真、自然的光照效果烘焙到纹理上,这样在实时画面绘制时就不需要再进行光照方面的计算,而是采用之前已经烘焙好的纹理,提高了画面的绘制速度。光照纹理可以模拟色彩反弹、移动对象光照、高动态范围光照等自然光照效果,保存好的光照纹理可以进行二次处理,比如通过模糊效果获得更加柔和的阴影边缘,从而获得细腻逼真的光影效果。

物理引擎。物理引擎是一个模拟牛顿力学模型的计算机程序,通过控制和改变质量、摩擦力、速度、空气阻力等条件来模拟和预测各种条件下的物理效果。Unity 内置了 NVIDIA 开发的 PhysX 物理引擎,PhysX 可以调用 GPU 进行浮点运算,因而可以很轻松地进行大规模的数学计算。用户可以通过 PhysX 逼真、高效地完成对各种物理效果的模拟、复杂特效的生成,使场景画面生动逼真。

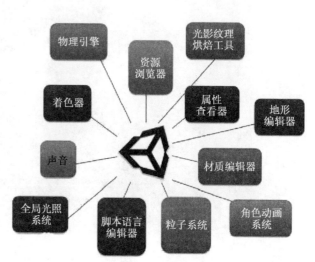

图 5-4　Unity 的基本模块

粒子系统。粒子系统主要用于制作特效,比如风、喷焰、爆炸、树叶、水纹等等。粒子系统主要分为:粒子渲染器、粒子动画器和粒子发射器。分别控制粒子的一些属性,例如粒子渲染器主要控制粒子的阴影、缩放、渲染模式等渲染效果,粒子动画器可以改变粒子的移动方向和旋转角度,粒子发射器主要控制粒子的数量、发射速度、存在时间等。用户还可以通过脚本来控制粒子系统中的单独的粒子从而创建个性化的效果。

5.2.3　Unity 3D 界面布局

Unity 集成开发环境整体布局包含菜单栏、工具栏以及场景设计面板(Scene 视图)、游戏预览面板(Game 视图)、对象列表面板(Hierarchy 视图)、项目资源列表面板(Project 视图)、属性查看器窗口(Inspector 视图),每个窗口显示了编辑器的某一细节,可以实现几乎全部的编辑功能(图 5-5)。

(1)菜单栏

菜单栏是 Unity 3D 操作界面的重要组成部分之一,其主要用于汇集分散的功能与板块,并且其友好的设计能够使游戏开发者以较快的速度查找到相应的功能内容。Unity 3D 菜单栏包含 File(文件)、Edit(编辑)、Assets(资源)、GameObject(游戏对象)、Component(组件)、Window(窗口)和 Help(帮助)7 组菜单。

File 菜单主要用于打开和保存场景项目,同时也可以创建场景,具体子菜单功能有:New Scene(新建场景)、Open Scene(打开场景)、Save Scene(保存场景)、Save Scene As(场景另存)、New Project(新建项目)、Open Project(打开项目)、Save Project(保存项目)、Build

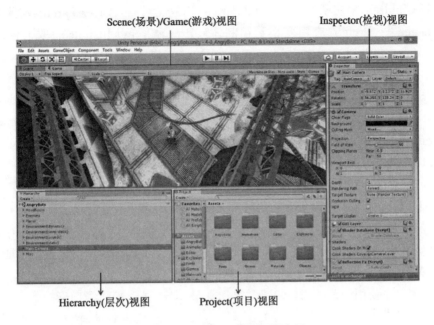

图 5-5　Unity 3D 的基本界面布局

Settings(发布设置)、Build & Rim(发布并执行)和 Exit（退出）等。"Build Settings…"子菜单发布设置，即在发布游戏前，一些准备工作的设置。当点击菜单 Build Settings…，就会立刻弹出 Build Settings 对话框，在 Platform 下选择该项目发布后所要运行的平台，同时可以点击"Player Setting…" 按钮，在 Inspector 面板中修改参数。

Edit 菜单用于场景对象的基本操作（如撤销、重做、复制、粘贴）以及项目的相关设置，具体子菜单功能如下：Undo(撤销)、Redo(重做)、Cut(剪切)、Copy(复制)、Paste(粘贴)、Duplicate(复制)、Delete(删除)、Frame Selected(缩放窗口)、Look View to Selected(聚焦)、Find(搜索)、Select All(选择全部)、Preferences(偏好设置)、Modules(模块)、Play（播放）、Pause(暂停)、Step(单步执行)、Sign In(登录)、Sign Out(退出)、Selection(选择)、Project Settings(项目设置)、Graphics Emulation(图形仿真)、Network Emulation(网络仿真)和 Snap Settings(吸附设置)等。

Assets 菜单主要用于资源的创建、导入、导出以及同步相关的功能，具体子菜单功能有：Create(创建脚本、动画、材质、字体、贴图、物理材质、GUI 皮肤等资源)、Show In Explorer (文件夹显示)、Open(打开)、Delete(删除)、Open Scene Additive(打开添加的场景)、Import New Asset(导入新资源)、Import Package（导入资源包）、Export Package（导出资源包）、Find References in Scene(在场景中找出资源)、Select Dependencies(选择相关)、Refresh(刷新)、Reimport（重新导入）、Reimport All(重新导入所有)、Run API Updater(运行 API 更新器)以及 Open C♯ Project(与 MonoDevelop 同步)等。

GameObject 菜单主要用于创建、显示游戏对象，具体子菜单功能有：Create Empty(创建空对象)、Create Empty Child(创建空的子对象)、3D Object(3D 对象)、2D Object(2D 对象)、Light(灯光)、Audio(声音)、UI(界面)、Particle System(粒子系统)、Camera (摄像机)、

Center On Children(聚焦子对象)、Make Parent(构成父对象)、Clear Parent(清除父对象)、Apply Change To Prefab(应用变换到预制体)、Break Prefab Instance (取消预制实例)、Move To View(移动到视图中)、Align With View(与视图对齐)、Align View To Selected(移动视图到选中对象)和 Toggle Active State(切换激活状态)。

Component 菜单用于在项目制作过程中为虚拟物体添加组件或属性,具体功能如下:Add(新增)、Mesh(网格)、Effect(特效)、Physics (物理属性)、Physics 2D(2D 物理属性)、Navigation(导航)、Audio(音效)、Rendering(渲染)、Layout(布局)、Miscellaneous(杂项)、Event(事件)、Network(网络)、UI(界面)、Scripts(脚本)以及 Image Effect(图像特效)。

Window 菜单主要用于在项目制作过程中显示 Layout(布局)、Scene(场景)、Game(游戏)和 Inspector(检视)等窗口,具体子菜单有:Next Window(下一个窗口)、Previous Window(前一个窗口)、Layouts(布局窗口)、Scene(场景窗口)、Game(游戏窗口)、Inspector(检视窗口)、Hierarchy(层次窗口)、Project(项目窗口)、Animation(动画窗口)、Profiler(探查窗口)、Asset Server(资源服务器)和 Console(控制台)等。

Help 菜单主要用于帮助用户快速学习和掌握 Unity 3D,提供当前安装的 Unity 3D 的版本号,具体功能有:About Unity(关于 Unity)、Manage License(软件许可管理)、Unity Manual(Unity 教程)、Scripting Reference(脚本参考手册)、Unity Service(Unity 在线服务平台)、Unity Forum(Unity 论坛)、Unity Answers(Unity 问答)、Unity Feedback(Unity 反馈)、Check for Updates(检查更新)、Download Beta(下载 Beta 版安装程序)、Release Notes(发行说明)以及 Report a Bug(问题反馈)等。

(2) 工具栏

Unity 3D 的工具栏(Toolbar)一共包含 14 种常用工具(表 5-1),由 5 种基本控制组成(图 5-6):

交换工具　　变换Gizmo切换　　播放控件　　　分层下拉列表　布局下拉列表

图 5-6　Unity 3D 的工具栏

表 5-1　Unity 3D 工具栏的常用工具

图　标	工具名称	功　能
	平移窗口工具	平移场景视图画面
	位移工具	针对单个或两个轴向做位移
	旋转工具	针对单个或两个轴向做旋转
	缩放工具	针对单个轴向或整个物体做缩放
	矩形手柄	设定矩形选框
Center	变换轴向	以对象中心轴线为参考轴做移动、旋转及缩放

图 标	工具名称	功 能
▦ Pivot	变换轴向	以网格轴线为参考轴做移动、旋转及缩放
⊗ Local	变换轴向	与 Global 切换显示，控制对象本身的轴向
⊕ Global	变换轴向	与 Local 切换显示，控制世界坐标的轴向
▶	播放	播放游戏以进行测试
❙❙	暂停	暂停游戏并暂停测试
▶❙	单步执行	单步进行测试
Layers ▼	图层下拉列表	设定图层
Layout ▼	布局下拉列表	选择或自定义 Unity 3D 的页面布局方式

Transform(变换)工具：在场景设计面板中用来控制和操控对象。按照从左到右的次序，它们分别是 Hand(移动)工具、Translate(平移)工具、Rotate(旋转)工具和 Scale(缩放)工具。Transform Gizmo(变换 Gizmo)切换：改变场景设计面板中 Translate 工具的工作方式。Play(播放)控件：用来在编辑器内开始或暂停游戏的测试。Layers(分层)下拉列表：控制任何给定时刻在场景设计面板中显示那些特定的对象。Layout(布局)下拉列表：改变窗口和视图的布局，并且可以保存所创建的任意自定义布局。

（3）Project 视图

Project 视图里面显示的是这个工程的资源目录，是用来管理项目所用到的资源的地方（场景、3d 模型、材质、声音文件等）。右键任何一个里面的文件可以选择 see in explorer，然后用系统文件管理器查看这个资源所在的位置。

（4）Hierarchy 视图

层级视图里面包含了当前场景里面的每一个虚拟对象，包括如 3D 模型的资源文件的实例，实例的添加和删除都表现在 Hierarchy 视图中。

（5）Scene 视图

场景视图就是中间的交互式视窗系统，可以用场景视图选取和布置环境、角色、摄像头、行人等场景对象。通过场景视图操纵和移动游戏对象是 Unity 3D 里面最重要的功能。

（6）Game 视图

Game 视图是从虚拟场景中的摄像机渲染而来，其表现的是开发者最终制成的虚拟世界。如果平移或者旋转场景的主相机，将看到游戏视图的变化，使用一个或多个相机（Cameras）来控制玩家在游戏中实际看到的场景。

（7）Inspector 视图

Unity 3D 开发的虚拟现实平台是由很多虚拟对象组成的。Inspector 视图显示了当前选择的对象的细节信息，其可以修改对象的相关参数，并且任何在 Inspector 视图中显示的性质都能被立即修改。它甚至能够在不修改脚本的前提下直接修改脚本的值，同时也可以使用 Inspector 在产品运行时修改一些值。

在 Unity 3D 中每种视图都有指定的用途,右上角 Layouts 按钮用于改变视图模式,单击 Layouts 选项,可以在下拉列表中看到很多种视图,其中有 2 by 3、4 Split、Default、Tall、Wide 等,每种视图的特点如下:①2 by 3 布局是一个经典的布局,很多开发人员使用这样的布局;②4 Spilt 窗口布局可以呈现 4 个 Scene 视图,通过控制 4 个场景可以更清楚地进行场景的搭建;③Wide 窗口布局将 Inspector 视图放置在最右侧,将 Hierarchy 视图与 Project 视图放置在一列;④Tall 窗口布局将 Hierarchy 视图与 Project 视图放置在 Scene 视图的下方。当完成了窗口布局自定义时,执行 Windows→Layouts→Save Layout 菜单命令,在弹出的小窗口中输入自定义窗口的名称,单击 Save 按钮,可以看到窗口布局的名称是"自定义"。

5.2.4　Unity 3D 开发框架

(1) Unity3D 开发的总体框架

Unity3D 的开发框架总体来看分为四部分:应用层(Application)、组件(Component)、对象(Game Object)、场景 (Scene)。

① 应用层(Application)。应用层(Application)是 Unity3D 中经过封装的、具有独立功能的应用程序,例如刚体、天空盒、碰撞体、山体、各种光照等等。开发者可以在项目中直接调用这些功能,省去了对这些功能单独进行开发的时间和精力。同时根据需求的不同,开发者还可以对这些功能模块的细节进行调整来满足项目需求。应用层(Application)是 Unity3D 开发框架中最底层的,也是必不可少的模块。

② 组件(Component)。Unity 中的对象都是由各种组件和脚本构成的。每个对象都必须具备的组件是 Transform 组件,另外还有脚本、Mesh、Physics、Rendering、Effects、Audio 等可选组件。对一些常用功能,开发者可以通过直接调用相关组件来实现。但是调用组件时只能进行微调,对一些个性化的需求单纯靠调用现成的组件来完成比较困难,这时就用到了脚本。脚本也是组件的一种,但是更加灵活,对于一些比较复杂的、个性化较强的需求都可以用自己编写脚本来实现,只需将编写好的脚本拖放到对象上便可以完成脚本和对象的绑定。

③ 对象(Game Object)。对象是由组件构成的,它既可以是包含很多组件和属性、具备各种形状和颜色的物体,例如人物、花草、树木、建筑、水面、汽车、飞行器等等,也可以是单纯创建出来作为脚本的依附对象、用来触发某些功能的空的对象。从这来看,对象的范围非常广,任何项目中的物体基本都可以称之为对象,各种对象最终组成了项目,因此,为项目设置合理的对象对于项目的最终成败具有非常重要的意义。

④ 场景(Scene)。场景就是项目创建出来的虚拟世界,一个虚拟仿真项目就是由一个个场景组成的,而场景是由众多形形色色的对象以及依附在对象上的各种组件构成的。各种对象、组件和应用层模块就好比建房子的基石,而场景就是最终建好的房子。一个作品的好坏很大程度取决于场景的效果,不同的场景之间的衔接变化同样也很重要,好的作品往往都有令人惊艳的场景。

(2) Unity 3D 应用项目创建

创建完整的虚拟应用内容就是一个项目(project),应用内容中不同的关卡对应的是项目下的场景(scene)。一款应用内容可以包含若干个关卡(场景),因此一个项目下面可以保存多个场景。启动 Unity 3D 后,在弹出的 Project Wizard(项目向导)对话框中,单击 Create New Project(新建项目),创建一个新的工程,可以设置工程的目录,然后修改文件名称和文件路径;在 Project Name 下(项目名称)中输入项目名称,然后在 Location(项目路径)下选择项目保存路径并且选择 2D 或者 3D 工程的默认配置,最后在 Add Assets Package 中选择需要加载的系统资源包。设置完成后,单击 Create Project 按钮完成新建项目。Unity 3D 会自动创建一个空项目,其中会自带一个名为 Main Camera 的相机和一个 Directional Light 的直线光。

创建好新项目后,由于每个项目中可能会有多个不同的场景或关卡,所以开发人员往往要新建多个场景。新建场景的方法是:选择 Unity 3D 软件界面上的菜单 File(文件)→New Scene(新建场景)命令即可新建场景。

创建虚拟物体。选择 Game Object(游戏对象)→3D Object(三维物体)→Plane(平面)命令创建一个平面用于放置物体。选择 Game Object(游戏对象)→3D Object(三维物体)→Cube(立方体)命令创建一个立方体。最后使用场景控件调整物体位置,从而完成游戏物体的基本创建。

添加虚拟物体组件。可以通过 Inspector(属性编辑器)显示,这些组件还可以附加很多组件。例如要为 Cube(立方体)组件添加 Rigidbody(刚体)组件,选中 Cube,执行 Component(组件)→Physics(物理)→Rigidbody(刚体)菜单命令,为游戏物体 Cube 添加 Rigidbody 组件。

Rigidbody 添加完成后,在 Scene(场景)视图中单击 Cube 并将其拖曳到平面上方,然后单击 Play 按钮进行测试,可以发现 Cube 会做自由落体运动,与地面发生相撞,最后停在地面。

项目保存。执行 File(文件)→Save Scene(保存场景)菜单命令或按快捷键 Ctrl+S。在弹出的保存场景对话框中输入要保存的文件名,此时在 Project(项目)面板中能够找到刚刚保存的场景。

(3) 将 Unity 3D 应用项目发布为可执行程序

执行 File→Build Settings 菜单命令,在 Platform 列表框中选择 PC, Mac&Linux Standalone 选项,在右侧的 Target Platform 下拉列表中可以选择 Windows、MacOS X、Linux 选项,在右侧的 Architecture 下拉列表中可以选择 x86 或 x86_64 选项。

单击左下角的 Player Settings 按钮后,便可以在右侧的 Inspector 面板中看到 PC, Mac&Linux 的相关设定。在 Player Settings 界面中,Company Name 和 Product Name 用于设置相关的名称,而 Default Icon 用于设定程序在平台上显示的图标。

在 Player Settings 界面的下部有 4 个选项设置:Resolution and Presentation、Icon、Splash Image 和 Other Settings。Resolution and Presentation 的参数设置内容如下:Default Is Full Screen,若选中此复选框,则游戏启动时会以全屏幕显示;Default Is Native Resolution,默认本地分辨率;Run In Background,当暂时跳出游戏转到其他窗口时,显示游戏是否要继续进行;Supported Aspect Ratios,显示器能支持的画面比例,包括 4:3、5:4、16:10,16:9 和其他。当完成上述设置或者全部采用默认值后,便可回到 Build Settings 对话框,单击右下角的 Build 按钮,选择文件路径用于存放可执行文件。发布的内容是一个可执行的 exe 文件和包含其所需资源的同名文件夹,单击该文件后便会出现游戏运行对话框。

（4）将 Unity 3D 应用项目发布到 WEB 平台

为了使通过 Unity 3D 发布的 Web 版游戏运行流畅，前期需要安装一个浏览器插件 Unity Web Player(Unity 3D 网页播放器)。访问官方网址 http://unity3d.com/webplayer/ 即可下载 UnityWebPlayer.exe 安装包，下载后关闭浏览器，双击 UnityWebPlayer.exe 安装包进行安装。步骤 1：打开要发布的 Unity 3D 工程，执行 File→Build Settings 菜单命令。步骤 2：执行 File(文件)→Build Settings(发布设置)菜单命令，打开场景发布窗口，新建的项目默认发布到 Web 平台，单击 Add Current 按钮，将刚刚保存的场景添加到发布窗口中，然后选中发布窗口中的 Web Player(网页播放器)选项，接下来单击 Switch Platform(交换平台)按钮启动该平台。平台启动后，该平台选项后会出现 Unity 3D 图标，同时 Switch Platform 按钮会变成灰色。步骤 3：平台启动成功后，单击 Build(发布)按钮，发布 Web 文件，由于发布的是两个文件，所以需要创建一个文件夹，本案例将其命名为 scene。步骤 4：发布文件。双击 scene.html 打开页面，在弹出的系统提示中单击"允许阻止 ActiveX 控件"即可。

（5）将 Unity 3D 应用项目发布到 Android 平台

Android 是目前最流行的一个词，Android 的游戏、软件等几乎是人们每天都要用到的。要将 apk 文件发布到 Android 平台，必须先安装两个工具：Java(JDK)和 Android 模拟器(SDK)。Java 是 Android 平台的主要开发语言，搞 Android 开发的读者肯定具备了 Java 基础，所以这里就不再讲解 Java 开发环境(JDK)的下载与安装了，不了解的读者可以补充学习 JDK 下载与安装教程以及 Java JDK 环境变量配置。

Android 模拟器(SDK)的安装需进入网址 https://developer.android.google.cn/studio/index.html 选择适合自己的计算机类型的 Android SDK，在网页最下端选择 SDK 进行下载。将下载好的工具解压，接下来找到 SDK Manager，将 SDK Manager 复制到 tools 文件夹下，打开 tools→android 并运行。选择相关开发工具，单击 Install 按钮开始安装 Android SDK。

安装了 Android SDK，接下来便可将开发完成的 Unity 3D 游戏发布到 Android 平台上，实现手机端发布。步骤 1：在 Unity 3D 中发布 Android 的 APK，打开 Unity 3D，找到要发布的项目。步骤 2：执行 File→Build Settings 菜单命令，单击 Open Download Page 按钮。步骤 3：执行 Edit→Preferences→External tools 菜单命令添加环境变量路径。步骤 4：单击 Switch Platform 按钮转换平台。步骤 5：单击 Player Settings 按钮，配置相关属性。步骤 6：创建 Company Name 和 Product Name，要保证下方 Other Settings 中的 Package Name 与其一致。步骤 7：执行 File→Build Settings→Build 菜单命令进行测试，导出的文件为 APK 格式。游戏发布成功后可以看见一个小图标。发布好后，将其直接复制到用户的 Android 机器中，安装完成后即可运行。

5.3　图形用户界面与脚本开发

5.3.1　Unity 3D 脚本编程概述

Unity 3D 脚本用来界定用户在虚拟环境中的行为,有处理输入、操作各个 Game Object、维护状态和管理逻辑等功能,实现数据交互并监控程序运行状态,是 VR/AR 制作中不可或缺的一部分。Unity 3D 主要支持 3 种语言:C♯、UnityScript(也就是 JavaScript for Unity)以及 Boo。但是选择 Boo 作为开发语言的使用者非常少,而 Unity 公司还需要投入大量的资源来支持它,这显然非常浪费。所以在 Unity 5.0 后,Unity 公司放弃对 Boo 的技术支持。目前,官方网站上的教程及示例基本上都是关于 JavaScript 和 C♯ 语言的,使用 JavaScript 语言更容易上手,建议初学者选择 JavaScript 作为入门阶段的脚本编辑语言。Unity 3D 中的 JavaScript 也称 UnityScript,和基于浏览器的 JavaScript 有比较大的区别。JavaScript 是一种由 Netscape 公司的 LiveScript 发展而来的原型化继承的面向对象类语言,并且是一种区分大小写的客户端脚本语言。到了进阶阶段,可以改用 C♯ 语言编辑脚本,C♯ 是微软公司开发的一种面向对象编程语言。由于有强大的 .NET 类库支持,以及由此衍生出的很多跨平台语言,而且因为 C♯ 语言在编程理念上符合 Unity 3D 引擎原理。因此,C♯ 在 Unity3D 开发的游戏中的使用比例超过了 80%。在 Unity 界面上选中 Scripts 文件夹,在其中右键,选择 Create→C♯ Script(图 5-7),即可使用 C♯ 开发脚本。

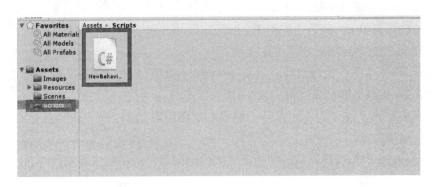

图 5-7　创建一个 Scripts 文件夹并在其中新建一个 C♯ 脚本

5.3.2　Unity 3D 脚本的生命周期

(1) Unity 3D 事件函数

Unity3D 中的脚本不像常规程序在一个循环中的执行必须到任务完成,而是通过调用一些事先声明好的函数,断断续续地将控制权传给一个脚本,在特定的情况下被回调会实现特定的功能。当一个函数执行完毕后,控制权便又交回给 Unity 3D,这些函数就是事件函数。下面按照脚本的执行顺序介绍一些常用的 Unity 3D 事件函数:

Awake():当前控制脚本实例被装载的时候调用,一般为初始化实例时使用。

Start():当前控制脚本第一次执行 Update 之前调用,即 Start 方法在虚拟场景加载时被调用,在该方法内可以写一些场景初始化之类的代码。

Update():最常用的事件函数,Update 方法会在每一帧渲染之前被调用,大部分程序代码在这里执行,除了物理部分的代码。

FixedUpdate():每固定帧绘制时执行一次,与 Update 不同的是 FixedUpdate 是渲染帧执行,当渲染效率低下时,FixedUpdate 的调用次数也会跟着下降。FixedUpdate 方法会在固定的物理时间步调调用一次,这里也是基本物理行为代码执行的地方。

OnEnable():当脚本被启用时调用。

OnDisable():当脚本被禁用时调用。

OnDestroy():当脚本的宿主物体被销毁的时候调用。

(2) 脚本的生命周期

Unity 3D 中编写的脚本一般都会绑定到一个 GameObject 上,这个 GameObject 就是程序的一个基础元素。Start 和 Update 函数都叫作生命周期函数。脚本的生命周期分为多个阶段,在各个阶段中有各自的事件函数。一个脚本的生命周期就是和它绑定的 GameObject 息息相关的,当程序开始运行的时候,Unity 3D 会为每一个场景中活跃的 GameObject 上的脚本生成一个对象,而当脚本的宿主物体(即脚本所绑定的物体)被销毁的时候,脚本的对象也就不存在了。

① 阶段一:编辑。

Reset:当脚本第一次依附在 Game Object 上或使用了 Reset 命令时调用,用来初始化脚本的属性。

② 阶段二:第一场景加载。

Awake:在任何 Start 函数之前调用,也是在 Prefab 被实例化之后调用的。

OnEnable:此对象启用后才调用此函数。

OnLevelWasLoaded:执行该功能以通知游戏已经加载了一个新的级别。

③ 阶段三:在第 1 帧更新之前。

Start:仅在脚本实例启用后才在第 1 帧更新前调用启动。

④ 阶段四:帧之间。

OnApplicationPause:在正常的帧更新之间检测到暂停的帧的末尾被调用。

⑤ 阶段五:更新。

FixedUpdate:FixedUpdate 通常比 Update 更频繁地被调用。

Update:每帧调用一次更新,是帧更新的主要功能。

LateUpdate:Update 更新完成后,每帧调用 LateUpdate 一次。

⑥ 阶段六:渲染。

OnPreCull:在相机剔除场景之前调用,剔除那些对象对于相机是可见的。

OnBecameVisible / OnBecameInvisible:当对象对于任何相机变为可见/不可见时调用。

OnWillRenderObject:如果对象可见,则为每个摄像机调用一次。

OnPreRender:在相机开始呈现场景之前调用。

OnRenderObject:在所有常规场景渲染完成后调用。

OnPostRender：在相机完成渲染场景后调用。

OnRenderImage：场景渲染完成后允许屏幕图像后期处理调用。

OnGUI：每帧调用多次以响应 GUI 事件。首先处理布局和重绘事件，然后处理每个输入事件的布局和键盘/鼠标事件。

OnDrawGizmos：用于在场景视图中绘制 Gizmos 以进行可视化。

⑦ 阶段七：协同程序。

Yield：在下一帧调用所有更新功能后，协调程序继续。

Yield WaitForSeconds：在指定的时间延迟之后，帧调用所有更新功能之后继续。

Yield WaitForFixedUpdate：在所有脚本上调用了所有 FixedUpdate 之后继续。

Yield WWW：在一个 WWW 下载完成后继续。

Yield StartCoroutine：链接协同程序，并等待 MyFunc 协同程序首先完成。

⑧ 阶段八：对象毁灭。

OnDestroy：在对象存在的最后一帧的所有帧更新之后调用此函数。

⑨ 阶段九：退出。

OnApplicationQuit：在应用程序退出之前，所有游戏对象都调用此函数。在编辑器中，当用户停止播放模式时被调用。

OnDisable：当该行为被禁用或不活动时，调用此函数。

（3）一些重要的类

Unity 3D 的脚本默认都会继承与 MonoBehavior 基类，不继承于与 MonoBehavior 的类通常用来存放一些全局的数据，它在整个程序运行的过程中都是存在的。脚本一个重要的功能就是操作 Game Object 对象，操作 Game Object 需要先获取要操作的 Game Object 类。

Transform 类继承于 Component 类，用于描述和控制一个三维或者二维物体的位置、旋转和缩放属性。在 Unity 3D 的场景中，每一个物体都有一个 Transform 组件，被用来存储和操控位移、旋转和缩放。Transform 允许拥有父对象，子对象的属性基于父对象的属性而发生偏移。

Transform 的常用属性有：Child Count，当前 Transform 所拥有的子对象的数量；Euler Angles，旋转的欧拉角度数；Local Euler Angles，当前 Transform 相对于父对象的旋转欧拉角；Local Position，相对于父对象的位置；Local Rotation，相对于父对象的旋转；Parent，此 Transform 的父对象。

Transfrom 的常用方法：DetachChildren，分离所有子对象；Rotate，指定一定的旋转角度给当前的对象；RotateAround，让当前的对象绕着某一个指定的点旋转一定的角度；Translate，让当前对象的位置沿着指定的方向和距离移动。

Vector3 三维向量类，使用它来记录一个物体在三维空间里 X、Y、Z 轴上的位置、旋转和缩放信息。Vector3 类定义了一些静态变量来代表一些常用的三维向量，如 Vector3.back 表示的是 Vector3(0, 0, -1)，Vector3.forward 表示的是 Vector3(0, 0, 1)等。在编程过程中可直接快捷地使用这些变量。

Vector3 的常用属性有：Magnitude，返回当前三维向量的长度（只读）；Normalized，返回当前向量的标准向量;X,当前向量的 X 值;Y,当前向量的 Y 值;Z,当前向量的 Z 值。Vector3 的常用方法有:Angle,返回两个 Vector3 向量之间的夹角;Cross,返回两个 Vector3 向量的叉乘;Lerp,在两个 Vector3 向量之间线性差值;MoveTowards,直线移动一个点到自标点。

Time 类是获取 Unity 内时间信息的接口,Time.DeltaTime 表示完成上一帧所需要的时间;Time.time 代表从程序开始到当前所经过的时间;Time.timeSinceLevelLoad 表示从当前场景加载完成到目前为止的时间;Time 类有近 20 个变量,详细内容可以查看 Scripting Reference(脚本手册)。

Rigidbody 类。Rigidbody 组件可以模拟物体在物理效果下的状态,它就是 Rigidbody 类实例化的对象。它可以让物体接受力和扭矩,让物体相对真实地移动。如果一个物体想被重力所约束,其必须含有 Rigidbody 组件,Rigidbody 类中包含了很多的成员变量。

CharacterController 类。角色控制器是 CharacterController 类的实例化对象,用于第三人称或第一人称游戏角色控制。它可以根据碰撞检测判断是否能够移动,而不必添加刚体和碰撞器,而且角色控制器不会受到力的影响,CharacterController 类包含了很多的成员变量。

5.3.3 Unity 3D 主要功能脚本编写

(1) 位移与旋转

在 Unity 中对游戏对象的操作都是通过脚本来修改游戏对象的 Transform(变换属性)与 Rigidbody(刚体属性)参数来实现的,这些参数的修改通过脚本编程来实现,具体开发流程如下:

① 创建 Cube 对象。点击 GameObject→3D Object→Cube,创建一个 Cube 对象作为本案例案例对象,可以在左侧面板点击 Cube 查看其相关属性。

② 编写脚本。在 Assets 面板点击 Create→C♯ Script,创建一个 C♯ 脚本,并将其命名为 BUNTrans,然后编写脚本,代码如下:

```
1 using UnityEngine;
2 using System.Collections;          //引入系统包
3  public class BNUTransR : MonoBehaviour {          //声明类
4   void Update(){          //重写 Update 方法
5    this.transform.Rotate(2,0,0);          //绕 x 轴每帧旋转 2°
6}}
```

③ 挂载脚本。脚本开发完成后,将脚本挂载到游戏对象上,代码如下:

```
1using UnityEngine;
2using System.Collections;          //引入系统包
3public class BNUTransT : MonoBehaviour{          //声明类
4  void Update(){          //重写 Update 方法
5    this.transform.Translate(0, 0, 1);          //物体每帧沿 z 轴移动 1 个单位长度
6}}
```

（2）记录时间

记录时间需要用到 Time 类，Time 类中比较重要的变量为 deltaTime，它指的是从最近一次调用 Update 或者 FixedUpdate 方法到现在的时间。

```
1using UnityEngine；
2using System.Collections；        //引入系统包
3public class BNUTime：MonoBehaviour{         //声明类
4   void Update(){        //重写 Update 方法
5     this.transform.Rotate(10 * Time.deltaTime, 0, 0)；        //绕 x 轴均匀旋转
6}}
```

（3）访问游戏对象组件

在 Unity 中组件属于游戏对象，组件（Component）其实是用来绑定到游戏对象（Game Object）上的一组相关属性。本质上每个组件是一个类的实例。常见的组件有：MeshFilter、MeshCollider、Renderer、Animation 等等。

```
1using UnityEngine；
2using System.Collections；        //引入系统包
3public class BNUComponent：MonoBehaviour {         //声明类
4   void Update(){        //重写 Update 方法
5     transform.Translate(1, 0, 0)；        //沿 x 轴移动一个单位
6     GetComponent<Transform>().Translate(1, 0, 0)；//沿 x 轴移动一个单位
7}}
```

（4）协同程序和中断

协同程序，即在主程序运行时同时开启另一段逻辑处理，来协同当前程序的执行。但它与多线程程序不同，所有的协同程序都是在主线程中运行的，它还是一个单线程程序。在 Unity 中可以通过 StartCoroutine 方法来启动一个协同程序。终止一个协同程序可以使用 StopCoroutine(string methodName)，而使用 StopAllCoroutines() 是用来终止所有可以终止的协同程序，但这两个方法都只能终止该 MonoBehaviour 中的协同程序。

```
1using UnityEngine；
2using System.Collections；        //引入系统包
3public class BNUCoroutine：MonoBehaviour{         //声明类
4   IEnumerator Start(){         //重写 Start 方法
5     StartCoroutine("DoSomething", 2.0F)；        //开启协同程序
6     yield return new WaitForSeconds(1)；        //等待 1s
7     StopCoroutine("DoSomething")；}        //中断协同程序
8   IEnumerator DoSomething(float someParameter){        //声明 DoSomething 方法
9   while (true){        //开始循环
10          print("DoSomething Loop")；        //打印提示信息
11      yield return null；}}}
```

（5）脚本编译

脚本的具体编译需要以下四步：①在 Standard Assets，Pro Standard Assets，Plugins 中的脚本被首先编译。在这些文件夹之内的脚本不能直接访问这些文件夹以外的脚本，不能直接引用类或它的变量，但是可以使用 GameObject. SendMessage 与他们通信。②在 Standard Assets/Editor，Pro Standard Assets/Editor，Plugins/Editor 中的脚本接着被编译。如果你想要使用 UnityEditor 命名空间，你必须放置你的脚本到这些文件夹。③然后在 Assets/Editor 外面的，并且不在①、②中的脚本文件被编译。④所有在 Assets/Editor 中的脚本，最后被编译。

5.3.4 Unity 3D 图形用户界面 GUI 介绍

在基于 Unity 3D 的 VR/AR 开发过程中，为了系统用户的交互性，开发人员往往会通过制作大量的图形用户界面（Graphical User Interface，GUI）来增强这一效果。Unity 3D 中的图形系统分为 OnGUI、NGUI、UGUI 等，这些类型的图形系统内容十分丰富，包含通常使用到的按钮、图片、文本等控件。

早期的 Unity 3D 采用的是 OnGUI 系统，后来进展到 NGUI 系统。NGUI 是一个老牌的 Unity UI 插件解决方案，NGUI 是严格遵循 KISS(Keep It Simple, Stupid.)原则并采用 C#语言编写的 Unity 插件，提供强大的 UI 系统和时间通知框架。在 Unity4.6 以后，Unity 推出了新的 UGUI，包括后面的 Unity5.x 都采用了这一新的系统，采用全新的独立坐标系和 UGUI 用户界面。与传统的 GUI 相比，它具有使用灵活、界面美观、支持个性化定制等特点，并且还支持多语言本地化，为 VR 开发者提供了更高的运转效率。Unity 3D 的 OnGUI 系统的可视化操作界面较少，大多数情况下需要开发人员通过代码实现控件的摆放以及功能的修改。开发人员需要通过给定坐标的方式对控件进行调整，规定屏幕左上角坐标为(0,0,0)，并以像素为单位对控件进行定位。OnGUI 中常用的控件有：Button 控件、Box 控件、Label 控件、Background Color 控件、Color 控件、TextField 控件、TextArea 控件、ScrollView 控件、Slider 控件、ToolBar 控件、ToolTip 控件、Drag Window 控件、Window 控件、贴图控件、Skin 控件和 Toggle 控件等等。

UGUI 系统有灵活、快速、可视化的特点，对于开发者来说，UGUI 运行效率高、执行效果好、易于使用、方便扩展，与 Unity 3D 兼容性高。在 UGUI 中创建的所有 UI 控件都有一个 UI 控件特有的 Rect Transform 组件。在 Unity 3D 中创建的三维物体是 Transform，而 UI 控件的 Rect Transform 组件是 UI 控件的矩形方位，其中的 PosX、PosY、PosZ 指的是 UI 控件在相应轴上的偏移量。UI 控件除了 Rect Transform 组件外，还有一个 Canvas Renderer(画布渲染)组件，一般不用理会它，因为它不能被点开。UGUI 中常用的控件有：Canvas 画布、事件系统、Panel 控件、Text 控件、Image 控件、Raw Image 控件、UGUI Button 控件、UGUI Toggle 控件、UGUI Slider 控件、Scrollbar 控件和 Input Field 控件等。

5.3.5 UGUI 图形用户界面开发

若想创建一个 Button 控件，按步骤在 Unity 开发环境中点击菜单 Game Object→UI→Button；在 EventSystem 游戏对象上挂载了一系列组件用于控制各类事件，在 UGUI 另一个重要组成部分 Canvas(画布)下的每一个控件都会包含一个 Rect Transform 组件。在 Canvas 控件下的 Canvas 组件中还可以设置 UI 的渲染模式,Unity 一共支持三种渲染模式,分别为 Screen Space-Overlay、Screen Space-Camera、World Space。

Canvas 和 Rect Transform 组件。Canvas(画布)是 UGUI 最基本的部分,所有的 UGUI 对象都依赖于 Canvas,Canvas 是所有 UI 对象的根元素。创建画布有两种方式:一是通过菜单直接创建;二是直接创建一个 UI 组件时自动创建一个容纳该组件的画布。不管用哪种方式创建画布,系统都会自动创建一个名为 EventSystem 的游戏对象,上面挂载了若干与事件监听相关的组件可供设置。在画布上有一个 Render Mode 属性,它有 3 个选项,分别对应画布的 3 种渲染模式:Screen Space-Overlay、Screen Space-Camera 和 World Space。Canvas 是画布,是摆放所有 UI 元素的区域,在场景中创建的所有控件都会自动变为 Canvas 游戏对象的子对象,若场景中没有画布,在创建控件时会自动创建画布。

新建一个场景命名为 Canvas,保存在 Assets/Scenes 目录下,选择 Game Object 菜单下的 UI → Canvas,在 Scene 视图中单击 2D 按钮切换为平面视图。双击 Hierarchy 视图下的 Canvas,使画布居中显示,选中 Canvas 后观察 Inspector 面板,可以看到 Canvas 在场景中是一个矩形,在 Scene 视图中选中 Canvas 可以看到矩形周围有四个点表示可以拖动。Canvas 组件的属性 Render Mode(渲染模式)的值为 Screen Space-Overlay,表示画布的大小是由屏幕尺寸决定的,运行时画布将充满整个屏幕,并且当设备的分辨率变化时,Canvas 的大小也会相应变化。如果把 Render Mode 调整为 World Space,就会发现 Canvas 的大小可调了。但 Screen Space-Overlay 是比较常用的渲染模式,所以还是将 Render Mode 设置为 Screen Space-Overlay。通常情况下 UI 由设计师给出。UI 图的分辨率是固定的,如果设备的分辨率不一样,可能会导致 UI 错乱、重叠等问题。在 Canvas Scaler 组件中,将 UI Scale Mode 调整为 Scale With Screen Size。Reference Resolution 调整为 UI 图的分辨率,如 1366×768 分辨率,Screen Match Mode 设置为 Expand。

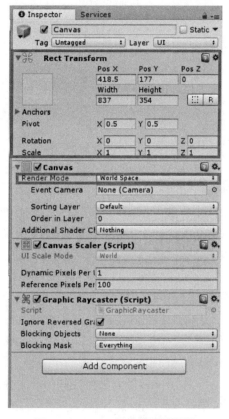

图 5-8 Canvas 组件的属性面板

Rect Transform 是一种用于所有 UI 元素的新 Transform 组件;Rect Transform 拥有常规的 Transform 组件位置、旋转和缩放,也具有宽度和高度用于指定矩形的尺寸;Rect Transform 有 Anchors(锚点)和 Pivot(中心点)的概念,旋转和缩放将围绕 Pivot 中心点发生变化;锚点在场景视图中显示为 4 个小三角形手柄,如果一个 Rect Transform 的父项也是一个 Rect Transform,那么可以将子 Rect Transform 锚定到父 Rect Transform 上(图 5-8)。

EventSystem 事件系统组件。创建 UGUI 控件后,Unity 3D 会同时创建一个叫 Event System(事件系统) 的 GameObject,用于控制各类事件。如图 5-9 所示可以看到 EventSystem 的 Inspector 面板中有两个重要的组件,一个用于响应标准输入,另一个用于响应触摸操作。第一个是 Event System 事件处理组件,将基于输入的事件发送到应用程序中的对象,使用键盘、鼠标、触摸或自定义输入均可。第二个是 Standalone Input Module 独立输入模块。用于鼠标、键盘和控制器。该模块被配置为查看 InputManager,基于输入 InputManager 管理器的状态发送事件。Input Module 封装了 Input 模块的调用,根据用户操作触发各 Event Trigger。

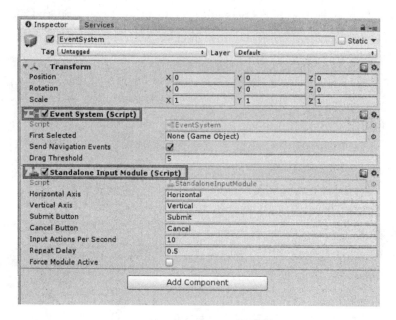

图 5-9　EventSystem 组件的属性面板

Panel 控件又叫面板,面板实际上就是一个容器,在其上可放置其他 UI 控件。当移动面板时,放在其中的 UI 控件就会跟随移动,这样可以更加合理与方便地移动与处理一组控件。拖动面板控件的 4 个角或 4 条边可以调节面板的大小。一个功能完备的 UI 界面往往会使用多个 Panel 容器控件,而且一个面板里还可套用其他面板,创建一个面板时,此面板会默认包含一个 Image(Script)组件,其中 Source Image 用来设置面板的图像,Color 用来改变面板的颜色。

UGUI 中创建的很多 UI 控件都有一个支持文本编辑的 Text 控件。Text 控件也称为标签,Text 区域用于输入将显示的文本。它可以设置字体、样式、字号等内容。

Image 控件除了两个公共的组件 Rect Transform 与 Canvas Renderer 外,默认的情况下就只有一个 Image 组件,其中,Source Image 是要显示的源图像,要想把一个图片赋给 Image,需要把图片转换成 Sprite 格式,转化后的 Sprite 图片就可拖放到 Image 的 Source Image 中了。转换方法为:在 Project 视图中选中要转换的图片,然后在 Inspector 属性面板中,单击 Texture Type(纹理类型)右边的下拉列表,选中 Sprite(2D and UI)并单击下方的 Apply 按钮,就可以把图片转换成精灵格式,然后就可以拖放到 Image 的 Source Image 中了。Image 控件的参数如下：Color 设置应用在图片上的颜色，Image Type 设置贴图类型，Material 设置应用在图片上的材质。

5.4 三维模型与动画系统

5.4.1 三维模型导入

三维模型是用三维建模软件建造的立体模型，也是构成 Unity 3D 场景的基础元素。Unity 3D 几乎支持所有主流格式的三维模型，如 FBX 文件和 OBJ 文件等。开发者可以将三维建模软件导出的模型文件添加到项目资源文件夹中，将其显示在 Assets 面板中。

当今主流的三维建模软件有 3ds Max、Maya 和 Cinema4D 三种。这些软件广泛应用于模型制作、工业设计、建筑设计、三维动画等领域，每款软件都有自己独特的功能和专有的文件格式。正因为能够利用这些软件来完成建模工作，Unity 3D 才可以展现出丰富的游戏场景以及真实的角色动画。

① Autodesk 3D Studio Max 简称 3ds Max，是 Autodesk 公司开发的基于 PC 系统的三维动画渲染和制作软件，3ds Max 可谓是最全面的三维建模软件，有着良好的技术支持和社区支持，是一款主流且功能全面的三维建模工具软件。

② Autodesk Maya 是 Autodesk 公司旗下的著名三维建模和动画软件。Maya 2018 可以大大提高电影、电视、游戏等领域开发、设计、创作的工作流效率，同时改善了多边形建模，通过新的算法提高了性能，多线程支持可以充分利用多核心处理器的优势。新的 HLSL 着色工具和硬件着色 API 则可以大大增强新一代主机游戏的视觉效果，另外，它在角色建立和动画方面也更具弹性。

③ Cinema 4D 的字面意思是 4D 电影，不过其本身还是 3D 的表现软件，由德国 Maxon Computer 公司开发，以极高的运算速度和强大的渲染插件著称，其很多模块的功能代表同类软件中的科技进步成果，并且在用其描绘的各类电影中表现突出，随着其技术越来越成熟，Cinema 4D 受到越来越多的电影公司的重视。

将三维模型导入 Unity 3D 是游戏开发的第一步。下面以 3ds Max 为例，演示从三维建模软件中将模型导入 Unity 3D 的过程，具体步骤如下：步骤 1，在 3ds Max 中创建房子模型。步骤 2，执行 Export→Export 命令导出 fbx 模型。步骤 3，设置保存路径以及文件名。步骤 4，选择默认设置选项，单击 OK 按钮。步骤 5，再次单击 OK 按钮，即可生成 fbx 文件。步骤 6，创建一个 Unity 3D 新项目。步骤 7，将生成的 fbx 文件导入 Project 视图。步骤 8，将模型拖入 Scene 视图中。步骤 9，创建地面并为地面贴上大理石材质。步骤 10，创建一个开关门，执行 GameObject→3D Object→Cube 命令创建一个立方体，将其命名为 door。步骤 11，为门赋予材质。

5.4.2 三维模型制作规范

Unity 3D 模型制作规范如下所述：
① 单位比例统一。在建模型前先设置好单位，在同一场景中会用到的模型的单位设置

必须一样,例如,统一单位为米。模型与模型之间的比例要正确,和程序的导入单位一致,即便到程序需要缩放也可以统一调整缩放比例。

② 所有角色模型最好站立在原点。没有特定要求下,必须以物体对象中心为轴心。移动设备每个网格模型控制在 300～1 500 个多边形将会达到比较好的效果。而对于桌面平台,理论范围是 1 500～4 000 个。如果游戏中任意时刻内屏幕上出现了大量的角色,那么就应该降低每个角色的面数。正常单个物体控制在 1 000 个面以下,整个屏幕应控制在 7 500 个面以下。所有物体不超过 20 000 个三角面。整理模型文件,仔细检查模型文件,尽量做到最大优化,看不到的地方不需要的面要删除,合并断开的顶点,移除孤立的顶点,注意模型的命名规范。模型给绑定之前必须做一次重置变换。可以复制的物体尽量复制,如果一个 1 000 面的物体,烘焙好之后复制出去 100 个,那么它所消耗的资源基本和一个物体消耗的资源一样多。

③ 模型材质贴图规范。Unity 3D 软件作为仿真开发平台,该软件对模型的材质有一些特殊的要求,3ds Max 中不是所有材质都被 Unity3D 软件所支持,只有 standard(标准材质)和 Multi/Sub-Object(多维/子物体材质)被 Unity3D 软件所支持。Unity3D 目前只支持 Bitmap 贴图类型,其他所有贴图类型均不支持,只支持 Diffuse Color(漫反射)同 self-Illumination(自发光)贴图通道。

④ 贴图文件格式和尺寸。原始贴图不带通道的为 JPG 格式图像,带通道的为 32 位 TGA 格式图像或者 PNG 格式图像,尺寸最大别超过 2048,贴图文件尺寸须为 2 的 N 次方(8、16、32、64、128、256、512、1 024)最大贴图尺寸不能超过 1 024×1 024 像素,特殊情况下尺寸可在这些范围内做调整。

⑤ 贴图材质应用规则。贴图不能为中文命名,不能有重名;材质的命名与物体名称一致,材质的父子层级的命名必须一致;同种贴图必须使用一个材质球;材质的 ID 和物体的 ID 号必须一致;若使用 Complete Map 烘焙,烘焙完毕后会自动产生一个 Shell 材质,必须将 shell 材质变为 standard 标准材质,并且通道要一致,否则不能正确导出贴图;带 Alpha 通道的贴图存储为 TGA 格式或者 PNG 格式,在命名是必须加_al 以区分。

⑥ 模型需要通过通道处理时需要制作带有通道的纹理,在制作树的通道纹理时,最好将透明部分设为树的主色,这样在渲染时可以使有效边缘部分的颜色正确。通道纹理在程序渲染时占用的资源比同尺寸的普通纹理要多,通道纹理命名时应以_al 结尾。

⑦ 模型烘焙及导出。模型的烘焙方式有两种:一种是 Lighting Map 烘焙贴方式,这种烘焙贴图渲染出来的贴图只带有阴影信息,不包含基本纹理。具体应用于制作纹理较清晰的模型文件(如地形),原理是将模型的基本纹理贴图和 Lighting Map 阴影贴图两者进行叠加。优点是最终模型纹理比较清楚,而且可以使用重复纹理贴图,节约纹理资源。烘焙后的模型可以直接导出 FBX 文件,不用修改贴图通道。缺点是 Lighting Map 贴图不带有高光信息。另一种是 Complete Map 烘焙方式,这种烘焙贴图方式的优点是渲染出来的贴图本身就带有基本纹理和光影信息,但缺点是没有细节纹理,且在近处时纹理比较模糊。

⑧ 烘焙贴图设置。在进行 Complete Map 烘焙方式设置时应注意:贴图通道和物体 UV 坐标通道必须为 1 通道,烘焙贴图文件存储为 TGA 格式,背景要改为与贴图近似的颜色;Lighting Map 烘焙设置时,和 Complete Map 设置有些不同,贴图通道和物体 UV 坐标通道必须为 3 通道,烘焙时灯光的阴影方式为高级光线跟踪阴影,背景色要改为白色,可以

避免黑边的情况。

⑨ 模型绑定及动画。骨骼必须为 IK、CAT、BIP 三类,Unity 不认虚拟体动画,单个物体骨骼数量不超过 60 个。动画帧率、帧数的控制,一般情况下为每秒 10 帧,一个动画尽量控制在 1 秒内完成。导出动画,分开 2 个文件,导出没有动作的模型、骨骼,模型需要带有蒙皮信息。

⑩ 模型导出。将烘焙材质改为标准材质球,通道为 1,自发光 100%;所有物体名称、材质名称、贴图名称保持一致;合并顶点,清除场景,删除没用的一切物件;清材质球,删除多余的材质球(不重要的贴图要缩小);按要求导出 FBX(检查看是否要打组导出),导出 FBX 后,再重新导入 3ds Max 中查看一遍 FBX 的动画是否正确;根据验收表格对照文件是否正确。

⑪ 文件备份提交标准。最终确认后的 3ds Max 文件分角色模型、场景模型、道具模型带贴图分别存放到服务器相应的"项目名/model/char""项目名/model/scene""项目名/model/prop"文件夹里,动画文件对应的存放至 anim 文件夹中,导出的 OBJ、FBX 等格式文件统一存放至 export 文件夹下的子文件夹 anim、model、prop。

5.4.3 Unity 3D 动画系统

Mecanim 动画系统是 Unity 公司推出的全新动画系统,具有重定向、可融合等诸多新特性,可以帮助程序设计人员通过和美工人员的配合快速设计出角色动画。Unity 公司采用 Mecanim 动画系统逐步替换直至完全取代旧版动画系统,Unity 5.x 版本针对 Mecanim 动画系统的底层代码进行了升级优化,提升了动画制作的效果。

Mecanim 动画系统提供了 5 个主要功能:通过不同的逻辑连接方式控制不同的身体部位运动的能力;将动画之间的复杂交互作用可视化地表现出来,是一个可视化的编程工具;针对人形角色的简单工作流以及动画的创建能力进行制作;具有能把动画从一个角色模型直接应用到另一个角色模型上的 Retargeting(动画重定向)功能;具有针对 Animation Clips 动画片段的简单工作流,和针对动画片段以及它们之间的过渡和交互过程的预览能力,从而使设计师在编写游戏逻辑代码前就可以预览动画效果,可以使设计师能更快、更独立地完成工作。

Mecanim 动画系统适合人形角色动画的制作,人形骨架是在游戏中普遍采用的一种骨架结构。Unity 3D 为其提供了一个特殊的工作流和一整套扩展的工具集。由于人形骨架在骨骼结构上的相似性,用户可以将动画效果从一个人形骨架映射到另一个人形骨架,从而实现动画重定向功能。除了极少数情况之外,人物模型均具有相同的基本结构,即头部、躯干、四肢等。Mecanim 动画系统正是利用这一点来简化骨架绑定和动画控制过程。创建模型动画的一个基本步骤就是建立一个从 Mecanim 动画系统的简化人形骨架到用户实际提供的骨架的映射,这种映射关系称为 Avatar。

创建 Avatar。在导入一个角色动画模型之后,可以在 Import Settings 面板中的 Rig 选项下指定角色动画模型的动画类型,包括 Legacy、Generic 以及 Humanoid 三种模式。Unity 3D 的 Mecanim 动画系统为非人形动画提供了两个选项:Legacy(旧版动画类型)和 Generic(一般动画类型)。非人形动画的使用方法是:在 Assets 文件夹中选中模型文件,在

Inspector 视图中的 Import Settings 属性面板中选择 Rig 标签页,单击 Animation Type 选项右侧的列表框,选择 Generic 或 Legacy 动画类型即可。Humanoid,要使用 Humanoid(人形动画),单击 Animation Type 右侧的下拉列表,选择 Humanoid,然后单击 Apply 按钮,Mecanim 动画系统会自动将用户所提供的骨架结构与系统内部自带的简易骨架进行匹配,如果匹配成功,Avatar Definition 下的 Configure 复选框会被选中,同时在 Assets 文件夹中,一个 Avatar 资源会被添加到模型资源中。

配置 Avatar。Unity 3D 中的 Avatar 是 Mecanim 动画系统中极为重要的模块,正确地设置 Avatar 非常重要。不管 Avatar 的自动创建过程是否成功,用户都需要到 Configure Avatar 界面中确认 Avatar 的有效性,即确认用户提供的骨骼结构与 Mecanim 预定义的骨骼结构已经正确地匹配起来,并已经处于 T 形姿态。单击 Configure 按钮后,编辑器会要求保存当前场景,因为在 Configure 模式下,可以看到 Scene 视图(而不是 Game 视图)中显示出当前选中模型的骨骼、肌肉、动画信息以及相关参数。在这个视图中,实线圆圈表示的是 Avatar 必须匹配的,而虚线圆圈表示的是可选匹配的。

人形动画重定向。在 Mecanim 动画系统中,人形动画的重定向功能强大,因为这意味着用户只要通过很简单的操作就可以将一组动画应用到各种各样的人形角色上。由于动画重定向功能只能应用到人形模型上,所以为了保证应用后的动画效果,必须正确地配置 Avatar。

5.4.4　动画状态机

Animator 组件。要让模型动起来,需要控制动画的组件 Animator。Animator 组件是关联角色及其行为的纽带,每一个含有 Avatar 的角色动画模型都需要一个 Animator 组件。Animator 组件引用了 Animator Controller 用于为角色设置行为,具体参数如下:Controller 控制器,关联到角色的 Animator 控制器;Avatar 骨架结构的映射,定义 Mecanim 动画系统的简化人形骨架结构到该角色的骨架结构的映射;Apply Root Motion 应用 Root Motion 选项,设置使用动画本身还是使用脚本来控制角色的位置;Animate Physics 动画的物理选项,设置动画是否与物理属性交互;Culling Mode 动画的裁剪模式,设置动画是否裁剪以及裁剪模式。

将 FBX 文件拖入场景,在模型的 Inspector 界面单击 Add Component,在搜索框中输入 Animator,找到并单击添加 Animator 组件(图 5-10)。Animation 类型有 Humanoid、Legacy 和 Generic。Avatar Definition 中选择 Create From This Model,即通过当前的模型来生成一个 Avatar。完成后单击 Apply,就会在 FBX 中产生一个 Avatar(图 5-11)。

Animator Controller 动画控制器。Animator Controller 可以从 Project 视图创

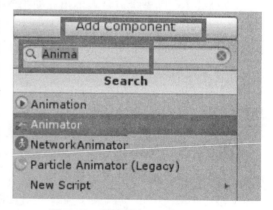

图 5-10　搜索添加 Animator 组件

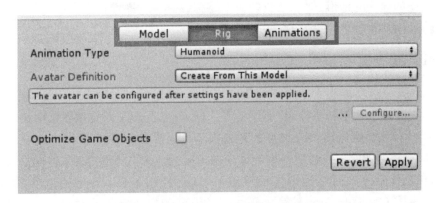

图 5-11　在 Inspector 面板中选择 Rig

建一个动画控制器(执行 Create→Animator Controller 命令),同时会在 Assets 文件夹内生成一个后缀名为 .Controller 的文件。当设置好运动状态机后,就可以在 Hierarchy 视图中将该 Animator Controller 拖入含有 Avatar 的角色模型 Animator 组件中。通过动画控制器视图(执行 Window→Animator Controller 命令)可以查看和设置角色行为,值得注意的是,Animator Controller 窗口总是显示最近被选中的后缀为 .Controller 的资源的状态机,与当前载入的场景无关。

Animator 动画状态机。一个角色常常拥有多个可以在游戏中不同状态下调用的不同动作。例如,一个角色可以在等待时呼吸或摇头,在得到命令时行走,从一个平台掉落时惊慌地伸手。当这些动画回放时,使用脚本控制角色的动作是一个复杂的工作。Mecanim 动画系统借助动画状态机可以很简单地控制和序列化角色动画。状态机对于动画的重要性在于它们可以很简单地通过较少的代码完成设计和更新。每个状态都有一个当前状态机在那个状态下将要播放的动作集合。这使动画师和设计师不必使用代码定义可能的角色动画和动作序列。Mecanim 动画状态机提供了一种可以预览某个独立角色的所有相关动画剪辑集合的方式,并且允许在游戏中通过不同的事件触发不同的动作。动画状态机可以通过动画状态机窗口进行设置。动画状态机之间的箭头标示两个动画之间的连接,右击一个动画状态单元,在快捷菜单中执行 Make Transition 命令创建动画过渡条件,然后单击另一个动画状态单元,完成动画过渡条件的连接。过渡条件用于实现各个动画片段之间的逻辑,开发人员通过控制过渡条件可以实现对动画的控制。要对过渡条件进行控制,就需要设置过渡条件参数,Mecanim 动画系统支持的过渡条件参数有 Float、Int、Bool 和 Trigger 4 种。下面介绍创建过渡条件参数的方法。在动画状态机左侧的 Parameters 面板中单击右上方的"+"可选择添加合适的参数类型(Float、Int、Bool 和 Trigger 任选其一),然后输入想要添加的参数过渡条件(如 idle、run、attack、death 等)。最后在 Inspector 属性编辑器 Conditions 列表中单击"+"创建参数,并选择所需的参数即可。

5.5　场景地形与环境特效

三维虚拟世界大多能给人以沉浸感,在三维游戏世界中,通常会将很多丰富多彩的元素融合在一起,比如起伏的地形、郁郁葱葱的树木、蔚蓝的天空、漂浮在天空中的朵朵祥云、实时的声音等,让用户置身虚拟世界,忘记现实。

5.5.1 Unity 3D 地形系统

Unity 3D 有一套功能强大的地形编辑器,支持以画笔精细地雕刻出山脉、峡谷、平原、盆地等地形,同时还包含了材质纹理、动植物等功能,可以让开发者实现场景中任何复杂的地形。场景涉及人物、地形以及各类型的建筑模型。大多数人物模型和建筑模型都是在 3ds Max、Maya 等专业的三维模型制作软件中做出来的。虽然 Unity 3D 也提供了三维建模,但还是相当简单。不过在地形方面 Unity 3D 已经相当强大。创建地形,执行菜单 GameObject→3D Object→Terrain 命令,窗口内会自动产生一个平面,这个平面是地形系统默认使用的基本原型。在 Hierarchy 视图中选择主摄像机,可以在 Scene 视图中观察到地形。如果想调节地形的显示区域,可以调整摄像机或地形的位置与角度,让地形正对着我们。

Unity 3D 创建地形时采用了默认的地形大小、宽度、厚度、图像分辨率、纹理分辨率等,这些数值是可以任意修改的。选择创建的地形。在 Inspector 视图中找到 Resolution 属性面板,Resolution 属性面板的参数如下:Terrain Width 地形宽度,全局地形总宽度;Terrain Length 地形长度,全局地形总长度;Terrain Height 地形高度,全局地形允许的最大高度;Heightmap Resolution 高度图分辨率,全局地形生成的高度图的分辨率;Detail Resolution 细节分辨率,全局地形所生成的细节贴图的分辨率;Detail Resolution Per Patch 每个子地形块的网格分辨率,全局地形中每个子地形块的网格分辨率;Control Texture Resolution 控制纹理的分辨率,把地形贴图绘制到地形上时所使用的贴图分辨率;Base Texture Resolution 基础纹理的分辨率,远处地形贴图的分辨率。

Unity 3D 编辑地形有两种方法:一种是通过地形编辑器编辑地形,另一种是通过导入一幅预先渲染好的灰度图来快速地为地形建模。地形上每个点的高度表示为一个矩阵中的一列值。这个矩阵可以用一个被称为高度图(heightmap)的灰度图来表示。灰度图是一种使用二维图形来表示三维的高度变化的图片。近黑色的、较暗的颜色表示较低的点,接近白色的、较亮的颜色表示较高的点。通常可以用 Photoshop 或其他三维软件导出灰度图,灰度图的格式为 RAW 格式,Unity 3D 可以支持 16 位的灰度图。Unity 提供了为地形导入、导出高度图的选项。单击 Settings Tool 按钮,找到标记为 Import RAW 和 Export RAW 的按钮。这两个按钮允许从标准 RAW 格式中读出或者写入高度图,并且兼容大部分图片和地表编辑器。

在 Unity 3D 中,除了使用高度图来创建地形外,还可以使用画刷来绘制地形。因为 Unity 3D 为开发者提供了强大的地形编辑器,通过菜单中的 Game Object→3D Object→Terrain 命令,可以为场景创建一个地形对象。初始的地表只有一个巨大的平面。Unity 3D 提供了一些工具,可以用来创建很多地表元素。开发者可以通过地形编辑器来轻松实现地形以及植被的添加。

地形菜单栏一共有 7 个按钮,含义分别为编辑地形高度、编辑地形特定高度、平滑过渡地形、地形贴图、添加树模型、添加草、添加网格模型,每个按钮都可以激活相应的子菜单对地形进行操作和编辑。

左边第一个按钮激活 Raise/Lower Height 工具,当使用这个工具时,高度将随着鼠标在地形上扫过而升高。如果在一处固定鼠标,高度将逐渐增加。这类似于在图像编辑器中的喷雾器工具。如果鼠标操作时按下 Shift 键,高度将会降低。不同的刷子可以用来创建不同的效果。例如,创建丘陵地形时,可以通过 soft-edged 刷子进行高度抬升。而对于陡峭的山峰和山谷,可以使用 hard-edged 刷子进行高度削减。

Paint Height 工具。左边第二个工具是 Paint Height,类似于 Raise/Lower 工具,但多了一个属性 Height,用来设置目标高度。当在地形对象上绘制时,高度的上方区域会下降,下方的区域会上升。开发者可以使用高度属性来手动设置高度,也可以使用地形上 Shift+单击对鼠标位置的高度进行取样。在高度属性旁边是一个 Flatten 按钮,它简单地拉平整个地形到选定的高度,这对设置一个凸起的地平线很有用。如果要绘制的地表包含高出水平线和低于水平线的部分,如在场景中创建高原以及添加人工元素(如道路、平台和台阶),用 Paint Height 都很方便。

Smooth Height 工具。左边第三个工具 Smooth Height 并不会明显地抬升或降低地形高度,但会平均化其附近的区域。这缓和了地表,降低了陡峭变化,类似于图片处理中的模糊工具(Blur Tool)。Smooth Height 可以用于缓和地表上尖锐、粗糙的岩石。

地形纹理绘制。在地形的表面上可以添加纹理图片以创造色彩和良好的细节。由于地形是如此巨大的对象,在实践中标准的做法是使用一个无空隙的(即连续的)重复的纹理,在表面上用它成片地覆盖,可以绘制不同的纹理区域以模拟不同的地面,如草地、沙漠和雪地。绘制出的纹理可以在不同的透明度下使用,这样就可以在不同地形纹理间形成渐变,效果更自然。地形编辑器左边第四个按钮是纹理绘制工具,单击该按钮并且在菜单中执行 Add Texture 命令,可以看到一个窗口,在其中可以设置一个纹理和它的属性。添加的第一个纹理将作为背景使用而覆盖地形。如果想添加更多的纹理,可以使用刷子工具,通过设置刷子尺寸、透明度及目标强度(Target Strength)选项,实现不同纹理的贴图效果。

树木绘制。Unity 3D 地形可以布置树木,可以像绘制高度图和使用纹理那样将树木绘制到地形上,但树木是固定的、从表面生长出的三维对象。Unity 3D 使用了优化(例如,对远距离树木应用广告牌效果)来保证好的渲染效果,所以一个地形可以拥有上千棵树组成的茂密森林,同时保持可接受的帧率。单击 Edit Trees 按钮并且选择 Add Tree 命令,将弹出一个窗口,从中选择一种树木资源。当一棵树被选中时,可以在地表上用绘制纹理或高度图的方式来绘制树木,按住 Shift 键可从区域中移除树木,按住 Ctrl 键则只绘制或移除当前选中的树木。

草和其他细节。一个地形表面可以有草丛和其他小物体,比如覆盖表面的石头。草地使用二维图像进行渲染来表现草丛,而其他细节从标准网格中生成。在地形编辑器中单击 Edit Details 按钮,在出现的菜单中将看到 Add Grass Texture 和 Add Detail Mesh 选项,选择 Add Grass Texture,在出现的窗口中选择合适的草资源。

风域。地形中的草丛在运行测试时可以随风摆动,如果要实现树木的枝叶如同现实中一样随风摇摆的效果,就需要加入风域。风域不仅能实现风吹树木的效果,还能模拟爆炸时树木受到波及的效果。执行 Game Object→3D Object→Wind Zone 菜单命令,创建一个风域。需要注意的是,风域只能作用于树木,对其他对象没有效果。

5.5.2 灯光与相机

（1）灯光

对于每一个场景而言,灯光是非常重要的部分。网格和纹理定义了场景的形状和外观,而灯光定义了场景的颜色和氛围。可以通过从菜单中选择 Game Object→Create Other 并将其添加到场景中,一旦添加了一个灯光就可以像操作其他物体一样操作它,可以通过选择 Component→Rendering→Light 为选中的物体添加一个灯光组件。在灯光的检视面板中有许多不同的选项,明亮太阳光、黄昏、中度光、夜光等。灯光的属性通过简单地改变灯光的颜色,可为场景添加完全不同的气氛（图5-12）。

在 Unity 3D 中有三种不同类型的灯光:点光源（Point Lights）从一个位置向所有方向发射相同强度的光,就像灯泡一样;方向光（Directional Lights）放置于无穷远处并影响场景中所有的物体,就像太阳一样;投射光（Spot Lights）从一个点向一个方向发光,像一个车灯一样照亮一个锥形的范围。

灯光的属性有:类型（Type）,当前光照物体的类型;方向（Directional）,一个放置在无穷远的光源,它将影响场景中的所有物体并不会衰减;点（Point）,一个从它的位置向所有方向发光的光源,将影响位于它的范围内的所有物体;投射（Spot）,照亮一个锥形区域,只有在这

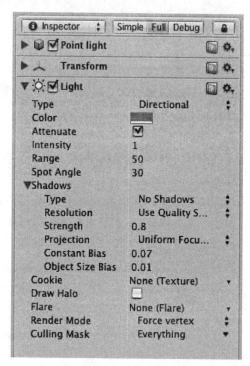

图 5-12 Unity 3D 的灯光检视面板

个区域中的物体才会受到它的影响;颜色（Color）,光线的颜色;衰减（Attenuate）,光照随着距离增大而减弱,如果禁用,物体的亮度将在进入或离开它的光照范围时突变,可以用来制作一些特殊的效果,如果是方向光这个参数将被忽略;范围（Range）,光线从光源的中心发射的距离;投射角（Spot Angle）,如果是投射光,这个参数将决定圆锥的角度;阴影（Shadows）,被该光源投射的阴影选项;类型（Type）,Hard 或 Soft 阴影,Soft 阴影更加费时;分辨率（Resolution）,阴影的细节;强度（Strength）,阴影的浓度,取值在 0 到 1 之间;投影（Projection）,方向光阴影的投影类型;恒定偏移（Constane Bias）,世界单元的阴影偏移;物体大小偏移（Object Size Bias）,依赖于投影大小的偏移,缺省的值为投影者大小的 1%;附加属性（Cookie）,可以为灯光附加一个纹理,该纹理的 Alpha 通道将被作为蒙版,以决定光照在不同位置的亮度,如果光源是一个投射或方向光,这个必须是 2D 纹理,如果光源是点光源,就需要一个 Cubemap;绘制光晕（Draw Halo）,如果选择了该选项,一个球形的光晕将被绘制光晕的半径等于范围（Range）;闪光（Flare）,可选的用于在光照位置上渲染的闪光;渲染模式

(Render Mode),选择光源是作为顶点光、像素还是自动的渲染方式。

（2）相机

相机是一个能够捕获并为用户显示虚拟世界的设备。通过设置和操纵相机,可以真实而独特地显示虚拟环境。在一个场景中你可以有无限多个相机,它们可以被设置为任意的渲染顺序、任意的渲染位置,或者特定的场景部分。

相机的属性参数有:背景颜色(Background Color),在所有的元素之后的屏幕颜色,没有天空盒;正规化视口矩形(Normalized View Port Rect),在屏幕坐标系下使用四个值来确定相机的哪些部分将显示在屏幕上;Xmin,相机视线开始绘制的开始水平坐标;Ymin,相机视线开始绘制的开始垂直坐标;Xmax,相机视线结束绘制的开始水平坐标;Ymax,相机视线结束绘制的开始垂直坐标;近裁剪面(Near Clip Plane),相对于相机的近绘制点;远裁剪面(Far Clip Plane),相对于相机的远绘制点;视野(Field of View),沿着局部 Y 轴的相机视角宽度;正视(Is Ortho Graphic),打开或关闭相机的景深效果;正交视线大小(Orthographic Size),在正交模式下的视口大小;深度(Depth),相机的绘制顺序,具有较高深度的相机将绘制在较低深度相机的上面;裁剪蒙版(Culling Mask),包含或忽略物体层,可以在监视面板中将一个物体赋给一个层;渲染目标(Render Target),指示一个渲染纹理,相机将输出到该纹理上,使用这个参数将使得相机不会渲染到屏幕上。

5.5.3 声音的添加

虚拟场景中的背景音乐的添加需要两个组件,Audio Source 组件与 Audio Listener 组件,一个是声音源(类似于播放器),一个是监听器(类似于人的耳朵)。Audio Source 组件,用于播放音频剪辑(AudioClip),点击相应的选项就可以添加相应的组件(图5-13)。首先新建一个空的游戏对象(一般直接加在相机上),然后给该游戏对象添加一个播放器 Audio Source,在一个场景中,可以有多个 Audio Source,只能有一个监听器 Audio Listener。

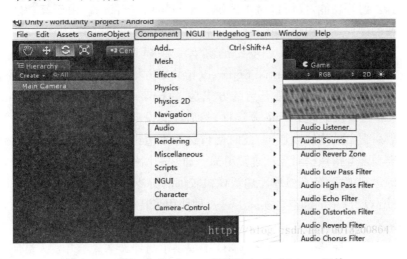

图 5-13 添加 Audio Source 组件和 Audio Listener 组件

Audio Source 面板中几个常用属性:①AudioClip,指定该音频源播放哪个音频文件;

②Mute,静音,勾选后为静音,但是音频仍处于播放状态;③Play On Awake,勾选后在场景启动时就开始播放;④Loop,勾选后音频会循环播放;⑤Volume,音量,值为 0 时声音最小,值为 1 时声音最大;⑥Pitch,速度,改变 Pitch 的值可以加速或减速音频的播放,1 为正常播放速度;⑦Spatial Blend,空间混合,设置声音是 2D 声音或 3D 声音,值为 0 时是 2D 声音,值为 1 时是 3D 声音,如果物体与声音源的距离无关,则是 2D 声音,如果物体与声音源的距离有关,它模拟真实环境,则是 3D 声音。

Audio Listener 是音频监听器组件。这个组件类似于人的耳朵,接收场景中任何声源发出的声音,并通过计算机的扬声器播放出来。这个组件一般被添加到主摄像机 Main Camera 上,并且一个场景中只能有一个 Audio Listener 组件,否则会报错。

接下来为场景添加音频文件,用脚本和按钮来控制声音的播放。例如,创建两个名为"摇头声音"和"招手声音"的按钮,编写控制声音播放的脚本,并为"摇头声音"和"招手声音"按钮添加事件,给脚本音频变量赋值。

5.5.4 环境特效

Unity 3D 开发引擎为了能够简单地还原真实世界中的场景,其中内置了雾特效并在标准资源包中添加了多种水特效,开发人员可以轻松地将其添加到场景中。需要注意的是,由于 Unity 5.0 以上版本在默认情况下都没有自带的天空盒,只有资源包,所以当需要使用天空盒资源时,需要人工导入天空盒的资源包。

水特效。在 Project 面板中右击,执行 Import Package→Environment 命令导入环境包,在打开的窗口中选中 Water 文件夹即可,然后单击 Import 按钮导入。导入完成后,找到 Water 文件夹下的 Prefab 文件夹,其中包含两种水特效的预制件,可将其直接拖曳到场景中,这两种水特效功能较为丰富,能够实现反射和折射效果,并且可以对其波浪大小、反射扭曲等参数进行修改。Water(Basic)文件夹下也包含两种基本水的预制件,基本水功能较为单一,没有反射、折射等功能,仅可以对水波纹大小与颜色进行设置,由于其功能简单,所以这两种水所消耗的计算资源很小,更适合移动平台的开发。

雾特效。Unity 3D 集成开发环境中的雾有三种模式,分别为 Linear(线性模式)、Exponential(指数模式)和 Exponential Squared(指数平方模式),这三种模式的不同之处在于雾效果的衰减方式。场景中雾效开启的方式是,执行菜单栏 Window→Lighting 命令打开 Lighting 窗口,在窗口中选中 Fog 复选框,然后在其设置面板中设置雾的模式以及雾的颜色。开启雾效后选出的物体被遮挡,此时便可选择不渲染距离摄像机较远的物体。这种性能优化方案需要配合摄像机对象的远裁剪面。通常先调整雾效,得到正确的视觉效果,然后调小摄像机的远裁剪面,使场景中距离摄像机较远的游戏对象在雾变淡前被裁切掉。

天空盒。Unity 3D 中的天空盒实际上是一种使用了特殊类型 Shader 的材质,这种类型的材质可以笼罩在整个场景之外,并根据材质中指定的纹理模拟出类似远景、天空等效果,使游戏场景看起来更加完整。目前 Unity 3D 中提供了两种天空盒给开发人员使用,包括六面天空盒和系统天空盒。这两种天空盒都会将场景包含在其中,用来显示远处的天空、山峦等。为了在场景中添加天空盒,在 Unity 3D 软件界面中,执行菜单 Window→Lighting 命令,可以打开渲染设置窗口。单击 Scene 页面 Environment Lighting 模块 Skybox 后面的选项设置按钮,出现材质选择对话框,双击即可选择不同材质的天空盒,设置天空盒效果。

5.6 粒子系统与物理引擎

5.6.1 Unity 3D 粒子系统

粒子系统是计算机图形学中通过三维控件模拟渲染出二维图像的技术,模拟烟花、爆炸、火花、水流、落叶、云雾、飞雪、雨水、流星等自然现象。粒子系统通过对一两个材质进行重复绘制来产生大量的粒子,并且产生的粒子能够随时间在颜色、体积、速度等方面发生变化,不断产生新的粒子,销毁旧的粒子,基于这些特性就能够很轻松地打造出绚丽的浓雾、雨水、火焰、烟花等等特效。粒子系统是 Unity3D 重要的功能模块,Unity 中一个典型的粒子系统是一个对象,它包含了一个粒子发射器、一个粒子动画器和一个粒子渲染器。粒子发射器产生粒子,粒子动画器随时间控制,粒子渲染器则绘制在屏幕上。

(1)创建粒子系统对象

首先打开 Unity 集成开发环境,在菜单栏中点击 Game Object→Particle System,这样就会在场景中创建一个粒子系统对象,且在 Hierarchy 列表中会生成名为"Particle System"的游戏对象,点击该对象就能够在 Inspector 面板中查看粒子系统的设置面板。

(2)添加粒子系统对象组件

首先需要打开 Unity 集成开发环境并在场景中创建一个游戏对象,然后选中该游戏对象,点击菜单栏中 Component→Effect→Particle System。这样就会在选中的游戏物体上添加粒子系统组件,在游戏对象的 Inspector 面板中同样可以看到粒子系统的设置面板。

(3)粒子系统特性

粒子系统由若干模块组成,每一个模块都负责不同的功能,接下来将介绍日常开发过程中常用的粒子系统的三个设置模块,分别为粒子初始化、"Emission"(喷射)、"Shape"(形态)三个模块,每一个模块下都有若干相关参数可以进行修改。

粒子初始化模块主要对粒子的形态与数量进行设置,其中包含粒子的速度、颜色、生存周期、粒子最大数量等等属性。点击场景中的粒子对象,粒子系统便会开始工作,修改参数的同时,场景中出现的粒子也会实时改变。粒子系统参数有:Duration 粒子的喷射周期;Looping 是否循环喷射;Start Rotation 粒子的旋转角;Play On Awake 创建时自动播放;Start Lifetime 粒子的生命周期;Start Speed 粒子的喷射速度;Start Size 粒子的大小;Start Color 粒子颜色;Inherit Velocity 新生粒子的继承速度;Simulation Space 粒子系统的模拟空间;Gravity Modifier 相对于物理管理器中重力加速度的重力密度(缩放比);Prewarm 预热(Looping 状态下预先产生下一周期粒子);Start Delay 粒子喷射延迟(Prewarm 状态下无法延迟);Max Particles 一个周期内发射的粒子数,多余此数目停止发射。

Emission(喷射)模块主要控制粒子系统中粒子发射的速率,通过增大粒子发射速率,在粒子的生存时间内,可实现瞬间产生大量粒子的效果,在模拟烟花效果时非常实用。Rate(速率)选项下有两个参数,其中上面的参数表示粒子发射数量。下面的参数有两种选项分别为 Time 和 Distance,前者以时间为标准定义每秒喷射的粒子个数,后者以距离为标准定义每个单位长度里喷射的粒子个数。Bursts(爆发)选项只有在以时间为基准的情况下才能使用,用来在粒子生存时间内的特定时刻喷射额外数量的粒子。Time 用来设置爆发时间,Particle 用来设置喷射的粒子数。

Shape(形态)模块是用来设置粒子生成器的形状,不同形状的生成器发射出来的粒子的运动轨迹也不尽相同。

5.6.2　刚体

在 Unity 3D 内的 Physics Engine 引擎设计中,使用硬件加速的物理处理器 PhysX 专门负责物理方面的运算。因此,Unity 3D 的物理引擎速度较快,可以减轻 CPU 的负担,现在很多开发引擎都选择 Physics Engine 来处理物理部分。在 Unity 3D 中,物理引擎主要包含刚体、碰撞、物理材质以及关节运动等。物理引擎用来模拟真实的碰撞,实现物体之间相互影响的效果。

Unity 3D 中的 Rigidbody(刚体)可以为场景对象赋予物理属性,使对象在物理系统的控制下接受推力与扭力,从而实现现实世界中的运动效果。在制作过程中,只有为对象添加了刚体组件,才能使其受到重力影响。刚体是物理引擎中最基本的组件。在物理学中,刚体是一个理想模型。通常把在外力作用下,物体的形状和大小(尺寸)保持不变,而且内部各部分相对位置保持恒定(没有形变)的理想物理模型称为刚体。通过刚体组件可以给物体添加一些常见的物理属性,如质量、摩擦力、碰撞参数等。通过这些属性可以模拟该物体在 3D世界内的一切虚拟行为,当物体添加了刚体组件后,它将感应物理引擎中的一切物理效果。Unity 3D 提供了多个实现接口,开发者可以通过更改这些参数来控制物体的各种物理状态。刚体在各种物理状态影响下运动,刚体的属性包含 Mass(质量)、Drag(阻力)、AngularDrag(角阻力)、Use Gravity(是否使用重力)、Is Kinematic(是否受物理影响)、CollisionDetection(碰撞检测)等。

5.6.3　碰撞器

Unity 3D 的物理组件为开发者提供了碰撞体组件。碰撞体是物理组件的一类,它与刚体一起促使碰撞发生。Unity 中内置了六种碰撞器,分别是盒子碰撞器、球体碰撞器、胶囊碰撞器、网格碰撞器、车轮碰撞器以及地形碰撞器。碰撞体是简单形状,如方块、球形或者胶囊形。在 Unity 3D 中每当一个 Game Objects 被创建时,它会自动分配一个合适的碰撞器。一个立方体会得到一个 Box Collider(立方体碰撞体),一个球体会得到一个 Sphere Collider(球体碰撞体),一个胶囊体会得到一个 Capsule Collider(胶囊体碰撞体)等。

在 Unity 3D 中,检测碰撞发生的方式有两种,一种是利用碰撞体,另一种则是利用触发器(Trigger)。触发器用来触发事件。在很多 VR 引擎或工具中都有触发器。当绑定了碰撞体的游戏对象进入触发器区域时,会运行触发器对象上的 OnTriggerEnter 函数,同时需要在检视面板中的碰撞体组件中勾选 IsTrigger 复选框。触发信息检测使用以下三个函数:

MonoBehaviour.OnTriggerEnter(Collider other),当进入触发器时触发。

MonoBehaviour.OnTriggerExit(Collider other),当退出触发器时触发。

MonoBehaviour.OnTriggerStay(Collider other),当逗留在触发器中触发。

Unity 3D 中的碰撞体和触发器的区别在于:碰撞体是触发器的载体,而触发器只是碰撞体的一个属性。如果既要检测到物体的接触又不想让碰撞检测影响物体移动,或者要检测一个物体是否经过空间中的某个区域,这时就用到触发器。例如,碰撞体适合模拟汽车被撞飞、皮球掉在地上又弹起的效果,而触发器适合模拟人站在靠近门的位置时门自动打开的效果。

5.6.4 关节

在 Unity 3D 中,物理引擎内置的关节组件能够使对象模拟具有关节形式的连带运动。关节对象可以添加至多个对象中,添加了关节的对象将通过关节连接在一起并具有连带的物理效果。需要注意的是,关节组件的使用必须依赖刚体组件。在 Unity3D 中,关节包括铰链关节(Hinge Joint)、固定关节(Fixed Joint)、弹簧关节(Spring Joint)等作用于物体对象间的关节。

铰链关节。Unity 3D 中的两个刚体能够组成一个铰链关节,并且铰链关节能够对刚体进行约束。铰链关节是将两个刚体链接在一起并在两者之间产生铰链的效果,利用铰链关节不仅可以制作门、风车,甚至是机动车的模型。具体使用时,首先执行菜单栏中的 Component→Physics→Hinge Joint 命令,为指定的对象添加铰链关节组件,然后在相应的 Inspector 属性面板中设置属性(表 5-2)。

表 5-2 铰链关节的属性

参数名	含 义
Connected Body	目标刚体,指与带有铰链组件的刚体组成铰链组合的目标刚体
Anchor	本体的锚点,目标刚体旋转时围绕的中心点
Axis	锚点和目标锚点的方向,指定了本体和目标刚体旋转时的方向
Connected Anchor	连接体的锚点,本体旋转时围绕的中心点
Auto Configure Connected Anchor	给出本体锚点的坐标,系统会自动给出目标锚点的位置
Use Spring	关节组件中是否使用弹簧,当勾选时 Spring 参数才会起作用
Spring	弹簧力,表示维持对象移动到一定位置的力
Damper	阻尼大小,表示物体移动时受到的阻力大小,该值越大,对象移动越缓慢
Target Position	目标位置,表示弹簧旋转的角度,负责将对象拉到这个目标
Use Motor	使用马达,规定了在关节组件中是否使用马达
Target Velocity	目标速度,表示对象试图达到的速度,以该速度加速或者减速
Break Force	给出一个力的限值,当关节受到的力超过此值时关节会受损

固定关节。在 Unity 3D 中,用于约束指定游戏对象对另一个游戏对象运动的组件为固定关节组件,其类似于父子的关系。具体使用时,首先执行菜单栏中的 Component→Physics→Fixed Joint 命令,为指定游戏对象添加固定关节组件。当固定关节组件被添加到游戏对象后,在相应的 Inspector 属性面板中设置其属性,主要属性有:Connected Body 连接刚体,为指定关节设定要连接的刚体;Break Force 断开力,设置断开固定关节所需的力;

Break Torque 断开力矩,设置断开固定关节所需的转矩。

弹簧关节。在 Unity 3D 中,将两个刚体连接在一起并使其如同弹簧一般运动的关节组件叫弹簧关节。具体使用时,首先执行菜单栏中的 Component→Physics→Spring Joint 命令,为指定的游戏对象添加弹簧关节组件。然后,在相应的 Inspector 属性面板中设置相关属性如下:Connected Body 连接刚体,为指定关节设定要连接的刚体;Anchor 锚点,设置应用于局部坐标的刚体所围绕的摆动点;Spring 弹簧,设置弹簧的强度;Damper 阻尼,设置弹簧的阻尼;Min Distance 最小距离,设置弹簧启用的最小距离数值;Max Distance 最大距离,设置弹簧启用的最大距离数值;Break Force 断开力,设置断开弹簧关节所需的力度;Break Torque 断开转矩,设置断开弹簧关节所需的转矩。

角色关节。在 Unity 3D 中,主要用于表现布偶的关节组件称为角色关节。具体使用时,首先执行菜单栏中的 Component→Physics→Character Joint 命令,为指定的游戏对象添加角色关节组件,然后在相应的 Inspector 属性面板中设置相关属性。主要属性为:Connected Body 连接刚体,为指定关节设定要连接的刚体;Anchor 锚点,设置应用于局部坐标的刚体所围绕的摆动点;Axis 扭动轴,角色关节的扭动轴;Swing Axis 摆动轴,角色关节的摆动轴;Low Twist Limit 扭曲下限,设置角色关节扭曲的下限;High Twist Limit 扭曲上限,设置角色关节扭曲的上限;Swing 1 Limit 摆动限制 1,设置摆动限制;Swing 2 Limit 摆动限制 2,设置摆动限制;Break Force 断开力,设置断开角色关节所需的力;Break Torque 断开转矩,设置断开角色关节所需的转矩。

可配置关节。Unity 3D 为开发者提供了一种用户自定义的关节形式,其使用方法较其他关节组件烦琐和复杂,可调节的参数很多。具体使用时,首先执行菜单栏中的 Component→Physics→Configurable Joint 命令,为指定对象添加可配置关节组件,然后在相应的 Inspector 属性面板中设置相关属性。

5.6.5 布料

布料是 Unity 3D 中的一种特殊组件,它可以随意变换成各种形状,例如桌布、旗帜、窗帘等,布料系统包括交互布料与蒙皮布料两种形式。Unity3D 将布料封装为一个组件,任何一个物体,只要挂载了蒙皮网格和布料组件,就拥有了布料的所有功能,即布料的效果。Skinned Mesh Renderer(蒙皮网格)组件可以模拟出非常柔软的物体,不但在布料中充当重要的角色,同时还支撑了角色的蒙皮功能,运用该组件可以模拟出许多与皮肤类似的效果。

在 Unity 5.x 中,布料系统为开发者提供了一个更快、更稳定的角色布料解决方法。具体使用时,执行菜单栏中的 Component→Physics→Cloth 命令,为指定游戏对象添加布料组件。当布料组件被添加到游戏对象后,在相应的 Inspector 属性面板中设置相关属性,如下所示:Stretching Stiffness 拉伸刚度,设定布料的抗拉伸程度;Bending Stiffness 弯曲刚度,设定布料的抗弯曲程度;Use Tethers 使用约束,开启约束功能;Use Gravity 使用重力,开启重力对布料的影响;Damping 阻尼,设置布料运动时的阻尼;External Acceleration 外部加速度,设置布料上的外部加速度(常数);Random Acceleration 随机加速度,设置布料上的外部加速度(随机数);World Velocity Scale 世界速度比例,设置角色在世界空间的运动速度对于布料顶点的影响程度,数值越大的布料对角色在世界空间运动的反应就越剧烈,此参数也决定了蒙皮布料的空气阻力；World Acceleration Scale 世界加速度比例,设置角色在世界空间的运动加速度对于布料顶点的影响程度,数值越大的布料对角色在世界空间运动的反应就越剧烈,如果布料显得比较生硬,可以尝试增大此值,如果布料显得不稳定,可以减小此值；Friction 摩擦力,设置布料的摩擦力值；Collision Mass Scale 大规模碰撞,设置增加的碰撞粒子质量的多少；Use Continuous Collision 使用持续碰撞,减少直接穿透碰撞的概率；Use Virtual Particles 使用虚拟粒子,为提高稳定性而增加虚拟粒子；Solver Frequency 求解频率,设置每秒的求解频率。

5.6.6 角色控制器

角色控制器主要用于第三人称或第一人称游戏主角的控制,角色在使用角色控制器后,其物理模拟计算将不再使用刚体组件,挂载的刚体组件将失去效果。角色控制器不会受力的影响,只可以通过 Move 和 SimpleMove 函数来控制运动,但仍能够受到碰撞的制约。在 Unity 3D 中,游戏开发者可以通过角色控制器来控制角色的移动,在任务模型上添加角色控制器组件进行模型的模拟运动。

Unity 3D 中角色控制器的添加方法如下,选择要实现控制的游戏对象,执行菜单栏中的 Component→Physics→Character Controller 命令,即可为该游戏对象添加角色控制器组件。Unity 3D 中的角色控制器组件被添加到角色上之后,其属性面板会显示相应的属性参数,其参数如下所示：Slope Limit 坡度限制,设置被控制的角色对象爬坡的高度；Step Offset 台阶高度,设置所控制角色对象可以迈上的最大台阶高度值；Skin Width 皮肤厚度,决定两个碰撞体碰撞后相互渗透的程度；Min Move Distance 最小移动距离,设置角色对象最小移动值；Center 中心,设置胶囊碰撞体在世界坐标中的位置；Radius 半径,设置胶囊碰撞体的横截面半径；Height 高度,设置胶囊碰撞体的高度。

复习思考题

(1) Unity 3D 引擎相对于其他引擎的功能与性能优势有哪些?

(2) 举例说明 Unity 3D 系统的主要模块。

(3) 简述基于 Unity 3D 进行 VR/AR 应用内容开发的基本流程。

(4) Unity 3D 脚本的生命周期有哪些阶段?

(5) 试举例说明 UGUI 的主要组件的功能与用法。

(6) 请将 3ds Max 静态模型导出为 Unity 3D 资源格式。

(7) 请将 3ds Max 动画导出为 Unity 3D 资源格式。

(8) 在 Unity 3D 中如何应用 Mecanim 动画系统?

(9) 请在 Unity 3D 中创建地形、树木花草和天空等场景环境要素。

(10) 请在 Unity 3D 中为模型贴图。

(11) 在 Unity 3D 场景中可以应用哪些物理引擎? 分别有哪些功能?

(12) 应用 Unity 3D 创建一个自己设计的 3D 游戏。

6 虚拟现实可视化开发平台 VRP

6.1 VRP 软件概述

VRP(VR-Platform)是由中视典数字科技有限公司开发的一款虚拟现实可视化开发平台软件,是我国第一款自主研发的虚拟现实软件,具有完全独立的自主知识产权,它打破了虚拟现实领域被国外垄断的局面。2014 年,中视典公司推出底层引擎完全开放的 OpenVRP,将虚拟现实 SDK、VRP 播放器内核和 VRP 编辑器内核等由免费提供的 SDK 开发,极大地推动了 VRP 的应用开发。由于该软件操作简单、功能强大、高度可视化、所见即所得、适用性强,已经广泛应用于城乡规划、工业仿真、场馆展示、古迹复原、文化旅游、路桥设计等各种行业,成为目前中国国内市场占有率最高的一款国产虚拟现实仿真平台软件。

6.1.1 VRP 的产品体系

VRP 已经形成以 VR-Platform 引擎为核心,先后衍生出 8 个相关的虚拟现实软件平台,具体包括:VRP-BUILDER 虚拟现实编辑器、VRPIE-3D 互联网平台、VRP-PHYSICS物理系统、VRP-DIGICITY 数字城市平台、VRP-TRAVEL 虚拟旅游平台、VRP-INDUSIM工业仿真平台、VRP-MUSEUM 网络三维虚拟展馆和 VRP-SDK 三维仿真系统开发包(图 6-1)。其中 VRP-BUILDER 已经成为目前国内应用最为广泛的 VR 制作工具,与 VEGA 和Virtools 等国外软件相比,VRP 更容易掌握,制作简单,学习资源相对较多。

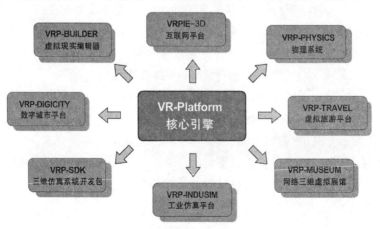

图 6-1　VRP 产品体系图

① VRP-BUILDER 虚拟现实编辑器。VRP 编辑器主要面向 VR 内容制作,是中视典最早推出的三维场景模型导入、后期编辑、交互制作、特效制作、界面设计、打包发布的可视化开发软件工具。

② VRPIE-3D 互联网平台。将 VRP-BUILDER 的编辑 VR 内容成果打包发布到互联网,并且可通过互联网进行三维场景的浏览与互动。

③ VRP-PHYSICS 物理系统。逼真地模拟各种物理学运动,实现如碰撞、重力、摩擦、阻尼、陀螺、粒子等自然现象,在算法过程中严格遵守牛顿定律、动量守恒、动能守恒等物理定律。

④ VRP-DIGICITY 数字城市平台。面向建筑设计、城市规划的相关研究和管理部门,提供建筑设计和城市规划方面的专业功能,如数据库查询、实时测量、通视分析、高度调整、分层显示、动态导航、日照分析等。

⑤ VRP-INDUSIM 工业仿真平台。主要面向石油、电力、机械、重工、船舶、钢铁、矿山、应急等行业应用,通过模型化、角色化、事件化的虚拟模拟,使演练更接近真实情况,降低演练和培训成本。

⑥ VRP-TRAVEL 虚拟旅游平台。主要面向风景园林、导游与旅游规划行业,通过模拟或仿真实景,构建一个虚拟的三维立体旅游环境,网友足不出户,就能在三维立体的虚拟环境中遍览遥在万里之外的风光美景,形象逼真,细致生动,并能在线参与各种互动游览体验。

⑦ VRP-MUSEUM 网络三维虚拟展馆。针对各类科博馆、体验中心、大型展会等行业,将其展馆、陈列品以及临时展品移植到互联网上进行展示与宣传的三维互动体验解决方案。它将传统展馆、互联网和三维虚拟技术相结合,打破了时间与空间的限制,最大化地提升了现实展馆及展品的宣传效果与社会价值。

⑧ VRP-SDK 三维仿真系统开发包。提供 C++源码的开发函数库,用户可在此基础之上开发出自己所需要的高效仿真软件。

6.1.2　VRP 的功能特性

VRP 所有的操作与开发都是以美工可以理解的方式进行,不需要专业的程序员参与,只需操作者有良好的 3ds Max 建模和渲染技术基础,对 VRP 平台稍加学习和研究就可以进行 VR 内容制作,可将其功能特性归纳为以下几个方面:

① 人性化、易操作、所见即所得。VRP 是一个全程可视化软件,所见即所得,独创之处是可在编辑器内直接编译运行、一键发布等功能,使用 VRP,用户将不需纠缠于各种效果实现方法的技术细节,而可以将精力完全投入最终的效果制作中。

② 高效渲染引擎和良好的硬件兼容性。VRP 运用了各种优化算法,提高大规模场景的组织与渲染效率,VR 作品可广泛地运行在不同的硬件平台。

③ 强大的二次开发接口。VRP 可提供三种二次开发方式:ActiveX 插件方式,可以嵌入包括 IE、Director、Authorware、VC/VB、PowerPoint 等所有支持 Activex 的地方;基于脚本方式,用户可以通过命令行来实现对 VRP 系统底层的控制;针对高端客户,VRP 可以提供 C++源码的 SDK,用户在此基础之上可以开发出自己所需要的高效仿真软件。

④ 良好的交互特性。虚拟现实与动画最主要区别就是它的可交互特性。VRP 中支持

多种浏览模式,包括行走、飞行、摄像机动画,用户不需要定义很复杂的参数,即可实现不同方式的浏览。用户可以用鼠标、键盘、事件触发、定时触发、脚本流程来与三维场景中的物体或属性进行各种方式的互动。

⑤ 高效、高精度碰撞检测算法。VRP 可自动完成对任意复杂场景的高效碰撞检测,能够正确地处理碰撞后沿墙面滑动、楼梯的自动攀登、对镂空形体(如栏杆)以及非凸多面体的精确碰撞,还可以实现碰撞面的单向通过、隐形墙以限制主角的活动范围等功能。

⑥ 丰富的特效。VRP 支持动画贴图、粒子系统与物理引擎,可模拟火焰、爆炸、水流、喷泉、烟火、霓虹灯,电视、天空盒、雾效、太阳光晕、体积光、实时环境反射、实时镜面反射、花草树木随风摆动、群鸟飞行动画、雨雪模拟、全屏运动模糊、实时水波等,给用户的实时场景增加生动的元素。

⑦ 功能强大的实时材质编辑器。所见即所得的材质编辑是 VRP 的一大特点,通过内嵌的 Shader 编码,支持多层贴图,可以让用户仅通过简单而直观的操作实现各种复杂的实时材质模拟。

⑧ 与 3ds Max 的无缝集成。3ds Max 是 VRP 的建模工具,VRP 是 3ds Max 功能的延伸。VRP 支持绝大多数 3ds Max 的网格、相机、灯光、贴图和材质;支持 3ds Max 多种全局光渲染器所生成的光照贴图;支持 3ds Max 的相机动画、骨骼动画、位移动画和变形动画;支持 3ds Max 所有单位格式;支持 3ds Max 的各种插件包括 Forest、Reactor 等。

⑨ 强大的界面编辑、独立运行功能。VRP 中集成了二维界面编辑器,用户可以为 VR 项目设计各式各样的界面,在自定义的界面中添加面板和按钮,设置热点和动作。在 VRP 的编辑环境中,可直接编译运行,制作独立运行程序。

⑩ 脚本设计进行热区和动作定义。VRP 可在二维界面的按钮和三维模型上定义热区,具备可扩充的角色库与动作库,通过脚本编辑器即可实现如摄像机的切换,定位声源的音乐播放,模型的平移、旋转或沿路径运动,贴图和颜色的变化,方案切换等。

⑪ 快速的贴图查看和资源管理。VRP 内嵌贴图浏览器方便对各种格式的贴图进行查看,支持格式包括:JPG、BMP、PNG、TGA、DDS,直接查看图片的 Alpha 通道,查看场景中用到的所有贴图,统计其容量,可对贴图的加载格式和大小进行设定,支持各种压缩格式。可自动收集场景中所用到的所有贴图,便于管理。

⑫ 骨骼动画、位移动画、变形动画。VRP 支持三种模型动画:骨骼动画,主要用于实现人物或角色的各种动作;位移动画,用于实现刚性物体的运动轨迹,如开关门、风扇旋转、汽车开动等;变形动画,用于实现物体的自身顶点坐标变化,如花草树木随风摆动,水面的波纹等。

⑬ 数据库关联。VRP 可通过 ADO 数据库接口,与 SQL Server 或 Access 数据库进行连接,从数据库中存取模型、动画、贴图以及各种数据查询信息,以实现场景数据的后台动态更新,地理信息、建筑信息查询等功能。

⑭ 全景模块。VRP 支持多种全景方式,包括 Cubebox(天空盒),数据来源可以是 3ds Max 渲染图,也可以是鱼眼镜头所拍摄的数码实景照片。

⑮ 外部硬件设备支持。除了键盘和鼠标,对于单通道立体投影、三通道环幕投影、操纵杆、方向盘、数据手套,甚至数字液压系统、六自由度平台,VRP 都将随着研发的深入,给予

最大程度的支持。让用户充分体验到现代数字三维技术软硬件技术所能带来的极致乐趣。

⑯ 嵌入 IE 和多媒体软件。VRP 的场景文件可以不加修改直接嵌入 IE,客户端只需下载安装一个 1M 左右的插件,即可通过网页在线浏览场景,实现 Web 3D 的功能。此外,VRP 场景文件还可以嵌入各种多媒体软件(包括 Director、Authorware 等),通过多媒体软件进行包装,成为一个集菜单、图片、动画、音乐、视频、Flash、实时三维互动等多种表现手段为一体的多媒体应用程序。

⑰ OpenVRP 支持发布 Windows/iOS/Android/Mac OS/Linux 等多个操作系统平台,底层代码完全开放,渲染引擎支持 DirectX、OpenGL、GLES 等多个图形编程接口,可以通过 OpenVRP-SDK 轻松开发各种 VR 应用软件。

⑱ 专业的动画系统。OpenVRP 扩展了对各种动画的支持,用户可以用标准、统一的接口去控制贴图动画、刚体动画、形变动画、纹理动画、骨骼动画、视频、音效。提供了各种动画插值运算方式、动画动作融合处理方式、节点式动画编辑组合方式等工具。

⑲ 对象化封装和智能 AI 系统。延续了 VRP-Story 的核心技术,OpenVRP 也提供了将多个模型、骨骼、特效等进行再次封装的方式,并且赋予这些对象以人工智能。对象化后的角色不再是仅能渲染数据,它可以拥有父子关系、约束关系、角色属性、角色动画动作等各种复杂但易用的特征,对于各种特征的定义提供了便捷的编辑器。智能 AI 系统则能让对象化的角色具有"思考"和"应对"的能力,比如将"易碎"的 AI 属性赋予一个杯子角色后,如果在场景中碰撞检测到杯子受撞击后,会自动碎裂;将"自动逃跑"的属性赋予一个角色的时候,它会在虚拟火灾/爆炸发生的时候自动寻路逃离事故点。

⑳ 物理引擎。OpenVRP 集成了 NVIDIA 的 PhysX 物理引擎,支持用 GeForce 显卡进行物理计算加速。物理引擎除了能为虚拟现实场景引入物理动画计算的效果外,还将物理引擎的各个接口封装并提供给开发者用户,让 SDK 开发者也可以轻松地组织自己的物理计算。

㉑ 网络多人协同引擎。对于一些需要多人协同、多终端互联的虚拟现实项目,OpenVRP 提供了可以同步各个场景的网络多人协同引擎。通过 CS 的连接方式实现了多台机器虚拟场景的同步和互动,同时提供服务器端和客户端的开发接口。有分房间、消息广播、相机同步、权限控制、物体同步、角色状态同步、语音通信、视频通信等各个功能。

6.1.3 VRP 编辑器的操作界面

VRP 编辑器的操作界面由菜单栏、工具栏、Flash 窗口、功能分类栏、创建主功能区、视图区、属性面板、信息栏、状态栏等部分组成,其中,视图区与 3ds Max 的视图区相似,可以显示一个视图,也可以切换为四个视图,分别为透视图、顶视图、前视图和左视图。如图 6-2 所示,VRP 界面布局工整美观,将多项操作功能按钮和面板集为一体,每块功能面板都可实现独立显示或隐藏,为了作图方便,用户可以自定义显示或隐藏部分面板,下面介绍一些重要的操作界面。

(1)菜单栏

与其他应用软件一样,菜单命令是 VRP 最基本的操作方式之一。"菜单"栏就位于主窗口的标题栏下面,包括:"文件"菜单、"编辑"菜单、"界面"菜单、"显示"菜单、"相机"菜单、"物

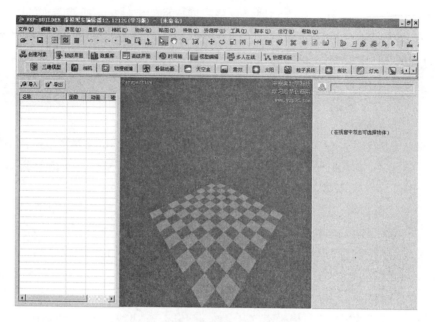

图 6-2　VRP 编辑器的工作界面

体"菜单、"贴图"菜单、"特效"菜单、"资源库"菜单、"工具"菜单、"脚本"菜单、"运行"菜单和"帮助"菜单,每个菜单又包括若干子菜单,其标题表明该菜单命令的用途。

（2）工具栏

VRP 的工具栏可以帮助用户快速地对当前场景进行操作,常用的工具命令如下:⬚打开 VRP 场景、⬚打开历史文件、⬚保存场景、⬚分割视图、⬚显示/隐藏地面、⬚撤销操作、⬚恢复操作、⬚复制、⬚框选、⬚显示物体编组、⬚绕物旋转模式、⬚视角平移、⬚视角前进/后退（在当前激活视图）、⬚视角前进/后退（在所有视图中）、⬚居中最佳显示、⬚居中最佳显示（在所有视图中）、⬚平移物体、⬚旋转物体、⬚缩放物体、⬚镜像物体、⬚尺寸测量、修改、⬚高精度抓图、⬚软件抗锯齿、⬚VRP 脚本编辑器、⬚ATX 动画贴图编辑器、⬚检查贴图更新、⬚压缩贴图、⬚场景诊断、⬚设置运行参数、⬚VRP-IE 发布设置、⬚运行…、⬚编译独立执行 EXE 文件、⬚输出可网络发布的 VRP-IE 文件。

（3）信息栏

在对场景进行编辑操作时,有些操作是不允许的或错误的,这些信息会在 VRP-Builder 操作界面最下方的信息栏中显示。"信息栏"用于查看操作信息、警告信息和错误信息。信息栏包括以下几项信息：①Show Information,显示操作信息；②Show Warning,显示警告信息；③Show Error,显示错误信息；④Clear all,即清除所有的操作信息、警告信息及错误信息（图 6-3）。

（4）"功能分类"栏

"功能分类"栏位于主窗口的工具栏和 Flash 窗口（可隐藏）下面,VRP 编辑器所有的功能都集于该栏中,每个功能以独立标签的方式呈现（图 6-4）。

创建对象用于创建或编辑 VR 场景里的模型、相机、物理碰撞或骨骼动画等等材质的属

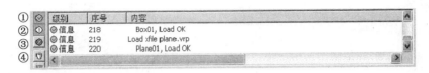

图 6-3　VRP 编辑器的信息栏

图 6-4　VRP 编辑器的"功能分类"栏

性与特效。具体包括以下内容：三维模型、相机、物理碰撞、骨骼动画、天空盒、雾效、太阳、粒子系统、形状、材质库和灯光等。

初级界面用于创建或编辑 VR 场景的二维界面与加载界面，包括加载界面、主页面、新建页面、删除、更名、创建新面板、使用模板、上移、下移、置顶、置底、绘图区、桌面和二维界面工具栏等。高级界面是图形用户界面中出现的一种组件，可用这些组件增加用户与 VRP 编辑器的交互性以及更多的功能，如按钮的动画效果或弹出式菜单等。

（5）属性面板

属性面板可用于检查对象状态，并用于设置对象在视窗中和运行中的多种属性参数。具体包括以下内容：三维模型属性面板、相机属性面板、编辑界面属性面板、控件界面属性面板等。

三维模型属性面板用于显示或设置选择的三维模型"材质""动作""动画""3D 音效"以及"阴影"属性和参数信息（图 6-5）。

相机属性面板用于设置或编辑相机的属性（图 6-6），相机类型包括行走相机、飞行相机、旋转相机、跟踪相机、角色相机、定点观察相机、动画相机等。

编辑界面属性面板用于设定创建的二维元素"位置""贴图"及"标注"等属性和参数信息，如图 6-7 所示。

控件界面属性面板用于设置创建的控件元素的"窗口属性""脚本设置""位置尺寸""图片"等属性和参数信息，在应用控件界面属性面板时，会依据选定的界面而打开相应的属性面板（图 6-8）。在"界面编辑"面板下对应的是"窗口属性（控件属性）""脚本设置"和"位置尺寸"属性面板；在"风格设计"面板下对应的是"图片""状态颜色"和"文字颜色"属性面板；在"菜单"面板下对应的是"菜单项"和"外观调整"。

（6）VRP 编辑器资源库

在 VR 项目制作中，会积累一些优秀的模型、粒子、骨骼动画及一些综合性的素材，目前的离线管理模式存在容易产生混乱、容易丢失、调用麻烦、利用率低等弊端。资源共享平台以个人账户的管理模式为用户提供了一个分类明确、使用方便的在线管理平台，轻松实现对素材的私有化管理、资源共享和随时调用，可以使得素材的管理和应用更加简单化。资源库操作包括注册、登录和注销、资源上传、资源使用与管理等。共享资源的浏览和调用

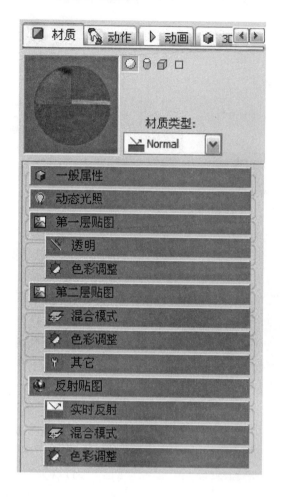

图 6-5　VRP 编辑器三维模型属性面板

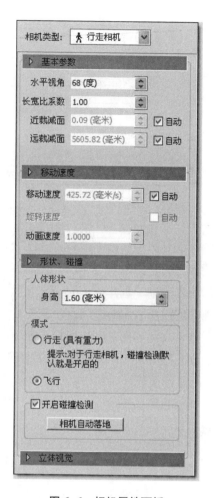

图 6-6　相机属性面板

方法具体如下：打开资源库浏览面板，单击"资源库"→"资源浏览"命令，以打开资源共享平台浏览界面；根据分类浏览资源库中模型，在资源浏览界面中，根据需求按照"所有资源""模型""粒子""组合包""骨骼动画"等分类浏览，找到所需要的素材后，双击即可在场景中使用（图 6-9）。资源共享平台为每位注册用户提供了一个后台管理界面，用户可以在后台管理自己的模型库，对上传的素材进行共享和私有化管理，也可以编辑素材相关信息。

6.1.4　VRP 项目的工作流程

VRP 应用项目开发操作过程简单、易用、高效、便捷，其主要的模型创建、模型优化、材质贴

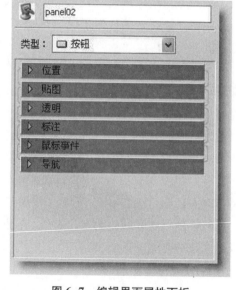

图 6-7　编辑界面属性面板

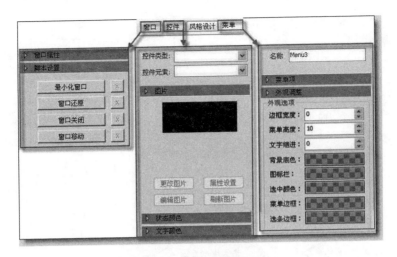

图 6-8　控件界面属性面板

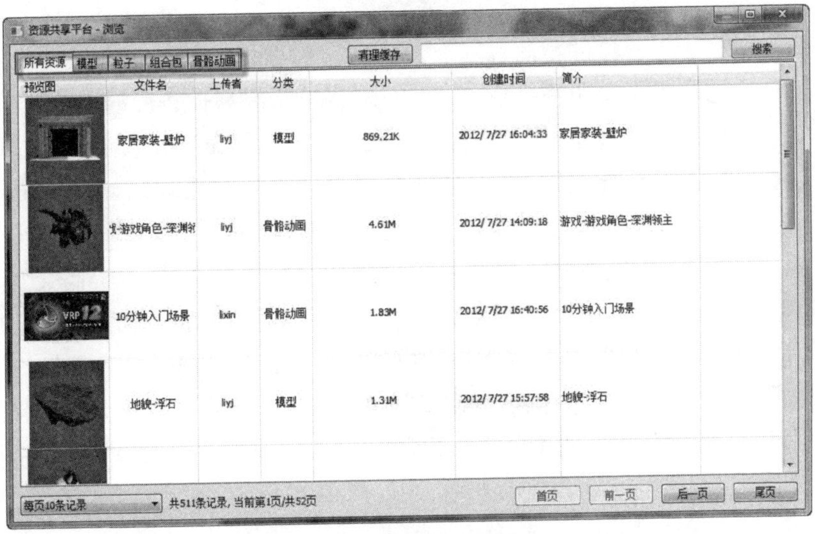

图 6-9　资源库浏览面板

图、灯光布设与场景渲染烘焙等工作仍在 3ds Max 中完成。三维场景构建后,可以通过 VRP-for-Max 导出插件面板中的"导出"按钮对其进行导出操作,从而导入 VRP 编辑器进行后期模型修改、材质贴图优化、场景交互制作、运行程序界面设计、设置运行窗口与运行预览,最后打包发布成独立运行应用程序(图 6-10)。程序中封装了 VRP 播放器,用于演示预览 VRP 应用程序播放效果,用户可以通过播放器在 VR 场景里尽情地自主漫游,对模型的位置、大小、方向进行随意的编辑,还可以通过该播放器调整硬件设备的参数设置等操作。

由此可见,前期 3ds Max 里的虚拟场景模型制作非常重要,工作量大。技术方法包括 3ds Max 中的建模准则与面数精简技巧、3ds Max 中材质类型的应用与制作技巧、3ds Max 中灯光和相机的创建方法、3ds Max 中渲染器的使用、3ds Max 中的烘焙与 3ds Max 动画编辑等等。

① 在 3ds Max 中建模。虚拟现实的建模与做建筑效果图和三维动画的建模方法有比

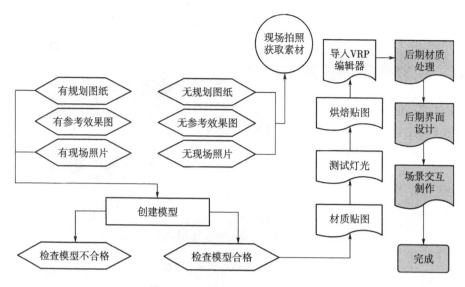

图 6-10　VRP 应用项目操作流程

较大的区别,主要体现在建模的精简程度上。VR 跟游戏的建模是相通的,要求尽量做简化模型,模型的三角面尽量是等边三角形,不要出现长条形,因为长条形的面不利于实时渲染,还会出现锯齿、纹理模糊等现象。在表现细长条的物体时,尽量不用模型而用贴图的方式表现,如窗框、栏杆、栅栏等。合理分布模型的密度,如果模型密度不均匀,会导致运行速度时快时慢。相同材质的模型,远距离的不要合并,否则会影响运行速度。VR 场景类似于动画场景,在建立模型时,主要是为了提高贴图的利用率,降低整个场景的面数,以提高交互场景的运行速度。对于复杂的造型,可以用贴图或实景照片来表现,如植物、装饰物及模型上的浮雕效果等。场景模型的数量不要太多,如果场景中的模型数量太多会给后面的工序带来很多麻烦,如会增加烘焙物体的数量和时间,降低运行速度等,因此,推荐一个完整场景中的模型数量控制在 1 000 个以下。用户可以通过 VRP 导出工具查看当前场景中的模型数量(图 6-11)。

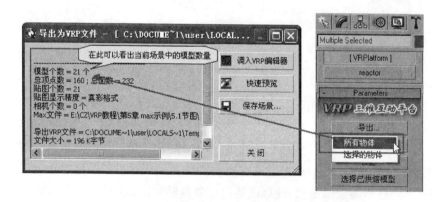

图 6-11　通过 VRP 导出查看场景中的模型数量

②　在 3ds Max 中烘焙。烘焙能把在非实时环境中渲染完成的灯光材质等效果转换到实时交互的环境中去,因此烘焙纹理的质量直接影响最终效果,提高烘焙技术非常重要。在

3ds Max 中对物体进行烘焙的步骤首先要创建场景,用户需要在 3ds Max 中创建一个场景,设置灯光、材质、相机和渲染参数,然后使用设置好的参数烘焙并导出至 VRP-Builder。

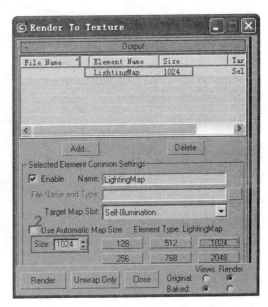

图 6-12　在 3ds Max 中烘焙场景

影响烘焙质量的几个因素为:a. 物体的 UV 平铺。烘焙能自动将物体的 UV 进行平铺,并且是自动的、成批量的平铺,但效果并不是很理想。如多边形面细密的物体在被自动平铺时会产生很多非常小的簇,渲染时受精度影响而忽略这些过小的簇,结果会出现了很多黑块与黑斑,其解决方法是适当提高 Threshold Angle 值,可以在一定程度上减少零散的簇。b. UV 簇在烘焙纹理中的面积。纹理的大小是有限的,簇的面积越大,空隙越少,利用率则越高,纹理的相对精度也相对有所提高。降低 Render To Texture 面板 General Settings 全局设置栏里的 Spacing 参数固然能够减小簇间的间隙,但从根本改善的方法仍是手工调节或使用其他工具或方式。c. 纹理大小。默认的烘焙纹理的大小是 256×256 像素,这参数对于烘焙次要的或小型物体是可以的,但重要的、大体积的物体则需要提高烘焙的纹理尺寸,即使用 512×512 像素或 1024×1024 像素甚至更高。精度提高,文件量也随之急剧增长,巨大的纹理虽然让画面质量提高了,但对于有限的设备资源,无法进行流畅的交互也是惘然。VRP 对纹理大小原则上没有限制,完全取决于用户的硬件设备,而且还提供了高效的纹理压缩方案,可以在硬件设备不足的情况下提供合适的解决方案,考虑到各方面的兼容性,建议尽量不要超过 1024×1024 像素。d. 烘焙对模型的要求。3ds Max 烘焙对模型是有一定的要求的,比如它不支持 NURBS 物体,在自动平铺时对过于细小的面,容易出错并产生黑斑、图像扭曲拉伸等现象。因此,要求用户在建模初期就要对模型做一些必要的处理,尽量避免过于密集地分布多边形和狭长的多边形,以便烘焙工作能高质高效地完成而不必做过多的调整(图 6-12)。

6.2　VRP 模型编辑

应用 3ds Max 构建虚拟场景模型并优化,进行材质与贴图,布设灯光和相机,应用渲染器进行纹理光照烘焙,通过 VRP-for-Max 导出插件,将 3ds Max 虚拟场景导入 VRP 编辑器。VRP 模型编辑模块是一种针对工业软件格式导入/导出 VRP,模型合并和分离,模型面层级、点层级和光滑组设置的解决方案。应用模型编辑模块之前首先要确保模型编辑插件处于开启状态,查看及开启具体步骤如下:单击"帮助"→"VRP 插件信息",打开"VRP 插件管理器"面板,单击"重新搜索所有 VRP 插件",找到"VRP 模型编辑插件"并单击启用模型编辑功能(图 6-13)。

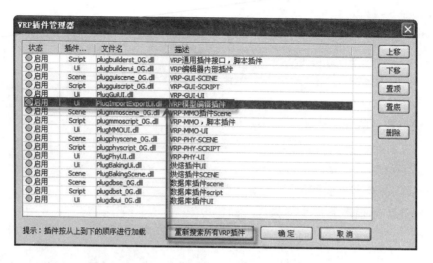

图 6-13　在 VRP 插件管理器中启用模型编辑插件

6.2.1　模型导入

① 3ds Max 的模型与动画导入。用户在对 VR 场景的模型进行导出时，通常分为部分静态模型和全部静态模型导出两种情况。在进行大型 VR 场景制作时，通常会对 VR 场景进行分批烘焙、分批导出操作，这时就需要对部分已烘焙的静态模型进行导入 VRP 编辑器中。但在制作一个小的 VR 场景时，用户可以将整个 VR 场景的静态模型都烘焙完成之后，再一次性地将整个 VR 场景进行导出。VRP 编辑器支持 3ds Max 中部分动画的导入，用户可以直接在 3ds Max 中创建好模型动画，然后导入 VRP 编辑器中得到一个生动的模型动画效果。VRP 支持 3ds Max 中的"路径动画""精确的参数关键帧动画""刚体动画""柔体（点变形）动画""Reactor 动画""路径变形动画"及"骨骼动画"的导入。

② Autodesk Revit 模型导入。Revit Building 是一款功能强大的用于 Microsoft Windows 操作系统的 CAD 产品。Revit Building 提供了一个全新的建筑设计过程概念，它提供了其他产品所没有的功能，可以把 Revit Building 设计看作是实际的数字化建筑模型，通过该模型可以快速浏览设计的替换和变化。用户可以应用 Revit Building 设计个性化的建筑，再应用 VRP-Builder 生成可视化并且可以交互的 EXE 可执行文件将该建筑完美地展现在客户面前。

③ Autodesk Civil 3D 模型导入。Autodesk Civil 3D 软件不但包含了 AutoCAD 的全部功能，同时提供三维动态的土木工程模型，为勘测、场地规划、土方工程、道路、水利等项目提供强大的工具，帮助用户更快地完成设计。在设计模型中，地形曲面、路线、纵横断面、标注对象都是动态关联到一起，能够自动进行更新。应用 Civil 3D 设计建筑模型，存储模型时单击"文件"→"另存为…"命令，在弹出的"图形另存为"对话框中为该模型设置一个保存路径和名称，最后单击"保存"按钮将设计好的模型存储为 DWG 格式的文件。启动 3ds Max，单击"File"→"Import"命令，在弹出的 Select File to Import 对话框中，将"文件类型"选择为 AutoCAD Drawing(＊.DWG，＊.DXF) 类型，然后选择事先导出的模型文件，单击"打开"

按钮完成模型导入 3ds Max 的操作,然后再通过插件导入到 VRP 编辑器中。

④ SketchUp 模型导入。SketchUp 的多种独特的优点在于对方案创作设计过程的尊重和重视,SketchUp 是目前唯一专门针对设计过程而研发的专业设计软件。无论是从大的体块入手逐步细化,还是有了细部的想法再逐步扩展成整体,或是有了草图平面用计算机验证自己的想法,SketchUp 都能帮助用户在简单的操作中得到令人满意的过程和结果。用户应用 SketchUp 软件编辑好场景模型后,单击"文件"→"导出"→"模型"命令,在弹出的"导出模型"对话框"文件名"文本栏为要导出的场景命名,将导出的"文件类型"设置为"3DS",然后再单击"选项"按钮,在弹出的"3DS 导出选项"对话框中设置相关参数,设置完成之后就可以单击"导出"按钮执行导出操作。

另外,VRP 工业软件接口模块支持 Maya、Pro/E、Catia、Solidworks 等模型直接从工业软件导入 VRP 中进行编辑,也支持 VRP 模型导出 3ds Max 及其他工业软件中再次修改,目前本模块支持 OBJ、WRL 文件格式。

6.2.2 材质编辑

(1) 场景贴图搜集管理

不管使用何种软件,都要养成一个善于管理文件的习惯。当物体从 3ds Max 中导入 VRP 中时,贴图文件会散落于磁盘的各个位置,查找与修改起来很不方便,如果将 VRP 文件拷贝到其他机器中又会出现找不到贴图文件的提示,针对这一问题,VRP 编辑器提供了强大的贴图搜集管理工具。应用保存命令管理 VR 场景贴图文件的制作步骤如下:单击"文件"→"保存场景"命令,将弹出"另存场景"对话框,在"另存场景"对话框中按用户的需要设置要保存的文件路径及文件名、物体与贴图的保存方式、贴图的格式等(图 6-14)。

(2) 优化贴图格式和容量

当将场景导入到 VRP 中后,物体的贴图量可能会超过机器显存,甚至高出几倍,这样会导致机器运行速度很慢,或者无法运

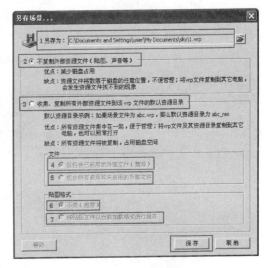

图 6-14 VRP 场景贴图搜集管理工具

行,所以在将场景导入 VRP 后,就相应地减少贴图的显存消耗量,可以通过调整贴图格式减少贴图量或者调整贴图尺寸大小减少贴图量(图 6-15)。其制作步骤如下:打开"显存贴图管理器",单击"贴图"→"贴图管理器"命令,将弹出"显存贴图管理器"对话框。然后改变贴图的加载格式,单击"调整整体贴图加载格式"按钮,然后在弹出的"贴图加载格式设定"对话框中将"格式"选项下"普通贴图"和"透明贴图"选项中的 A8RG888 改为 DXT3,这样便可将当前 VR 场景中的贴图量减少到原来的四分之一。除了通过设置贴图的加载格式来调整贴图大小之外,还有一种方法是通过缩小原始图片的尺寸大小来减少贴图量。调整"缩小比

例",在"贴图"→"贴图管理器"→"调整整体贴图加载格式"对话框中,将"缩小比例"设置为1/2,这样会把贴图量缩小为原贴图量的四分之一。

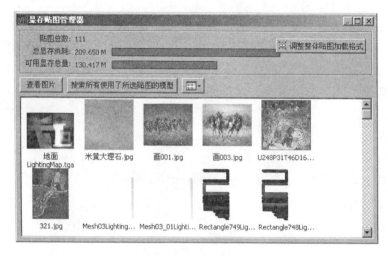

图 6-15　显存贴图管理器

（3）材质制作与后期编辑

VRP中编辑材质的方法简单,以下以木纹材质为例说明材质编辑的技术方法。木纹材质的制作步骤如下:首先,用户可以先在 3ds Max 中建立场景模型,并给模型赋予木纹材质,然后调整好 UVW-MAP 贴图坐标,最后在场景中添加相应的灯光和相机(图 6-16)。

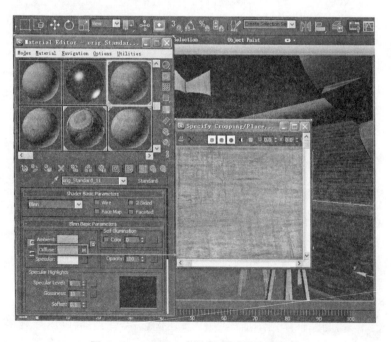

图 6-16　3ds Max 中给模型赋予木纹材质

在木纹材质物体场景中设置好灯光之后,设置场景渲染器参数,然后对当前场景进行渲染。接下来选择需要烘焙的木纹模型,然后设置模型的烘焙贴图类型为"VRayLightingMap"(注:只有当场景使用的是 VRay 渲染器可以将模型的贴图烘焙成"VRayLightingMap";若使用的是其他渲染器,将烘焙为"LightingMap"),烘焙贴图尺寸为 256 像素。烘焙完成后,将烘焙后的模型选择并导入 VRP 编辑器中,选择木纹材质的模型,打开"第一层贴图"面板下的"色彩调整"面板,单击"调整"按钮,在打开的面板中调整贴图的色彩,从而设置调整好第一层贴图(图 6-17)。选择木纹材质的模型,打开"第二层贴图"面板下的"色彩调整"面板,单击"调整"按钮,在打开的面板中调整贴图的色彩,从而设置调整好第二层贴图。最后设置反射贴图,在"反射贴图"通道添加一张环境反射贴图,然后设置"UV 通道"模式为"曲面反射"模式,最后再在"混合模式"下设置"混合系数"为"25",用户还可以通过"反射贴图"面板下的"色彩调整"功能,对叠加的反射贴图进行色彩的调整,调整后结果单击"试验"按钮进行效果预览。所有材质贴图设置完成后,单击主工具栏中的运行预览按钮,或者单击 F5 快捷键,对场景的文件进行最终效果预览。

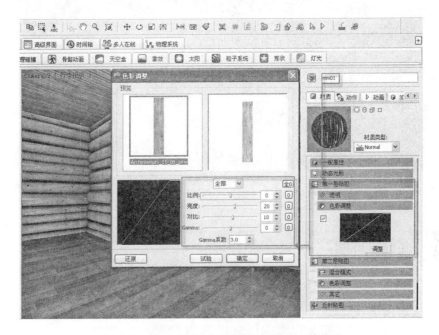

图 6-17　VRP 编辑器材质属性面板中调整贴图

(4) VRP 材质编辑器

打开 VRP 编辑器,左键单击"材质库",会弹出材质库界面,如果这里没有合适的材质,可以单击"新建材质"进入材质编辑器用户界面。界面的左边是材质节点区,有"标准材质库""样例材质库""材质类型""用户输入值"等分栏,用户可以从中选取材质编辑的模板。界面的右边是材质编辑区,用户可以从材质节点区选取所需的材质模板拖拽到材质编辑区进行编辑。材质编辑区内支持多个任务同时进行,通过鼠标滚轮放大或缩小视图,操作简单方便。在材质显示框内右键单击,会弹出右键菜单。在这里可以选择"精致显示""模型变更""平面/模型展示""显示背景""删除节点""材质输出"等选项。"精致显示"弹出更大的材质示例窗口,供用户详细预览材质编辑成果(图6-18)。"模型变更"可以从"Static Model"文件夹中选取不同的示例模型,供用户根据不同的需要进行查看。"平面/模型展示"可以实现平面展示和模型展示切换。"显示背景"实现背景隐藏和显示,用户可以根据需要打开背景观察环境对材质的影响效果。"删除节点"可以删除不满意的材质节点。材质编辑完毕后,在右键弹出的菜单中左键单击"材质输出"命令,可以将编辑好的材质存储在默认 MatLib 文件夹中,这样打开材质库即可直接调用(图 6-19)。

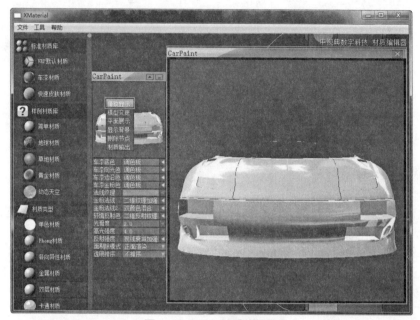

图 6-18　VRP 材质编辑器

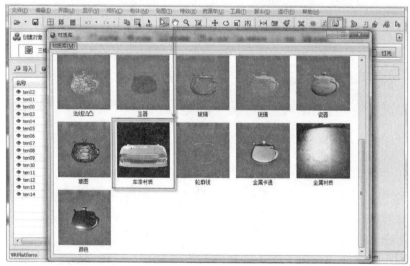

图 6-19　VRP 材质库

6.2.3　ATX 动画贴图

为了生动表现 VR 场景,VRP 开发了 ATX 动画贴图功能,以及一个 ATX 动画贴图编辑器,用户可以很方便地编辑独立帧文件,以及设定每帧的停留时间,以实现非等时的序列帧动画。由此,用户可以用 VRP 来表现火焰、水面、喷泉、爆炸等动态效果。下面以喷泉的制作为例说明 ATX 动画贴图的制作步骤。

步骤一:应用面片模型制作喷泉。在 3ds Max 水池场景中创建若干个面片模型,然后在漫反射(Diffuse)通道和不透明(Opacity)通道中添加一张相同的贴图(该操作方法同Billboard 物体制作相同)。如图 6-20 所示。

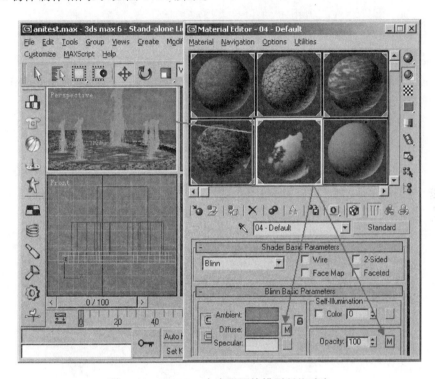

图 6-20 3ds Max 中应用面片模型制作喷泉

步骤二:烘焙场景。在为场景中的物体添加了材质与灯光之后,将场景中的地面(Plane01)与水池(Pool01)进行烘焙,然后导出场景至 VRP 编辑器中。

步骤三:编辑喷泉动画贴图。应用 VRP 动画贴图编辑器编辑一个喷泉动画,单击"贴图"→"ATX 动画贴图编辑器"命令,在弹出的"动画贴图编辑器"对话框中单击"插入图片(选择集前)"按钮,然后从弹出的路径对话框中选择已准备好的动画贴图。在"动画贴图编辑器"中可以单独地对其中每一帧进行贴图顺序和播放时间的调整,并支持不等时的播放速度,最后还能通过单击"动画预览"按钮预览动画。在对动画贴图编辑并预览完成之后,即可将其存储为 *.atx 格式动画。单击"文件"→"保存"命令,在弹出的"另存为"对话框中选择需要存储的文件路径并为该动画命名,最后单击"保存"即可。

步骤四:添加 ATX 动画。在 VRP 编辑器中双击喷泉物体,在其材质属性面板"第一层贴图"上单击,从弹出的下拉列表框中单击"选择"→"从 Windows 文件管理器"选项,并从弹出的"打开"对话框中找到刚才编辑存储的动画文件,将其添加到场景中,单击运行预览按钮或者 F5 快捷键即可预览喷泉的最终效果。

6.2.4　角色模型创建

角色动画的类型属于骨骼动画,是模型动画的一种,有两种模型动画方式,即顶点动画和骨骼动画。顶点动画每帧动画其实就是模型特定姿态的一个"快照",通过帧之间插值可以得到平滑的动画效果。而在骨骼动画中,模型具有互相连接的"骨骼"组成的骨架结构,通过改变骨骼的朝向和位置来为模型生成动画。角色动画是通过写实、抽象等不同的表现形式,模拟创建现实中存在或者是不存在的生物体,角色是人物或者是动物,造型根据 3D 动画的主题内容进行创作,比较注重角色的形体比例、肢体语言、面貌表情,赋予符合角色主题的造型与灵魂,严格、逼真地设定角色的运动、形态、动作等元素的常量,使之成为活灵活现的生命体。VRP 编辑器支持三维角色动画的创建与编辑,可以创建并调用 VRP 角色库与动作库,创建VRP 角色路径,编辑角色路径的锚点事件,实现角色换装与骨骼动作融合等功能。

VRP 编辑器中具有"角色库",用户可以将 3ds Max 里自定义的角色导入"角色库"中,也可以随意地从"角色库"里调用这些角色到 VR 场景里。首先用 VRP 编辑器打开一个 VR 场景,单击"功能分类"→"骨骼动画",然后再单击"主功能区"→"角色库"按钮,最后在弹出的"角色库"对话框中找到事先添加的角色模型,将鼠标放在其缩略图上右击,在弹出的下拉列表框中单击"引用应用"命令项即可将该角色模型添加到当前的 VR 场景中(图 6-21)。在将角色模型添加到 VR 场景之后,用户可以用 VRP 编辑器中的"移动""旋转""缩放"工具对其进行编辑以匹配当前的 VR 场景尺寸。

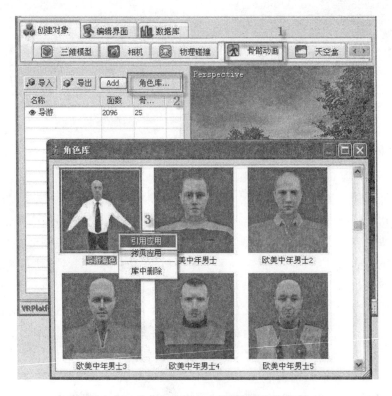

图 6-21　从角色库添加人物模型到 VR 场景

6.3 VRP 相机操作

VRP 编辑器支持行走相机、飞行相机、旋转相机、动画相机、角色控制相机、跟随相机、定点观察相机等多种相机模式。无论在制作室内的还是室外的 VR 场景时都需要在 VR 场景中创建一个或若干个行走相机，或者是飞行相机，必要时也需要创建旋转相机、动画相机、角色控制相机。可以更改相机的名称、显示/隐藏相机、调整动画相机的播放顺序、改变播放过程中的控制方式、快速切换相机，还可以导出动画序列帧、制作 AVI 视频或 DVD 播放动画。

6.3.1 行走相机

在制作室内或室外的 VR 场景时，经常需要在 VR 场景中创建行走相机，这样便可以以第一人称的视角来漫游整个 VR 场景。其制作步骤如下：

① 创建行走相机。在"功能分类"中单击"相机"按钮，然后在"主功能区"的"创建相机"栏中单击"行走相机"按钮，接着会弹出 Camera Name 对话框，用户可以在其文本框中输入相机的名称。

② 设置行走相机属性。在相机的"属性"面板中设置相机的"水平视角"为 90（度），相机虚拟人的"身高"为"1 500 mm"，其他参数为默认参数，参数含义如下：水平视角，虚拟人的水平视线高度；近裁减面，使相机看不到距离小于该参数的物体；远裁减面，使相机看不到距离大于该数值的物体；移动速度，行走相机向前运行的速度；动画速度，行走相机向左或右旋转时的速度；身高，指场景中虚拟人的身高，模拟真实生活中的人身高。相机模式中，行走带碰撞检测效果，相机自动落地，然后再应用"平移物体"工具将虚拟人拖到地面上方（图 6-22）。

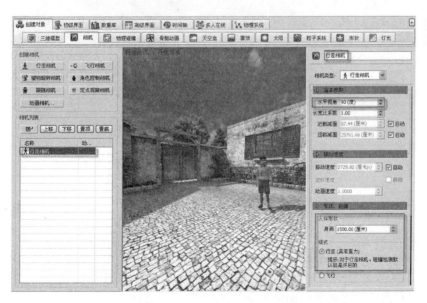

图 6-22 行走相机及其属性参数

③ 调整相机的位置。用户可以应用"缩放工具"和"移动工具"对相机的位置进行适度调整。

以上只是简单地介绍了有关行走相机制作方法,用户可以根据自己场景的需要创建一个或多个行走相机。

6.3.2　飞行相机

在模拟室外场景(如旅游业的风景游览)时,经常会使用飞行相机来游览整个 VR 场景的概貌。飞行相机的创建有两种方法:可直接单击"相机"操作栏中的"飞行相机"按钮创建,也可将当前行走相机转换为飞行相机。

飞行相机的制作步骤如下:①创建飞行相机。在"功能分类"单击"相机"按钮,然后在"主功能区"的"创建相机"栏中单击"飞行相机"按钮,接着会弹出 Camera Name 对话框,用户可以在其文本框中输入相机的名称。②设置飞行相机属性。在相机的"属性"面板中设置相机的"水平视角"为 90(度),其他参数为默认参数(图 6-23)。③转换相机类型。在"属性"面板下单击"相机类型"下拉列表框,选择"飞行相机"类型选项,然后在弹出的询问对话框中单击"是"按钮以确认将创建的相机类型设置为飞行类型的相机。也可以将行走相机转换为飞行相机,转换之后视图中的虚拟人不见了,而在视图的上方会出现一个小摄像头,这就是飞行相机。将该相机拉到一定的高度对 VR 场景进行浏览时,调整飞行相机的位置,相机不会自动落到地面上。

图 6-23　飞行相机及其属性参数

6.3.3　绕物旋转相机

在游览 VR 场景时,有时会需要锁定一个建筑物,然后围绕这个建筑物对其进行环绕游览。这时,用户就需要在场景中创建一个旋转相机,利用旋转相机来游览这个场景中的建筑外观。绕物旋转相机创建步骤如下:①创建旋转相机。如果当前 VR 场景中已创建了其他相机,且当前视图为某一相机视图,这时系统会提示先退出相机视图,然后再创建旋转相机。在"功能分类"单击"相机"按钮,然后在"主功能区"的"创建相机"栏中单击"绕物旋转相机"按钮,接着会弹出 Camera Name 对话框,用户可以在其文本框中输入相机的名称。②设置旋转相机的中心参照物。在创建的旋转相机的"属性"面板下的"旋转中心参照物"栏中单击"None"按钮,然后在"最低高度"栏输入最低高度值,在 VR 场景中双击需要将其设置为旋转中心参照物的物体(图 6-24)。③切换到旋转相机游览 VR 场景。将鼠标放在视图右上角的Perspective 上右击,从弹出的下拉列表菜单击中选择"定点相机"Camera02。这样便快速地切换到旋转相机,游览该 VR 场景时,相机会以建筑为旋转中心的参照物进行旋转游览。通常,也可以应用旋转相机来完整地展现一个静物产品。

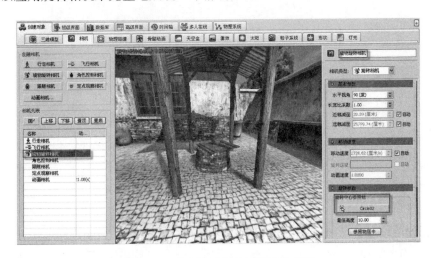

图 6-24　绕物旋转相机及其属性参数

6.3.4　角色控制相机

　　VRP 跟踪相机的镜头能随着角色控制相机控制的角色一起移动,单击"主功能区"里的"骨骼动画"栏,单击"角色库"按钮,弹出"角色库"对话框,双击"亚洲休闲装平跟鞋女士 2"将此角色调到 VR 场景中。通过移动工具和缩放工具调整角色大小和位置,在右侧"动作"属性栏中,单击"动作库"按钮,在弹出的"动作库"对话框中,双击选择"跑动原地(平跟女士)""空闲站立(平跟女士)""行走原地(平跟女士)"三个动作,加入角色模型中。右键单击"空闲站立(平跟女士)",在弹出的菜单中选择"默认动作",用同样的方法将"行走原地(平跟女士)"设置为"行走动作","跑动原地(平跟女士)"设置为"跑步动作"。单击"主功能区"里的"相机"栏下的"角色控制相机"按钮,这时会弹出一个对话框,可对相机进行更名创建角色控制相机。选择"角色控制相机",打开右侧相机属性面板,选择"跟踪控制"下的"选择跟踪物体"右侧按钮,在弹出的"选择物体"对话框中,选择"亚洲休闲装平跟角色模型",单击"确定"按钮,从而设置相机控制角色(图 6-25)。制作完成后,单击 F5 快捷键运行,按键盘上的 C 键,在弹出的菜单中选择"角色控制相机"可以对角色进行控制,用键盘上的W、S、A、D 键分别控制前、后、左、右,也可以用鼠标直接点击要去的位置,来控制角色,按~键,可以切换到跑步状态。

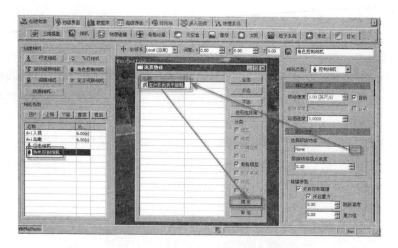

图 6-25　角色控制相机及其属性参数

6.3.5　VRP 场景碰撞属性的设置

VRP 具有高效、快速、精确的碰撞算法，如果用户的场景结构合理（没有烂面、实心物体没有漏缝），都可以通过简单的操作来实现。VR 场景中的碰撞具有自动上楼梯和一定坡度的爬坡功能，经过测试，无论是一个室外的城市虚拟场景，还是一个室内的户型场景，都可以直接将所有模型加入碰撞，实现任意行走功能。

碰撞检测的设置步骤如下：首先单击"物理碰撞"按钮，然后在视图中全部选中场景模型，接着将不需要加碰撞的模型取消选择，最后通过单击"功能分区"下的"开启"按钮设置所选模型具有精确碰撞属性（图 6-26）。在为 VR 场景设置了碰撞之后，行走相机小人模型在 VR 场景中行走时再也不会出现陷到地下或穿墙而过的现象了，即使撞到墙壁上也会沿着墙壁继续向前行走。

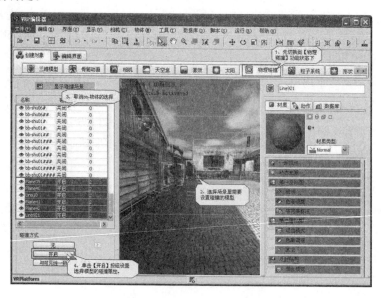

图 6-26　VR 场景中开启物理碰撞

几种碰撞方式如下：①无，取消选择模型的物理碰撞属性；②开启，开启选择模型的物理碰撞属性；③与可见性一致，设置选择模型的物理碰撞属性为显示的时候具备精确物理碰撞，不显示的时候，不具备精确物理碰撞属性。

VRP场景碰撞检测设置的优化。开启碰撞时，设置一些在行走时不可能碰到的面不要加入碰撞。如门顶上的圆拱和右边的柱子完全不用加入碰撞，好比用户在走路的时候，不用担心会撞到天花板一样。一些具有复杂造型的模型，需要做一个简化后的隐藏模型加入碰撞。如隐形透明墙，本来也是有一些造型的，比较费面，干脆简化成一个大平板，只有两个面，这样的碰撞效率可以提高很多。

6.4 VRP 环境特效

在 VRP 编辑器中制作环境特效的方法也很简单。可以为 VR 场景添加镜面反射效果，为 VRP 场景添加或更换天空盒，设置雾效，模拟真实的太阳、路灯和蜡烛等不同形式的光晕，添加太阳光晕，还可以实现诸如清晨的阳光透过天窗的体积光效果。以下介绍镜面反射效果、天空盒、雾效和太阳光晕等常用的环境特效制作方法。

6.4.1 镜面反射效果

日常生活中经常可以看到光滑的大理石地面与光滑的木地板地面都具有反射效果，其次还有平静水面上的倒影等。这种镜面反射效果在 VRP 中制作起来非常简单，但在操作前必须注意：用于制作镜面反射的只能是平面，不能是曲面，也不能是台阶，如地板、水平台面及水面；在对物体进行镜像操作时，尽量减少镜像的面数与数量，反射不到的物体不做镜像操作，用简单模型替代镜像物体，忽略镜像物体的细节以减少整个场景的面数。下面以地板上躺椅的镜面反射效果的制作说明镜面反射效果。制作步骤如下：①复制镜像物体。将制作好的场景导至 VRP 编辑器，并将当前视图转换到前视图，双击选择需要进行镜像操作的物体，然后单击"编辑"→"复制"命令，在弹出的"复制物体"对话框中单击"确定"按钮即可。②调整镜像后的物体位置。转换到左（Left）视图，单击"工具栏"中的"镜像物体"（如 按

钮，然后单击"坐标系"栏中的 Y 轴按钮，最后再应用"平移物体"按钮将镜像后的物体沿 Y 轴向下移动，直到该物体的底边与原物体的底边正好相吻合即可（图 6-27）。③设置地板透明属性。选择地板，然后将其的"透明"属性栏中选择"整体透明"复选框，将"透明度"的参数值设置为"230"。这样，从具有透明属性的地板就可以看到下面的镜像物体了，一种镜面反射效果就制作完成了。其他场景中制作反射效果的方法同上，如带有反射效果的水面（图 6-28）。

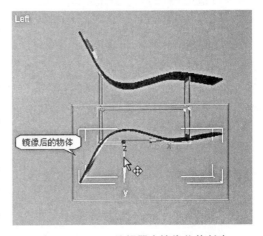

图 6-27 VRP 编辑器中镜像物体创建

图 6-28　水面反射效果图

6.4.2　天空盒

在 VRP 中,无论是模拟室内的场景还是模拟室外的场景,很多时候需要利用天空盒来烘托整个场景的气氛,让天空盒(Skybox)作为整个场景的环境和背景。在 VRP 编辑器中,用户可方便地在场景中更换天空盒,也可自己制作天空盒。VRP 天空盒与全景图的效果是一样的,用户可以利用该功能制作自己的全景演示。

天空盒的制作步骤如下:①创建球模型代表视点。在 3ds Max 场景中加入一个球体(半径约 20 cm),用来代表视点的位置,打开材质编辑器,任选一个未使用的材质球,设置其为标准材质,单击 Diffuse 颜色右边的按钮,选择贴图类型为 Reflect/Refract,在设置窗口中设置视点球材质参数。②在 VRP 中制作天空盒。当渲染完成之后,启动 VRP 编辑器,单击"功能分类"里的"天空盒",然后再单击"主功能区"中的"新建"按钮,最后在弹出的"天空盒编辑器"对话框中添加刚渲染的那 6 张图中为其找到相应的图片。③保存天空盒。在"天空盒编辑器"中单击"存入样式库"按钮,然后在弹出的"请输入一个名称"对话框中为新建的天空盒命名,最后单击"确定"将创建的天空盒保存到 VRP 编辑器模板中。④调用天空盒。保存后,在 VRP 的"天空盒列表"中找到并双击这个天空盒缩略图(或通过鼠标右键中的"应用到视图"命令)将天空盒应用到当前场景中。⑤更换或修改天空盒。用户除了可以根据需要制作天空盒外,还可以随时更换或修改天空盒,如果想选用其他天空盒时,双击天空盒的缩略图即

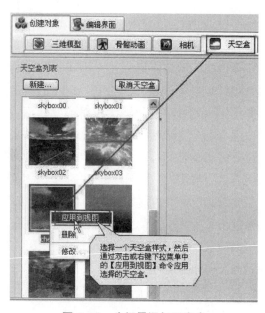

图 6-29　为场景添加天空盒

可。要修改当前天空盒时,在该天空盒上单击鼠标右键,从弹出的下拉列表框中选择"修改"命令,并在随后弹出的"天空盒编辑器"对话框中重新编辑天空盒的各个视角图片(图6-29)。如图 6-30 所示为在室内展示场景中添加了天空盒后的效果。

图 6-30　室内展示场景添加天空盒后的效果

6.4.3　雾效

在 VR 场景中,除了应用天空盒和太阳光晕来烘托场景的气氛,还可以为 VR 场景添加雾效,以模拟出一种景深效果。在 VRP 中,用户可方便地在场景中调节雾的颜色与距离。雾效的设置步骤如下:①开启雾效。将制作好的场景进行烘焙后导出至 VRP 编辑器中,然后单击"功能分类"中的"雾效"按钮,接着在"主功能区"中勾选"开启"复选框以开启场景雾效。②手动编辑雾效。用户可以单击"雾颜色"以调整雾的颜色,然后取消"自动"复选框,根据场景需要调整雾在场景中的"开始距离"与"结束距离"(图 6-31)。开始距离指雾与当前视点的距离,结束距离指雾的消散结束距离,自动为程序自动设置雾的起始与结束距离。

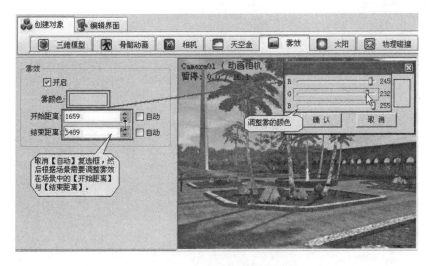

图 6-31　雾效的参数设置界面

6.4.4　太阳光晕

在 VR 场景中,除了应用天空盒烘托场景的气氛,还可以应用太阳光晕来烘托场景的气氛。在 VRP 编辑器创建太阳的样式列表中列出了多个太阳光晕样式模板,用户可方便地在场景中应用或更换太阳光晕的样式。选择一个太阳光晕样式,用户可以通过双击或右键下拉菜单中的"应用到视图"命令将选择的太阳光晕应用到当前场景中(图 6-32)。如果用户在 VR 场景中同时应用了天空盒和太阳光晕,这样场景中就会出现两个太阳。用户可以通过"太阳光晕"样式编辑器下方的"当前太阳属性"来调整太阳光晕的位置,如调整"方向"与"高度"的参数值,以使调用的太阳光晕的位置与天空盒里太阳的位置重合(图 6-33)。

图 6-32　在 VR 场景中应用太阳光晕

图 6-33　VR 场景添加太阳光晕后的效果

6.5 脚本与交互界面设计

VRP 具有强大的脚本编辑与 VR 项目运行界面开发功能,通过脚本编辑器与界面编辑器的初级界面和高级界面,用户可以为自己的 VR 作品设计独特的运行界面,添加富有个性化的面板和按钮,设置热点和动作,调整渲染区域位置及交互界面的透明度等,所有的设计操作都是可视化的。

6.5.1 VRP 脚本编辑器

VRP 脚本编辑主要用来设置 VR 场景的强大的交互功能,用户可以根据项目需求通过脚本语句来设置场景丰富的交互功能。"VRP 脚本编辑器"是所有交互脚本的一个集合,可以通过"VRP 脚本编辑器"给任意一个按钮、图片或模型添加交互脚本。

在应用"VRP－脚本编辑器"进行一些交互设置之前,用户需要先了解"VRP －脚本编辑器"的界面及其功能。在 VRP 编辑器中单击"脚本"→"脚本编辑器"命令(或按快捷键 F7)可以快速地打开"VRP －脚本编辑器"对话框(图 6-34)。

脚本编辑器界面从上往下依次为功能按钮、函数类别、函数名称及类型、脚本函数栏和测试函数按钮等栏目。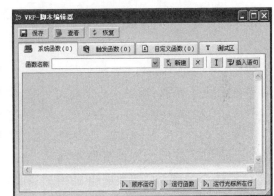 保存：将当前所编辑的脚本保存在起来,保存的

图 6-34　VRP 脚本编辑器界面

文件为 *.ini; 查看 :查看当前脚本文件 *.ini; 恢复 :如果当前脚本有问题,单击此按钮可以恢复到默认值; 系统函数(1) :系统本身自带的函数,一般用于程序运行时开启的背景音乐、动画、变量值设定等,系统函数包括窗口消息函数、键盘映射函数、鼠标映射函数、方向盘映射函数、MMO 事件映射函数和 VRP-IE 事件函数等类型; 触发函数(2) :响应 VRP 场景中的触发事件的函数,比如鼠标移出、移出模型和距离触发等,触发单击按钮或物体时所执行的动作,如单击按钮切换相机视角、单击门执行门开启动画、打开水龙头动画等; 自定义函数(1) :由用户通过自定义函数开发自定义 VRP 脚本函数,该函数可在系统函数和物体事件触发函数中调用; 测试区 :测试脚本函数执行结果,用户在测试区中可以直接运行一行或多行脚本或函数,实时观看运行效果;函数名称 :显示创建或使用的函数; 新建 :新建一个函数; :删除不需要的函数; :编辑光标所在行; 插入语句 :单击此按钮可打开 VRP 事件编辑器,从而加入动作事件; 顺序运行 :此按钮只有在运行状态下才被激活,单击此按钮,命令行从当前顺序往下执行; 运行函数 :此按钮只有在运行状态下才被激活,单击此按钮,运行函数; 运行光标所在行 :此按钮只有在运行状态下才被激活,单击此按钮,只运行光标所在行的函数。

6.5.2 VRP 命令行编辑器

VRP 命令行编辑器集成了所有 VRP 交互脚本,用户可以通过"脚本编辑器"中的"插入语句"来添加事件脚本。"VRP 命令行编辑器"中的函数命令包括"初始化命令"函数、"文件操作"函数、"调试"函数、"VRP 窗口"函数、"网络 VRP"函数、"多通道和分屏"函数、"脚本文件"函数、"游戏外设"函数、"相机操作"函数、"获取信息"函数、"操作方式控制"函数、"悬浮窗口"函数、"音乐"函数、"材质操作"函数、"动画命令"函数、"骨骼动画"函数、"模型操作"函数、"查找"函数、"杂项"函数、"二维面板"函数、"天气"函数、"形状"函数、"特效"函数、"模型构造"函数、"GUI‐对话框"函数、"GUI‐控件"函数、"GUI-Flash 控件"函数、"时间轴"函数、"数据库"函数、"字符及变量运算"函数、"Excel 文件"函数等等(图 6-35)。

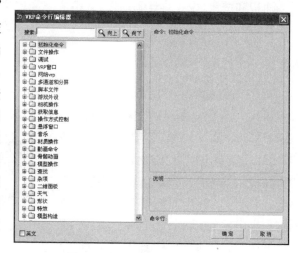

图 6-35　VRP 命令行编辑器界面

VRP 官网中 VR-Platform 中视典三维互动虚拟平台培训教程页面详细介绍了 VRP 简单脚本应用案例和 VRP 复合脚本应用案例,如初始化、关闭程序、显示鼠标触发边框、设置窗口非活动时是否保持画面刷新、设置可视距离、VR 场景背景音乐的添加、VR 场景中车体动画效果的制作、VR 场景中蝴蝶与飞鸟动画效果的制作、工业装配与分离动画的制作、开门动画制作、二次单击事件设置、多次单击事件设置、角色行走动画、雨雪粒子效果、VR 场景中动态水效果、VR 场景中动态火车效果、触摸屏互动功能设置、数据库连接查询、国际象棋互动展示、在窗口中添加 Flash 文件、切换页面、应用定时器控制骨骼动画执行、骨骼和刚体动画播放停止同步控制、刚体动画区间播放控制、自定义按钮图标脚本的使用方法等案例。其中,在 VR 场景中添加背景脚本编辑最常用,因为音乐能带给用户丰富的听觉享受。二次单击事件的功能简单而实用,是指在鼠标循环单击中,物体可以在两种状态循环切换。多次单击事件是指在鼠标循环单击中,物体可以在多种状态循环切换。多次单击事件的应用非常广泛,常用于方案切换等。多次单击事件与二次单击事件方法类似,例如可应用于创建角色的换装功能等。刚体动画可以事先在 3ds Max 中制作好再导入 VRP 编辑器中,然后通过脚本编辑器的脚本命令来控制刚体动画的播放。触摸屏互动功能设置也经常应用,在用户需要使用触摸屏来浏览 VR 场景的时候,可以通过使用一些简单的脚本设置来实现触摸屏的互动功能。

6.5.3 VRP 初级界面的使用

VRP 初级界面包括运行界面、按钮、导航图、图片、色块、开关、画中画、指北针和新建页面等二维界面模板,是 VRP 项目运行界面设计中最基本的元素。

（1）创建运行界面

用户在将烘焙后的场景导入 VRP 编辑器之后，通常需要为该场景创建一个合适的二维界面。具体的制作步骤如下：①在"功能分类栏""初级界面"主页面选项卡中，设置"桌面"背景图片。选择"桌面"，进入其"属性"面板，在"贴图"栏下的"图片"按钮上单击鼠标左键，从弹出的下拉列表框中选择"选择"→"从 Windows 文件管理器"命令，然后在弹出的"打开"对话框中选择一张图片作为界面背景。②调整"绘图区"的大小。单击编辑面板列表，选择"绘图区"，将鼠标移到绘图区，待鼠标变成双向箭头时，按住鼠标左键在绘图区内拖动以缩小绘图区的大小，最后再将鼠标移到绘图区边框上，待鼠标变成一个手形时按住鼠标可将该绘图区拖动到任意位置。

（2）创建按钮

可以在初级界面上创建一些用于交互的按钮，方便用户和 VR 场景交互。具体的制作步骤如下：①单击"主功能区"中的"创建新面板"按钮，在弹出的下拉列表中单击"按钮"命令，然后将鼠标放在视图中拖动以绘制按钮（图 6-36）。②编辑按钮缩略图。选择按钮，然后单击其"属性"面板下的"图片"按钮，从弹出的下拉列表框中选择"选择"→"从 Windows 文件管理器"命令，然后再在弹出的"打开"对话框中选择一张相应的图片作为该按钮的缩略图。③设置按钮贴图透明属性。选择开关按钮，然后打开属性面板下面的"透明"面板，勾选"使用贴图 Alpha"，边缘裁减值设为 32。重复此步骤可创建场景中其他多个按钮。

图 6-36　初级界面中创建按钮

（3）创建导航图

在 VR 场景漫游的时候，用户可能需要精确地知道在当前场景中漫游到什么位置了，有时还需要随时变换地理位置对该场景进行适时浏览。这时就需要借助一个适时导航图来帮助用户精确查看与快速切换。具体操作步骤如下：①创建导航图。在 VRP 编辑器中，切换到"编辑界面"面板，单击"创建新面板"按钮，在弹出的下拉列表框中单击"创建导航图"命令,然后将鼠标移到窗口中拖动鼠标绘制一个导航图,并添加导航图图片。②设置贴图的透明参数。选择开关按钮,然后打开属性面板下面的"透明"面板,勾选"使用贴图 Alpha"。③在 3ds Max 里拾取场景坐标。回到 3ds Max 中,切换到顶(Top)视图,打开三维捕捉,捕捉场景的 X 轴和 Y 轴的坐标值。④设置导航图的坐标值。打开导航图的"导航"面板,分别将前面记录的 X 轴和 Y 轴的值输入上下左右的文本框中,输入完坐标值后就会在导航图里出现一个绿色的箭头,即为当前相机在场景中所处的位置。⑤设置导航图的箭头指示。打开"导航"面板,点击"箭头"旁边的按钮,添加导航图图标的图片。⑥启用鹰眼功能。在"导航"面板下,勾选"使用鹰眼"复选框,这样运行 VR 场景时,用户可以通过在导航图中任意单击进行视角快速切换(图 6-37)。⑦运行预览制作效果。按快捷键 F5 或者是选择"主工具栏"中的运行预览按钮,预览场景中的效果。

图 6-37 导航图的属性面板

(4)二维界面元素编辑

在编辑一个比较复杂的初级界面时,过多的二维元素常给用户的编辑带来许多不便或许多重复工作,为了能让用户更方便、更快捷地创建并编辑二维元素,用户可以通过显示或隐藏二维元素、初级界面对齐、设置初级界面永久显示和初级界面的位置调整对复杂的界面进行编辑。显示/隐藏二维元素有两种方法:一种是将鼠标放在二维元素前的图标上进行单击,图标隐藏了,相应的二维元素也就隐藏了,再次单击可以显示二维元素;另一种就是先选择二维元素,通过取消其"属性"面板中"可见"复选框,以使二维元素隐藏,再次勾选可以显示二维元素。用户通过按住键盘上的 Ctrl 键单击每一个按钮,这样可以同时选择多个需要对齐的按钮,最后选择的按钮显示框为白色的,对齐会以此按钮为依据,然后再根据需要通过单击不同的对齐按钮将选择的多个按钮进行对齐。

(5)创建新页面

如果用户需要为一个 VR 项目设计多个界面方案,可以通过"新建页面"功能,在新建的多个页面中设计不同风格的界面。具体的制作步骤如下:①创建新页面。单击"功能分类"栏中的"新建页面"按钮,然后在弹出的"页面名称"对话框中为新建页面命名,单击"确定"按钮后，一个新的空白页面就创建完成了(图 6-38)。②在新页面设计新界面方案。用户可以在新建的页面中为当前项目重新设计第二套方案界面。

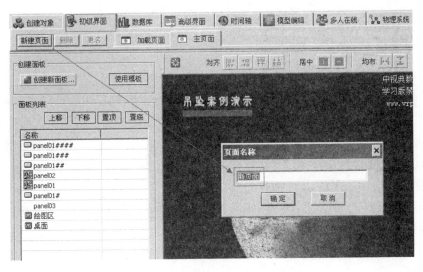

图 6-38　初级界面中新建页面

6.5.4　VRP 高级界面的使用

VRP 高级界面可以创建出更加专业的软件运行界面，分为窗口、控件、风格设计和菜单等类型的界面元素。"窗口"用于新建、调整和删除控件窗口以及"导出界面""装载界面"和"合并界面"；"控件"用于创建、调整和删除各类控件元素；"风格设计"提供了"方案选择"和"方案设计"两个参数组，"方案选择"用于应用或保存设计好的控件风格，"方案设计"用于控制控件中文字字体的大小、控件的外观和动画速度；"菜单"用于创建和删除菜单。控件元素具体包括：按钮、复选框、单选框、输入框、组合下拉框、滑杆、列表框、信息显示框、图片按钮、进度条、导航图等，图 6-39 为复选框控件创建实例及其属性面板。

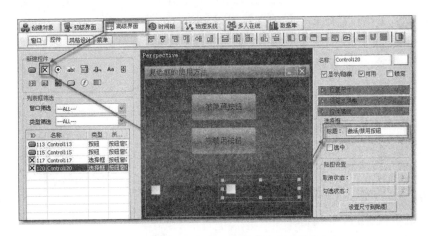

图 6-39　高级界面复选框控件及其属性面板

6.6 VRP 其他功能

6.6.1 VRP 数据库应用

VRP 数据库插件能够让用户便捷地将 VRP 场景与数据库信息进行关联。在 VRP 场景运行的时候,可以实时地查询场景里某一建筑、物体、区域对象在数据库里的相关信息。用户对数据库进行更新,场景内相应的数据库信息也会随之更新。打包后的程序可执行文件能够根据用户保存的信息自动连接外部数据库读取数据库信息,与原来单一的程序可执行文件相比,程序可执行文件结合外部数据库的方式在场景信息查询和更新方面更加灵活,扩展性更强。

Access 数据库是一种关系式数据库,关系式数据库由一系列表组成,表又由一系列行和列组成,每一行是一个记录,每一列是一个字段,每个字段有一个字段名,字段名在一个表中不能重复。Access 数据库以文件形式保存,文件的扩展名是 * .MDB。Access 数据库使用方法如下:

① 启用数据库插件。单击"帮助"→"VRP 插件信息"命令,在弹出的"VRP 插件管理器"对话框中,单击"数据库插件"前面的灰色图标,待其变成绿色图标时,再单击"确定"按钮结束数据库插件开启操作。

② 选择数据库类型,输入数据库的文件或地址。打开"数据库"面板,选择数据库类型为"Access2000/2003",数据库插件支持的数据库类型包括:Access、MySQL、Oracle、SQL Server 等。接下来点击设置按钮,在弹出的面板中添加数据库文件。

③ 连接数据库。打开数据库面板,点击"连接数据库按"按钮,将刚才设置的数据库进行连接。检查数据库的连接状态是否成功,如果连接成功,数据库连接状态会更新,并显示当前连接的数据库和连接状态。

④ 设置自动连接数据库。在"连接数据库"面板下面,勾选"保存登录信息到 VRP 文件"选项和勾选"下次打开场景自动连接数据库"选项。

⑤ 关联操作。关联操作目的是将数据库记录和 VRP 对象建立起联系。建立起联系以后,点击 VRP 对象,就能根据关联信息查询到对应的数据库记录。

⑥ 设置模型与数据库关联。例如在 VR 场景中选择沙发模型,单击"记录列表"按钮,在弹出的数据库中,选择相应的记录。然后单击"新建关联"按钮,完成模型与数据库的关联。"选择数据库标识字段"确定用哪个字段来区别数据库记录,一般采用数据表的主键字段。如果用户不指定的话,默认是采用第一个字段作为主键。关联操作设置完成,列表中会列出当前已经添加的关联。

⑦ 设置其他物体与数据库关联。接着继续设置场景中其他物体与数据库关联,操作方法参见上面的步骤(图 6-40)。

⑧ 设置脚本。选择"数据库信息"按钮,在左键按下添加脚本"显示信息面板",将选项设置成"显示"。最后点击快捷键 F5,运行预览添加数据库后的效果。

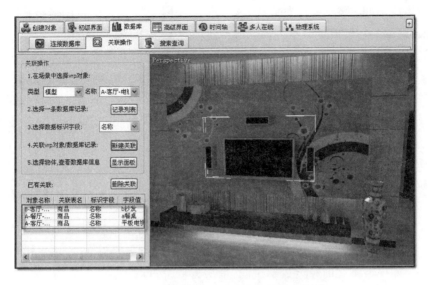

图 6-40　设置场景中的物体与数据库关联

6.6.2　VRP-IE 互联网平台

2007 年,中视典数字科技有限公司在原有 VRP 三维互动软件产品线的基础上,成功研发了面向网络的全三维互动软件平台 VRP-IE。VRP-IE 三维网络浏览器将 VRP-BUILDER 的编辑成果发布到互联网,让用户通过互联网进行对三维场景的浏览与互动。VRP-IE 具备开放的体系结构设计、高效的 VRP-BUILDER 编辑器一键发布页面功能,以及高性能的 VRP-IE 插件。还具备高度真实感画质、支持大场景动态调度、良好的低端硬件兼容性、高压缩比、多线程下载、支持高并发访问、支持视点优化的流式下载、支持高性能物理引擎、支持软件抗锯齿、支持脚本编程、支持无缝升级等等特性,为大型全三维 Web 3D 网站的构建提供强有力的技术支持和保障。

VRP-IE 三维网络平台由两部分组成,分别为:制作端软件 VRP-BUILDER 和客户端插件 VRPIE-PLAYER。VRP-BUILDER 用来编辑和发布 VRP-IE 场景文件,可接受绝大多数 3ds Max 的模型格式和动画,再加上互动操作、环境特效、界面设计后,将场景打包发布到互联网。VRPIE-PLAYER 客户端插件使用的是微软 ActiveX 技术标准来嵌入 IE 网页的,它会在用户第一次打开 VRP-IE 网页的时候,提示安装 VRP-IE 客户端插件。在 VRP-IE 浏览器插件自动下载完毕之后,即进入三维数据文件下载阶段,此阶段也为多线程下载(10 个),并且支持流式下载,即下载完一部分就可以开始浏览一部分,不需要等待全部下载完才能浏览。并且数据会在本机缓存,脱机时或下次打开同样网页的时候,浏览器会对数据进行判断,如果数据未改变,则直接从本地读取,否则从服务器再次读取。

6.6.3　VRP-PHYSICS 物理引擎

物理引擎和 3D 图形引擎是两个截然不同的引擎,但是它们又有着密不可分的联系,即一起创造了虚拟现实世界。人们的需求已经从观看离线渲染的 3D 动画片的方式过渡到了使用实时渲染技术的 VR 交互浏览方式,这一步的迈进主要归功于 3D 图形引擎的发展。然而,只有图形引擎的 VR 模拟只是一些三角形面片的涂色显示而已,虚拟世界中的物体只具有一个外表,没有内在的实体,用户更不能和它们产生具有逼真的动作交互。物理引擎是计算 3D 场景中物体与场景之间、物体与角色之间、物体与物体之间的交互运动和动力学特性。在物理引擎的支持下,VR 场景中的模型可以具有质量,可以受到重力、落在地面上,可以和别的物体发生碰撞,可以反映用户施加的推力,可以因为压力而变形,也可以有液体在表面上流动等。

VRP-PHYSICS 物理引擎可以逼真地模拟各种物理学运动,实现如碰撞、重力、摩擦、阻尼、陀螺、粒子等自然现象,在算法过程中严格符合牛顿定律、动量守恒、动能守恒等物理原理。VRP-Physics 技术功能特性主要有:

① 高效的碰撞检测算法。VRP 物理引擎系统具有高碰撞检测效率,在进行物理模拟之前,VRP 会重新组织模型面片到计算最优化的格式,并且能存储为文件,再次模拟的时候无须重新计算。碰撞检测之前经过数次过滤,依次为场景过滤、碰撞过滤、动/静物体过滤、包围合过滤等,最大可能地排除了碰撞检测时候的计算冗余。

② 真实地模拟刚体动力学特性。VRP 物理引擎能够模拟真实的刚体运动,运动物体具有密度、质量、速度、加速度、旋转角速度、冲量等各种现实的物理动力学属性。在发生碰撞、摩擦、受力的运动模拟中,不同的动力学属性能得到不同的运动效果。

③ 任意的运动材质。VRP 运动物体可以具有不同的运动材质(如橡皮、铁球、冰块),用户可以任意指定物体的弹性、静摩擦力、动摩擦力、空气摩擦阻尼等多种参数以达到模拟所有物体在刚体运动中具有的不同效果。

④ 支持多种高速运算的碰撞替代体。除了对模型的面片进行预处理参与碰撞检测,VRP 还提供了盒形、球形、圆柱形、胶囊型、凸多面体五种在模型形状大致相同的情况下可以使用的替代碰撞体,这些碰撞体具有高效的碰撞计算效率,大大提高物理模拟的实时性。

⑤ 多种动力学交互手段。VRP 物理引擎提供了自由的、真实的动力学交互手段进行用户和物理场景的交互,用户可以对任意物体的任意位置施加推力、扭力、冲力等,也可以对物体动态设置速度、角速度、密度等参数。

⑥ 支持连续碰撞检测。如果某个物体运行速度过快,可能会导致该物体无法得到正确的碰撞检测,比如当一个运动速度很快的子弹穿越了一个钢板,因为运动速度过快而无法检测到碰撞的通道效应将会产生。连续碰撞检测可以将物体每两帧之间的碰撞检测连续化,保证在运动路线中出现的物体都能参与到碰撞检测。

⑦ 大规模运动场景进行局部调度计算,支持硬件加速。当物理场景过大,运动刚体数量过多的时候,计算量是庞大的,VRP 支持 PPU 加速,对于大规模运动模拟有硬件支持。VRP 的物理引擎可以让运动稳定的物体(如静止下来的物体、匀速转动的物体、匀速运动的物体)在碰撞检测组和非碰撞检测组之间动态地调度,排除了在不会产生碰撞的物体之间进行碰撞计算的计算冗余(比如两个静止下来的物体)。同时,VRP 还提供了脚本接口让用户参与到动态调整物体碰撞管理。

⑧ 提供多种物体的运动约束连接。物理场景中的任何物体可以通过连接的方式把运动关联起来。VRP 物理引擎提供了铰链连接、球面连接、活塞连接、点在线上的连接、点在

面上的连接、黏合连接、距离连接等多种连接方式来关联两个物体的运动,并且物体的运动关联是可中断的。当两个关联起来的物体受到了比较大的拆分力,运动的关联将会自动中断。

⑨ 可以模拟场景重力、环境阻尼等环境特性。作为虚拟现实的优势,VRP 可以模拟一些难以达到的或者不存在的物理环境。比如在水下、太空、月球上的运动模拟。通过对场景的重力、环境阻尼等因素进行调节能达到各种物理实验环境。

⑩ 逼真的流体模拟。VRP 提供有流体的模拟,场景中的流体粒子不仅能够参与碰撞,还具有流体自己的动力学特性,如粒子之间吸附力、粒子之间的排斥力、流体的流动摩擦力等,能模拟逼真的流体效果,可直接应用到管道、排水系统、喷泉、泄洪等仿真应用中。

⑪ 支持各种碰撞事件的自定义设置和实时响应。在场景中的物体发生碰撞的时候,用户可以获得通知。并且用户可以自己设置感兴趣的碰撞对象和对事件绑定脚本,这样可以实现在碰撞发生时能产生声音、接触发生时播放动画的效果。

⑫ 真实的布料模拟。VRP 具有相当方便的布料模拟系统。用户可以将任何三角形网格的模型设置为布料,模拟过程中,布料以模型顶点为基础,实时生成顶点动画,每个三角形面片都将参与碰撞检测与力反馈。布料模拟中,不仅可以设置布料的抗弯系数、抗拉系数来模拟不同材质的布料,还能给封闭的布料充满气体形成气球。布料能轻松地与用户发生交互,甚至可以在受到破坏力的时候被撕裂。

⑬ 自由的力场模拟。在场景中模拟刮风、水流时候的现象,物体处于力场中,可以因为角度不同,受到的力大小也不同。力场所作用的范围也可以随意定制,可以让用户在出门以后感受到风力,而进屋以后却没有风,能感受到室内的温暖。

⑭ 汽车等交通工具模拟。VRP 物理引擎集成了仿真度极高的车辆模拟,能随意地构造汽车结构,由任意车轮来驱动、导向行驶,具有实时的碰撞检测和碰撞力度的反馈。车辆模拟模块能让用户自由地组装并驾驶车辆,无论是标准汽车,还是四驱车、三轮车、自行车,甚至一些结构奇怪的月球车、火星车等,都可以通过物理引擎模拟出逼真的运动效果。

中视典数字科技有限公司在其官网发布了详细的 VRP-PHYSICS 物理引擎技术文档和使用视频教程,讲解连接约束、布料模拟、车辆模拟、物理射线事件和物理粒子流体模拟技巧,有力推动了 VRP 物理引擎在交通工程、路桥勘测、水利电力、能源机械等工业仿真研究与设计领域的深度应用。

6.6.4　VRP-SDK 二次开发

VRP-SDK 是应用 VRP 内核引擎,是面向各种应用程序开发语言(包括 VC, VB, C♯和 Delphi)的应用编程接口,用户能够在程序中使用脚本调用 VRP 内核功能。通过 VRP-SDK 和 VRP 三维场景结合起来,实现程序级别的场景控制方式,弥补了在 VRP 编辑器里面使用脚本控制场景的不足,大大提高了 VRP 场景与用户的交互程度。

VRP-SDK 二次开发软件工具包提供 C++源码级别的开发函数库,用户可在此基础之上开发出自己所需要的高效仿真软件。这种方式使 VRP-SDK 编程变得容易掌握,对 VRP场景操作来说更安全。一个脚本就代表一块功能的实现,而这个脚本内部则包含了太多的琐碎的细节。用户无须知道这些琐碎细节便能方便地使用该功能。VRP 脚本涵盖多方面的功能,包括三维模型操作、相机操作、刚体和骨骼动画、二维面板、三维文字、物体材质、天气模拟、渲染特效、多通道和分屏控制、音乐与视频播放、多人在线、数据库操作和游戏外设控制等。

(1) VRP 脚本编程和 VRP-SDK 编程的相同点和区别

VRP 脚本编程是在 VRP 编辑器中组合使用各种 VRP 脚本去控制场景,从而使三维场景产生交换动态的特点。如使用鼠标触发、键盘触发和距离触发,驱动场景去播放某个动画或者执行预先设定的事件或者动作,进而让用户产生与三维场景交互的感觉。这种方式所产生交换是单向性的,即只有用户去主动影响场景。VRP-SDK 编程主要是将 VRP 场景以 OCX 控件的方式嵌入其他的应用程序中,用户通过操作这个嵌入的 OCX 对象实现对 VRP 三维场景的控制,同时三维场景还会将发生的事件以消息的方式传递回来,例如返回鼠标双击消息,鼠标左键按下弹起事件,发送命令脚本然后返回有用信息。在 VRP 中的一些脚本专门是为 SDK 编程设计的,因为那些返回信息在非编程环境下的 VRP-Builder 是很难处理的。

(2) VRP-SDK 的类型

VRP-SDK 有三种类型:①支持应用程序的 SDK。面向 VB, VC, C♯, Delphi 等窗口类型程序所使用的 ActiveX 接口控件,通过这个控件,程序可以直接操作场景并从场景中获取反馈的信息。②支持 IE 的 SDK,即 VRPIE-SDK。面向 javascript,html 语言环境的 IE 插件,使用这个插件使 VRP 能够嵌入 IE 浏览器中,且可以通过 javascript 语言与 html 页面的其他控件发生交互。③VRP 物理 SDK。VRP 物理 SDK 将物理引擎与 VRP 三维场景渲染引擎结合起来,使用 VRP 物理脚本将物理中的力学特性赋予三维场景中的物体,使整个三维场景都具备物理属性。

(3) VRP-SDK 开发方式

VRP-SDK 使用的是符合 Windows 标准的 ActiveX 控件接口、使用 COM 技术的 OCX 对象。VRP 的一切功能都封装在动态链接库中,OCX 对象则依赖这些动态链接库来提供 VRP 内部所有的功能。VRP-SDK 在用户的系统中主要起着一个中介的角色,采用 VRP-SDK 的用户大多数都是想将专业领域的系统赋予三维场景化,用户本身的业务系统(例如某发电厂系统)作为整个软件架构的核心逻辑,而 VRP 三维场景只是表现层,VRP-SDK 则将用户的业务系统和 VRP 三维场景联系起来。VRP-SDK 编程首要是将 OCX 对象导入编程环境中,用户所有的操作都是在这个对象的基础上进行的。这里就有个限定条件了,即用户的程序应该是基于对话框的、能够嵌入控件工具的程序模式。VRP-SDK 运行程序在打包发布的时候需要将 SDK 目录下的 Demo 下的所有文件和用户发布的 EXE 可执行程序放在同一个目录下面,并且在程序里面写上注册 ActiveVrp.ocx 控件的代码。使用 Microsoft Visual Studio 可以直接建立打包工程,可将所有需要的文件都放入打包工程里面。

复习思考题

(1) 简述 VRP 软件的功能与性能特点。

(2) 简述 VRP 系列软件的各个相关产品功能。

(3) 请下载 VRP 学习版软件,安装运行,了解软件的基本功能。

（4）安装 VRP-for-Max 插件，并将一个 3ds Max 场景导入到 VRP 编辑器中。

（5）简述 VRP 项目的工作流程。

（6）将一个 VRP 场景输出为可网络发布的 VRP-IE 文件并在浏览器中进行查看。

（7）请在 VRP 编辑器中复制虚拟场景中的某个物体，对其副本做平移、旋转、缩放和镜像操作。

（8）请在 VRP 编辑器中选择某个物体，制作其环境反射贴图、阴影效果、自发光、高光及双面染效果，并更换物体的纹理贴图。

（9）简述 VRP 提供的相机类型，以及各自的特点和用途，构建一个虚拟场景，在其中实现这几种相机功能。

（10）请为虚拟场景中的物体添加碰撞检测功能。

（11）在场景中添加角色并为角色设置行走路径和换装效果，令相机跟随角色运动。

（12）为场景添加天空盒和雾效，通过将天空盒的顶面贴图设置为反射图片来提高场景的真实感，然后添加自定义的太阳光晕效果。

（13）应用几种 VRP 命令行脚本，开发实现交互界面中触发音乐、转换相机和两种方案场景切换功能。

实时仿真平台 Creator 与 Vega Prime

Creator 和 Vega Prime 是加拿大 Presagis 公司的实时仿真建模与三维视景渲染工具。Presagis 公司是在 CAE(Canadian Aviation Electronics)收购了 Engenuity Technologies、MultiGen-Paradigm 和 TERREX 这三家行业领先公司后成立的,该公司通过整合三家公司原有优良产品,为航空、军工、汽车等领域用户提供建模、仿真和嵌入式显示软件产品及解决方案。Presagis 公司倡导开放标准,拥有基于开放的产业标准的建模与仿真(M&S)产品线,能够很方便地集成到用户已有的环境中,并且满足用户的定制需求。使用高度集成的产品线,开发人员提高了工作效率,无需浪费大量时间和资源用于整合来自不同厂商的工具。M&S 产品线包括:Creator、Vega Prime、Terra Vista、FlightSIM、HeliSIM、SEGen Server、VAPS XT、STAGE。产品线具有高度集成和架构开放的特性,功能涵盖高保真 3D 模型以及地形数据库生成、3D 视景应用开发、飞行器仿真、图形用户界面开发、虚拟战场以及任务规划生成等方面。

Creator 与 Vega Prime 是在全球视景仿真应用领域中占有较大的市场份额、最具影响力的原 MultiGen-Paradigm(MPI)公司的产品,主要包含面向实时绘制的建模工具 Creator 和视景仿真驱动软件 Vega Prime 两大部分。MPI 公司是一家于 1998 年由 MultiGen 公司和 Paradigm Simulation 公司合并而成的世界领先的视景仿真技术公司,它向客户提供了一整套的视景仿真解决方案。其中,MultiGen 公司成立于 1986 年,开发了易于使用的实时仿真建模工具 Creator。Paradigm Simulation 公司成立于 1990 年,提供广泛应用的实时视景仿真驱动 Vega 软件和声音仿真的商业工具。

高精度飞行器仿真软件 FlightSim/HeliSim 是业界的标准解决方案,从仿真评估各类固定翼/旋翼飞行器平台,到搭建模拟器、训练装备和驾舱,以及开发飞行训练设备或任务训练器,FlightSim/HeliSim 在仿真应用过程中体现出的高效性使其成为众多航空相关用户的理想选择。通过 FLightSIM 和 HeliSIM 软件,用户可以将精力集中在业务领域中,而不需要关注运动学方程源码的编写工作。

Terra Vista 是三维地形地貌建模平台,是基于 Windows 平台的实时 3D 复杂地形数据库生成工具软件。Terra Vista 支持主流 SAF/CGF 的地形格式,例如 OneSAF、CTDB 和 JSAF 等,基于自带的地形构建规则和方法、地形模板的自动化生成控制技术、模型的参数化技术和专家系统辅助配置,用户能够快速地搭建地形数据库。Terra Vista Pro 版本支持地面、空中、海事、传感器和城市地形、军事行动环境数据库的创建,Terra Vista 以项目管理的方式管理地形数据,适合于大数据量的地型生成,生成的 3D 地型数据库可输出 OpenFlight,TerraPage 等格式,支持 CDB 等多扩展性输出和整合处理功能,通过开放的接口及界面,支持更多扩展的输出和处理功能的整合。

7.1 实时仿真建模工具 Creator

7.1.1 Presagis Creator 操作界面

在实时三维仿真开发中,首要的任务就是三维模型建立,三维模型包括场景中的地形、建筑物、街道、树木等静态模型以及运动中的汽车、行人等。Presagis Creator 系列产品是世界领先的实时三维数据库生成系统,是所有实时三维建模软件中的佼佼者,据统计,其市场占有率高达 80% 以上,用于视景数据库构建、编辑和查看。Creator 拥有针对实时应用优化的 OpenFlight 数据格式,强大的多边形建模、矢量建模、大面积地形精确生成功能,以及多种专业选项及插件,能高效、最优化地生成实时三维数据库,并与 Vega Prime 实时仿真软件紧密结合,在视景仿真、模拟训练、城市仿真、交互式游戏及工程应用、科学可视化等实时仿真领域有着世界领先的地位。

Presagis Creator 主要特性。Creator 具有比其他实时建模软件更高的生产效率、精确度和交互控制,帮助建模者创建高效的三维模型和地形用于交互式实时应用。其主要特性有:①所见即所得的可视化三维建模环境,用于实时三维图像生成。Creator 内置基于 Vega Prime 的预览器,可立即看到在运行环境中快速处理建模(RPM)向导工具能快速创建各种树、建筑物、桥梁以及公告板(Billboard)物体。②具有先进的多边形建模功能和修改工具,包括长出(Extrusion)、细分(Sub Division)、顶点创建(Construction Points)、T 形顶点消除(T-Vertex)以及放样(Loft)、二维/ 三维布尔工具(2D/3D Boolean)等。可设定视锥(Viewing Volume)及剪切面(Clipping Planes),支持 LOD(层次细节)、DOF(关节自由度)、Switch(逻辑切换)等功能节点。③具有强大的纹理工具,如 Texture Composer,内置的纹理编辑器以及三维绘制(3D Paint)工具能极大提高纹理贴图的灵活性,提升实时三维模型的视觉质量;能支持到最高八层纹理的多层混合贴图,这个功能的实现需要有硬件设备的支持。④可使用 Cg Vertex/Fragment Shader(NVIDIA 创建的顶点/像素着色功能,需结合 GPU 使用),创建凹凸贴图(Bump Mapping)、纹理变换、光反射等高级实时视觉效果,兼容主要的实时响应系统,可运行于 Windows NT 和 SGI 工作站上。⑤使用工业标准 OpenFlight 格式,OpenFlight 是 MultiGen 公司的描述数据库格式的工业标准。OpenFlight 包括了绝大多数的应用数据类型、结构和确保实时三维性能和交互性的逻辑关系,使最高保真度的应用成为可能,在提供优质视觉的同时优化内存占用。⑥图形和层次结构(Hierarchy)视图同步显示,可精确控制每个要素,获得良好的视觉质量和优化的数据库结构。插件结构使得用户可以自己开发特定工具。先进的光点建模和修改系统,能直接将光点用在后续的实时程序中。能输入/输出以前版本的 OpenFlight 文件。

通常打开 Creator 软件时会有一个默认的模型数据库窗口一并打开,整个界面主要由标题栏、菜单栏、工具栏、状态栏和建模工具箱几部分组成。标题栏显示软件名称和当前正在编辑的模型数据库文件名。状态栏显示当前的相关系统消息和各种提示信息等。菜单栏除包括文件菜单(File)、编辑菜单(Edit)、视图菜单(View)、选取菜单(Select)以及帮助菜单

(Help)等常用菜单,Creator 还根据自身特点提供了信息菜单(Info)、属性菜单(Attributes)、LOD 菜单、Local DOF 菜单、BSP 菜单、调色板菜单(Palettes)、地形菜单(Terrain)、道路菜单(Road)、声音菜单(Sound)、地理对象(GeoFeature)、器具(Instruments)、脚本(Scripts)、扩展(Extensions)以及窗口菜单(Window)等各种实用菜单,根据用户所使用软件的模块不同,菜单的数量和配置也会有所不同。

    Creator 的大部分工作都是在应用程序主窗口内的模型数据库窗口中进行的,用户可使用 Creator 的工具条、建模工具箱或者菜单命令,在数据库窗口内完成创建模型、调整视图、编辑模型等多种操作。用户可同时打开多个数据库文件,一个数据库文件对应于一个特定的模型数据库窗口。每个模型数据库窗口的顶端有一个仅对当前数据库窗口进行有效操作的视图控制栏。在数据库窗口的左上方显示的字母是当前数据库窗口所使用状态的显示标志,比如"L"代表启用了灯光,"Z"代表启用了深度缓存,"T"代表显示纹理,等等。在数据库窗口右上方的坐标轴表示当前数据库视图的坐标系方向,即对应的视图方向,其中 X 轴为蓝色,Y 轴为红色,Z 轴为绿色。实际上,模型数据库窗口就是用来显示 OpenFlight 格式的模型数据库的,所以工作区包含了数据库图形视图(Graphics View)和数据库层级视图(Hierarchy View)两部分(图 7-1)。

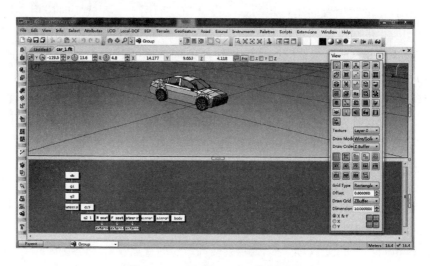

图 7-1　Presagis Creator 操作界面

7.1.2　Creator 的功能模块

    Creator 可视化建模软件包将 OpenFlight 格式模型数据库的层级视图无缝地与建模环境集成在一起,使得用户可以在创建虚拟三维模型的同时关注模型数据库的结构与状态,可以实时地对模型进行观察、检查和修改。用户还可以直接对模型数据库进行操作,通过简单的移动和调整就可以达到优化 OpenFlight 模型数据库的目的。Creator 支持数字地形高程数据(DTED、DEM)和数字文化特征数据(DFAD),利用地理信息系统中的这些现有数据和与之配套的航空或卫星照片,可以快速高效而又方便地构造任何地区地形和文化特征。为了保证软件良好的可扩充性,Creator 采用了模块化的开发和销售方式,用户可以根据实际需要选用合适的模块进行工作,主要的模块包括基本建模环境模块(CreatorPro)、地形建模模块(TerrainPro)、标准道路建模模块(RoadTools)以及其他主要模块和第三方插件工具。

基本建模环境模块 CreatorPro。Creator Pro 是功能强大、交互的建模工具,在它所提供的“所见即所得”建模环境中,可以建立被优化的三维场景。Creator Pro 将多边形建模、矢量建模和地表生产等功能集于一体,利用矢量数据高效地建立感兴趣的地域。读入或生成矢量数据并对它进行编辑,自动地创建全纹理和彩色的模型并把它加到地形表面。通过利用 Creator Pro 中的矢量数据可以减少多次创建相似场景的工作量,并且使用矢量工具可以将早期生成的 OpenFlight 模型放置到场景的任何位置。Creator Pro 不但可以创建航天器、地面车辆、建筑物等模型,而且还可以创建诸如飞机场、港口等特殊的地域,能够满足视景仿真、交互式游戏开发、城市仿真以及其他的应用领域。它的主要功能包括:①强大的多边形建模功能;②强大的矢量化建模功能;③强大的模型数据库控制功能;④强大的纹理映射和贴图功能;⑤支持多种格式的三维模型格式转换;⑥支持大面积地形的精确生成;⑦支持多细节层次(LOD)建模;⑧支持多自由度(DOF)建模;⑨支持光点系统模拟和序列动画模拟等等。

地形建模模块 TerrainPro。虚拟场景中所有的模型对象都需要放置在特定的地形表面上,利用地形建模模块 TerrainPro 可以快速创建大面积地形模型数据库,通过自动化的层次细节设置和组筛选,能够很容易地创建多种分辨率的地表特征,并能够精确控制地表的面片数以及与原始数据的误差值。特征数据,在数据库中指除地形数据以外的所有具有地理信息和属性信息的特征,可以是自然的(如河流),也可以是人造的(如房屋和道路等)。使用该模块可高效地将地物中的道路、河流、建筑等与地形精确地结合,建立完整的三维地形、地貌数据库。使用该模块创建虚拟地形,可使地形精度接近真实世界,并有高逼真度的地面纹理特征。该模块的主要功能包括:①支持多种地形生成算法;②支持多种数字地形高程数据;③支持数字特征分析数据(DFAD);④强大的批处理地形生成功能;⑤强大的整体纹理映射功能;⑥提供高级地形表面生成工具。

高级的道路建模模块 RoadPro。RoadPro 扩展了 TerrainPro 的功能,利用高级算法生成符合美国国家高速公路与交通协会(AASHTO)标准的路面数据模型,特别适用于车辆设计、驾驶培训、事故重现等驾驶仿真应用,其主要功能包括:①自动多层次细节模型生成;②自动路面纹理贴图;③支持自定义道路横断面;④支持自定义道路中线及分道线;⑤提供预定义的公路交通标志、路灯等路边几何模型的自动放置;⑥支持模拟驾驶预览效果,浏览已做好的路面(Drive Roads)。

InteroperabilityPro。InteroperabilityPro 提供了用于读、写及生成标准格式数据的工具,主要用于 SAF 系统、雷达及红外传感器的仿真。SmartScene。SmartScene 是将实时 3D 技术应用于训练,考察和保持高效的工作能力方面的先驱,它使工作者完全融入虚拟环境过程成为可能。OpenFlight。OpenFlight 为 MultiGen 数据库的格式(.flt),它是一个分层的数据结构。OpenFlight 使用几何层次结构和属性来描述三维物体,它采用层次结构对物体进行描述,可以保证对物体顶点、面的控制。

第三方软件支持及插件 Okino Polytrans。该软件包提供把各种 3D 模型和场景格式的文件转换为 OpenFlight(实时 3D 的标准文件格式)。另外,Creator 提供标准的在 C 语言环境下的 API,用户可以扩展原有的功能及算法,开发用户自定义的数据库实体模型,它包括:①读/写 APIs,一致、有效地读/写 OpenFligh 数据;② OpenFligh 扩展 APIs,扩展 OpenFligh 格式,以支持特别需求;③OpenFligh 工具 APIs,用于注册和插入用户自定义的插件和算法;④DFD(数字特征数据)读/写 APIs,以输入/输出非标准的矢量数据。

7.1.3 OpenFlight 模型数据格式

对于针对可视化仿真应用而创建的模型数据库而言,实时仿真模型不仅仅要像普通三维模型那样具有完整的几何外观,更为重要的还在于仿真模型数据库本身必须具备一些能够满足实时应用需要的特质,如空间上各个独立模型元素之间的相对位置、层次关系,模型单元本身的一些属性和性质,以及组成模型的部分元素之间的相互关系和层次结构等重要的信息。

作为 Presagis Creator 的根基——OpenFlight 格式的模型数据库正是专门为了完整地描述可视化仿真模型数据库的要求而诞生的。不仅如此,OpenFlight 格式模型数据库实际上可以完整描述一个三维虚拟场景中包括各种行为和声音在内的所有信息。所以都使用 OpenFlight 格式来创建包括各式建筑、地形和地物标志在内的各种仿真模型,在实时仿真应用中使用 OpenFlight 格式的模型数据库,可以在获得极高渲染效率的同时保证实时交互的灵活性。OpenFlight 格式现已成为实时仿真、虚拟现实业界的标准数据格式。它的逻辑化的层次场景描述数据库会使图像发生器知道在何时、以何种方式实时地、以极高的精度及可靠性渲染三维场景。

从模型数据库的储存结构上看,OpenFlight 格式是一种树状的层次化结构。采用这种结构主要是基于两点考虑:一是这种结构可以方便地将模型按照几何特性进行有效的组织,并将其转化为能够方便地进行编辑和移动的节点的形式;二是这种树状结构非常适合实时系统进行各种遍历操作。从整体上看,OpenFlight 模型数据库主要包含了模型的几何特征、数据库的层次结构和各种节点属性三类信息。几何对象数据以一系列有序的三维坐标的集合描述了几何对象。属性包括一些如纹理、材质等方面的附加内容。层次结构将数据节点以层次化的逻辑结构组织起来,适于实时显示。节点是建构层次化模型数据库最基本的元素或模块,OpenFlight 采用几何层次结构和节点属性来描述三维物体,数据节点种类很多,其常用的数据节点如表 7-1 所示。常用节点类型包括根节点(Header)、组节点(Group)、体节点(Object)、面节点(Face 或 Polygon)和顶点节点(Vertex)五大类(图 7-2)。另外,还有光点(Light Point)、子面(Sub Face)、光源(Light Source)、声音(Sound)、文本(Text)、自由度(DOF)、层次细节(LOD)、开关(Switch)、外部引用(External Reference)等节点。

使用几何层次结构和属性来描述三维物体,保证对物体点、线、面的控制,以允许对几何层的数据进行直接操作,使建模工作变得方便快捷。一个 OpenFlight 数据库的层次结构被作为一个文件存储在磁盘上,模型以二进制代码存储,8 位为一字节,字节的存储顺序是按照正序方式存储的。所有的模型文件都是以四个字节开始记录。前两个字节代表记录类型,后两个字节代表文件长度。其中在相邻节点上,无论是在空间位置还是功能上,子节点隶属于父节点而兄弟节点之间则存在着一定的相关性。

表 7-1　OpenFlight 主要数据节点的说明

节点类型	说　明
fltHeader	数据库头节点标记数据库的根节点
fltGroup	组节点标记逻辑的数据库子集合,通常作为转换操作的对象
fltObject	对象节点标记多边形的逻辑集合,是低层次的组节点
fltMesh	网格节点标记一系列相关的多边形,这些相关的多边形共享通用的属性和顶点
fltPolygon	多边形节点标记多边形,通过顶点集的逆时针遍历形成几何多边形
fltVertex	顶点节点标记双精度的三维坐标点
fltCurve	曲线节点标记几何曲线,通过控制点可以表现为不同类型的几何曲线和曲线段
fltText	文本节点标记文本,将文本按照特定的字体画出来
fltLod	细节层次节点逻辑的数据库子集合,标记该集合基于视点范围的显示与否的切换
fltDof	自由度节点逻辑的数据库子集合,标记该集合的内部转换操作

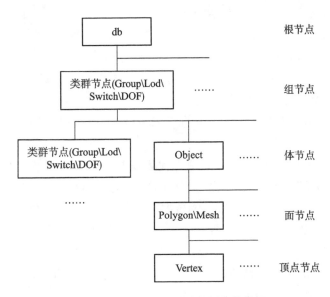

图 7-2　OpenFlight 模型数据库结构图

OpenFlight 的这种树状多层结构允许用户直接对树根节点和下属各节点进行操作,保证了对大型模型数据库每个顶点的精确控制,它的逻辑层次结构及细节层次、截取组、绘制优先级等功能控制图像产生器何时以及如何绘制三维场景,极大地提高了实时系统的性能。

OpenFlight 模型数据库中最基本的、最常用的节点类型是组节点、体节点、面节点和顶点节点四种。在层级视图中,组、体、面节点都位于默认的根节点的下方。

① 根节点(Database Header Node)。根节点是树形数据库结构的顶端节点,创建新的 OpenFlight 文件时自动产生并标注 db。注意,根节点是不能被删除或者更名的。根节点包含了整个模型数据库的相关信息,如数据库所使用单位、生成和修改时间等都保存在其中。

② 组节点(Group Node)。组节点是一些体节点的集合,通常按照逻辑顺序把物体有条

理地编排成组,可以使操作变得更加容易、快捷。例如,相对于移动单个的体节点来说,用户只需移动其上一级的组节点,就可一次性将这些体节点全部移动。在层级视图中组节点被显示为红色,默认的组节点标志以字母"g"开头,用户可以将其改变成有意义的名字。组节点包含了许多的特殊控制信息,组节点的属性可以实现一些简单的动态效果。组节点本身没有存储模型信息,其用途是组织其他类型节点的逻辑结构,方便管理和调用。其扩展功能包括:a. 外部引用,通过数据库关系,将所有分布在不同文件中的模型,进行快速的字匹配,允许用户直接把其他数据库中的数据引用到当前的数据库中进行重新定位;b. 切换,为场景的动态变换而设计的功能;c. 自由度,为模型对象设置一定的可运动范围,从而为其增加动态效果;d. 细节层次。为同一模型对象提供多种不同复杂程度的细节,以达到减少模型对象的多边形数量和减少实时渲染的开销的目的。

③ 体节点(Object Node)。体节点是面节点的集合。同样地,按照逻辑顺序把组成物体的模型面有条理地组织为体,可以使数据库操作变得更方便。在层级视图中,组节点被显示为绿色,默认的体节点标志通常以字母"o"开头,用户可以将其改成任意适当的名称。体节点包含了物体的透明度、绘制优先级等有用的信息,可对个别部件的信息进行删减,提供了对模型面的实时渲染,其扩展功能包括:a. 光,定义光源的位置、类型和方向;b. 声音,定义和附加声音文件到动态三维物体;c. 文本,把二维/三维、动态/静态的文本放在仪表中显示。

④ 面节点(Face Node 或 Polygon Node)。面节点是一系列顺序且共面的空间点的集合,这些空间点确定的多边形就是组成模型的面。在层级视图中,面节点显示所使用的颜色与其相应的多边形所指定的颜色相同。默认的面节点标志通常以字母"p"开头。面节点包含了丰富的节点信息,如多边形所使用的颜色、材质、纹理,以及该多边形的渲染控制状态等。

⑤ 顶点节点(Vertex Node)。顶点节点代表模型数据库中的坐标点,是组织和定义模型对象数据库中最为细致的一级,提供对顶点的色彩、纹理映像、光亮以及位置的绝对控制。每一个坐标点均由一组(三个数值)唯一的数据来定义。例如,坐标点(0,0,0)代表的是三维空间的中心点,也可以说是虚拟场景数据库的原点。坐标系统所使用的数据单位,可以是米(m)或者英尺(ft,1ft= 0.3048m),具体则由根节点的数据库单位属性来指定。由于模型数据库中通常包含大量的顶点,所以基于节省显示空间的考虑,顶点节点并不在层级视图中显示出来,只能由 OpenFlight API 读写。

除了上述几种基本节点类型外,为了营造特殊的效果,用户还可以将下列特征节点加入模型数据库中。下列节点与组节点具有相同的级别。

① 细节层次节点(LOD Node)。使用细节层次可以为同一模型提供多种不同复杂程度的细节,LOD 节点决定了模型细节的可视性范围,在实时仿真的过程中可以自动选用适当的细节显示。在层级视图中,LOD 节点用蓝色显示,默认的 LOD 节点标志通常以字母"l"开头,用户可以将其更名。

② 自由度节点(DOF Node)。自由度用于为模型对象设置一定的可运动范围,从而为其增加动态效果。在层级视图中,默认的自由度节点标志通常以字母"d"开头并包含"[DOF]"字样,用户可以将其更名。

③ 光源节点(Light Source Node)。光源可以用于照亮虚拟场景中的某些或所有部分,

光源节点定义了光源的位置和方向,以及其对场景中与其相关模型对象的影响。在层级视图中,默认的光源节点标志通常以字母"ls"开头,用户可以将其更改为任意的名称。

④ 声音节点(Sound Node)。通过声音节点,用户可以在虚拟场景中加入各种声音效果。声音节点包含了所使用的声音文件,可以从用户设定的位置进行播放。在层级视图中,默认的声音节点标志通常以字母"s"开头,用户可以对其进行更改。

⑤ 转换节点(Switch Node)。使用转换节点可以对其下层节点进行有选择性的控制。比如,将若干个体节点放置在转换节点下可以使用任意的组合方式来显示指定的体节点。在层级视图中,转换节点用紫色显示,默认的转换节点标志通常以字母"sw"开头。

此外,OpenFlight 数据库还支持光点节点(Light Point Node)、外部引用节点(External Reference Node)、实例节点(Instance Node)、BSP 节点、裁剪节点(Clip Node)、文字节点(Text Node)等多种类型的节点。

7.1.4　Creator 建模技术与流程

在计算机辅助设计(CAD)、三维动画和其他领域,通常使用大量的曲线、曲面以及复杂的纹理构建三维模型。但从视景仿真领域的观点看来,这种基于工程设计或动画的建模思路,由于没有考虑渲染效率,不能满足实时系统的要求。使用 3ds Max、Maya 等建模工具创建的三维模型,必须进行精简优化,才能在实时系统中使用。Creator 主要针对实时系统设计,通过高效的层次数据结构、LOD 技术以及纹理技术等方面的设计优化,在协调处理模型真实感与实时渲染之间具有的其他建模软件无法比拟的优势如下:

① 逻辑化层次结构。Creator 采用的 OpenFlight 格式是一种高效的逻辑化层次数据结构。因此,建模人员必须针对对象模型的特点,采用模块化设计方法,合理细分层次节点。这种做法不仅有助于模型的编辑、LOD 设置、外部引用以及数据库的重组和优化,同时也为提高实时系统效率构建了良好的基础。

② LOD 技术。LOD 是一组代表同一物体不同分辨率的模型组。实时系统在处理模型时,会根据设定的 LOD 距离切换不同细节层次的模型,从而有效地提高系统多边形利用效率。因此,在建模过程中合理地设置 LOD 层次显得尤为重要。通常的做法是首先构建细节层次最高的模型,然后通过自动(Vsimplify 工具)和手工(如构建包围盒)结合的方式,自高而低地构造不同细节层次模型。

③ 纹理映射技术。使用纹理贴图代替物体建模过程中可模拟或难以模拟的细节,可以有效地提高模型的逼真度和渲染速度。例如,使用透明纹理模拟门窗和栏杆,可以有效地降低模型的复杂度。而利用各向同性构建树木、标牌等的 BillBoard 技术,创建的模型仅是单个平面。纹理图片的来源大多是拍摄实物对象的三维正投影照片,经修正处理得到。需要注意的是,纹理大小应是 2 的 n 幂次,否则在 Vega 或 Vega Prime 驱动时无法正常显示。

此外,在 Creator 环境下也可以进行构建和连接物体的运动建模。Creator 提供了 DOF 技术,DOF 节点可以控制其子节点按照设置的自由度范围进行移动和转动,使物体表现出合乎逻辑的运动方式。声音节点也可以在物体建模的过程中加入,从而丰富视听内容,增强视景仿真的综合效果。

因此,Creator 三维模型建模流程为:首先对所建模型的三维实体进行分析,将其拆分为几个不同的组件,划分的目的是使各模型更容易通过组合实现模型的构建,模型组合也可以使用已有的模型组件。对于单个实体的建模,一般不需要拆分,直接利用 Creator 建模即可。对于拆分好的组件,一一建模即可。接下来利用该软件组合模型,完成多个模型的初步建模工作。在进行导出模型前,需要对纹理图片、LOD 和面片等进行校正、拼接等处理,这样可以减少优化模型。然后导出生成模型,从而完成整个三维对象模型的构建工作。

Creator 可视化仿真建模软件提供了大量用于创建和编辑模型对象的实用工具,这些工具根据它们各自的功能被集成在不同的工具箱中,每个工具箱都有一个对应激活图标按钮,位于 Creator 应用程序窗口左端的工具条中。

用户可以通过点击工具条中的图表按钮来打开相应的工具箱。当工具箱被激活后,工具箱会随着用户使用的具体工具操作结束而自动关闭。需要反复用到某些工具时,自动关闭工具箱会变得很不方便,这种情况下用户可以拖动打开的工具箱离开工具条,这样该工具箱就会浮动在应用程序窗口中,并能够被放置到屏幕上任意的地方。这时工具箱就会一直保持在打开的状态,直到用户关闭它。如果用户想要隐藏所有打开的工具箱,按 F5 键即可,再按一次 F5 键则可以将隐藏的工具箱再次显示出来。

7.1.5　Creator 三维地形建模

地形可视化问题最初是根据地理信息系统的三维可视化需求提出的。随着地理信息系统和计算机可视化技术的发展,地形可视化逐渐发展成了一个专门以研究基于数字地面模型或数字高程模型的生成、简化、显示和仿真为主要内容的计算机可视化应用技术。地形可视化技术的应用领域早已不再局限于地理信息系统,如今在虚拟现实、视景仿真、虚拟地理环境、战场环境仿真、电子娱乐游戏、气象数据预报等领域中都可以找到大量地形可视化技术的应用实例。

一般来说,在计算机中表示数字地形通常有三种常用的方法,即等高线表示法、格网表示法和不规则三角网表示法。

等高线表示法是最常用的一种以二维等值线方式来表达三维形态的方法,等高线数据本身是一种矢量数据,这种地形表示方法广泛应用于制作各类地图和地理信息系统中。实际上,直接使用等高线数据就可以生成三维地形模型。三维地形模型通常有两种生成方法:一是通过由等高线形成的一系列多边形进行简单的放样运算来生成地形造型;二是通过Delaunay 三角形根据等高线上的点进行三维地形造型。

格网表示法虽然直接基于等高线数据生成三维地形的操作比较简便,但是使用这种方法生成的三维地形模型会有一个明显的缺点,就是三维地形模型的等高线台阶痕迹比较明显,尤其在地形模型没有影射纹理的情况下显得更为突出。因为直接基于地形等高线生成的地形模型不连续、不光滑、逼真度不高,所以在生成三维地形模型前通常都将等高线数据转换成格网数据,也就是前面提到的数字高程模型。

不规则三角网,即所谓的 TIN 网格(Triangulated Irregular Network),是另外一种表示数字高程模型的方法,从数据结构的角度看,也是这三种表示方法中最复杂的一种,但是不规则三角网可以有效降低规则格网方法带来的数据冗余,同时在计算效率方面又优于纯粹基于等高线的方法。使用不规则三角网方法表示数字地形是在三维地形生成方面应用最广泛的方法之一,也是目前学术界研究的重点和热点问题。

Creator 三维地形建模是将一定范围内适当比例尺的真实地形高程数据、地貌特征数据,根据不同的地形转换算法,结合包含真实地形表面细节的纹理,生成具有一定组织序列、能够近似表示部分地球表面状况的多边形集合,Creator 地形建模的整体流程如图 7-3 所示。

创建地形模型数据库会需要大量的各种类型的数据文件,包括原始地形数据文件、高程数据文件、原始地貌特征数据库文件、原始地形影像纹理文件、模型文件等等。将这些数据文件组织起来的一个有效的方法就是,把所有相关的文件放到工程文件夹根目录的同一子目录下,这样可以防止数据被混淆或者被不慎删除。Creator 可以在创建地形的过程中将所有的设置信息、使用的各种参数设置文件、调色板文件以及输出目录等保存到专门的工程文件(∗.prj)中,工程文件始终跟踪地形模型的创建过程,每次更改的设置信息都可以被更新到工程文件中。当用户加载工程文件时,工程文件中所包含的所有信息都会被自动地加载到 Creator 中。

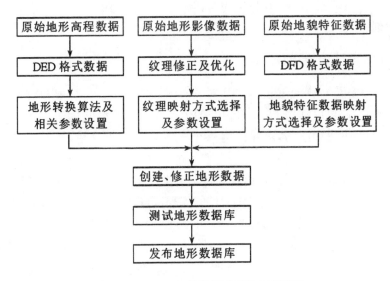

图 7-3　Creator 三维地形建模的主要流程

以创建新的地形模型数据库工程文件为例,其一般步骤如下:

① 选择"Terrain/New Project"菜单命令,弹出打开地形文件对话框。

② 在对话框中,选择一个 DED 地形文件,单击打开按钮即可以将该地形数据加载到地形窗口,创建地形模型数据库的绝大部分设置都是在这个窗口中进行。加载进来的地形文件及其存放路径,将会被显示在地形窗口 Project 面板的"Terrain File"文本框中,用户可以通过文本框后面的浏览按钮指定其他的 DED 地形文件。"Preferences"文本框中显示的是与当前地形文件相关联的参数设置文件,该设置文件保存了使用 DED 地形数据文件创建地形模型数据库所需的各种相关设置信息(包括等高线设置、LOD 设置、三角形化设置和投影方式设置等),并被命名为"<ded>.prefs"(即在相应的 DED 文件名后加 prefs 后缀)。如果地形数据文件没有关联相应的参数设置文件,Creator 会使用地形窗口中的默认设置自动为

其创建这个文件,并将其存放在跟地形数据文件相同的目录下。

③ 如果需要用批处理方式处理地形数据,可以在"Batch"文本框中指定相应的设置文件,批处理的详细设置在地形窗口的 Batch 面板中进行。该文件被命名为"<ded>.bpf"(即在相应的 DED 文件名后加 bpf 后缀)。

④ 如果在创建地形模型数据库的过程中需要进行特征数据映射,可以在 Project 面板的"Feature Preferences"文本框中指定相应的"dfad.prefs"参数设置文件,该文件中保存了特征数据(包括各种模型和纹理)映射到地形多边形上的控制信息。而具体的映射规则和动作则由相应的"dfadbat1.prefs"参数设置文件决定,用户可以在"Rules and Actions"文本框中指定该文件。

⑤ 如果在创建地形模型数据库的过程中需要引用颜色、材质、纹理等数据,可以分别在"Color""Material""Texture"文本框中指定相应的调色板文件。

⑥ 在 Project 面板的"Output Directory"文本框中输入创建地形模型数据库文件的存放路径,或者单击浏览按钮在窗口中指定目录。

⑦ 单击"Save Project"按钮,在弹出的对话框中输入适当的工程文件名,完成三维地形模型数据库的创建工作。

7.1.6 OpenFlight API 辅助建模

Presagis 公司提供了 OpenFlight API 对 Creator 的功能进行扩展和对 OpenFlight 模型进行读取操作,因此可以利用 OpenFlight API 读取三维模型的数据,对模型数据进行调整组合操作,然后再根据用户需求存储为一个三维模型数据文件,即可实现组件化建模技术。

OpenFlight API 是一个基于 C 语言的包含头文件和链接库的二次开发函数库,是用于操作 Creator 和 OpenFlight(* .flt)格式文件的编程接口,它提供了访问 OpenFlight 数据库和 Creator 模型系统的接口方法。通过 API 可以进行 OpenFlight 模型的转换、实时的模拟仿真、自动建模以及通过插件的形式对 Creator 进行功能扩展。OpenFlight API 函数库的功能函数主要分成读取、写入、扩展和工具四个不同操作功能模块,对于构建 OpenFlight 模型来说,使用其中的读取和写入两个模块的 OpenFlight API 函数即可。

① Read 读取函数。用于遍历数据库并查询其中的信息。②Write 写入函数。用于创建和编辑修改 OpenFlight 数据库中的层级节点。③Extensions 扩展函数。用于创建 OpenFlight 数据库中新类型节点或节点的新属性,定制 Openflight 格式的文件,自定义扩展数据结构以便给已存在的节点添加新属性或创建自定义节点。④Tools 工具函数。根据需求创建和插入用户自定义的嵌入式的 Creator 插件和算法。这些 API 方便了对 OpenFlight 的处理,使开发者不需过多关注二进制文件的底层结构细节。

在辅助建模方面,使用 OpenFlight API 可以帮助建模人员以编程的形式方便、准确地完成手工难以完成的建模任务。例如,规定弧度的弯曲物体等一些真实尺寸要求较高情况。使用编程方式读取数据并创建控制线、放样面,再结合手工处理,可以极大地加速建模过程。甚至对于地形模型,也可以使用 OpenFlight API 进行编程处理。

利用 OpenFlight API 对 OpenFlight 文件进行基本读写的流程主要包括程序初始化,

创建根节点、组节点以及其他节点等,然后绘制几何节点,并建立节点间的层级关系,最后写入并关闭数据库,程序退出等若干步骤。具体流程如下:①程序主参数进行初始化;②新建根节点,建立数据库集;③创建节点(光照、声音、DOF、LOD……),并给节点属性赋值;④通过若干三维坐标创建顶点集;⑤创建若干子面 addVertex,组成面集 makePoly;⑥创建若干体节点 fltObject,组合成组节点 fltGroup;⑦写入数据文件形成模型文件 mgWriteDb(db)。

另外,Creator 提供了六种插件形式的功能扩展:①数据库导入器。将不支持的数据库格式导入至 Creator 中。②数据库导出器。OpenFlight 格式导出成外部数据库格式供其他应用程序使用。③图像导入器。将不支持的图像或纹理导入 Creator 中。④Viewer。相当于数据库的视图,可供查询但不能被修改。⑤Editor。修改数据库的编辑器。⑥输入设备。将外部输入设备获取的几何信息转换成 Creator 模型 DLL 文件以被 Creator 加载。

7.2 Vega 软件概述

7.2.1 Vega 及 LynX 介绍

Vega 是原 Paradigm Simulation 公司开发的应用于实时视景仿真、声音仿真和虚拟现实等领域的世界领先的渲染引擎。基于 SGI 公司的 Performer 三维场景渲染引擎之上的 Vega,为 Performer 增加了许多重要的特性,它将易用的工具和高级仿真功能巧妙地结合起来,从而可使用户简单迅速地创建、编辑、运行复杂的仿真应用。由于 Vega 大幅度减少了源代码的编写,使软件的维护和实时性能的优化变得更容易,从而大大提高了开发效率。同时,还提供和 Vega 紧密结合的特殊应用模块,如航海、红外线、雷达、高级照明系统、动画人物、大面积地形数据库管理、CAD 数据输入和 DIS 分布应用等等。

Vega 是一种用于实时仿真及虚拟现实应用的高性能软件环境和渲染工具。它主要包括两个部分:一个是被称为 LynX 的图形用户界面的工具箱,另一个则是基于 C 语言的 Vega 函数调用库。LynX 的主要功能是通过可视化操作建立起三维场景模型,并将其存在一个应用定义文件(.ADF)中,而后应用程序就可以通过调用 Vega 的 C 语言函数库来对已建好的三维场景进行渲染驱动。由于 Vega 起初是作为在 SGI UNIX 平台上的一个产品,后来才移植到 Windows NT 平台上的,其移植目标就是确保已存在的 UNIX 平台上的 Vega 应用能够很容易地移植到 PC 平台上,所以其程序设计风格与 UNIX 程序设计颇为相近。

LynX 是一种基于 X/Motif 技术的点击式图形环境,使用 LynX 可以快速、容易、显著地改变应用性能、视频通道、多 CPU 分配、视点、观察者、特殊效果、一天中不同的时间、系统配置、模型、数据库及其他,而不用编写源代码。LynX 可以扩展成包括新的、用户定义的面板和功能,快速地满足用户的特殊要求。事实上,LynX 是强有力的和通用的,能在极短时间内开发出完整的实时应用。用 LynX 的动态预览功能,可以立刻看到操作的变化结果,LynX 的界面包括应用开发所需的全部功能。

Vega 还包括完整的 C 语言应用程序接口,为软件开发人员提供最大限度的软件控制和灵活性。Vega 可以使用户集中精力解决特殊领域的问题,而减少在图形编程上花费的时间。Vega 的应用是内部清楚、紧密、高效的,所以维护和支持将会更好,通过 LynX 界面使用户能对交付的系统重新配置,它的实时交互性能为开发系统提供更经济的解决方案。Vega 支持多种数据调入,允许多种不同数据格式综合显示,Vega 还提供高效的 CAD 数据转换,开发人员、工程师、设计师和规划者可以用实时模拟技术将他们的设计综合起来。

Vega 开发产品有两种主要的配置:①VEGA-MP(Multi-Process)为多处理器硬件配置提供重要的开发和实时环境。通过有效地利用多处理器环境,Vega-MP 在多个处理器上逻辑地分配视觉系统作业,以达到最佳性能。Vega 也允许用户将图像和处理作业指定到工作站的特定处理器上,定制系统配制来达到全部需要的性能指标。②VEGA-SP(Single-Process)是 Paradigm 特别推出的高性价比的产品,用于单处理器计算机,具备所有 Vega 的功能,而且和所有的 Paradigm 附加模块相兼容。

由于 Presagis 公司整合了 Engenuity Technologies、MultiGen-Paradigm 和 TERREX 这三家公司原有的优良产品,视景仿真引擎产品主要研发和维护原 MultiGen-Paradigm 公司基于自主研发的高级跨平台场景渲染引擎 VSG(VegaScene Graph)开发的 Vega Prime,Vega 系列产品已停止研发、版本升级与维护,但其产品架构技术对 Vega Prime 具有重要参考价值。

7.2.2 Vega 的扩展功能模块

Vega 及其相关模块支持 UNIX 和 Windows 平台,用 Vega 开发的应用可以跨平台使用,在 Windows 平台上运行的 Vega,包括 AudioWorks2,是基于 Microsoft 的 Direct Sound 之上的,支持 OpenFlight、3D Studio 和 VRML 2.0 等数据库格式。Vega 具有以下扩展模块,以增强 Vega 的功能。

AudioWorks2 声音模拟模块。针对多个对象和模拟对象的物理特性,连续实时地处理声音波形,在开阔地带提供空间感极强的三维声音。它提供了一个基于物理特性,包括距离衰减、多普勒漂移和传输延迟的无回声声音生成模型。

Marine 海洋模块。VEGA 海洋模块为逼真海洋仿真提供了所必需的海洋特殊效果,使得在 Windows 和 UNIX 操作系统平台上开发海洋仿真应用时,所有海洋效果都可以在 Lynx 图形界面中设置,或通过 C 应用程序接口加以控制。

Symbology 动态仪表和动态字符模块。VEGA 的动态仪表和动态字符模块可以满足虚拟现实应用和实时工程仿真中仪表和图形状态显示的需要,已经建好模型的图形对象可通过 LynX 直接装载到 VEGA 应用。

NSL 导航及信号灯模块。导航及信号灯模块使用户可以使用光点逼真地生成导航和信号灯系统,在实时运行环境里,可以创建、配置光点,并控制其方向性、直径、范围和能见范围等物理特性。

Light Lobes 光束模块。光束模块使用独特的分析技术,在对硬件光源和投射纹理没有负面影响的情况下,可以任意创建和生成逼真的可移动的场景照明。

NLDC 非线性失真矫正模块。该模块为用户提供了在几分钟内对任何 VEGA 应用进行静态或动态失真矫正的功能。通过 LynX 图形界面,用户可以创建投影表面的软件描述,并建立起在球幕内的投影器位置和眼点之间的关系。

VCR 记录及重放模块。该模块为记录和重放显示的场景提供了一种点击式环境,包括各种 VEGA 类,如对象、观察者、特殊效果以及用户自定义的类。

CloudScape 云景模块。CloudScape 模块可以实时生成量化的、含辐射度的三维云,并且与支持云现象学的其他模块和数据库一起,可以生成各种气候条件下的云,或武器效果、炸弹生成的灰尘等其他的战场环境。

DI-Guy 人体模拟模块。人体模拟模块为仿真环境中添加了有生命的动画人物,每个人物可以根据简单的命令,逼真地在场景中移动,即使从一种活动转成另一种活动时,其转换过程也是平滑和自然的。

Immersive 沉浸式观察环境模块。支持在完全浸入环境中有多个观察者,并把他们在 LynX 图形界面中结合到一个模块中。在 CAVE 系统或其他显示环境中,可以任意设置投影显示面数。每个投影器以 120Hz 的频率运行,交叉显示对应于左眼和右眼的图形。VEGA 允许用户定义任意多的窗口,每个窗口可以有任意多的通道,可以通过头位跟踪器自动更新四棱视锥,进行系统和硬件平台的设置,支持大量的立体显示设备,支持大量的输入/控制设备,具有较低的系统开销,较高的实时性能并和其他的 VEGA 模块兼容的优点。

Sensors 传感器模拟模块。通过传感器模拟模块,可以实时模拟基于其物理特性的从远红外到可见光的各种传感器、各种雷达成象模式的雷达显示画面。

Special Effects 特殊效果模块。使用标准的数据库技术,很难甚至是不可能用预定义的动画顺序去模拟某些动态视觉效果。VEGA 特殊效果模块通过使用各种不同的实时技术,从无纹理的硬件加阴影几何体到借助纹理分页技术的复杂的粒子动画,来产生实时应用中的三维特殊效果。VEGA 特殊效果模块内置了大量的可直接使用的特殊效果,如三维烟、基于告示板的烟、火/火焰、喷口闪光、高射炮火、导弹尾迹、旋转的螺旋桨、光点跟踪、爆炸、碎片、旋翼水流、水花等。用户也可以通过粒子动画编辑器或 API 定义来创建自己的特殊效果。通过定义选定的特殊效果的大小、方位、开始时间和持续时间,用户可以将其附着到运动体或场景里,实时控制其相关的视觉属性。特殊效果可以配置为在某些用户指定的状态下才可见。例如,只用在飞机处于毁坏状态下,烟火才会在机翼下出现。特殊效果也可无限制地重复其动画顺序,如在燃烧的火堆中永不停止的烟,或随时停止,如发射子弹时枪口的闪光。

DIS/HLA 分布交互式仿真模块。通过扩展 LynX 来提供 DIS/HLA 操作,分布交互式仿真模块在不需要任何编程的情况下,加速了分布交互式仿真应用的开发过程。VR-Link 是最先进的分布交互式仿真网络接口软件,它是 VEGA 分布交互式仿真网络通信的基础。

LADBM 大规模数据库管理模块。大规模数据库管理模块使用双精度内核,可动态地重新设定移动感兴趣区域的地面坐标系原点,使观察者始终处于要显示的数据库附近。这样,消除了当观察者远离数据库原点时所带来的显示图形的抖动。通过支持用户定义的感兴趣区,可以保证极高的效率,使得管理大型复杂的数据库变得非常容易。

7.2.3 Vega 中 LynX 开发流程

Vega 应用程序的主框架。Vega 编程类似于 C 语言编程,包括完整的 C 语言应用程序接口,对于 Windows 平台上的 Vega 应用有三种类型:控制台程序、传统的 Windows 应用程序和基于 MFC(Microsoft Foundation Classes)的应用。但无论是哪一种应用,建立 Vega 应用的三个必需的步骤为:①初始化。这一步初始化 Vega 系统并创建共享内存以及信号量等。②定义。通过 ADF 应用定义文件创建三维模型或通过显式的函数调用来创建三维模型。③配置。通过调用配置函数来完成配置。设置完 Vega 系统后,就开始了 Vega 应用的主循环,主循环的作用是对三维视景进行渲染驱动,对于给定的帧速进行帧同步和对当前的显示帧进行处理。

基于 MFC 的 Vega 应用的程序结构。考虑到 Vega 函数是用 C++语言写的,以及在 Windows 平台上进行开发,所以 VC++作为开发工具成为首选。在 VC++中的 MFC 类库已是一个相当成熟的类库,特别是其基于文档/视图结构的应用程序框架,已成为开发 Windows 应用程序的主流框架结构,该框架结构能够将程序中的数据和显示部分进行有效的隔离,并能将一个文档与多个视图进行对应。为了便于开发者能较容易地开发出基于 MFC 的 Vega 应用程序,Vega 通过继承 MFC 中的 CView 类而派生出一个子类 zsVegaView。这个 zsVegaView 类提供了启动一个 Vega 线程最基本的功能,以虚函数的形式定义了特定的应用要进行操作的通用接口,因此用户的应用程序只需从 zsVegaView 派生出新类,并根据需要重载必要的虚函数即可。

VEGA 中 LynX 开发的主要步骤有:第一步,选择 Object 按钮,设定虚拟场景中要加入的地形、建筑物、运动目标等三维模型文件。第二步,选择 Scene 按钮,设定虚拟场景中要显示的全部目标。第三步,选择 Observers 按钮,设定在虚拟场景中进行观察的方式。第四步,选择 Motion Models 按钮,设定观察者在虚拟场景中的运动方式,如驱动、飞行等方式。第五步,选择其他按钮,设置环境特效、运动目标、光源、音效、碰撞检测等。

7.3 Vega Prime 软件介绍

Vega Prime(简称 VP)是原 MultiGen-Paradigm 公司以及 Presagis 公司最新开发的世界领先的实时视景仿真渲染引擎,代表了视景仿真应用程序开发的巨大进步。Vega Prime 是从 Vega 基础上发展起来的新一代仿真软件,相对 Vega 来说,它支持跨平台,具有更简捷的配置工具,提供了对 MetaFlight 格式的支持,扩展性更强。可通过 API 函数对实体操作,简化了开发过程,缩短了开发时间,降低了对开发人员的要求。Vega Prime 包括 Lynx Prime 图形用户界面配置工具和 Vega Prime 的基础 VSG(VegaScene Graph)高级跨平台场景渲染 API,将易用的工具和高级视景仿真功能巧妙地结合起来。Vega Prime 和 Creator 系列产品共同构成 Presagis 公司实时建模与视景仿真一体化解决方案(图 7-4)。

7.3.1 Vega Prime 功能特点

VSG 是高级跨平台场景图像应用程序接口,它取代了 Performer。Vega 是基于进程的,而 VP 是基于线程的。线程和进程区别是,同样作为基本的执行单位,线程的划分更细。进程把内存空间作为自己的资源之一,每个进程均有自己的内存单元。线程却共享内存单元,通过共享的内存空间来交换信息,有利于提高执行效率。VEGA 通过 C 功能调用,而 VP 是调用模块类,VP 中 ADF/ACF 文件类型采用 XML 描述,XML 是 Extensible Markup Language 的缩写,意为可扩展的标记语言。XML 是一套定义语义标记的规则,这些标记将

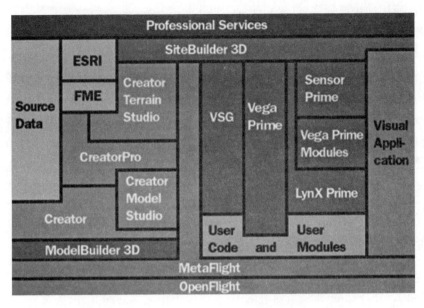

图 7-4　Creator 与 Vega Prime 系列产品线解决方案

文档分成许多部件并对这些部件加以标识。它不同于超文本标记语言 HTML(Hypertext Markup Language)或是格式化的程序。这些语言定义了一套固定的标记,用来描述一定数目的元素,XML 标记描述的是文档的结构和意义,而不描述页面元素的格式化。Vega Prime 的主要功能特点如下:

① 由于 Vega Prime 大幅度减少了源代码的编写,使软件的进一步维护和实时性能的优化变得更容易,从而大大提高了开发效率,使用它可以迅速地创建各种实时交互的三维视觉环境,以满足各行各业的需求。

② 单一源代码。不管是什么操作系统平台(Windows、Linux 或 IRIX),只需要开发一次,就可以(在重新编译后)应用于任何地方、任何所支持的操作环境中。

③ Vega Prime 在提供高级仿真功能的同时还具有简单易用的优点,使用户能快速准确地开发出合乎要求的视景仿真应用程序,通过使用 Vega Prime,用户能把时间和精力集中于解决应用领域内的问题,而无须过多考虑三维编程的实现。

④ Vega Prime 具有灵活的可定制能力,使用户能根据应用的需要调整三维程序。这些特性包括自动的异步数据库调用、碰撞检测与处理、延时更新的控制和代码的自动生成等。

⑤ 可扩展性。Vega Prime 具有高度可定制性,它使得用户可以方便地开发适合自己特定目的的应用。用户可以开发自己的模块,结合自己的代码以及派生自定义的类来优化应用。Vega Prime 还具有可扩展可定制的文件加载机制、对平面或球体的地球坐标系统的支持、对应用中每个对象进行优化定位与更新的能力、模板、多角度观察对象的能力、上下文相关帮助和设备输入输出支持等。

⑥ GUI(用户图形界面)配置工具。Lynx Prime 是一个可扩展的、跨平台的 GUI 配置工具,它用标准的基于 XML 的数据交换格式以提供最大的灵活性,极大地增强了

VegaPrime 应用的快速创建、修改和配置。

⑦ 支持 MetaFlight。MetaFlight 是 MPI 公司基于 XML 的一种数据描述格式。它使得运行系统及数据库应用能够理解数据库组织结构,极大地提升了 OpenFlight 文件(仿真三维文件格式标准)的应用范围。Vega Prime 中的 LADBM(大面积数据库管理)模块使用 MetaFlight 来确保海量数据以最高效率、最先进的方式联系在一起。

⑧ Vega Prime 还有很多特性使它成为当今最为先进的商用实时三维应用开发环境,包括虚拟纹理(Virtual Texture)支持、自动异步数据库载入/相交矢量处理、增强的更新滞后控制、直接从 Lynx Prime 产生代码、直接支持光点、支持 PBuffer、基于 OpenAL 的声音功能、可扩展的文件载入机制、平面/圆形地球坐标系统支持、星历表模型/环境效果、多种运动模式、路径和领航、平面投射实时阴影、压缩纹理支持、Shader 支持、向导工具等等。

7.3.2　Vega Prime 系统架构

Vega Prime 构建在 VSG(Vega Scene Graph)之上,是 VSG 的扩展 API,包括了一个图形用户界面 LynX Prime 和一系列可调用的、用 C++实现的库文件、头文件。Vega Prime 在不同层次上进行了抽象,并根据功能不同开发了不同的模块,每个应用程序由多个模块组合而成,它们都由 VSG 提供底层支持。Vega Prime 包括了 VSG 提供的所有功能,并在易用性和生产效率上做了相应的改进,为仿真、训练和可视化等开发人员提供了可扩展的基础。

VSG 分为三个部分:① VSGU(Utility Library),提供内存分配等功能;② VSGR(Rendering Library),地层的图形库抽象,比如 OpenGL 或 D3D;③ VSGS(Scene Graph Library)。在内核中,Vega Prime 使用 VSGS,VSGS 使用 VSGR,它们都使用 VSGU。

图形环境 Lynx Prime 是一套可以提供最充分的软件控制和最大程度灵活性的完整的应用编程接口和库函数。它能快速而容易地改变应用程序的性能,如显示通道、多 CPU 资源分配、视点、观察者、特殊效果、系统配置、模块和数据库等。LynX Prime 界面里的每个功能模块都对应 Vega Prime 的一个类,通过参数之间的协作关系,生成简单的仿真程序。同时创建一个 ACF(应用程序配置)文件,它基于工业标准的 XML 数据交换格式,能与其他应用领域进行最大程度的数据交换。ACF 文件参数的改变是通过 C++语言调用 Vega Prime API 函数实现。因此利用 Vega Prime API 函数可构建应用程序。

LynX Prime 允许用户配置一个应用程序,而无须编写代码。LynX Prime 是一个编辑器,用于添加类的实例和定义实例的参数。这些参数,如 Observer 的位置、一个场景 Scene 中的 Objects 和参数、场景中的运动、光照、环境影响和目标硬件平台等,都将存储在 ACF 文档的实例框架中。一个 ACF 包含了 Vega Prime 应用程序在初始化以及运行时所需要的信息。

用户可以在 Active Preview 中预览 ACF 中所定义的功能类的运行效果,它允许交互配置 ACF,检查 ACF 是否有改变,当发生改变时用新数据更新 Vega Prime 仿真窗口。用户也可以使用 C++开发应用程序来创建虚拟场景或在用户程序中修改特殊环境的实例值(图 7-5)。

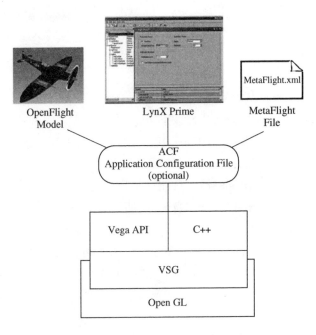

图 7-5　Vega Prime 的系统架构

7.3.3　Lynx Prime 用户界面

Lynx Prime 的用户界面主要由 GUI View 用户操作区、Instance Tree View 实例树显示区、API View 应用程序区、Tool Bar 工具条和菜单区组成，可以在这些窗口中定义用户的 ACF 文件模型及配置模型参数（图 7-6）。

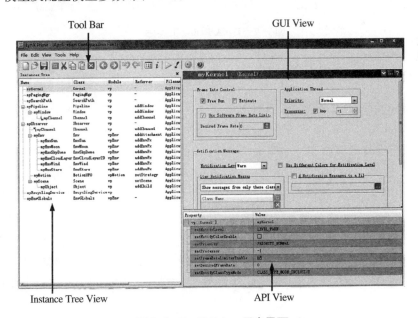

图 7-6　LynX Prime 用户界面

GUI View 用户操作区。GUI View 显示了 ACF 实例及参数,可以从下拉列表中选择参数,在区域中输入值。当打开 LynX Prime,显示的第一个 GUI View 被命名为 myKernel,此为 Vega Prime 的 Kernal 类的一个实例。Kernel 是用户应用程序的开始处,控制所有的实时处理。

Instance Tree View 实例树显示区。实例树 Instance Tree View 显示模型之间的调用关系,显示当前载入的 ACF 文件以及在该文件中包含的所有实例,该实例树以分级结构显示了实例之间的关系。可以查看在应用程序中的实例是如何相互联系的。如果在该树中选择了一个实例,将同步在所有视窗中显示。如果在文件中多次引用某一个实例,在其名称左侧将出现一个蓝色箭头。一个向下的箭头说明这是第一次引用该实例。而向上的箭头说明这是另外的一次引用。例如 myPipeline 展开,说明 myChannel 是与 myWindow 相关的。这是第一次引用 myChannel,因此旁边是一个向下的箭头,而 myChannel 也被 myObserver 引用,这次其名称左侧就是一个向下的箭头了(图 7-6)。可以在实例树中选中实例并拖放它们。当一个实例被拖动的时候,将显示一个笑脸或者红叉图标,笑脸图标表示该实例可以被拖放到当前的位置,而红叉则表明不可以。当选中一个实例后,在 GUI 和 API 窗口,将显示实例属性和它们的当前值。

API View 应用程序区。API 窗口显示对于所选中的所有可能的变量,可以增减模型变量或为其变量赋值。可以与在 GUI 窗口中一样的方式定义值,但是在 API 窗口中,可以直接指定变量的值。

Tool Bar 工具条。LynX Prime 工具栏包含了一些常用的工具按钮(图 7-7)。

图 7-7　LynX Prime 工具栏

7.3.4　Vega Prime 主模块

VegaPrime 可视化仿真开发工具具有可交互性、面向对象的特点,其功能模块是以类的形式定义,同时具备一定的继承关系,可以对其应用程序进行扩展,实现用户的需求。Vega Prime 主模块包含基础模块和应用模块,Vega Prime 的基础模块主要有内核(vpKernel)、场景(vpScene)、管线(vpPipeline)、通道(vpChannel)、窗口(vpWindow)、对象(vpObject)、观察者(vpObserver)、变换(vpTransform)及碰撞检测(vpIsector)等组成。其中内核继承于服务管理,用于控制帧循环及管理各种服务;场景主要用来存放虚拟场景中的三维模型;对象用于描述场景中的物体;变换用于定义观察者与模型对象之间的空间位置关系,提供一种新的视角以便于观察物体的运动状态;碰撞检测是为了处理虚拟场景中的物体之间相交的信息,目的是为了更好地在虚拟场景中重现真实的世界。Vega Prime 常用的应用模块如下:

① 声音模块(vpAudio)。可在 Vega Prime 中播放声音文件,包括周边环境声音,空间声音等,并能够设置声源的位置、衰减系数、多普勒效应等。

② 坐标系模块(vpCoordSys)。支持常用坐标系和用户自定义坐标系,并能够实现以地球为参考椭球的坐标系间的坐标自动转换。

③ 环境模块(vpEnv)。环境渲染效果包括:Lighting 光,Fog 雾,Sun, Moon, and Star with ephemeris model 带星历表模型的太阳、月亮、星星、Sky 天空,Cloud layers 云层,Wind 风,Rain and Snow 雨和雪等。

④ 外设输入模块(vpInput)。支持绝大多数常见输入设备,如键盘、鼠标、摇杆、游戏手柄、数据手套以及基于 VRCO's tracked 设备软件等。

⑤ 运动模块(vpMotion)。运动模块主要为场景中需要移动的物体设置一种运动方式,可以通过输入设备对其进行控制,利用输入设备提供在虚拟世界内的交互移动方式,为任何可定位的对象(如观察者、实体)提供运动方式。支持球形地表,仿真时间控制——运动模型与实际时间以及仿真时间响应等,为用户提供控制时间的可能性并保证他们拥有准确的及时反应。VP 提供如下:MotionFly、MotionGame、MotionSpin、MotionUFO、MotionWork、MotionWorp、MotionTetherFixed、MotionTetherFollow、MotionTetherSpin、MotionViewer 等运动方式。

⑥ 重叠模块(vpOverlay)。渲染简单的覆盖图,包括图像、线条和文本。

⑦ 路径模块(vpPath)。利用路径和导航器可提供在现实世界中运动的方式,可运动到任何可定位的位置。

7.3.5 Vega Prime 专业模块

Vega Prime 为了满足特定应用开发的需求,除了上述主模块之外,还提供了功能丰富的可选专业功能增强模块。Vega Prime 常用的专业模块包括:

(1) 海洋模块(vpMarine)

海洋模块为在实时 3D 仿真应用中创建极具真实感的海洋、湖泊、海岸线水流表面提供了理想的解决方案,使用户能够很方便地在任何 Vega Prime 应用中添加动态真实的水流表面效果(图 7-8)。

该模块提供必要的真实感仿真海洋表面效果以及与之动态交互的船体效果,充分满足了交互式实时 3D 仿真与训练中对综合动态海洋表面的真实性和准确性的要求。该模块选项提供的高性能浪花模型,使用户可以轻松控制浪花的形态,包括在风力影响下浪花的方向、高度、长度和形式分布。同时,还可塑造 13 种由不同蒲福标度描述的海洋状态,以及由 9 种不同海浪模型描述的海洋状态。开发者能够定义船体特征和参数,以控制船首、船尾和船体外观。浪花的大小和形状完全吻合船体的大小、形状和速度,并且与周围的浪花和船只相交互。该特征使用户能够对仿真环境下船体的速度、机动性和转向进行控制。此外,海洋模块还支持多洋

图 7-8 海洋模块效果

面和多观察者效果,并支持正确的真实感海岸线浅水动态仿真,包括海浪冲击效果、水深变化效果和沙滩效果。

（2）摄像效果模块(vpCamera)

摄像效果模块能够模拟出用于任何类型的监视工具、闭路电视系统视频或光学设备的彩色及黑白效果。支持全套效果,摄像效果模块为本土安全、操纵仿真、UAV/UGV、安全演练以及突发事件响应等多种应用提供了理想的工具。各种效果能通过 LynX Prime GUI 接口或 Vega Prime API 进行组合,并简单添加到任何 Vega Prime 场景中。同时,摄像效果模块还提供了最多种类的镜头特效,支持对每一个摄像效果产生最佳真实感效果,支持对快速原型进行创建和改进的同时预览效果。

（3）大地形数据库管理模块(vpLADBM)

大地形数据库管理模块专为应用大规模和复杂的地形数据库创建和调度提供跨平台、扩展性良好的开发环境。高性能的大地形数据库管理模块能够在动态页面调用和用户自定义页面调用时确保大规模数据库装载与组织的最优化。

大地形数据库管理模块提供了最佳的渲染性能,充分满足定制与扩展性需求,能够最大化地利用现有资源。基于其 MetaFlight XML 文件规格和数据库格式,大地形数据库管理模块确保大规模数据库的组成和关联能够以一种最有效的新型方式完成。MetaFlight 文件的分级式数据结构确保了运行场景图像时得到最佳性能。利用 Vega Prime 核心特性(包括双精度和多线程特性),大地形数据库管理模块为大规模视景仿真应用提供了理想的解决方案。同时,结合 GUI 配置工具(包括易用的向导工具),先进的 API 功能提供了完全符合实时 3D 应用开发的基础构造。

（4）特效模块(vpFx)

特效模块为实时 3D 应用中大量特殊效果的仿真提供了跨平台且扩展性良好的开发环境,所有的效果都能够采用 LynX Prime GUI 配置工具或直接通过 API 进行访问、修改,并添加到具体应用中。用户只需对某些视觉属性进行预定义或调整,就能够定制场景中效果的显示、时间、触发以及性能特征。

特效模块提供了可完全定制和升级的粒子系统,使用户能够极其方便地进行粒子特效的定制和构建。配置属性包括速度、重力、颗粒大小和颗粒生命周期。除了可创建定制的特殊效果外,用户还能够直接访问任意 Vega Prime 应用中的预定义和优化效果。同时,联合 GUI 配置工具(如向导工具和 API 功能),能为简单快速地创建和展开实时 3D 应用提供理想的特殊效果(图 7-9)。

图 7-9 特效模块效果

（5）分布式渲染模块(Vega Prime Distributed Rendering)

分布式渲染模块是实现完全同步的、多通道应用的开发和调度的理想工具,能够在多个图形节点上进行连续一致的渲染。利用分布式渲染模块提供的优化渲染性能,主机系统和客户端系统以同一种配置进行互连,直观的接口结构充分满足跨平台实时 3D 应用的开发与调度的需求。

通常,分布式渲染可以满足多通道连续或非连续显示的应用,任何 Vega Prime 应用均能够通过在图形界面简单添加一些设置进行分布式渲染。分布式渲染模块包括通过局域网对多通道应用进行简单设置和配置的工具。因此,用户能够利用一个 GUI 接口使多通道应用高效运行,允许用户在适当的硬件上对应用进行设置、测试、处理和配置。

(6) 光束模块(vpLightLobe)

光束模块为 Vega Prime 应用提供了极具真实感的照明效果,能够创建真实的场景照明且避免产生错误的贴图效果,支持实时的大量移动光源模拟和用户自定义光照类型。光束模块为照明光源的观察(如针对飞机驾驶员)应用提供理想解决方案,移动光源渲染技术适用于任何支持 OpenGL1.2 或更高版本的硬件平台。照明程度根据光源与地面距离的扩大而减退,或根据地面与观察者的距离变化。这项创新的技术使用户能够在一个应用中使用大量的移动光源,并通过优化绘制时间以实现最佳表现性能(图 7-10)。

图 7-10　光束模块效果

7.3.6　第三方模块及工具

(1) Blueberry 3D Development Environment

BlueBerry 3D 是 MPI 公司用于生成实时地形的强大渲染工具,Blueberry 3D 分为两部分,即 Blueberry 3D Terrain Editor 和 Blueberry 3D Development Environment。前者作为 Creator Terrain Studio(简称 CTS)的插件,将 CTS 的 flt 模型做进一步的渲染,可自定义树、草、石头等地物的分布,模型是三维的;后者使用 VegaPrime 的 VSG,作为 VP 的一个模块,对 Blueberry 3D Terrain Editor 处理过的模型进行动态渲染。

Blueberry 3D 模块用来在 VegaPrime 中加入基于分形的程序几何体,创建高度复杂、充满细节的虚拟地理环境。用 Blueberry 3D 开发环境,几何形体是在程序运行时根据需要实时生成的。地形和文化特征只是在观察者感兴趣区域内动态生成,细节部分也是在观察者靠近的时候才加入。细节能达到的程度和数量,取决于用户定义的帧率。或者说,硬件越快,场景中的细节就可以越多。

应用分形算法,Blueberry 3D 开发环境能将多种土壤类型和特性自然地融合在一起、真实地分布植被,每个分形物体都是不同的。但同时,又保证你每次走近一个地方时,看到的是和以前一样的。越走近,细节就越多,包括高精度的污垢、树枝和丰富的植被。另外,植物、树木等还会对一些因素产生发应,如随风摇摆。

(2) DIS/HLA for Vega Prime 分布交互仿真模块

分布交互仿真模块能够非常简单地通过 LynX Prime 对 Vega Prime 应用进行互联,不需要任何规划即可进行 DIS 和 HLA 操作,实现 HLA 互联,或在多台机器/多参与者之间开发分布式 Vega Prime 仿真。

该模块以 MÄK 公司的 VR-Link 互联工具包为基础创建,提供来自 MÄK 产品的灵活和专业的互联技术,能创建一个仿真应用并能使它在多个不同的应用之间进行灵活转换。使得用户能用 DIS 协议(Distributed Interactive Simulation,分布式交互仿真)或 HLA (高层体系结构)对 VegaPrime 应用进行网络化拓展。用户可以用 Lynx Prime 界面进行基本的分布式仿真设定而不需要任何编程。

(3) GLStudio for Vega Prime 仪表模块

GL Studio 仪表模块由 DiSTI 开发,使得用户能在 VegaPrime 场景中方便地加入由 GL Stuido 创建的交互式对象,而不需要写任何代码。另外,创建好的 GL Studio 对象能够与用户和其他 Vega Prime 对象进行交互。GL Studio 创建高质量、真实感强的仪器仪表图形显示及人机界面,并生成优化的 OpenGL C/C++代码,为图像显示提供快速原型创建、设计和调度环境,如仪器和设备模型,尤其适用于实时 3D 仿真和训练应用。

(4) Immersive for Vega Prime

Immersive for Vega Prime 模块提供 Immersive 虚拟外设驱动接口,可配置并用于几乎所有的 Vega Prime 应用中,包括 walls、tiles 等各种类型的应用,同时也能够配置运行在非立体、主动立体和被动立体显示系统中。Immersive for Vega Prime 可以与 VRCO Trackd 连接,可将 Vega Prime 应用与任意基于上述驱动的 Immersive 虚拟外设连接,用以增强应用的可交互性,完全支持多节点的分布式渲染。

(5) SpeedTree for Vega Prime 三维树木模块

SpeedTree 模块能够进行真实感植被景观的定义与渲染,该模块集成来自 IDV 公司(Interactive Data Visualization,Inc)的 SpeedTree 技术,此技术目前已经在美国国防部训练系统和大多数视景游戏中得到应用。

SpeedTree 模块能够对 Vega Prime 应用中高密度植被进行定义和渲染,并能在达到最佳视觉效果的同时保持原有的渲染效率不变。SpeedTree 模块能生成具备碰撞映射、阴影和精细纹理的植被效果,并提供具有 200 种树和植物种类的模型库,包括阔叶树、针叶树、棕榈树、仙人掌和灌木,并允许对现有树型进行修改,并创建新的树型。SpeedTree 植被还能方便地添加到现有的 OpenFlight 和 MetaFlight 数据库中。

(6) Vortex for Vega Prime 刚体动力学模拟模块

Vortex 刚体动力学模拟模块为在实时仿真应用中创建基于真实物理学的车辆、铰接机械和机器人模型提供灵活的开发平台,可模拟基于地面的车辆和机械,并使其具有真实的物理属性,包含刚体动力学、丰富的关节库、准确的碰撞检测以及车辆动力学模型。能够方便地创建齿轮、电机、悬架、液压、车轮、轨迹和其他组件,装配后能够组合运动和行为,准确地仿真车辆和机械。此外,开发者能够对场景中的所有对象添加物理特征,真正实现仿真效果。

Vortex 刚体动力学模拟模块能够在真实感和速度中取得平衡,充分满足苛刻的工业要求,具备通用工具包,可为多种模拟器开发提供灵活的开发平台,并且能够在实时仿真中进行配置,适用于操作训练、产品设计和测试。

7.4　Vega Prime 应用程序流程

Vega Prime 作为专业的视景仿真开发平台,其开发流程自成体系,图 7-11 描述了 Vega Prime 结合 Creator 进行视景仿真开发的通用流程。①物体建模,构造系统中所需要的三维模型。②配置文件,将建好的模型在 Lynx Prime 中导入应用程序配置文件 ACF 文件中,并根据实际的视景仿真需要配置 ACF 文件。ACF 文件包含了一个 VP 应用程序在初始化和运行时所需要的所有信息。一个单独的 VP 应用程序可以通过解释不同的 ACF 文件产生一系列的应用程序。ACF 文件是 XML 格式,用户可以使用 LynX Prime 编辑器来开发一个 ACF 文件。然后,可以使用 Vega Prime API 在应用程序中动态改变程序行为。③场景驱动,这部分是视景仿真的核心,这部分要根据实际的仿真需求确定仿真产生的效果,并根据实际效果在代码中添加驱动程序。④实时应用,在整个系统开发完成后,将程序打包发布应用。

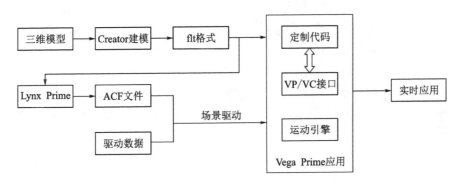

图 7-11　Vega Prime 应用开发流程

7.4.1　Vega Prime 应用程序结构描述

(1) 场景构成

场景描述真实世界的地形地貌、地表特征、文化特征及人工模型,它们是一个或多个树型数据库。在 Creator 中,每个 OpenFlight 文件代表一个数据库,它高效地描述了每个数据库模型或地形的几何体层次结构及图形属性。

(2) 节点访问

任何被加入场景中的资源都以节点形式存在,VpScene 对象是一个节点容纳器,它是根节点,容纳了加入场景中的其他子节点。VSG 用 vsNode 类来表示节点,所有节点都被记录于节点表中,用户通过遍历名字节点表来查找节点目标。

（3）场景显示

Vega Prime 对模型的呈现是通过将模型加入场景（Scene）来实现的，vpScene、vpChannel、vpWindow 和 vpPipeline 四个类分别对应场景、通道、窗口、管道来完成场景显示，需要与之对应的通道（Channel）来显示场景，并且还要将该通道对应一个窗口（Window），在显示过程中与硬件显卡打交道的是管道（Pipeline）。

vpPipeline 定义了一个逻辑的图形管道，它管理 vpWindow 到硬件的图形显示管道的映射。同时它也控制选择和绘制阶段的多线程。

vpWindow 定义了基本的显示窗口以及消息处理机制，它提供了方法来配置帧缓冲区和处理输入，比如键盘输入、鼠标输入。vpWindow 提供了 addChannel()加入一个通道到窗口中，使该通道可见。

vpChannel 控制场景的绘制区域，允许设置参数控制剪辑平面。

vpScene 是 vsNode 的容器，是一个场景的根节点，是更新和选择遍历的起点。vpScene 提供了 addChild()动态地加入一个节点到场景中，VSG 中相应的类提供了底层支持。

vpObserver 定位于任何位置，它具有六个自由度。Camera 相当于人的眼睛，Vega Prime 用 vpObserver 类来代表 Camera。可以将运动模型加在 vpObserver 上，这样 Camera 可以自由运动，场景随 Camera 位置的变化而改变。一个 vpObserver 下可以连接任意多个 Channel，同时看到多个 Channel 的内容。

（4）场景对象

场景对象是用于显示的基本数据库单元，VP 用 vpObject 描述对象，每个 vpObject 都有一个 Refenrence Counter。当 vpObject 被加入场景时，Reference Counter 自动加 1；当 vpObject 从场景中撤销时，Reference Counter 自动减 1。当 Reference Counter 减为 0 时，vpObject 将从内存中被删除。

vpObject 是 vpGeometry 的派生类，是几何节点（Geometry Node）和 Texture 的集合。vpGeometry 定义了几何物体的基本接口，它维护名字节点和几何节点的列表，并提供了迭代指针在运行时访问这些列表。每个 vpObject 都维护一个 Geometry 列表，通过遍历对象的 Geometry 列表，可以找到贴有某种特定纹理的面，并将该纹理替换掉。

（5）纹理控制

类 vrTexture 描述纹理，它支持多种纹理格式和图像类型。改变纹理并不是通过直接调用该类的接口来实现，而是通过改变与 vrTexture 相对应的 State Element 来决定是否使用 Texture。

（6）运动模型

运动模型是一种位置策略，用于仿真不同的运动模式。VP 用 vpMotion 定义抽象的运动模型，可以应用在 Observer 上，也可以应用在 Object 上。所有具体的运动模型，如 Drive、Fly、UFO 等等，都是从 vpMotion 派生的。vpMotion 可以指定任意的输入设备来控制运动，如 vpInputKeyboard（键盘）、vpInputMouse（鼠标）或者 vpInputComposite（由几个设备合成的输入设备）等。如果没有自定义输入设备，各个运动模型将启用自己的默认输入设备，默认设备在各运动模型中自行定义。

运动模型将所需要的输入分为三种类型：SourceBoolean、SourceFloat 和 SourceInteger，

每种类型控制一种运动方式。例如，在 drive 模型中，SourceBoolean 控制加速减速，SourceFloat 控制左转右转。每个运动模型会自动调用 compute() 方法，将输入设备的第一个 SourceBoolean 键值对应于所需要的第一个 SourceBoolean，第一个 SourceFloat 键值对应于所需要的第一个 SourceFloat，以此类推，这样就能用定义的输入设备控制运动模型了。

Vega Prime 中定义了 vpMotionDrive、vpMotionFly、vpMotionUFO、vpMotionWalk、vpMotionWrap、vpMotionGame 和 vpMotionSpin 七种运动模型，分别模拟不同的运动模式。vpMotionDrive 是一个 Drive 模型，用户可以控制其运动速度和转向；vpMotionFly 是一个简单的飞行模拟模型，这个模型的效果和空气动力学的响应、推动力以及飞机模型的质量有关，这三个参数是可以在.acf 文件或者程序中设置的，飞行模型能够模拟质点六个自由度的变化；vpMotionUFO 是一个无重力的运动模型，它使质点能够高速运动，并能够在任意位置盘旋；vpMotionWalk 模拟基本的步行运动；vpMotionGame 模拟第一人称射击游戏中主角的运动方式；vpMotionSpin 模拟站在一个球体表面随球体转动的运动模型。每个运动模型的运动方式的具体实现方法（前进、后退、左转、右转）是封装起来的，用户看不见。用户只能通过 API 修改速度、转向等等的渐增值。

（7）碰撞检测

Vege Prime 定义了抽象类 vpIsector 来描述检测器，并且派生出了多个具体的检测器，比如检测海拔高度的 vpIscetorHAT，检测瞄准线的 vpIsectorLOS 等等。每种检测器都是依靠线段来进行检测，检测器自其中心向周围延伸出一些线段（line segment），当这些线段和目标物体发生相交时就认为碰撞发生。

vpIsectorBump 自中心出发沿 x、y、z 正负半轴定义六条线段；vpIsectorHAT 在 z 轴方向上定义一条线段，给出 z 轴方向上的起点和终点；vpIsectorLOS 自中心沿 y 正半轴定义一条线段；vpIsectorXYZPR 在 z 轴方向上定义一条线段，它能够通过检测器的 heading 计算出 pitch 和 roll 值；vpIsectorZ 在 z 轴方向上定义一条线段，它能够通过检测器的 z 值计算出 pitch 和 roll 值。

进行碰撞检测需要设置 isector mask，每个检测器都可以设置一个 mask，进行检测的目标物体也可以设置一个 mask。以检测飞机坠地为例，将检测器安放在飞机模型上，地面是检测目标，如果飞机接触地面就算发生碰撞。检测器和地面都需要设置 mask。进行检测时，系统将检测器的 mask 和场景内所有物体的 mask 做与运算，结果不为 0 的才进行检测。所以设置 mask 时要保证检测器和地面的 mask 做了与运算后结果不为 0。检测还引入了消息机制。Vega Prime 在 vpIsector 中定义了 Event 枚举变量来描述碰撞事件。碰撞发生时消息订阅者会收到 vpIsector 的 EVENT_HIT 事件通知，碰撞消失时消息订阅者会收到 vpIsector 的 EVENT_CLEAR_HIT 事件通知。因此，程序中要订阅事件消息，随时捕获此消息，以便知道什么时候碰撞发生，什么时候碰撞消失。

（8）环境构成

Vega Prime 用 vpEnv 类描述了应用所需要的环境。要想环境中具有太阳、月亮、天际线和云层，则需要将 vpEnvSun、vpEnvMoon、vpEnvSkyDom、vpEnvCloudLayer 加入 vpEnv 中。环境具有诸如日期和时间等基本参数，并且能够根据模拟的时间流逝计算出当前时间，从而使太阳和月亮的亮度发生变化，模拟出白天和晚上。环境还提供了一个对应于地球真实位置的参考位置,根据观察者位置的不同,确定太阳和月亮合适的位置。

Vega Prime 用 vpEnvSun 描述太阳,用 vpEnvMoon 描述月亮。vpEnvSun 和 vpEnvMoon 都是靠定义 Lightsource 和圆盘形状的几何图形来模拟太阳和月亮的。Lightsource 和圆盘的位置能够通过环境的时间模型自动动态改变。太阳和月亮的亮度由它们在天空中的高度决定。vpEnvSkyDome 描述天际线,它定义了一个以 Observer 为中心的,延伸到 Far Clipping Plane 的椭圆形几何图形。

vpEnvCloudLayer 描述云层,它是环绕在球形天空顶部,以 Observer 为中心,起始高度、云层的纹理和颜色可以用 API 函数设定。如果在环境中有风,云层的纹理坐标会随风向移动,模拟出云层运动效果。

环境所提供的雾化效果是通过 API 直接修改的,雾化效果通过能见度体现,可以直接将能见范围作为参数传给 API 函数,通过降低能见度可模拟雾天气。

环境的灯光分为 Lightsource 和 Lightpoint 两种,可以在 Creator 里面直接创建,也可以在程序中用 vrLightSource 和 vrLightPoint 创建。在 Lynx 中可以直接创建 Lightsource,在 Creator 里面创建的 Lightpoint 是以节点方式存在的,可以为其命名,加入场景后就成为名字节点,可通过方法 findNamed() 找到,转化成 vrLightPoint 节点类型后就可以进行控制了。灯光的动画效果是用 TYPE 枚举变量定义的,有 Sequence、Rotation 和 Strobe 三种类型,动画效果要附在 vrLightPoint 上。

7.4.2 Vega Prime 仿真系统创建流程

Vega Prime 仿真程序流程包括初始化、定义、配置、帧循环、关闭五个部分,这五部分的主要作用如下:①初始化(Initialization)。初始化内核、分配内存、初始化场景和渲染库等。系统初始化主要是在 Lynx Prime 图形用户界面配置工具完成的,系统初始化包括系统运行信息设置和模型初始化配置等。系统运行信息包括设置帧速率、窗口大小、通道大小等,一般都采用默认值设置。②定义(Definition)。加载已经配置好的 ACF 文件,系统在初始化时初始化了 ACF 文件,ACF 文件能自动转为 C++程序。③配置(Configuration)。配置从 ACF 中分解而来,主要是将各个类关联起来,并为其配置相关的联系。④帧循环。构成整个应用程序的刷新与循环。⑤关闭。清除场景中的对象,内存释放,结束整个程序。

Vega Prime 应用不仅涵盖了配置 VP 应用的 API,还包含了基于 STL(标准模板库)和 C++的 API 命令及类,简化了仿真循环,使用户在二次程序开发时更加灵活方便。一个基本的 Vega Prime 应用的框架如下:

```
Void main(int arg c, char * arg v[1])
{
vp::initialize(arg c, arg v);        // 初始化 VP
vpApp * app = new vpApp;             // 创建一个 vpApp 类
if (argc <= 1)                       // 加载 ACF 文件
app->define("simple.acf");
else
```

```
app—>define(arg v[1]);
app—>configure();               // 配置应用
app—>run();                     // 仿真循环
app—>unref();                   // 取消引用
vp：shutdown();                 // 退出 VP
return 0;
}
```

在实时仿真系统中,初始化(vp：：initialize)主要对静态变量、渲染库、内存分配、场景、模块界面以及内核等进行初始化。例如,在创建 ACF 文件中为汽车添加场景环境、碰撞特效、运动模式、路径信息等,则需要在应用程序中添加初始化模块 vpModule：：initializeModule("vpEnv")、("vpMotion")、("vpFx")、("vpPath")。定义配置、帧循环以及其他的运行时控制方法都是定义在 vpKernel 类中,除了直接用 vpKernel 构建一个应用流程,还可以用 vpApp 类来完成。vpApp 类用来定义一个典型的 VP 应用的框架,它封装了 vpKernel 的功能,所以子方法都是内联虚函数。使用者可以拷贝和修改 vpApp 类,轻松地从 vpApp 派生出自己的应用类型,实现功能的扩展。用户在实时仿真系统中可以装载和解析多个 ACF 文件,arg v[1]是指当前调用的 ACF 文件。仿真循环与更新是相互交叉的,run()用于执行主要的循环。shutdown()用于释放占用的内存、结束各功能模块、终止多线程、结束仿真及将 license 返回许可证授权服务器等。

由上述可知,Vega Prime 应用程序的主循环主要负责处理场景的帧同步和显示帧,实时渲染、遍历虚拟场景中的三维模型,完成对仿真系统的初始化、定义、配置。VP 应用程序的基本框架与流程如图 7-12 所示,直观地表达了仿真系统的工作流程。

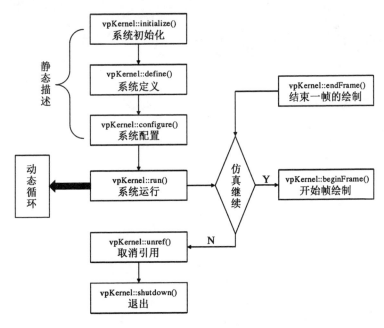

图 7-12　VP 仿真程序的基本流程

复习思考题

（1）Creator 可视化建模软件功能与性能特点有哪些？

（2）简述 Creator 可视化建模软件的主要模块及其功能。

（3）请描述三维场景数据库国际标准 OpenFlight 模型数据库的结构。

（4）简述基于 Creator 的三维地形建模工作流程。

（5）Presagis 公司实时建模与视景仿真一体化解决方案的产品有哪些？

（6）简述 Vega Prime 的功能特点。

（7）Vega Prime 系统架构是怎样的？

（8）简述 Vega Prime 常用的专业模块与第三方模块及其功能。

（9）Vega Prime 结合 Creator 进行视景仿真开发的通用流程是怎样的？

（10）简述一个 Vega Prime 仿真程序的基本流程。

8 虚拟现实技术行业应用

虚拟现实是近年来计算机技术领域的热点之一,在社会生活的许多方面都有着非常美好的应用前景,由于能够再现真实的环境,并且可以介入其中参与交互,使得虚拟现实系统可以在许多方面得到广泛应用。随着各种技术的深度融合、相互促进,虚拟现实技术在教育、军事、工业、艺术、娱乐、医疗、仿真与科学研究等领域的应用都有极大的发展。

虚拟现实技术的应用领域通常具有以下特点:①需要高成本制造的设备,如航天器、军用设备。②对人有危险的环境,如核试验、飞行训练。③目前尚未出现的环境,如建筑物、天体物理。④广告宣传与艺术景观设计,如展览馆、电子商务。⑤娱乐性要求较高的环境,如游戏馆、网络虚拟游戏等。

本章拟阐述虚拟现实技术在教育培训、工业制造、规划设计、交通工程、考古旅游、文化艺术、商务营销、医疗健康和国防军事等领域的应用情况。

8.1 VR+教育培训

8.1.1 虚拟教学的优势

虚拟现实技术在教育培训领域的应用主要体现为虚拟实验室、虚拟实训基地、虚拟仿真校园、虚拟图书馆、远程虚拟课堂和三维网络课件制作等方面。传统的教育方式,使学习者通过印在书本上的图文与课堂上多媒体的展示来获取知识,这样学习一会儿就渐显疲惫,学习效果较差。虚拟现实技术能将三维空间的事物清楚地表达出来,能使学习者直接、自然地与虚拟环境中的各种对象进行交互,并通过多种形式参与到事件的发展变化过程中去,从而获得最大的控制和操作整个环境的自由度。这种呈现多维信息的虚拟学习和培训环境,将为学习者掌握一门新知识、新技能提供最直观、最有效的方式。

① 虚拟教室可以弥补教学条件的不足,节省成本。通常由于设备、场地、经费等硬件的限制,许多教学实验都无法进行。而利用虚拟现实系统,学生足不出户便可以做各种实验,获得与真实实验一样的体会,从而丰富感性认识,加深对教学内容的理解,在保证教学效果的前提下,极大地节省了成本。

② 虚拟实验可以避免真实实验或操作所带来的各种危险。学生在虚拟实验环境中,可以放心地去做各种危险的或危害人体的实验。例如,虚拟化学实验,可避免化学反应所产生的燃烧、爆炸所带来的危险;虚拟外科手术,可避免由于学生操作失误,而造成"病人"死亡的医疗事故;虚拟飞机驾驶培训系统,可免除学员操作失误而造成飞机坠毁的严重事故。

③ 彻底打破空间、时间的限制。利用虚拟现实技术,可以彻底打破空间的限制。大到宇宙天体,小至原子粒子,学生都可以进入这些物体的内部进行观察。例如,天文学科讲述关于宇宙太空星际运行的课程时,在现实生活中学生无法遨游太空,如果戴上头戴式虚拟现实设备,就可以让学生从各个角度近距离观察行星、恒星和卫星的运行轨迹,观察每个星球的地表形状和内部结构,甚至能够降落在火星或月球上进行"实地"考察、体验星际之旅等。虚拟技术还可以突破时间的限制,一些需要几十年甚至上百年才能观察到的变化过程,通过虚拟现实技术,可以在很短的时间内呈现给学生观察。例如,生物中的孟德尔遗传定律,如果用果蝇做实验要几个月时间,而虚拟技术在一堂课内就可以实现。

④ 虚拟现实有助于开展启发式教学,在演示教学内容方面能以一种直接的信息传递方式,通过亲临其境的、自主控制的人机交互,由视觉、听觉、触觉获取"外界"的反应,提供生动活泼的直观形象思维材料、展现学生不能直接观察到的事物等,形成知识点。学生则从思维、情感和行为三个方面参与教学活动。例如,学生学习某种机械装置,如水轮发动机的组成、结构、工作原理时,传统教学方法都是利用图示或者放录像的方式向学生展示,但是这种方法难以使学生对这种装置的运行过程、状态及内部原理有一个明确的了解。而虚拟现实技术就可以充分显示其优势,它不仅可以直观地向学生展示出水轮发电机的复杂结构、工作原理以及工作时各个零件的运行状态,而且还可以模仿出各部件在出现故障时的表现和原因,向学生提供对虚拟事物进行全面的考察、操纵乃至维修的模拟训练机会,从而使教学和实验效果事半功倍。

因此,虚拟现实技术应用于教育是教育技术发展的一个飞跃,它革新了知识获取的渠道和交互方式,通过提供生动逼真、沉浸性和交互性的体验,有助于营造"自主学习"的环境,实现由传统的"以教促学"的学习方式向学习者通过自身与信息环境的相互作用来得到知识、技能的新型学习方式转变,符合新一轮教学改革的理念,有助于学生核心能力素养的培养。

8.1.2 虚拟教学的应用形式

虚拟现实技术在教育培训中的应用形式主要有以下几种类型:

① 虚拟实物(Virtual Model)。用虚拟现实的方法来展示教学中用到的实物,学生可以根据自己的意愿对虚拟的实物进行移动、旋转或缩放,通过对虚拟实物的操作来完成所学知识的意象建构。

② 虚拟游览(Virtual Tour)。用虚拟的方法产生一个教学场景,学生可以根据自己的意愿选择游览路线、速度和视点,通过在创设的虚拟场景中游览来体验所学知识,从而加深对知识的理解。

③ 虚拟缩放(Virtual Zoom)。用虚拟现实的方法来展示微观世界和宏观世界中的事物,学生通过在可视的范围内观察或操作微观世界或宏观世界中的事物,拓宽知识的广度和深度。

④ 虚拟过程(Virtual Process)。用虚拟现实的方法来展示现实生活中一些无法看到的变化过程或变化太快、太慢的过程,学生通过自己的操作来控制事物的变化过程。

⑤ 虚拟实验(Virtual Experiment)。对于人们在现有条件下无法正常进行的实验或对人的生命有严重危害的实验,用虚拟现实的方法按照科学理论设计一个虚拟实验,学生通过

虚拟的实验来观察过程和了解实验效果。

⑥ 虚拟角色(Virtual Role)。让学生在虚拟的教学情境中充当一个角色,充分发挥学生的主动性、积极性和创新精神,通过协作、会话等学习手段,从而完成对所学知识的运用。

综观国内外虚拟现实教育实践情况,虚拟现实和增强现实技术在教育培训的教学、实验、环境、课堂和校园等领域都有成功的应用(表 8-1)。

表 8-1　VR＋教育培训应用案例

领域	国别	机构	应用案例
教学	中国	中国科技大学	开发大学物理仿真教学软件,将实验设备、教学内容、教师指导和学生操作有机融合为一体
实验	中国	亚泰盛世	推出 nobook 虚拟实验室,利用计算机技术来实现交互式教育培训实践体验
	中国	中视典公司	推出中视典虚拟仿真实验室,融合多种互动硬件设置,对实验各个环节进行真实的模拟仿真
环境	美国	IBM 公司	开发了 Active Worlds Educational Universe 系统,用于开发教育虚拟环境
课堂	美国	谷歌	与美国多所 K-12 学校合作推出虚拟现实教育计划 Expeditions,提供更具沉浸感的课堂内容
校园	中国	天津大学	开发了虚拟校园,在互联网上领略校园风采
	中国	中央广播电视大学	将网络学院具体的实际功能整合在图形引擎中,并作为基础平台构建虚拟演播室应用

8.1.3　虚拟实验室

虚拟实验就是利用鼠标的点击、拖动,将微机上虚拟的各种仪器,按实验要求、过程组装成一个完整的实验系统,同时在这个系统上完成整个实验,包括原材料的添加、实验条件的改变、数据采集,以及实验结果的模拟、分析。利用先进的通信技术、网络技术,将虚拟实验放在网络上,在 Web 中创建一个可视化的三维环境。学生可以进行虚拟的网络实验,而且在网上同一个实验可以由不同地点不同机器上的多个人来共同完成。

虚拟实验系统包括相应的实验室环境、有关的实验仪器设备、实验对象,以及实验信息资源等。虚拟实验室可以是某一现实实验室的真实再现,也可以是虚拟构想的实验室。虚拟现实技术还可以对学生学习过程中所提出的各种假设模型进行虚拟,通过虚拟系统便可以直接地观察到这一假设所产生的结果,从而激发学生的创造性思维,培养学生的创造能力。

通过虚拟的实验室进行实验,既可以缩短实验的时间,又可以获得直观、真实的效果,还能对那些不可见的结构原理和不可重组的精密设备进行仿真实训,避免真实实验操作带来的各种危险。并且易于改变教学项目,减少设备投入经费,使教学内容在虚拟的环境中不断更新,使实验实践及时跟上技术的发展。但是在采用虚拟实验进行教学的过程中,并不能完全代替真实实验。虚拟实验是虚拟的实验,缺少"实物感"。因此,应该虚实结合,有目的地安排一些实验在真实环境中操作,更能加深实验者对实验的印象,提高实验的效果。

8.1.4　虚拟实训基地

利用虚拟现实技术建立起来的虚拟实训基地,其"设备"与"部件"多是虚拟的,可以根据需要,随时生成新的设备。教学内容可以不断更新,使实践训练及时跟上技术的发展。同时,虚拟现实的沉浸性和交互性,使学生能够在虚拟的学习环境中扮演一个角色,全身心地投入学习环境中去,这非常有利于学生的技能训练,包括军事作战技能、外科手术技能、教学技能、体育技能、汽车驾驶技能、果树栽培技能、电器维修技能等各种职业技能的训练。由于虚拟的训练系统无任何危险,学生可以不厌其烦地反复练习,直至掌握操作技能为止。例如,在虚拟的飞机驾驶训练系统中,学员可以反复操作控制设备,学习在各种天气情况下驾驶飞机起飞、降落,通过反复训练,达到熟练掌握驾驶技术的目的。

8.1.5　远程虚拟课堂

现代远程教育这种教学方式会使学生缺乏一种在学校或教室中学习的真实感,而由虚拟现实技术实现的虚拟课堂所提供的虚拟教学可以使学生有一种身临其境的感觉。虚拟课堂是传统课堂的延伸,它突破了时空的限制,可以改善目前以 HTML 技术为主的虚拟课堂交互简单、感觉媒体仅限于二维空间、沉浸感不强等缺点。利用虚拟现实技术实现的虚拟教室、虚拟实验室等虚拟教学设施会使学生沉浸到计算机系统创建的环境中,由观察者变为全身心的投入者,虚拟场景可以随着人的视点做全方位的运动。学生可以通过键盘、鼠标以及各种传感器与多维化信息的环境发生交互,如同在真实的环境中与虚拟环境中的对象发生交互关系。通过计算机网络进行交互学习,这是一种现代、高效、个性化的学习环境。

虚拟现实技术在教育培训领域中的应用潜力巨大、前景广阔,主要体现在运用虚拟现实和增强现实技术具有激发学习动机、创设学习情境、增强学习体验、感受心理沉浸、跨越时空界限、动感交互穿越和跨界知识融合等多方面的优势。虚拟现实和增强现实技术的应用,能够为教育工作者提供全新的教学工具,同时,能激发学生学习新知识的兴趣,让学生在动手体验中迸发出创新的火花。

8.2　VR＋工业制造

虚拟现实技术已成功应用于工业设计与装备制造领域。对工业设计而言,虚拟现实技术既是一种最新的技术开发方法,更是一个复杂的仿真工具,它旨在建立一种人工环境,人们可以在这种环境中以一种自然的方式从事操作、设计和制造等实时活动。虚拟现实技术在全球工业制造设计研发、装配、检修、培训等环节已经实现应用。

8.2.1 虚拟设计研发

在工业制造的产品设计研发环节,虚拟现实技术可以打破二维平面设计桎梏,展现产品的立体面貌,使研发人员能够全方位构思产品的外形、结构、模具及零部件配置使用方案。特别是在飞机、汽车等大型装备产品的研制过程中,运用虚拟现实技术能大幅提升产品性能。

例如,在车辆设计的造型、计算、试验直至制模、冲压、焊接、总装等各个环节中,可显示汽车的悬挂、底盘、内饰直至每个焊接点,设计者可确定每个部件的质量,了解各个部件的运行性能。这种三维模式准确性很高,汽车制造商可按得到的计算机数据直接进行大规模生产。美国通用、福特等汽车公司都建立了虚拟现实技术工作室,用户通过头盔和感应手套等工具,看到在工作站上生成的立体汽车原型图像。该图像可以随意更新改进,使人们感受一种完全身临其境的逼真体验。

采用虚拟实验技术可以在建立了汽车整车或分系统的 CAD 模型之后,在计算机上模拟真实的实验环境、实验条件、实验负荷进行虚拟仿真实验。通过虚拟实验,可以在汽车实际产品加工以前,预测它的安全性、可靠性、动力性、气动性、经济性及舒适性等各种性能,同时对不满意的地方进行改进设计。虚拟试验可以进行虚拟人机工程学评价、虚拟风洞试验、虚拟碰撞试验等。

在工业仿真中,利用虚拟样机技术可对模型进行各种动态性能分析,并改进样机设计方案,用数字化形式代替传统的实物样机试验,可减少产品开发费用和成本,提高产品质量及性能。该项技术一出现就受到了工业发达国家有关科研机构和企业的重视,著名的实例就是波音公司将虚拟现实技术应用于波音 777 型和 787 型飞机的设计上,通过虚拟现实的投射和动作捕捉技术,完成了对飞机外型、结构、性能的设计,所得到的方案与实际飞机的偏差小于千分之一英寸(图 8-1)。据统计,采用虚拟现实设计的波音 777 飞机,设计错误修改量减少了 90%、研发周期缩短了 50%、成本降低了 60%。另外,清华大学、北京航空航天大学、华中科技大学和浙江大学等在虚拟样机上有比较成熟的研究成果。

图 8-1 虚拟飞机设计

8.2.2　虚拟装配

在产品装配环节,虚拟现实技术目前主要应用于精密加工和大型装备产品制造领域,通过高精度设备、精密测量、精密伺服系统与虚拟现实技术的协同,能够实现细致均匀的工件材质、恒温恒湿洁净防震的加工环境、系统误差和随机误差极低的加工系统间的精准配合,从而提高装备效率和质量(图 8-2)。例如中国一拖集团应用我国本土企业曼恒数字研发的"数字化虚拟现实显示系统",打造出虚拟装配车间,可实现 360°内部全景漫游,既能多角度观察每个装配工位,又能精准跟踪装配工件的生产工艺流程,为我国大型农业装备制造行业发展注入新鲜血液和强大力量。

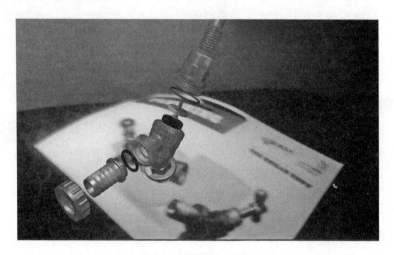

图 8-2　虚拟装配车间

8.2.3　虚拟设备维护检修

在设备维护检修环节,虚拟现实技术应用于复杂系统的检修工作中,能够实现从出厂前到销售后的全流程检测,突破空间限制、缩短响应时间、提高服务效率、拓展服务内容、提升服务质量,将制造业服务化推向新的阶段。例如,美国福特公司联合克莱斯勒公司与 IBM合作开发了应用于汽车制造的虚拟现实环境,在汽车出厂前可以检验出其存在的设计缺陷,并辅助修正,大大缩短了新车研发周期。同时,通过远程数据传输,虚拟现实技术将帮助实现实时、远程、预判性的监测维修服务(图 8-3)。

8.2.4　虚拟培训

在培训环节,应用虚拟现实技术建立虚拟培训基地,能够立体展现制造场景,帮助学员通过全方位的感知体验,获取高仿真的、可重复的、低风险的学习体验,有利于制造业从业人员提前熟悉制造场景、提升应用技能。

当前,已经有许多国内外企业运用虚拟现实技术开展培训工作。例如,英国皇家装甲公司采用虚拟现实技术,对 14.5 t 的新型车辆进行车辆训练模拟,实现了对专用车型驾驶员的操作培训(图 8-4)。

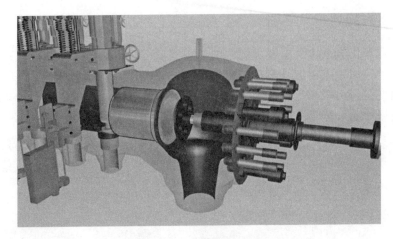

图 8-3 虚拟复杂系统检修

我国工业制造领域虚拟现实技术应用存在的问题或瓶颈主要有：①基于集成的数字化产品模型技术尚处于概念阶段。虚拟制造要求的基于集成的数字化产品模型有待于进一步研究，CAD 模型中的产品信息含量太低，现有 CAD 模型无法支持产品的概念设计，缺乏良好的产品信息重用机制。②产品创新支持工具尚不充分。目前产品创新支持技术有了部分支持工具，但缺少创新设计支持系统，缺乏将知识与 VM 结合的工具，缺少交互式外型设计技术

图 8-4 虚拟车辆培训

与 VM 的集成工具，缺少支持逆向设计的工具。③产品数字化技术尚不成熟。产品数据管理与其他应用软件的集成问题，如虚拟产品开发的产品数据组织体系，与数字化产品模型相关数据的组织和管理。④制造过程仿真建模方法和技术有待突破，主要表现在虚拟加工、虚拟装配、虚拟测试等几个方面，如虚拟加工分析工具、面向对象的集成化装配建模的研究尚不丰富，虚拟装配工艺规划、基础理论、测试技术需要进一步研究。

随着我国制造战略的发展，虚拟制造需要高度重视和全面规划。例如，加强高质量研究型人才培养和培训工作、大力普及 CAD/CAM 技术、加强相关关键技术的研发推广，全面实施基于并行工程的虚拟制造。

8.3 VR＋规划设计

虚拟现实技术在规划设计领域应用可以实施规划与设计的视觉模拟，如实现建筑仿真、室内设计、城市景观、施工过程、物理环境、防灾和历史建筑模拟等。

8.3.1 数字城市规划仿真系统

数字城市规划仿真系统是指城市规划师将一座城市的道路、居民点、建筑、商业网点等大量规划信息建成虚拟城市场景数据库,然后通过虚拟现实系统人机对话工具进入该虚拟环境,通过规划人员亲身观察和体验,认识、判断不同主导因素作用下各种规划方案的优劣,能更好辅助最终决策的城市仿真系统。虚拟现实技术为城市规划人员提供了全新规划技术手段的支持,应用虚拟现实技术构建数字城市规划仿真系统,无须规划方案的真正实施,就能先期检验该规划方案的实施效果,即是否能达到社会、经济、生态最佳综合效益,并可以反复修改和辅助最终决策方案的制定施行(图8-5)。

图 8-5 数字城市规划仿真

虚拟现实技术凭其全新的可视化特征已被许多发达城市应用于城区开发、项目选址、旧城改造与保护等重大城市规划建设活动中,成为城市规划及评审的最佳手段之一。例如,数字虚拟城市、城市中央商务区虚拟设计、中心区和重点地段虚拟设计、各类型园区虚拟设计、居住区虚拟设计,以及建筑室内环境等项目的虚拟制作展示、历史地段和文物保护与更新的数字化复原或虚拟现实环境的空间认知。它提供了辅助设计、查询分析、成果展示、设计方案的推敲对比、修改评审和成果入库,甚至模型动态更新城市规划的应用。

城市景观设计及规划方案三维展现应用系统,是能对规划成果及方案进行真三维描述和表现的 GIS 与虚拟现实技术的三维可视化空间系统。通过对规划方案中的建筑单体的三维建模、墙面纹理映射、添加修饰物等,结合三维数据现状,真实再现规划方案在城市现状景观中的场景。从总体规划到城市设计,在规划的各个阶段,通过对现状和未来的描绘(身临其境的城市感受、实时景观分析、建筑高度控制、多方案城市空间比较等),为改善人居生活环境,以及形成各具特色的城市风格提供了强有力的支持。

规划决策者、规划设计者、城市建设管理者以及公众,在城市规划中扮演不同的角色,有效的合作是保证城市规划最终成功的前提,VR 技术为这种合作提供了理想的桥梁。园林设计对于环境变化的前瞻性和周围景物的关联性要求很高,因此在动工之前就必须对完工之后的环境有一个明确的、清晰的概念。通常情况下,设计者会通过沙盘、三维效果图、漫游动画等方式来展示设计效果,供决策者、设计者、工程人员以及公众来理解和感受。以上的传统展示方式都各有其不同的优缺点,但有一个缺点是共同的,即不能以人的视点深入其中,得到全方位的观察设计效果。而运用虚拟现实技术后,决策者、设计者、工程人员以及公众可从任意角度,实时互动真实地看到规划设计效果,身临其境地掌握周围环境和理解设计师的设计意图,这样决策者的宏观决策将成为城市规划更有机的组成部分,公众的参与也能真正得以实现。

8.3.2 虚拟城市漫游系统

虚拟城市漫游系统运用三维动画、虚拟仿真、大屏幕显示、人机互动等先进技术,用户可以通过操纵杆在城市、厂区、建筑小区等三维模型场景中进行主动自主式漫游,从而了解企业、建筑小区乃至城市未来规划及发展方向。用户可以置身于(沉浸于)环形大屏幕显示的各景点的动态实景影像之中,对现场模型道具(汽车、轮船、自行车、飞机模型)亲身操控,漫游城市或游览当地(或世界)著名旅游景点。游客驾车(汽车、轮船、自行车、飞机模型)的影像实时融合到大屏幕场景之中,与游客实际在景区游览过程被摄像一样,并可录制、刻录输出 DVD 视频录像给游客留作纪念。总之,在虚拟城市系统中,用户可以全方位、多种样式(步行、驱车、飞行等),完全由用户自由控制在场景中漫游。

在建筑行业中,建筑设计者用 CAD 工具对建筑物进行设计和建模,然后将产生的数据库变换成一个虚拟现实系统,可以作为那些制作精良的建筑效果图的进一步的拓展,它能形成可以交互的三维建筑场景,人们可以在建筑物内自由地行走,可以操作和控制建筑物内的设备与房间装饰。一方面,设计者可以从场景的感知中了解、发现设计上的不足,另一方面用户可以在虚拟环境中感受到真实的建筑空间,从而做出自己评判。

8.3.3 虚拟规划设计的优势

虚拟现实技术可以广泛应用在规划与设计的各个方面,并带来切实的利益与应用优势:

① 展现规划方案。虚拟现实系统的沉浸感和互动性不但能够给用户带来强烈、逼真的感官冲击,获得身临其境的体验,还可以通过其数据接口在实时的虚拟环境中随时获取项目的数据资料,方便展现大型复杂工程项目的规划、设计、投标、报批、管理过程。不同的规划方案、不同的规划设计意图通过 VR 技术实时地反映出来,用户可以做出很全面的对比,有利于设计与管理人员对各种规划设计方案进行辅助设计与方案评审。

② 规避设计风险。虚拟现实所建立的虚拟环境是由基于真实数据建立的数字模型组合而成,严格遵循工程项目设计的标准和要求建立逼真的三维场景,对规划项目进行真实的"再现"。用户在三维场景中任意漫游,人机交互,这样很多不易察觉的设计缺陷能够轻易地被发现,减少由于事先规划不周全而造成的无可挽回的损失与遗憾,大大提高了项目的评估质量。

③ 加快设计速度。运用虚拟现实系统,可以很轻松随意地进行修改,改变建筑高度,改变建筑外立面的材质、颜色,改变绿化密度,只要修改系统中的参数即可。从而大大加快了方案设计的速度和质量,提高了方案设计和修正的效率,也节省了大量的项目资金。

④ 提供合作平台。虚拟现实技术能够使政府规划部门、项目开发商、工程人员以及社

会公众从任意角度、实时互动真实地看到规划效果,更好地掌握城市的形态和理解规划师的设计意图。有效的合作是保证城市规划最终成功的前提,虚拟现实技术为这种合作提供了理想的桥梁,这是传统手段如平面图、效果图、沙盘乃至动画等所不能达到的。

⑤ 加强宣传效果。规划成果仿真与虚拟展示系统是三维的、动态的、逼真的。对于公众关心的大型规划项目,在项目方案设计过程中,虚拟现实系统可以将现有的方案导出为视频文件,用来制作多媒体资料予以一定程度的公示,让公众真正地参与到项目规划与设计中来。当项目方案最终确定后,也可以通过视频输出制作多媒体宣传片,进一步提高项目的宣传展示效果。

8.4 VR+交通仿真

8.4.1 虚拟交通设计

交通设计是以交通现象的认识和分析为基础,以交通系统的时间资源、空间资源和资金资源为约束条件,寻求交通系统的最佳化(安全、高效、协和)的方法和技术,主要内容包括:交通规则设计、交通有序化设计、交通空间设计、交通时间设计、交通安全设计、交通景观设计等。因此,交通设计是改善城市交通、实现交通流有序化和可控性的关键技术之一。但是,随着交通设计要求的提高,如"以人为本"理念的引入、绿色交通的发展,仅用平面二维图形和符号进行交通设计已远远不能满足现代交通设计的要求。近年来,利用虚拟现实技术实现可视化的交通设计,已成为交通规划者追求的新境界。应用了虚拟现实技术的三维设计方法是目前发达国家交通设计中普遍采用的设计方法。可以说,虚拟现实技术的应用为交通设计开辟了广阔的发展空间。

道路交叉口设计。传统的交叉口设计主要停留在二维层面,虽然也能客观清晰地标出车道、停车线、导流岛及相应附属设施的位置和尺寸,但仍有许多问题不能很好地得到解决。如信号灯位置、高度的确定,视距三角形受光线、建筑物的影响等,这些问题单从平面图形上是很难加以解决的。而利用虚拟现实技术,我们可以方便地把二维图形立体化、直观化,从而大大提高设计的效率及科学性,避免施工期间的盲目性和资源浪费。

道路景观设计。随着人们生活质量的提高及环保意识的增强,人们对交通设计的要求不仅仅是传统的方便、快捷,在此基础上,如何与周围的景观协调,给人以美的享受已越来越多地受到公众的关注,这无疑也给交通工程师提出了更高的要求。虚拟现实技术使这一工作变得非常简单,交通工程师只需在传统交通设计的基础上稍加渲染,便可生成道路及周围场景的虚拟影像,设计者可以根据现场的特点随意地进行景观设计。

立交道路设计。立交道路以其冲突点少(有时甚至没有冲突),通行能力强而受到决策者和设计者的青睐,但其投资巨大、改建困难的缺点也使许多城市再三考虑。很多城市由于规划设计不当,导致了许多失败的案例。我们认为,这除了规划决策不合理外,同设计方法、工具也有很大关系,单纯的平面设计是很难全面考虑诸多因素的,如立交桥对景观的影响、立交线形对交通安全的影响等,而利用虚拟现实技术,这些问题将会得到很好的解决。

路桥设计与养护。虚拟现实技术能带动路桥设计和养护的三维化、网络化。它在公路模型三维化、实地检测、前期方案验证、路线设计指标及后期公路养护等方面发挥了重要的作用。国内有很多公路漫游系统就是利用虚拟现实技术实现了公路三维的动态实时浏览，可从不同角度、高度观察道路设计效果，对设计成果进行检查和评价。它们利用计算机改变传统的、平面的和图纸上的公路设计，实现公路的三维测设，自动地快速实现公路三维场景和环境建模，生成包括公路在内的狭长地带全线的、起伏的地面模型和公路全三维立体模型，公路立交互通三维实体模型，公路服务区辅助设施模型，公路周围绿化设施、隔离带模型及环境、灯光、天空、白云模型等，实现模拟行车状态进行动态的、交互式的、任意方向、任意角度、由鼠标进行引导的全景透视和漫游，并对若干条固定透视路线进行存储和固定路线的公路立交互通式透视漫游。

在虚拟环境中还可以预演大跨度桥梁要进行的风洞试验，大型堤坝要进行的实物试验，重要结构要进行的破坏性试验等。在桥梁和道路规划、设计、施工、养护各个阶段，都可以应用虚拟现实技术，如模拟具有真实材质感和逼真立体感的大桥、立交桥造型，观察桥梁和道路与周围环境是否匹配、协调，是否满足环保要求。体验驾车通过大桥的变视点、变角度的动态视觉，对桥梁、道路、岩土工程、隧道进行仿真和数据的采集与处理。对材料分子结构与材料受力变形、破坏的模拟分析，水下作业情况模拟等。虚拟现实技术大大增强了复杂地形地貌下道路路线优化以及对大型复杂结构在静力、动力、稳定、非线性和空间的计算分析能力，提高了路桥勘察设计的自动化程度。

8.4.2　交通规划三维信息系统

将虚拟现实技术和地理信息系统(GIS)相结合，构成虚拟地理信息系统(VRGIS)。在城市交通规划中，利用 VRGIS 技术可以完成城市道路地形图及相关信息的录入，实现空间数据和属性数据的采集，建立三维地形模型，并构建出一个与客观世界相一致的虚拟环境，以便用户能够逼真地感知它的存在。因此，VRGIS 与交通规划的结合是交通分析软件的发展方向。现阶段，国外研发的交通规划软件中，已经有软件结合了 GIS 技术，例如，TransCAD 有强大的 GIS 内核的支持，把 GIS 和交通规划技术较好地结合在一起，可以方便地对各类交通运输及相关数据进行存储、提取、分析和可视化；Cube 中的 Dynasim 模块可直接与 Cube Voyage 宏观模型衔接，可利用 GIS 作为仿真背景，以真实、美观的二维及三维动画显示结果；PTV 的软件接口设计也能够实现 GIS 系统与交通分析的有效结合。

对城市的地理环境、基础设施、自然资源、生态环境、人口分布、人文景观等各种信息进行数字化采集与存储、动态监测与处理、综合管理，构建三维道路交通模型和交通管理信息平台，通过虚拟道路环境可提供的各种服务，动态、快速、高精度、规范化地获取和存储道路交通的各种空间和属性信息，快速而方便地查询、检索和统计。一方面可以深化和完善交通管理工作，另一方面，可以实时监测城市、道路发展的动向，不断地将道路建设过程出现的各种问题以适当的形式进行信息反馈，使规划设计人员和规划决策者能及时了解道路发展并相应地快速做出反应，从而避免由于人们认识的局限性造成道路规划的失误。这种"规划—实施—监督反馈—实时调整修改—完善规划"的规划管理体系，有利于道路规划从过去的蓝图型向过程型的根本转变，以最大限度地保证设计、规划方案和评估的准确性。另外，虚拟现实技术应用于交通管理信息系统，就可以在传统的数据库查询的基础上，提供三维可视化的交通管理和维护信息,它不再仅仅是作为信息系统的一个辅助的浏览工具,而是真正地参与到交通管理信息系统的管理和控制中。

8.4.3　车辆驾驶模拟与导航

虚拟现实技术应用于汽车驾驶,即利用计算机构建用于汽车驾驶的虚拟环境和用于驾驶的车辆,产生人-车-路环境的闭环系统。在这一闭环系统中驾驶汽车,可根据车辆的行驶不断变换相应的虚拟视景、场景音效和车辆的运动仿真,使驾驶员沉浸到这一环境中,并根据虚拟环境中产生的触觉、听觉和视觉,变换相应的驾驶动作,使得虚拟驾驶车辆的位置在行驶环境中不断变化,以此产生驾驶员和虚拟环境的交互,达到训练驾驶员动作或研究人-车-路环境系统特性的目的。这种能够正确模拟汽车驾驶动作,获得实车驾驶感觉的仿真系统就是汽车虚拟驾驶系统。通过虚拟现实技术可建立与实际驾驶室相似的模拟器和具有逼真三维场景的虚拟世界,仪表显示、音响、视景、场地、天气效果、时间效果都与实际相同或相似。从而可以模拟车辆在地面行驶时的运动学和动力学行为,让使用者通过头盔、跟踪器、控制杆等设备,完成驾驶、倒车、装卸货物等任务及车辆碰撞、事故模拟。

采用浸入式虚拟现实系统,如同通过一个真实的窗口看到外部世界一样,具有逼真性和实时性。集成空间立体视觉模拟、环境声音模拟、真实触觉和身体震感模拟为一体的虚拟现实汽车驾驶训练系统,是一种既节省资源和空间,又能够安全、有效地掌握汽车驾驶技术的训练装置。可以减少教学训练占地,节约基础投资,节约能源,减少环境污染,模拟训练不受天气、场地和时间的限制。更重要的是,利用模拟训练装置可以完成实车难以实现的安全训练科目,如会车、碰撞、处理紧急情况等。还可以应用于停车场、加油站、公路规费的征收、车辆的年审检测等交通管理的综合一体化服务。同时将该模拟驾驶全景与地图结合,用于汽车实景导航系统,便于驾驶员更方便、直观地使用导航系统(图8-6)。

图8-6　增强现实辅助驾驶

在人-车-路环境整个运行系统中,汽车驾驶员是影响行车安全的首要因素,而道路条件及环境反映给驾驶员的信息又对驾驶员安全感有着非常重要的影响。因此,对不同等级道路条件下驾驶员的道路安全感的评价研究对道路交通的安全性研究有重要的意义。研究表明,在现实的道路环境中进行试验或者建立物理模型需要花费大量的人力物力,因此,利用虚拟现实技术将真实的道路线形、路面状况和交通环境通过计算机仿真出来,为驾驶员安全感评价研究提供经济又可行的高科技手段,将对道路交通安全相关的研究有重要的实践意义。

8.4.4　交通事故模拟与再现

汽车交通事故是当今全球性公害之一,而我国又是交通事故最严重的国家之一。交通事故在瞬间完成,许多细节无从知道,而且极易造成错觉的特点,决定了交通事故处理比较困难。公正、客观、严密地查明交通事故真相,分析事故原因,认定事故责任,在公安交通事故处理中极为重要。

目前交通事故现场勘查比较先进的手段是用全站仪进行现场测量和比例图的绘制,效率有了一定的提高。但是和摄影测量(图像测距)技术相比,在现场的测量速度方面仍有很大差距。图像测距相关理论与技术是虚拟现实的基础,把虚拟现实中的图像测距技术应用到交通事故快速处理中,进而可实现一个基于虚拟现实的交通事故三维模拟系统。

将图像测距技术应用在交通事故中,能够有效缩短事故现场的测量时间,提高现场处理速度,尽快恢复正常的交通秩序,减少二次事故的可能性。同时,图像测距的结果可以直接应用于事故再现。基于图像测距技术模拟交通事故发生的全过程,进而分析事故形成的原因、客观公正地处理交通事故,既可极大地提高交通事故的现场处理速度,确保道路畅通,又可提高交通事故处理的工作质量。

许多国家相继研究出了用于事故再现的应用软件,如美国国家道路交通安全局(NHTSA)资助开发了大型事故再现软件系统 SMAC 和 CRASH,奥地利开发了 PC CRASH,HVOSM,IMPAC 等,这些系统一直在不断地完善发展中。国内也已经开始了探索汽车碰撞事故的计算机模拟研究。清华大学汽车研究所与云南省道路交通管理科学技术研究所合作开发了道路交通事故再现分析系统,取得了一定的成果。但是我国在这个领域的研究还处于发展阶段,事故数据处理和计算机模拟研究的基础较薄弱,有待进一步发展和改进。

8.4.5　交通系统仿真

交通系统仿真是 20 世纪 60 年代以来,随着计算机技术的进步而发展起来的采用计算机数字模型来反映复杂道路交通现象的交通分析技术与方法,是用仿真技术来研究交通行为,对交通运动随时间和空间的变化进行跟踪描述的技术。它可以对交通流、交通事故等各种交通现象进行动态逼真的仿真,对交通流的时空变化进行重现,对车辆、车道、驾驶员、行人及交通特征进行深入的分析,对道路设计和规划提供技术支持和依据,而且可以比较和评价各种交通参数,对现有系统或未来系统的交通运行状况进行再现或预先把握,从而对复杂的交通现象进行解释、分析、找出问题的症结,最终对所研究的交通系统进行优化。

例如,"北京市道路交通流仿真预测预报系统"项目利用虚拟现实技术真实地再现了三维道路交通流状况,可视化由三维建模工具 Creator 和视景仿真引擎 Vega Prime 来实现。

此城市道路交通流仿真原型系统软件可以应用于小路网交通管理方案分析与评价、信号控制策略分析、道路交通设施改扩建试试效果评价。北京邮电大学开展了基于虚拟现实的交通场景三维实时仿真平台的研究,长安大学进行了基于虚拟现实技术的隧道视景仿真系统研究,这些都取得了较好的成果,而且应用到智能交通建设中,为虚拟现实技术应用于交通领域提供了参考。

(1) 微观交通仿真

微观仿真模型以单个车辆为描述对象,以跟车模型为基础,追踪每辆车的运动过程。在微观模型中,每辆车的位置和当前速度是很重要的参数,在交通网络环境中单个"驾驶员—车辆元素"的动态变化是微观模型的考察重点。较早的微观仿真模型是距离模型,它是由Gazis 提出的,可以近似地研究车辆的移动行为、单个驾驶员的心理决策以及人的生理感受过程,还可以用来仿真和评估由交通车辆产生的环境问题,如二氧化硫、二氧化碳的排放量,拥挤时间与噪声等。

随着 20 世纪 90 年代中后期计算机性能的提升和虚拟现实技术的发展,微观交通仿真在交通仿真技术中的应用得到了长足的发展,如美国内布拉斯加大学的研究人员,为了研究公路两侧交通工程设施的安全性,建立了"人-车-路(环境)"仿真模型、汽车对路侧安全设施的碰撞模型并进行了仿真实验,该系统有着较完善的仿真实验方案和仿真评价策略,其重点在于路侧安全设施的改善。因此对公路护栏、边坡、边沟等设计有一定的指导作用。由苏格兰 Quadstone 公司开发的 Paramics 微观仿真软件,已迈出了向三维仿真前进的第一步。2000 年后,交通环境的三维可视化的开发与实现已经成为交通仿真的一个重要的研究方向。与国外相比,国内在道路交通系统三维仿真方面的研究起步较晚,同济大学、东南大学、北京工业大学、哈尔滨工业大学等一批重点院校在交通仿真方面开始了持续并有成效的研究。同济大学的邹智军、杨东援开发的 TESS 软件,浙江大学的王晓薇、李平研究了城区混合交通流仿真系统的人机界面,同济大学的钟邦秀、杨晓光建立了面向对象微观交通仿真系统,清华大学的娄明、张毅研究了基于 Java3D 技术的虚拟车辆仿真系统,北京工业大学的荣建、向怀坤、冯天科等开展了基于 GIS 的城市快速路交通仿真模型研究等。但由于我国相关软件开发与国外还有相当差距,国内软件并没有得到推广。目前,国内交通行业仍以引进国外交通仿真软件为主,应用较广的软件主要有英国 Quadstone 公司开发的 Paramics、德国 PTV 公司的 Vissim、美国 Caliper 公司的 TransModeler 等。

(2) 行人仿真

中国的城市交通以非机动车和机动车的混合交通流为主要特征,行人干扰现象严重。所以,对行人进行仿真研究具有重要意义。与机动车模拟仿真研究相比,由于行人运动更加复杂的缘故,对于行人运动仿真的研究起步较晚。现在流行的行人仿真软件大都为国外开发的软件,如 Keith Still 教授在 1996 年开发的 Legion 仿真系统;英国合乐(Halcrow)公司开发的 PAXPORT 仿真系统;荷兰 Delft 理工大学开发的 NOMAD 仿真系统;ANSYS公司开发的 STEPS 仿真系统等。国内面临的交通流问题是混合交通流,行人、自行车、机动车在交通流里缺一不可,但国外研究机构从未面对如此复杂的课题,于是他们的微观交通仿真软件绝大多数没有行人和自行车仿真功能,即使有,也只是改动了机动车的模型参数,仿真效果并不精确。值得一提的是,由德国 PTV 公司开发的 VISSIM 微观仿真软件已在它的

VISSIM5.1 版本中加入基于社会力模型行人仿真模块,可实现行人和车辆的动态交互行为,很大程度提升了仿真的准确性。Legion 和 VISSIM 的行人模块支持三维图形效果,被业界较为广泛地使用。

(3) 交通标志标线仿真

我国交通基础设施建设的快速发展、立体交通模式和路网结构的形成及其复杂性对道路交通标志的功能提出了更高的要求。在道路交通标志标线的设计、设置中应满足驾驶员在极短时间内易于辨别道路交通标志标线的要求,即满足道路交通标志标线视认性的要求。目前,道路交通标志标线视认性测试方法有实验室内静态测试与实车场地动态测试两种。静态测试是在实验室内或现场设置道路交通标志标线,由实验人员判别道路交通标志线的视认性,实验过程简单易行,但测试结果不能反映车辆运行状态对道路交通标志标线视认性的影响。动态测试是通过在车辆运行状态下判别道路交通标志标线的视认性,测试结果比较符合实际状况,但测试过程只能在典型道路环境下进行,不能涵盖其他道路环境对道路交通标志与标线的影响,且测试过程工作繁重。因此,运用高新技术开发道路交通标志标线视认性测试系统,模拟各种动态道路环境,并进行视认性评价方法的研究,是非常有意义的。

应用虚拟现实技术的交通标志仿真系统的开发与研究受到越来越广泛的关注,这类仿真系统依照实际的交通设施设计方法设计,从人机工效学的角度,实现人、车、路三维互动建模仿真,尽可能逼真地重现现实,以保证虚拟世界最基本的沉浸感。模拟各种动态道路环境对交通标志的识认性及其设置的有效性并进行综合评价,从而达到了优化交通标志设计方案、提高道路安全运营和节约试验费用的目的。目前国内外交通工程领域对交通标志的研究大多还局限在对外观尺寸、颜色搭配、信息表述形式以及设施结构等方面,道路设计行业使用的交通标识标线设计模块也都停留在平面图形库水平。利用虚拟仿真系统设计交通标志的研究尚处于起步阶段,我国已经有部分科研单位和大专院校开展了相关研究,如武汉理工大学 ITS 研究中心设计了基于半物理模型汽车模拟器的道路交通标志标线虚拟测试系统,交通部公路科学研究院等研究并开发了道路交通标志三维虚拟仿真评价系统,长安大学开发了基于真实环境的交通标志仿真试验系统等。

应用虚拟现实技术进行城市道路及周围环境、交通流量虚拟,分析其合理性,模拟城市交通堵塞,可以根据车辆和行人的交通流量自动调节通行时间。此外,虚拟现实技术还可与交通运输管理系统相结合,可应用到城市公共交通 GPS 管理系统、城市公共交通安全管理系统、公路路政管理等方面,进行重点部位监视,成为交通系统内部的业务流程系统,为交通运输信息化管理建立更直观、有效的虚拟交通仿真系统管理模式。

8.5　VR＋旅游休闲

8.5.1　虚拟旅游应用方式

虚拟旅游是在现实旅游基础上充分应用虚拟现实技术,通过模拟或还原现实中的旅游景区构建虚拟旅游环境,向旅游者提供虚拟体验的旅游形式。虚拟旅游可细致、逼真、生动地再现旅游景点的风光风貌,带来虚拟导游、地图导航、酒店预订、社区、虚拟古迹等方面切实可观的效益,提供数字化保护虚拟现实技术重现历史遗迹,可应用于国家大型景区构建,推动旅游业进一步向高新技术发展。

虚拟现实技术在旅游行业中的最初应用,开始于一些桌面虚拟现实游戏,这些桌面虚拟现实游戏虽然还不是完全投入式的,但也有较好的交互性,游戏者可以以第一人称的身份进行游戏,进入虚拟环境,并参与其中。"旅行者计划"是PrestoStudios开发的一种时间旅行游戏,游戏者通过虚拟现实技术系统所提供的人机对话工具,可以实现在虚拟环境中的旅行。"神秘"是Broderbund开发的另一种旅行游戏,该游戏设置了一个名为乌托邦的虚拟国家,该国有着数不清的建筑奇迹,隐藏在神秘的地方,游戏者通过人机对话接口进入该国,不仅会有各种离奇的经历,而且必须竭力发现秘密入口。这些虚拟旅游游戏,不仅使得参与者得到各种不同的个人经历、体验,而且还能从该虚拟环境中饱览美丽的山水风光和人文景观,给虚拟旅游者以无穷美的享受。当然,这些桌面虚拟现实旅游并不是真正完全意义上虚拟现实技术在旅游中的应用,但这些却为虚拟现实技术在旅游中的应用提供了极为有益的、富有启发性的思路。概括而言,虚拟现实技术在旅游中应用所导致产生的虚拟旅游可有如下几种方式:

① 虚拟旅游是针对现有旅游景观的虚拟旅游,通过这种方式的虚拟旅游,不仅可以起到预先宣传、扩大影响力和吸引游客的作用,而且能够在一定程度上满足一些没有到过该旅游景点或是没有能力到该旅游景点的游客的游览和审美的需求,如故宫虚拟旅游、黄山虚拟旅游、西安古城墙虚拟旅游、异国风情游等。

② 虚拟旅游是针对现在已经不存在的旅游景观或是即将不复存在的旅游景观而展开的,对于重现这些旅游景观,在它们已不复存在的岁月里,来满足一些人们某种好奇的心理,甚至给人们怀旧心理以某种程度上的抚慰,有着十分有益的作用。例如,对于原三峡风景区的虚拟旅游,利用原先所有的遥感影像数据和实测数据建成地形地貌模型库,再复合以人文景观信息,这样不仅能够在三峡坝区建成之后,通过虚拟现实技术使得原有雄壮美丽的库区自然、人文景观得以另一种方式保存,而且使后人能够在其已不复存在的岁月里,通过虚拟旅游的方式重新游览这一奇异旅游景观,去亲身认识瞿塘峡的雄壮、巫峡的秀丽、西陵峡的险要,去亲身体验"两岸猿声啼不住,轻舟已过万重山"的美好感觉。

③ 虚拟旅游是针对规划建设的旅游景点和正在建设但尚未建成的旅游景点而言的,这种方式的虚拟旅游同第一种方式的虚拟旅游一样,主要是起到一种先期宣传和吸引游客的作用,待这些景点建成后,再正式接待游客的游览观光。

④ 虚拟旅游是针对目前人类还不太可能达到的地方而言的,如到达月球的太空旅游以及探测火星的星际旅游等等。

对于上述四种虚拟旅游方式,无论对哪一种方式,首先要做的基础工作都是建设旅游景观对象的模型库和数据库,在此基础上通过虚拟现实技术系统的人机接口,使得参与者有一种身临其境的感受。

8.5.2 虚拟旅游产业特点

依托于虚拟现实技术和互联网信息技术发展起来的虚拟旅游,是旅游业的一次科技革命,目前主要应用于旅游景区、饭店及会展的营销,最大限度地拉近旅游者与旅游目的地之

间的距离,进而推动旅游业的快速发展。目前,虚拟旅游产业具有如下特点:

① 虚拟现实游戏架构下的国际化产业。基于虚拟现实游戏中三维网络虚拟现实技术的快速发展,国外虚拟旅游产业也获得了生机。一些国家的旅游部门,如爱尔兰旅游局、菲律宾旅游局,以及相当多的著名旅游公司,如 STA Travel、Starwood、Hyatt 等均在 Second Life、OpenSim、Project Wonderland 等虚拟现实游戏中开发了虚拟旅游市场,吸引游客将其作为旅游目的地。截至 2015 年底,全球旅游网上交易共达 130 亿美元,而且其增长速度甚至高于 IT 行业,更多应用案例如表 8-2 所示。

表 8-2　VR＋旅游应用案例

应用名称	应用企业	应用内容
美丽中国	全景客虚拟旅游网络公司	黄果树瀑布和青岩古镇 360°全景虚拟旅游,大屏幕实时显示景区旅游数据变化,如游客人数、游客性别、客源地,以及拥堵指数、天气舒适指数等
VR 旅行体验空间	赞那度	360°虚拟现实旅行展示全球精选顶级酒店、目的地和体验活动,和高端旅行的定制和选购、数字销售终端、手机应用、电商平台和社交媒体无缝整合
VR 观展模式	首都博物馆	佩戴 VR 头盔可以近距离走进商代墓穴,切身感受考古、挖掘、整理的全过程
自驾游创意体验房	如家酒店	提供给入住宾客 VR 眼镜,让客人在酒店内体验到 36 条自驾游精品线路
绝妙旅行	万豪	在酒店里设立传送点,内置 Oculus Rift 头盔,360°体验海边散步

② 增强交互性以及二维与三维技术相结合。其中,增强交互性包括设置化身亲身参与,通过设置参观景点建构实时更新的虚拟模型,用户可以通过自己制定并采集的二维图像进行三维建模,将二维图像与三维模型重合,给人以更直观的形象,大大增强沉浸感与交互性,实现了属性查询、导航信息、地物查询、立体影像等丰富的功能。

③ 与旅游大数据结合的体验型虚拟旅游产业。国内虚拟旅游已经开始注重购物、娱乐、饮食、住宿等出行要素与虚拟旅游的结合。在 2015 年的世界互联网大会上,中国联通、国家旅游局和全景客公司共同推出"旅游大数据指数＋虚拟旅游体验"项目,将黄果树景区旅游实时数据的变化,如游客人数、游客性别、客源地、拥堵指数、天气舒适指数等与无人机拍摄的黄果树瀑布和青岩古镇 360°全景图相结合。

总体上,国内虚拟旅游产业刚刚起步,具有巨大的发展空间。技术方面,国内虚拟旅游的发展主要依赖于虚拟旅游网站的建设,但虚拟旅游系统远未达到高度逼真和实时漫游的水平,主要是将全景图技术嵌入二维电子地图、三维造型与三维电子地图开发,还不能够进行现实内容的完整虚拟表达,真三维仿真与沉浸式交互技术仍有待进一步开发与应用。

8.5.3　虚拟旅游典型应用

① 旅游景区全景规划与仿真。将虚拟现实引入景区全景规划中,可以创造出所开发景

区的真实三维画面,以便审批者审视未来的景区,确保景区美学意义上的和谐和顺利运营运作。应用虚拟现实技术无须规划方案的真正实施,就能先期检验该规划方案的实施效果,并可以反复修改以确定最终实施方案,规避景区开发投资的风险。如果是已经有的景区,虚拟现实技术可以制作仿真景区,完全真实地模拟景区的情况,并增加特殊效果,让景区看起来更完美。

② 导游专业仿真实训室。导游专业仿真实训室又被称为旅游教学导游培训系统,可以将客户提供的旅游景点虚拟数据全部集成到播放平台,利用虚拟现实培训平台,导游人员、旅游管理人员不用花费大量时间、精力,就可以通过旅游实训信息系统平台随意浏览旅游景点,通过文字、图片、影片介绍,学习景区、景点、景观的历史、文化知识,为日后社会实践做好准备。

③ 虚拟旅游体验中心。虚拟旅游体验中心巧妙地将音响设计同旅游景点相结合,通过全套3D播放设备,更能增强观影者的视听享受。每年3D技术与创意博览会期间,都免费提供国内外独家授权的各种3D影片。而4D影院120°环幕随时播放着精美的智慧旅游各景区未来展示规划3D影片,坐在舒服的靠背椅里,戴上3D眼镜,随着场景的不断变化,座椅或左右摇摆、或喷水喷气,观众们可以时而漫步于风景名区,时而穿梭在古迹中,时而徜徉于老城镇韵味的古巷之中,时而穿越到尚在规划中的风景区之中。

④ 网络虚拟旅游平台。利用360°图片拍摄、360°摄影及以3D制图技术,开发景区网络虚拟旅游和旅游游戏软件,旅游者可以在旅游信息网上对景区进行游览。通过旅游游戏,旅游者可体验到深层次的旅游文化内涵。网络虚拟导游导览系统的音乐解说效果和视觉的逼真度将让旅游者充分感受3D智慧旅游带来的快感。应用虚拟现实技术可为旅游景区的管理方制作三维景区推广方案,让景区在互联网上发布,人们可以网上浏览虚拟景区,让更多的人认识和发现景区。

⑤ 城市智慧旅游精细化管理。虚拟现实技术有助于城市智慧旅游精细化管理,首先,能为我们的城市智慧旅游建设与管理创造一个虚拟空间,以三维仿真方式再现现有城市旅游景点,提供未来城市旅游镜像,承载大量社会经济信息,从而实现对城市旅游的智能化管理。

8.6　VR+医疗健康

虚拟现实技术在医疗健康领域广泛应用于医学教学、疾病诊断、手术模拟、康复医疗、远程医疗等方面,包括虚拟人体与虚拟解剖、虚拟手术模拟、虚拟医院、远程手术、康复训练和药物开发等典型应用。

8.6.1　虚拟人体

虚拟人体是指通过先进的信息技术和生物技术相结合的方式,把人体形态学、物理学和生物学等方面的信息,通过大型计算机处理而实现数字化虚拟人体,可代替真实人体进行基础实验研究的技术平台。它是人体从微观到宏观结构与机能的数字化、可视化,通过完整地描述人体的基因、蛋白质、细胞、组织以及器官的形态与功能,最终达到对人体信息进行整体精确的模拟。

  虚拟人、虚拟人体图谱及虚拟人体器官,其作用除了作为辅助医学教学外,更重要的是在对患者实施复杂手术前,外科医师可以先在一具虚拟人体上进行练习,并借助虚拟环境信息进行手术计划、方案的制定等。虚拟人体数据包含有丰富的图像信息,可为介入诊断和介入治疗提供虚拟现实技术的应用环境。这种技术已广泛应用到如结肠、耳部、食道—支气管手术以及其他各种手术中。总之,虚拟人体是一个跨学科、崭新的高科技领域,可为医学研究、教学与临床提供形象而真实的模型,为疾病诊断、新药和新医疗手段的开发提供参考。此外,VR 可以模拟各种不同的疾病和系统病状,提高诊断和治疗水平。

  虚拟人体解剖将成为以计算机辅助医学为支撑的现代临床诊断和治疗手段的重要内容。它可在显示人体组织器官解剖结构的同时显示其断面解剖结构,并可以任意旋转,提供器官或结构在人体空间中的准确定位、三维测量数据和立体图像。例如,德国在 20 世纪 90年代初用人体切片重构为数字人体,逼真地重现了人体解剖现场。德国汉堡大学 Eppendorf医院构造了一套人体虚拟现实系统,训练者戴上数字头盔就可以进行模拟解剖。美国芝加哥大学建造了一套完整的人体虚拟解剖系统,医生利用在虚拟的组织和器官间的模拟操作感受触觉反馈,更快地掌握手术要领和解剖技术。继美国、德国之后,我国也在 2003 年由广州第一军医大学完成了第一套虚拟中国女性人体数据集的获取,并将数据交由首都医科大学图像实验室进行图像处理和三维可视化的工作。通过虚拟现实系统,可以直观地显示组织、器官、肌肉、血管、神经等的系统解剖、局部解剖及断层解剖结构,并且可以通过测量、旋转与解剖等操作更加形象、逼真地了解人体各解剖结构的内部构造与功能。

8.6.2 虚拟手术

  虚拟手术(Virtual Surgery)系统是专门用来对手术全过程进行仿真的虚拟现实应用系统,主要包括虚拟建模、医学数据的可视化、人体组织器官的应力形变仿真、传感与反馈、高速图形显示与图像处理等几部分。其中,虚拟建模包含虚拟环境的建模及虚拟人体组织、器官甚至供血等的建模。医学数据的可视化是将 CT、MRI 及 PET 等得到的二维断层数字影像经过图像处理转变为三维立体模型,并可进行多视角显示,辅助医生对病灶及周围组织器官进行分析。输入设备在使用自由度和空间活动范围上都尽量模拟真实的手术器械,能够实时捕捉操作者的动作并通过传感设备向计算机系统报告,计算机便会检测虚拟手术器械与研究对象模型间的碰撞,并在符合切割的条件下进行模型分裂,计算其形变,通过反馈装置将组织器官血供等形变的反作用力实时反馈给操作者以实时掌握操作进度及进行下一步操作。与此同时,系统实时获得组织器官血供等几何形状及物体性能的改变,进行真实感的图形绘制并高速显示出来,为操作者提高视觉反馈。

  虚拟手术模拟主要用于复杂手术过程的规划、演练及预测,指导手术的进行。目前主要应用领域为神经外科、眼外科、心脏外科、整形外科、腹腔手术等方面。广大实习医生、专科学生可以在计算机产生的三维虚拟手术环境中,利用虚拟手术器械进行相关虚拟手术操作,反复练习某项操作,也可以演练不同策略的手术流程,还包括应对各种突发情况、避免手术失误、缩短培训时间、节约培训费用、降低手术风险、减少病人损伤、提高手术成功率、最大限度地降低医院耗材及病人痛苦与住院费用等等。清华大学研制了一个计算机辅助立体定向神经外科手术系统,该系统利用患者脑部的扫描数据重构患者脑部的三维组织结构,为医师调整及确定手术规划提供参考。新西兰与美国等国家开发的遥控操作显微外科机器人系统,初步实现了眼科手术仿真原形系统,可在术前进行模拟手术,制定手术方案。澳大利亚也研制出一种虚拟手术系统,医师在使用它时,感觉就像真实地给患者动手术,手术器械进入肌肉组织、碰到骨头等感觉非常逼真,这种虚拟手术系统称为"触感手术台"。医师只需对虚拟患者的模型进行手术,通过高速宽带网络将医师的动作传递到网络另一端的手术机,由机器人对患者进行手术。

机器人辅助手术(Robot Assistant Surgery,RAS)系统,通常被用于微创手术精确定位,同时也应用于外科手术规划模拟、教学训练、遥控操作、辅助导航等方面。与医生操作相比,机器人有很多提高手术质量和安全的特点:可以精确完成 6 自由度的三维空间定位、具有极高的重复操作精度、不会抖动、不会疲劳、不怕辐射、能融合多种传感器信息等,现在已经被广泛地应用于神经外科、骨科、整形外科、心脏外科、牙科等科室。机器人辅助手术系统的工作流程如下:

① 采集感兴趣区域的影像信息。为了定位,首先将病人感兴趣部位固定,在其体表粘贴四个固定体外标记点,然后采集该部位相应 CT、MRI 及 PET 的连续断层薄层二维影像信息送交服务器存储。

② 虚拟建模。首先,利用三维建模软件对虚拟环境及在其中执行操作的机器人进行建模。其次,对病人的感兴趣区域进行建模,将获得的 CT、MRI 及 PET 的连续断层二维影像数据先进行滤波、图像增强等预处理后,利用 ITK 对图像进行分割与配准,再利用一定的模型获得该组图像序列的立体数据空间,简称为图像空间,这是医生的手术路径规划空间。

③ 空间注册。在感兴趣区域体表周围粘贴的四个体外标记点可以在扫描数据中识别出来,其在图像空间的坐标位置也可以获得,进而可以得到图像空间与病人空间的映射关系。将病人感兴趣部位固定,操纵机器人依次在病人感兴趣部位接触四个标记点,可以得到这四个标记点在机器人空间的位置坐标,进而得到病人空间与机器人空间的映射关系。将两个映射关系进行合并、求解,便可以得到机器人空间与图像空间的映射关系。这样就可以将图像空间中规划的手术路径转换到机器人坐标系中来。

④ 制定手术方案。根据各种辅助诊断及医生确诊结果,在图像空间确定病灶位置、大小、体积及毗邻关系,设定最佳手术路径并将其转换为机器人可以执行的运动姿态。注意,手术路径的选择应符合最小损伤原则。

⑤ 手术操作。操控机器人的机械臂,使其准确无误地完成手术规划姿态。按照空间定位映射关系,将机器人运行至实际手术位置,再由医生操控手术操作。

8.6.3 康复训练

虚拟现实技术应用到康复训练领域,一方面为患者提供一个生动、逼真的游戏式康复训练环境,患者能够成为虚拟环境的一名参与者,在虚拟环境中扮演一个角色,使得患者的主动性、积极性、趣味性大大增加。另一方面通过传感与反馈装置,使患者所使用的器械与虚拟环境相拟合并在电脑屏幕上显示出来,患者每次训练动作完成之后,虚拟康复训练系统都会对本次训练结果进行反馈显示,使患者及时了解自己目前的情况,这样患者的机能就能在愉快的反馈式训练中得到及时恢复与最大恢复。

同时还可以通过虚拟现实技术对患者进行心理治疗,不断地给患者以正确的心理暗示和鼓励,相信这将对患者机能的恢复起到事半功倍的效果。大量研究结果表明,患者能够在虚拟环境中学会练习的运动技能,并且能够将学会的运动技能迁移到现实世界中使用,使得患者能够在真实世界中自主地生活、学习与工作。目前,虚拟现实技术已经被广泛应用于康复治疗的各个方面,在注意力缺陷、空间感知障碍及记忆障碍等的认知康复,在焦虑、抑郁、恐怖等情绪障碍和其他精神疾病的精神康复,在运动平衡协调性差和舞蹈症等运动障碍的康复等领域都已经取得了很好的康复疗效。

康复医疗是把患者置于不适合他的正常环境中,以便对其疾病做出准确的评估和治疗,并且帮助患者重建机能。美国加州的洛马琳达大学研制的"神经康复工作站"是一个应用压力传感器、生物传感器及具有数据手套和视线跟踪系统的可视化工作站,可用于诊断先天性引起的身体缺陷,并针对患者缺乏运动的现象,让其沉浸在与真实世界的物理规律不尽相同的虚拟现实之中,从而有助于恢复患者的感觉。虚拟现实环境可以为疾病造成的生活技能缺失的患者提供安全、熟悉的训练计划,美国开发了一套用于运动障碍辅助治疗的 VII 远程康复系统,患者可在家中进行游戏式的康复练习,控制中心可实时监测患者的训练过程。清华大学也研制了一种 VR 康复车,集心理治疗和康复训练于一体,能显著加快康复进程。

8.6.4 远程医疗

远程医疗将虚拟现实技术与网络技术相结合,本地的医护人员可以获得异地医院健康护理等方面的先进技术及相关疾病治疗的最新动态。如果需要,借助机器人技术的发展,医生可以通过遥控手段实施远程手术。

在远程医疗中采用虚拟现实技术,患者在网络终端和医生进行连接后可以通过各种传感器将信息传递给医生,这些信息包括脉搏、血压、心电图、CT 图像等各种生理、病理参数都反映在医生面前的虚拟病人身上,医生根据传来的现场影像通过输入设备对虚拟病人模型进行手术操作,再通过高速网络将医生的动作传送至网络另一端的手术机器人,由手术机器人对真正的病人实施手术操作,而手术的实际进展图像通过机器人摄像机实时地传给医生的头盔立体显示器,并将其与虚拟病人模型进行叠加,以便医生实时掌握手术的进展并发出下一步手术指令,远程操控网络另一端的手术机器人进行相关操作。

通过数据的共享还可以实现专家会诊。多个医生将自己的诊断存储到电子数据库中,在虚拟空间中专家诊断系统会对这些数据做出相应的反应,可以实时地进行多方面的专家会诊。

目前,新西兰与美国等国家开发的遥控操作显微外科机器人系统,可以控制机器人完成精密的动作,初步实现了眼外科手术仿真原型系统,可以在手术前进行模拟手术,制定手术方案。做显微外科手术时,可用 VR 系统把手术部位放大,医师可按放大后的常规手术动作幅度操作。同时,VR 系统又把医师的这种常规幅度的手术动作缩小为显微手术机械手的细微动作,大大降低了显微外科的难度。远程外科手术是 VR 技术在医学上的一个重要应用,其最初目的是能够让医师在一个地球基站中对太空中的某个宇航员进行手术,美国斯坦福国际研究院已研制了一套远程手术实验系统。

8.6.5　虚拟医院

虚拟医院(Virtual Hospital)是以计算机多媒体技术、虚拟现实技术为基础,利用计算机网络提供的远程数据通信,连接了大容量多媒体医学数据库,并且它和医院的管理信息系统内部网络相结合,实现大容量的多媒体医学数据资源共享,以诊疗疾病为基本目的的数字化、电子化多功能实验室构建,在网络上提供看病求医等功能的网上医院。

美国的爱德华大学研究了以医院科室环境为基础的多媒体知识库,医生可以从中找到临床特殊问题的答案,也可以选择有声音和图像的虚拟病历,进行虚拟的临床实践。国内从1995 年开始建设"金卫工程",有近 100 家大型医院和近 2 000 名著名专家医生加入网络,已经有 400 多病例得到了诊治,该网络可以传输图像、数据、语音,主要采用卫星专用通信网VSAT 和 ChinaDDN 两种通信的通道,它覆盖全国医院和医疗机构,可以实现医学资料的共享,其构成包括骨干网与各医院的内部智能网。已经建立使用的虚拟医疗中心有虚拟牙科中心、虚拟护理中心、虚拟药学中心、虚拟医疗中心。

虚拟医院的主要功能有:首先,它可以开展医学知识教育。它既可以针对病人提供医学基础知识普及教育,同时还可以对专业医师提供专业培训及指导。其次,可以实现预约业务功能,如门诊预约、病房预约等。这方便了病患的就医流程,也提高了医院的工作效率。再者,可以实现咨询业务功能,主要包括门诊咨询、科室咨询、专家介绍、咨询顾问等。通过这一系列咨询服务项目,可以有效地建立一座医生和患者间的桥梁。最后,虚拟医院还能向广大患者提供新药特药的产品信息,同时还能提供医院指南及医院的各种医疗设备的详尽介绍,以及各医院的人员技术水平情况等,进一步延伸了实体医院扩大的服务内容。

8.7　VR+艺术娱乐

虚拟现实在文化艺术领域的应用主要包括通过数字手段进行文物古迹复原、文物和艺术品展示,提供虚拟场景进行雕塑、立体绘画等艺术创作,以及作为一种新型工具来进行建筑设计、汽车设计和室内设计。作为传输显示信息的媒体和新型设计工具,虚拟现实可以将艺术动态化,将设计者构思变成看得见的虚拟物体和环境,将不复存在的文物进行复原展示,并大幅提高表现能力,为文化艺术发展带来无限想象空间。

利用虚拟现实技术,结合网络技术,可以将文物古迹的展示、保护提高到一个崭新的高度。首先表现在将文物实体通过影像数据采集手段,建立起实物三维或模型数据库,保存文物原有的各项型式数据和空间关系等重要资源,实现濒危文物资源的科学、高精度和永久的保存。其次利用这些技术来提高文物修复的精度和预先判断、选取将要采用的保护手段,同时可以缩短修复工期。通过计算机网络来整合统一大范围内的文物资源,并且通过网络在大范围内来利用虚拟技术更加全面、生动、逼真地展示文物,从而使文物脱离地域限制,实现资源共享,真正成为全人类可以"拥有"的文化遗产。

以北京圆明园景区为例,现今只剩下残垣断壁的废墟遗址,除了凭吊历史,几乎无任何旅游价值,但应用虚拟现实技术完全可以在虚拟世界中再现圆明园当年的风貌。"再现圆明园"软件由清华大学负责技术研发,通过建立圆明园数字模型,再叠加到现存遗址上,完成了三维模型制作,形成移动导览系统。游客可以在景区中实现实时定位和自动导航等功能,重现了景区的立体环境和再造场景,复原出圆明园在被烧毁前的全貌,让国内外的游客叹为观止。

"超越时空的紫禁城"作为中国第一个在互联网上展现重要历史文化景点的虚拟世界,是由IBM公司和故宫博物院联合开发的项目。"超越时空的紫禁城"在3D虚拟世界初步再现了中国这座满载文化瑰宝的建筑博物馆,使得任何人都能够通过互联网游览虚拟的紫禁城,如身临其境般地体验中国古代建筑的辉煌,享受游览博物馆的乐趣。

近年来,由于虚拟现实技术在影视娱乐业的广泛应用,应用虚拟现实技术能构建第一现场9DVR体验馆。第一现场9DVR体验馆自建成以来,在影视娱乐市场中的影响力非常大,此体验馆可以让观影者体会到置身于真实场景之中的感觉,让体验者沉浸在影片所创造的虚拟环境之中。同时,虚拟现实技术在游戏领域也得到了快速发展。虚拟现实技术利用电脑产生三维虚拟空间,而三维游戏刚好是建立在此技术之上的,三维游戏几乎包含了虚拟现实的全部技术,使得游戏在保持实时性和交互性的同时,也大幅提升了游戏的真实感。

① 虚拟演播室。随着计算机网络和三维图形图像技术的发展,电视节目制作方式发生了很大的变化。视觉和听觉效果以及人类的思维都可以靠虚拟现实技术来实现,它升华了人类的逻辑思维。虚拟演播系统的主要优点是它能够更有效地传递新闻信息,增强信息的感染力和交互性。虚拟演播系统制作的布景是合乎比例的立体设计,当摄像机移动时,虚拟的布景与前景画面都会出现相应的变化,从而增加了节目的真实感。用虚拟场景在很多方面成本效益显著,如它具有及时更换场景的能力,在演播室布景制作中节约经费。对于同一节目可以不用同一演播室,因为背景可以存入磁盘。它可以充分发挥创作人员的艺术创造力与想象力,利用现有的多种三维动画软件,创作出高质量的背景。

② 三维虚拟游戏。三维游戏为虚拟现实技术的快速发展起了巨大的需求牵引作用。尽管存在众多的技术难题,虚拟现实技术在竞争激烈的游戏市场中还是得到了越来越多的重视和应用。可以说,电脑游戏自产生以来,一直都在朝着虚拟现实的方向发展,虚拟现实技术发展的最终目标已经成为三维游戏工作者的崇高追求。从最初的文字MUD游戏,到二维游戏、三维游戏,再到网络三维游戏,游戏在保持实时性和交互性的同时,其逼真度和沉浸感正在一步步地提高和加强。随着三维游戏开发技术的快速发展和计算机硬件技术的不断进步,真正意义上的虚拟现实游戏必将为人类娱乐、教育和经济发展做出新的重要贡献。

8.8 VR+产品营销

虚拟现实网络三维交互功能可以将有形的实物产品的三维模型放在网上进行虚拟展示,还能嵌入相应音频和视频等多媒体元素,用户可以对虚拟场景中的物品进行实时的交互操作,如虚拟大型商场、在线试衣、打开电视和播放音乐等等。网络虚拟展示系统让用户有了浏览的自主感,可以以自己想看的角度去观察,还可以添加许多特效和互动操作,让用户体验身临其境上网冲浪的美妙感觉。

对企业和电子商务三维的表现形式而言,网络虚拟展示系统能够全方位地展现一个物体,具有二维平面图形不可比拟的优势。企业将他们的产品发布成网上三维的形式,能够展现出产品外形的方方面面,加上互动操作,演示产品的功能和使用操作,充分利用互联网高速迅捷的传播优势来推广公司的产品。将销售产品展示做成在线三维的形式,顾客通过对之进行观察和操作能够对产品有更加全面的认识了解,决定购买的概率必将大幅增加,为销售者带来更多的利润。

在房地产销售当中,传统的做法是制作沙盘模型与效果图。由于沙盘要经过大比例缩小,因此只能获得楼盘小区的鸟瞰形象,无法以正常人的视角来感受小区的建筑空间,更无法获得人在其中走动的真正感觉。同时,在模型制作完后,修改的成本很高,有着很大的局限性。效果图只能提供静态局部的视觉体验,是一个静态的世界。应用虚拟售楼系统,目标客户可以在虚拟售楼系统中自由行走、任意观看,突破了传统三维动画被动观察、无法互动的瓶颈,给目标客户带来难以比拟的真实感与现场感,使他们获得身临其境的真实感受,更快更准地做出定购决定,大大加快商品销售的速度。同时虚拟售楼系统还可以应用在网络和多媒体中,更方便、快捷地传播产品信息。

在售楼处利用电脑和大屏幕展现楼盘形象,让购房者亲眼看到几年后才建成的小区,包括整个小区优美的室外环境和虚拟样板房室内结构,亲身感受居室空间的温暖;允许使用者按照任何方式(如行走、飞行等)漫游至任何位置,能模拟开门、推窗等动作,并能从任何方向观察楼盘的任何部分;针对楼盘的不同位置或功能,配置相应的声音、文字、图片或录像资料进行特别说明;根据需要,实时输出在任意位置从任意方向观看场景效果图或连续的录像片断,并将输出结果制作成多媒体演示光盘赠送给购房者;对软件系统进行压缩处理后移植到互联网上进行售楼宣传;楼盘交付使用后,将该系统进行扩展,用于物业管理。总之,虚拟售楼系统的应用,可以大大提高楼盘项目规划设计的质量,降低成本与风险,加快项目实施进度,加强各相关部门对于项目的认识、了解和管理,极大地提升房地产开发商的品位和档次,也必然会带来最终的效益。

8.9 VR＋军事航天

虚拟现实的最新技术成果往往被率先应用于航天和军事训练,利用虚拟现实技术可以模拟新式武器的操纵和训练,以取代危险的实际操作。利用虚拟现实仿真实际环境,可以在虚拟的或者仿真的环境中进行大规模的军事实习的模拟。虚拟现实的模拟场景如同真实战场一样,操作人员可以体验到真实的攻击和被攻击的感觉。这将有利于从虚拟武器及战场顺利地过渡到真实武器和战场环境,在武器系统性能评价、武器操作训练、指挥大规模军事演习三个方面的仿真应用中能发挥大幅度降低费用、极大提高效益、消除意外伤亡事故的重大作用。迄今,虚拟现实技术在军事中发挥着越来越重要的作用。

虚拟战场环境。采用虚拟现实技术使受训者在视觉和听觉上真实体验战场环境、作战区域的环境特征。生成相应的三维战场环境图形图像库,包括作战背景、战地场景、各种武器装备和作战人员等。通过背景生成与图像合成创造一种险象环生、真实的立体战场环境,使演练者"真正"进入逼真的战场,从而可以增强受训者的临场感觉,大大提高训练质量。

单兵模拟训练与评判。在该应用系统中开发人员可设置不同的战场背景,给出不同的情况,而受训者则通过立体头盔、数据服、数据手套或三维鼠标操作传感装置可做出或选择相应的战术动作,输入不同的处置方案,体验不同的作战效果,进而像参加实战一样,锻炼和提高技战术水平、快速反应能力和心理承受力(图 8-7)。与常规的训练方式相比较,虚拟现实训练具有环境逼真、"身临其境"感强、场景多变、训练针对性强和安全经济、可控制性强等特点,如美空军用虚拟现实技术研制的飞行训练模拟器,能产生视觉控制,能处理三维实时交互图像,且有图像以外的声音和触感,不但能以正常方式操纵和控制飞行器,还能处理虚拟现实中飞机以外的各种情况,如气球的威胁、导弹的发射轨迹等。

图 8-7 单兵模拟训练

诸军种联合虚拟演习。通过建立一个"虚拟战场",使参战双方同处其中,根据虚拟环境中的各种情况及其变化,实施"真实的"对抗演习。在这样的虚拟作战环境中,可以使众多军事单位参与到作战模拟中来,而不受地域的限制,可大大提高战役训练的效益,还可以评估武器系统的总体性能,启发新的作战思想。

虚拟军事演习系统可以任意增加联合演习的次数,这样便于作战方案与理论的研究。传统的实兵演习周期长、耗费大,如果借助虚拟军事演习系统进行训练,就能以较小的代价、较短的时间实施大规模战区、战略军事演习,并可通过多次演习或一次演习多种方案,发现、解决实战中可能出现的问题。利用虚拟现实技术,根据侦察情况资料合成出战场全景图,让受训指挥员通过传感装置观察双方兵力部署和战场情况,以便判断敌情,下定正确决心。例如,美国海军开发的"虚拟舰艇作战指挥中心"就能逼真地模拟与真的舰艇作战指挥中心几乎完全相似的环境,通过生动的视觉、听觉和触觉效果,使受训军官沉浸于"真实的"战场之中。虚拟现实技术可以使相距几千公里的士兵与作战指挥人员在网络上进行对抗作战演习和训练,效果如同在真实的战场上一样。

首先,虚拟现实技术在航天仿真中的应用主要为航天员训练器,利用虚拟训练系统对航天员进行失重心理训练,使其建立失重环境下的空间方位感。其次,通过构造航天器虚拟座舱模型,训练航天员熟悉舱内布局、界面和位置关系,演练飞行程序和操作技能等。还有,在航天器某些关键设备在轨运行期间发生故障时,为使航天员能正确进行在轨修理,可以通过虚拟现实技术,在地面或空间站对其进行修理培训。

交会对接人工控制虚拟仿真技术。航天器的空间交会对接是发展载人航天事业的一项关键技术,将交会对接动力学模型存入计算机系统,实时地解出两个航天器间的相对距离和姿态角参量,通过计算机生成图像,在头盔显示器里实时地显示两个航天器虚拟环境,此时航天员就像真正处在飞行空间进行交会对接操作一样。2016 年 10 月 17 日中央电视台运用虚拟现实全息技术直播了"天宫二号"和"神舟十一号"交会对接及其共同建立组合体的过程,采用虚拟追踪技术,让"天宫二号"从大屏幕中"钻"了出来,通过机位的不断变换,观众可以直观地看到"天宫二号"的数据和设计细节,使观众身临其境地全面了解"神舟十一号"与"天宫二号"组合体内部构造和控制面板,同时电视台主播文静"走进""天宫二号"实验室内,逐一向观众介绍"天宫二号"的内部结构信息,使观众感受更直观。

当然,虚拟现实技术在各行各业中的应用远不止上述这些,作为高速发展中的高新技术,虚拟现实技术已显示出其广泛的实用性,其在工业仿真、电子商务、文化娱乐、计算机仿真、人工智能、机器人和宇航等领域具有广泛的应用前景并促进相应领域的发展,对传统产业产生质的提升,同时虚拟现实产业本身也具有潜在的巨大市场。

复习思考题

(1) 虚拟现实技术的常用应用领域有哪些?

(2) 虚拟教育与传统教育的区别是什么?

(3) 简述在教育方面虚拟现实技术的应用形式。

(4) 常用的虚拟教育培训用于哪些方面?

(5) 虚拟现实技术在工业设计与装备制造各环节有哪些具体应用?

(6) 虚拟现实技术应用于城市规划与设计的优势有哪些?

(7) 简述虚拟现实技术在交通设计与车辆驾驶模拟中的应用。

(8) 什么是交通仿真?简述虚拟现实技术在交通系统仿真中的作用。

(9) 简述虚拟现实技术应用于旅游业的应用方式。

(10) 简述什么是虚拟人体技术。

(11) 简述虚拟现实技术在远程医疗中的应用原理。

(12) 简述虚拟手术系统的功能。

(13) 虚拟现实技术在军事领域的应用主要包含哪几个方面?

参考文献

［1］Bernhard W, Portmann P. Traffic simulation of roundabouts in Switzerland ［C］//Simulation Conference. IEEE, 2000：1148-1153.

［2］Foley, James D. Interfaces for Advanced Computing ［J］. Scientific American, 1987, 257（4）：126-135.

［3］Gildenberg P L. Virtual Reality in the Operating Room ［M］. Springer Berlin Heidelberg, 2009.

［4］Arno Hartholt, Jonathan Gratch, Lori Weiss, et al. At the Virtual Frontier：Introducing Gunslinger, a Multi-Character, Mixed-Reality, Story-Driven Experience［C］//International Conference on Intelligent Virtual Agents.Springer-Verlag,2009.

［5］Londero A, Viaud-Delmon I, Baskind A, et al. Auditory and visual 3D virtual reality therapy for chronic subjective tinnitus：theoretical framework ［J］. Virtual Reality, 2010, 14（2）：143-151.

［6］Luboz V, Lai J, Blazewski R. A Virtual Environment for Core Skills Training in Vascular Interventional Radiology［C］//Biomedical Simulation, International Symposium, Isbms, London, UK, July. DBLP,2008.

［7］Luciano C, Banerjee P, Defanti T. Haptics-based virtual reality periodontal training simulator［J］. Virtual Reality, 2009, 13（2）：69-85.

［8］Schlickum Marcus Kolga, Hedman Leif, Enochsson Lars, et al. Systematic Video Game Training in Surgical Novices Improves Performance in Virtual Reality Endoscopic Surgical Simulators：A Prospective Randomized Study［J］. World Journal of Surgery, 2009, 33（11）：2360-2367.

［9］Ng I, Hwang P Y K, Kumar D. Surgical planning for microsurgical excision of cerebral arterio-venous malformations using virtual reality technology［J］. Acta Neurochirurgica, 2009, 151（5）：453-463.

［10］Smith S, Ericson E. Using immersive game-based virtual reality to teach fire-safety skills to children ［J］. Virtual Reality, 2009, 13（2）：87-99.

［11］Steuer J. Defining Virtual Reality：Dimensions Determining Telepresence ［J］. Journal of Communication, 1992, 42（4）：73-93.

［12］Weidlich D, Cser L, Polzin T,et al. Virtual reality approaches for immersive design ［J］. International Journal on Interactive Design and Manufacturing, 2009, 3（2）：103-108.

［13］720 云一站式、专业全景平台 https://720yun.com/.

［14］AUTODESK 产品目录 CAD 软件三维软件 https://www.autodesk.com.cn/products.

［15］C 语言中文网 Unity 3D 教程,超详细的 Unity 3D 自学教程 http://c.biancheng.net/unity3d/.

［16］VRP 帮助教程 http://www.vrp3d.com/article/html/vrplatform_14.html.

［17］VR 开发网 VR 教程 http://www.52vr.com/portal.php? mod＝topic&topicid＝19.

[18] 黎明视景公司产品介绍 http://www.pcvr.com.cn/html/system/platforml.html.

[19] 赛四达股份公司 Presagis 产品介绍 http://www.seastars.com/products_list/pmcId=56.html.

[20] 中视典公司产品在线教程 http://www.vrp3d.com/article/2008/1127/article_322.html.

[21] 安维华.虚拟现实技术及其应用[M].北京:清华大学出版社,2014.

[22] 曾建超,俞志和.虚拟现实的技术及其应用[M].北京:清华大学出版社,1996.

[23] 曾林森.基于 Unity 3D 的跨平台虚拟驾驶视景仿真研究[D].长沙:中南大学,2013.

[24] 常嵩松.基于虚拟现实的视景仿真漫游系统设计与实现[D].广州:华南农业大学,2009.

[25] 常壮,邱金水,张秀山.基于虚拟现实技术的舰船虚拟消防训练系统体系架构研究[J].中国舰船研究,2009,4(3):60-65.

[26] 陈嘉栋.Unity 3D 脚本编程:使用 C♯语言开发跨平台游戏[M].北京:电子工业出版社,2016.

[27] 陈瑾怡.基于 VR-Platform 的虚拟校园研究与实现[D].南昌:东华理工大学,2012

[28] 陈桥.基于 Multigen Creator / Vega Prime 的管片拼装机虚拟仿真[D].成都:西南交通大学,2012.

[29] 陈雅茜,雷开彬.虚拟现实技术及应用[M].北京:科学出版社,2015.

[30] 陈沆.虚拟现实技术的发展与展望[J].中国高新区,2019(1):231-232.

[31] 初树平,张翔.3ds MAX &Unreal Engine 4:VR 三维建模技术实例教程[M].北京:人民邮电出版社,2019.

[32] 初秀民,等.道路交通标志标线视认性虚拟测试系统设计[J].武汉理工大学学报(信息与管理工程版),2005,27(4):135-138.

[33] 邓志东,余士良,程振波. 通用分布式虚拟现实软件开发平台的研究[J].系统仿真学报,2008,20(12):3160-3164,3186.

[34] 董战鲲,曹青.MultiGen 建模技术在视景仿真中的研究与应用[J].电子技术应用,2006(2):14-17.

[35] 费娜.虚拟现实技术在城市交通仿真系统中的应用研究[D].天津:天津城市建设学院,2009.

[36] 冯维波,苏道平.虚拟现实技术在旅游规划中的应用前景探析[J].重庆师范学院学报(自然科学版),2001,18(3):52-56.

[37] 付师.城市三维景观建模技术比较研究[J].地理空间信息,2003(4):24-28.

[38] 高媛,刘德建,黄真真,等.虚拟现实技术促进学习的核心要素及其挑战[J].电化教育研究,2016(10):77-87,103.

[39] 龚卓蓉.LynX 图形界面[M].北京:电子工业出版社,2002.

[40] 郭海涛.城市微观交通系统若干仿真技术的研究 [D]. 广州:广东工业大学,2007

[41] 韩晓玲.虚拟现实技术发展趋向浅析[J]. 电脑知识与技术,2007,1(2):549-550.

[42] 洪炳镕,蔡则苏,唐好选.虚拟现实及其应用[M].北京:国防工业出版社,2005.

[43] 胡小强.虚拟现实技术[M].北京:北京邮电大学出版社,2005.

[44] 黄心渊.虚拟现实导论:原理与实践[M].北京:高等教育出版社,2018.

[45] 黄心渊.虚拟现实技术与应用[M].北京:科学出版社,1999.

[46] 黄悦.城市混合交通系统仿真研究[D].长沙:中南大学,2006.

[47] 姜博.基于 Mulitigen Creator 和 Vega Prime 的车辆制动性试验视景仿真研究[D].西安:长安大学,2019.

[48] 姜雪伟.Unity 3D 实战核心技术详解[M].北京:电子工业出版社,2017.

[49] 蒋卫平.虚拟现实在房地产项目中的设计与应用[D].济南:山东大学,2009.

[50] 蒋中望.增强现实教育游戏的开发[D].上海:华东师范大学,2012.

[51] 康盛,沈毅,葛晓茵.隧道交通虚拟仿真系统[J].电气自动化,2006,28(5):52-54.

[52] 李宏宏,康凤举.OpenFlight 模型组合建模技术研究[J].系统仿真技术,2015,11(2):124-128.

[53] 李慧,陈燕.数字交通中的"虚拟现实"技术应用[J].信息技术,2006(6):60-61.

[54] 李建,王芳.虚拟现实技术基础与应用[M].北京:机械工业出版社,2018.

[55] 李良志.虚拟现实技术及其应用探究[J].中国科技纵横,2019(3):30-31.

[56] 李儒茂,郭翠翠.VRP12 虚拟现实编辑器标准教程[M].北京:印刷工业出版社,2013.

[57] 李婷婷.Unity 3D 虚拟现实游戏开发[M].北京:清华大学出版社,2018.

[58] 李婷婷.基于 Vega Prime 的无人直升机飞行模拟训练系统研究与实现[J].直升机技术,2019(1):38-42.

[59] 李欣.虚拟现实及其教育应用[M].北京:科学出版社,2008.

[60] 李新晖,陈梅兰.虚拟现实技术与应用[M].北京:清华大学出版社,2016.

[61] 单美贤,李艺.虚拟实验原理与教学应用[M].北京:教育科学出版社,2005.

[62] 李振华.虚拟现实技术基础[M].北京:清华大学出版社,2017.

[63] 梁智杰,李众立.VR-Platform 校园漫游系统研究与实现[J].计算机系统应用,2010(9):124-127.

[64] 梁静,洪桔,张蕊.虚拟现实技术在我国道路交通发展中的应用与展望[J].土木建筑工程信息技术,2009,1(1):113-117.

[65] 梁星.基于 Multigen Creator 与 Vega Prime 的车辆碰撞事故视景仿真研究[D].西安:长安大学,2017.

[66] 梁艳霞.3ds Max 三维建模基础教程[M].北京:电子工业出版社,2019.

[67] 廖毅.3ds Max 建模技术在虚拟现实中的应用[J].中国科教创新导刊,2011(18):113.

[68] 刘晶,查亚兵.基于虚拟现实技术的犯罪现场重建系统设计[J].微计算机信息,2009,25(7):166-167.

[69] 刘琳,刘明.虚拟现实(VR)基础建模实例教程[M].北京:中国水利水电出版社,2019.

[70] 刘鹏.基于 Vega Prime 的无人艇运动控制视景仿真[D].大连:大连海事大学,2018.

[71] 刘向群.虚拟现实案例教程:基于 Quest 3D/VR-Platform/Virtools[M].北京:中国铁道出版社,2010.

[72] 刘正东,姜延,丁恒.虚拟现实制作与开发[M].北京:清华大学出版社,2012.

[73] 娄岩.虚拟现实与增强现实技术导论[M].北京:科学出版社,2017.

[74] 娄岩.虚拟现实与增强现实技术概论[M].北京:清华大学出版社,2016.

[75] 娄岩.虚拟现实与增强现实技术实验指导与习题集[M].北京:清华大学出版社,2016.

[76] 娄岩.虚拟现实与增强现实应用基础[M].北京:科学出版社,2018.

[77] 罗永东.基于 Unity 3D 的移动增强现实技术与应用研究[D].青岛:青岛科技大学,2015.

[78] 吕云,王海泉,孙伟.虚拟现实:理论、技术、开发与应用[M].北京:清华大学出版社,2019.

[79] 马遥,陈虹松,林凡超.Unity 3D 完全自学教程[M].北京:电子工业出版社,2019.

[80] 孟祥瑞.基于 Creator/Vega Prime 的车辆碰撞固定物事故视景仿真研究[D].西安:长安大学,2019.

[81] 苗志宏,马金强.虚拟现实技术基础与应用[M].北京:清华大学出版社,2014.

[82] 庞国锋,沈旭昆,马明琮,等.虚拟现实的 10 堂课[M].北京:电子工业出版社,2017.

[83] 潜继成.基于 Vega Prime 开发软件发布方法研究与实现[J].电脑编程技巧与维护,2013(10):8-11.

[84] 尚游,陈岩涛.OpenGL 图形程序设计指南[M].北京:中国水利水电出版社,2001.

[85] 邵晓东.Creator 建模艺术[M].西安:西安电子科技大学出版社,2014.

[86] 邵亚琴,汪云甲,刘云.基于虚拟现实的龟山汉墓虚拟重建研究[J].测绘通报,2008(2):11-15.

[87] 申蔚,夏立文.虚拟现实技术[M].北京:北京希望电子出版社,2002.

[88] 石教英.虚拟现实基础及实用算法[M].北京:科学出版社,2002.

[89] 石宇航.浅谈虚拟现实的发展现状及应用[J].中文信息,2019(1):20.

［90］宋宏泉.虚拟现实技术在现代医学教育中的应用［J］.齐齐哈尔医学院学报,2006(8):984-985.

［91］孙波.OpenGL 编程实例学习教程［M］.北京:北京大学出版社,2000.

［92］孙剑,李克平.行人运动建模及仿真研究综述［J］.计算机仿真,2008,25(12):12-16.

［93］孙秀伟,阎丽,李彦锋.虚拟现实技术(VR)在医疗中的应用展望［J］.医疗保健器具,2007,5(25):34-35.

［94］谭海珠,杨棉华,陈丹芸,等.虚拟现实技术在医学中的发展与应用［J］.医学教育探索,2005,4(6):410-412.

［95］谭杰夫,钟正,姚勇芳.虚拟现实基础与实战［M］.北京:化学工业出版社,2018.

［96］汤君友,杨欣虹,李雪琼,等.基于 VR-Platform 的城市三维景观动态仿真技术研究［J］.测绘通报,2012(S1):294-296,341.

［97］汤朋,张晖.浅谈虚拟现实技术［J］.求知导刊,2019(3):19-20.

［98］汤跃明.虚拟现实技术在教育中的应用［M］.北京:科学出版社,2007.

［99］涂思危.VR 虚拟现实技术发展与应用［J］.中国科技纵横,2019(4):51-52,55.

［100］万明.Vega Prime 视景仿真开发技术［M］.北京:国防工业出版社,2015.

［101］汪成为,高文,王行仁.灵境(虚拟现实)技术的理论、实现及应用［M］.北京:清华大学出版社,1996.

［102］王乘,周均清,李利军.Creator 可视化仿真建模技术［M］.武汉:华中科技大学出版社,2005.

［103］王海鹰,张新长.面向城市规划的虚拟景观建设方法的探讨与应用［J］.测绘通报,2011(3):29-33.

［104］王岚,刘怡,梁忠先.虚拟现实 EON Studio 应用教程［M］.天津:南开大学出版社,2007.

［105］王莉莉,刘嵘.基于图像的几何三维重建方法［J］.系统仿真学报,2001.11.

［106］王琳琳,刘洪利.虚拟现实下的颐和园［J］.首都师范大学学报(自然科学版),2009,30(1):76-82,87.

［107］王同聚.基于"创客空间"的创客教育推进策略与实践［J］.中国电化教育,2016(6):65-70,85.

［108］王文恽,王文双,侯学隆,等.Vega Prime 开发与仿真应用［M］.成都:西南交通大学出版社,2017.

［109］王秀明.基于桌面虚拟现实技术的虚拟驾驶系统研究与开发［D］.济南:济南大学,2008.

［110］王正盛,陈征.VRP 10/3ds Max 虚拟现实制作技能实训教程［M］.北京:科学出版社,2010.

［111］吴雁涛.Unity 3D 平台 AR 与 VR 开发快速上手［M］.北京:清华大学出版社,2017.

［112］吴哲夫,陈滨.Unity 3D 增强现实开发实战［M］.北京:人民邮电出版社,2019.

［113］吴志周,杨晓光."虚拟现实"技术在数字交通中的应用展望［C］//第六届全国交通运输领域青年学术会议论文集,2005:813-815.

［114］夏芳芳.虚拟现实技术及其在现代远程医疗中的应用［J］.河南外科学杂志,2007,13(1):68.

［115］肖田元.虚拟制造研究进展与展望［J］.系统仿真学报,2004,16(9):1879-1883.

［116］谢华.基于驾驶模拟器的交通流仿真设计与实现［D］.武汉:武汉理工大学,2006.

［117］熊坚,曾纪国,竹欣.驾驶模拟器用于交通系统仿真的研究［J］.系统仿真学报,2001,13s:385-387.

［118］徐一夫.虚拟现实技术发展浅谈［J］.科技传播,2018,10(23):122-123,130.

［119］许钲坤.基于 MultiGen Creator 的汽车虚拟试验场仿真研究［D］.西安:长安大学,2016.

［120］薛庆文,辛允东.虚拟现实 VRML 程序设计与实例［M］.北京:清华大学出版社,2012.

［121］薛仕硕.基于 Multigen creator 和 Vega prime 汽车虚拟试验场的设计［D］.西安:长安大学,2015.

［122］杨桦,郭志强,张成霞.3ds Max 建模技法经典课堂［M］.北京:清华大学出版社,2019.

［123］杨叔子,吴波,李斌.再论先进制造技术及其发展趋势［J］.机械工程学报,2006,42(1):1-4.

［124］俞高宇.虚拟环境下的三维城市景观数据库建设与可视化技术［D］.南京:中国科学院南京地理与湖泊研究所,2003.

［125］喻晓和.虚拟现实技术基础教程［M］.2 版.北京:清华大学出版社,2017.

［126］翟丽平.基于 MultiGen 的虚拟现实三维建模技术研究与实现［D］.重庆:重庆大学,2005.

［127］张泊平.虚拟现实理论与实践［M］.北京:清华大学出版社,2017.

［128］张建武,孔红菊.虚拟现实技术在实践实训教学中的应用［J］.电化教育研究,2010(4):109-112.

［129］张俊,张嵩泰.基于虚拟现实技术的交通安全仿真研究［J］.交通运输工程与信息学报,2005,3:45-50.

［130］张茂军.虚拟现实系统［M］.北京:科学出版社,2001.

［131］张善立,施芬.虚拟现实概论［M］.北京:北京理工大学出版社,2017.

［132］赵沁平.虚拟现实综述［J］.中国科学(F辑:信息科学),2009,39(1):2-46.

［133］赵晓松.基于Untiy 3D的可视化虚拟仿真实验平台的设计与开发［D］.西安:西安电子科技大学,2017.

［134］赵筱斌.虚拟现实技术及应用研究:在建筑行业中的应用［M］.北京:中国水利水电出版社,2014.

［135］钟世镇.虚拟人体将为微创外科增添新的技术［J］.中国微创外科杂志,2003(3):461-462.

［136］朱柱.基于Unity 3D的虚拟实验系统设计与应用研究［D］.武汉:华中师范大学,2012.

［137］邹得杰,王红军,邹湘军,等.基于USB接口的人体运动数据采集与处理技术［J］.系统仿真学报,2007,19(z2):275-277.

［138］邹湘军,孙建,何汉武.虚拟现实技术的演变发展与展望［J］.系统仿真学报,2004,16(9):1905-1909.